2025 年建筑门窗幕墙创新与发展

主　编　王晓军

副主编　刘忠伟　李　洋　雷　鸣

　　　　孟凡东　王有治

中国建设科技出版社 有限责任公司

China Construction Science and Technology Press Co., Ltd.

北　京

图书在版编目（CIP）数据

2025 年建筑门窗幕墙创新与发展/王晓军主编．
北京：中国建设科技出版社有限责任公司，2025.3.
ISBN 978-7-5160-4406-3

Ⅰ．TU228-53；TU227-53

中国国家版本馆 CIP 数据核字第 20255JZ124 号

内 容 简 介

《2025 年建筑门窗幕墙创新与发展》一书共收集论文 35 篇，分为综合篇、技术篇和行业分析报告篇三部分，涵盖了建筑门窗幕墙行业发展现状及趋势、生产工艺、技术装备、新产品、设计创新、管理创新、行业分析报告等内容，反映了近年来行业发展的部分成果。编辑出版本书，旨在为门窗幕墙行业在更广泛的范围内开展技术交流提供平台，为行业和企业的发展提供指导。

本书可供幕墙行业从业人员阅读和借鉴，也可供相关专业技术人员的科研、教学和培训使用。

2025 年建筑门窗幕墙创新与发展

2025NIAN JIANZHU MENCHUANG MUQIANG CHUANGXIN YU FAZHAN

王晓军　主编

出版发行：中国建设科技出版社有限责任公司

地　　址：北京市西城区白纸坊东街 2 号院 6 号楼
邮　　编：100054
经　　销：全国各地新华书店
印　　刷：北京印刷集团有限责任公司
开　　本：787mm×1092mm　1/16
印　　张：26.75
字　　数：660 千字
版　　次：2025 年 3 月第 1 版
印　　次：2025 年 3 月第 1 次
定　　价：**108.00 元**

序　言

　　门窗幕墙行业正经历着一场静水深流的质变革命，在国家政策与技术创新双轮驱动下，门窗幕墙正打破传统，演化为肩负生态使命的科技综合体。

　　国务院印发的《2024—2025年节能降碳行动方案》以量化指标勾勒转型蓝图，这不仅是对建筑能效的硬性要求，更是倒逼门窗幕墙行业的材料革新和系统升级。在建设"好房子"的要求下，安全、舒适、绿色、智慧四维坐标重构了建筑评价体系。门窗幕墙已超越遮风挡雨的基础功能，成为全生命周期的价值载体，这种蜕变正印证着建筑思路从机械功能向生态有机的跃迁。这种技术创新与人文关怀深度融合正是"好房子"理念的生动诠释。

　　当前的建筑门窗幕墙行业正处于从"规模扩张"向"质量跃升"转型的关键节点。行业的"新质生产力"已不再局限于单一技术突破，而是需要以系统性思维重构产业链生态。此刻我们比任何时候都更清晰地看到，行业的未来不仅取决于技术创新的速度，更取决于开放协作的广度。

　　作为行业风向标的铝门窗幕墙行业年会及博览会如约而至，2025年3月铝门窗幕墙分会将以"转型谋新质，携手共未来"为主题，继续引领行业协同发展并以超常规模展览展现这场变革。

　　本书作为2025年铝门窗幕墙行业年会的配套技术出版物，汇聚了众多行业精英的智慧，在历史与未来的交汇点应运而生。在书中，我们共同见证了门窗幕墙的发展和创新，从新材料、新工艺到数字化、智能化应用，每一项进步都凝聚着门窗幕墙人的心血与汗水。参与本书撰写的专家学者及业界同仁的辛勤付出与无私奉献，使得这本书得以顺利出版。同时，我们也期待本书的出版能够引发更多人的关注与思考，共同推动我国建筑门窗幕墙行业的创新与发展。

中国建筑金属结构协会铝门窗幕墙分会

乙巳年春 于北京

目　　录

一、综合篇

铝门窗幕墙分会 2024 年工作报告及 2025 年工作展望

王晓军

中国建筑金属结构协会铝门窗幕墙分会　北京　100037

第一部分　行业背景

2024 年是"十四五"规划的关键之年，是党和国家事业发展进程中十分重要的一年，我国经济恢复发展的基础更好，外循环修复，内循环在"立"与"破"之间寻求再平衡，出口、地产等行业压力有望缓解，服务业消费与投资接棒成为新的增长引擎。

2024 年是建筑铝门窗幕墙行业发展极为艰难的一年，行业进入深度洗牌期，但可喜的是，行业内的热爱与坚持无丝毫减退，有一群行业人努力奋进，稳步发展，打赢了 2024 年的"上甘岭战役"，2025 年依然充满挑战与机遇。

第二部分　铝门窗幕墙行业年度现状与发展趋势

一、门窗幕墙产业链上游现状

2024 年 1—11 月份，全国房地产开发投资 93634 亿元，同比下降 10.4%；其中，住宅投资 71190 亿元，同比下降 10.5%。房地产整体发展进入低谷，寻求稳中求进，在国家各项有力政策的实施下，基本实现了年度内的市场稳定。

随着"保交楼、稳楼市"，以及"好房子"发展倾向的调整，"新"的行业特性与"新"的发展思路已经逐渐清晰，从新从变、奋发自强成为新周期的坚定精神力量。

后房地产时代，行业发展模式从"高负债、高杠杆、高周转"转型"高质量、高科技、高能级"，抓住改善型需求、养老地产的新机遇。

建筑业的新路在于灵活、创新、智能化、数字化等方面，国家统计局发布 2024 年三季度国民经济和全国固定资产投资相关数据，同比增长 4.4%，建筑业增加值占国内生产总值的比重保持在 7% 左右，2023 年占比为 6.8%，2024 年上半年为 6.12%，支柱产业地位得到巩固。

开发"好房子"，交付"好房子"是建筑行业迈向高质量发展的关键体现和主要目标，建筑业已从高速发展转向高质量发展的新阶段。为交付更多、更好的"房子"，建企需要积极打造和采用数字化、工业化和绿色化有机融合的新质生产力，来推动行业实现转型升级。

在政策调控下，房地产业市场呈现止跌回稳势头。2024 年全国各地出台房地产调控政策 760 余次，政策力度和频率史无前例，市场信心正在修复。

二、门窗幕墙产业链下游现状

2024 年经济持续低迷，这也导致了门窗幕墙行业的低迷表现。现在所有民企的回款压力巨大，一些国企央企同时具备了"快"的能力和"慢"的底气，一方面发力强势营销，另一方面也重视创新和长期客户经营。

自从 2023 年四季度的"金融 16 条"、房企融资"三支箭"等政策落地，部分城市放宽房贷、取消限购等政策陆续出台，房地产的"钱"有了来源，虽然是"远水解不了近渴"，但有了期待。但是房地产遗留问题亟待解决，特别是建筑总包、门窗幕墙分包、材料企业之间的"三角债"问题。

极少数企业，积极采取适量减产、合理优化措施，带来降本后的利润增加。但大部分下游企业产能不能满负荷铺开，市场内需求明显下降，导致整个门窗幕墙产业链下游企业营业收入下滑，利润降低。

门窗、幕墙工程及家装门窗的产值下滑，对下游产业影响巨大，在外部环境已经非常困难的前提下，更多地只能够依靠"自身"，缩短市场前端与后端之间的管理与服务，提升内部实力，从产品出发，从应用出发，强化国内与海外市场的拓展，坚持多方面发展。

三、门窗幕墙行业现状

对于门窗幕墙行业来说，时代变了，现在必须认清变化，顺势而为，重新出发。2024 年，门窗幕墙行业的总产值与建筑面积双双下滑，其中总产值下滑近 20％，已经跌破"6"千亿大关，这也导致了部分中小企业面临着非常严峻的生存考验。

大企业可以尝试与国企、央企合作，依托大品牌、大平台开展自救，"一带一路"、"出海"、"换赛道"等新方式盘活，中小企业的实力相对较差，尤其是市场内卷。

2024 年上半年，12 个省市严禁新增项目建设投资，地方政府融资平台融资受限。2024 年，房地产的下行低位运行持续较长，作为房地产业下游的建筑门窗幕墙行业一直在过"苦"日子。

当前的市场挑战巨大。行业发展面临着三大挑战：一是消费信心需要时间来修复；二是国际贸易出口形势严峻；三是房地产遗留问题亟待解决。

我国铝门窗幕墙行业 2024 年度总产值再次跌破 6 千亿元，总体水平较 2023 年出现缓降的趋势，房地产业新建住宅及开工面积大量减少是其中非常重要的因素之一，行业内信心不足，负面因素更容易对企业的市场信心产生影响。当前的门窗幕墙行业，坚定信心、提振士气是首要目标，从长期来看，我国仍然具有足够体量的房地产市场，城市化建设及周边配套建设仍然在持续进行中，行业的基本盘面趋好，当前阶段也是"优胜劣汰"的新周期阶段。行业在机遇与挑战并存的环境下正不断朝着更绿色、更智能、更优质、更安全的方向发展。

四、年度统计调查工作汇总

我国拉开大规模刺激经济的序幕，提振信心，全力拼经济，大力发展新基建、新质生产力。2024 年年底的经济工作报告中，传递八大积极信号：一是加力推出增量政策；二是加大财政货币政策逆周期调节力度；三是促进房地产止跌回稳；四是努力提振资本市场；五是促进消费；六是推出促生育配套政策，完善养老产业；七是帮助民营企业渡过难关；八是兜底民生，就业优先。其中与房地产、建筑相关的就有五项。

结合国内外的房地产经济发展历史规律来看，无论是对比美国、日本还是亚洲的韩国、新加坡，或者是我国的香港特区，在地区房价、人均收入水平、人均 GDP 水平、房价收入比等多个方面，我们的房地产市场在横向对比下，依然有较大的发展空间。特别是在物流仓储、医疗健康、政府物业，接下来的增长空间会越发明显，未来 10～20 年可以一直发展。

新周期、新时代，顺应新趋势，把握新机遇，勇敢再出发。

2024 年产值变化是 2023 年的一种周期延续，在房地产进入存量时代后，新建商品房与公共建筑项目减少，因为行业内卷，带来整体产品价格下降。2024 年整体行业发展信心不足，未来铝门窗幕墙行业的利润提升，主要来源于开源节流，加强经营管理，降低管理成本和项目成本，充分开展多元化经营思路，走出一条具有特色的发展之路。

1. 幕墙类

2024 年幕墙类产值约 830 亿元，产值下降近 20%，市场变化出现了缓降的过程，年度内的工程项目开工率及付款率均有所下降，幕墙整体行情出现了发展迟缓、后劲不足的情况，行业总产值正处于"下行"状态。2024 年的建筑幕墙外部环境持续恶化，众多中小型企业的市场生存能力持续减弱。但如果从多家上市公司的统计数据来看，依然有少量的增长，在建筑幕墙市场份额上，增长 6% 左右，实际市场内的大中型幕墙工程企业的产值下降是主流。

国家政策对幕墙行业的发展具有重要影响。随着国家对建筑工业化、绿色建筑和装配式建筑技术的推动，幕墙行业将迎来更多的发展机遇。同时，随着市场竞争的加剧和客户对企业技术、管理等实力要求的不断提高，高端幕墙市场将逐渐由大企业承揽。未来五年，我国幕墙行业集中度或将加速提升，行业结构由"平面化"向"金字塔"转变。此外，随着光伏建筑一体化（BIPV）技术的推广和应用，未来幕墙行业将朝着更加环保、节能和可持续的方向发展。

在国际化方面，我国的幕墙企业面临着诸多挑战和机遇。一方面，欧洲、美国等发达国家幕墙市场历史悠久，技术水平和市场竞争较为激烈；另一方面，东南亚、中东等新兴市场对高性价比的幕墙产品需求旺盛，为我国幕墙企业提供了广阔的发展空间。为了有效应对国际市场的挑战和机遇，我国的幕墙企业应加强国外市场调研及当地法规学习，提高技术与管理能力，并通过招募具有当地文化背景的团队来增强市场适应能力。幕墙行业在面临挑战的同时也存在诸多发展机遇。随着技术的不断进步和政策的推动，幕墙行业有望实现更加稳健和可持续的发展。

2. 铝门窗类

2024 年的铝门窗类产值接近 1100 亿元，2024 年综合全年情况来看，在门窗的工程项目总面积上出现了较大的下滑，但部分区域的小部分企业的市场数据显示增长，其中增长率为20%～50%；这是因为地区的部分大中型企业获得了以中建集团、中海地产为代表的"国家队"的支持，在拿地量和开发量上保持了大幅度增长，它们的出现，保住了门窗市场的底线，而原来的民营为主的"基本盘"都在面临减产、停工、裁员的风波；未来的门窗市场仍然将在一段时间内缺乏更多的市场刺激，在行业成长方面存在较大困难。

局部企业的数据增长，部分工程企业的产值增长，与市场内的实际情况有着较大差距，这一小部分是上市企业或大型国企相关的头部企业，市场内占比最大的中小门窗企业及家装门窗企业均面临着不同程度的经营困难，市场总体量下降非常明显。

3. 建筑铝型材

2024 年的建筑铝型材产值约 1200 亿元。铝型材作为建筑行业的主要上游产业之一，地产板块需求走弱，导致市场建筑铝型材需求大幅下滑，2024 年建筑领域铝型材消耗量较 2023 年减少 4% 左右，而汽车与光伏产业等工业铝型材需求有所增长，在一定程度上弥补了铝型材需求疲软的局面。2023 年保交楼、城中村改造等地产扶持政策成效凸显，叠加新能源行业迅猛发展，国内铝型材产量达 2244 万吨，同比增加 11.6%。其中，建筑型材产量 1169 万吨，同比增加 1.4%，工业型材与建筑型材产量差距进一步缩小。2024 年受地产行业下行影响，建筑型材产量或将下滑，但新能源产业链用铝量快速攀升。

我国铝加工行业产能产量占全球过半，装备技术水平世界领先，已经成为世界首屈一指的铝型材加工制造大国，全球前列的地位更加稳固。

竞争格局呈现出多元化和集中化的特点。一方面，市场上有众多中小型企业，这些企业主要面向中低端市场，通过价格竞争来获取市场份额。然而，这些企业普遍存在技术创新能力不足、产品同质化严重的问题。另一方面，少数大型企业凭借规模效应、技术研发实力、品牌影响力以及稳定的供应链能力，在中高端市场占据主导地位。这些大型企业拥有较强的生产能力和技术实力，能够生产出高品质、高性能的铝型材产品，满足市场的多样化需求。

此外，随着人们环保意识的增强和可持续发展要求的提高，建筑铝型材行业也越来越注重绿色生产和循环利用。企业纷纷采用低碳环保的生产工艺，减少能源消耗和废弃物排放，并开发可回收再利用的铝型材产品。这些举措有助于减轻环境压力，提升企业的社会责任感和市场竞争力。

同时，随着新能源汽车、光伏等产业的快速发展，铝型材在工业领域的需求也在不断增加。这将为建筑铝型材行业提供更多的发展机遇和市场空间。

建筑铝型材行业正面临前所未有的发展机遇和挑战。企业需要不断加强技术创新和产品研发，提高产品的质量和性能，以满足市场的多样化需求。同时，企业还需要积极应对政策变化和环保要求，推动行业的绿色可持续发展。

4. 建筑玻璃

2024 年，建筑玻璃产值约 610 亿元。玻璃是我国目前最大的建筑材料，在我国房地产的需求量中占据了 70% 以上，而随着房地产市场的不断变化，玻璃行业，尤其是浮法玻璃受到了一定的冲击。

国内以华东、华南、西南为主要市场，增长较大的是西南区域。伴随着建筑玻璃节能性能要求提升，Low-E 玻璃、镀膜玻璃、超白玻璃等在节能性能上的表现突出，市场增长强劲；建筑＋光伏的市场需求，也让 BIPV 的产品市场快速增长。

2025 年，我们对玻璃市场需求的前景继续保持信心，除老旧小区改造、城市更新、室内装修等增量需求外，农业现代化对玻璃的需求也不可小觑。

5. 建筑密封胶

2024 年，建筑密封胶产值约 130 亿元，在头部品牌国内外市场的双突破下，年度产值得到了较好的体现。我国已成为全球密封胶应用第一大国，建筑密封胶的应用主要在门窗、幕墙以及中空玻璃等领域，占比超 75%，家装、电子、工业等方面是新赛道。

市场面在变窄，市场浪越大、品牌效力越高，密封胶企业品牌"两极分化"较为鲜明，众多的头部企业已经逐步认识到产品低价，只能带来低质，而低价、低质的产品无法持久占领市场。

在市场表现方面，中低端密封胶产能过剩，高端产品供给不足，存在巨大的市场缺口，尤其是在"双碳"目标下，装配式建筑、BIPV将迎来爆发式增长时期，建筑密封胶高端市场发展空间广阔。2025年的建筑胶新赛道，将是绿色建材与工业化制造领域，更多的门窗大面玻璃、建筑工业化场景中对建筑胶的需求会持续增加。

6. 五金配件

2024年，建筑门窗幕墙五金配件的产值约710亿元，年度内建筑门窗幕墙五金行业的产品同质化与内卷带来的影响巨大，市场端反应的最大变化是低端产品和高端产品市场需求增大，产品一般、价格一般的中端产品受到了冷遇，一方面是项目价格较低，利润空间有限，承建方必须把材料价格降低；另一方面是客户需求上升，功能要求和品牌要求增大，选用高端五金迎合市场。

在庞大的市场中充斥着众多企业，包括小型低端企业和中大型品牌企业。五金类别是在国际竞争中能够占据一定优势的行业，海外市场占比在18%左右，按产值划分足够养活20%左右的行业企业。

行业内的产能与销量出现了较往年更大的差异，但目前市场产值上影响不大，后续低端五金的产品市场有可能缩紧，这与工程市场表现不佳息息相关。

7. 门窗幕墙加工设备

2024年，铝门窗幕墙加工设备产值近20亿元，其中新建门窗幕墙企业的订单释放量较少，主要是大型国企及总包企业、地区头部门窗企业的业务增长带来了设备需求及二次升级需求。

2023—2024年，铝门窗幕墙加工设备行业的发展较为稳定，整体出口情况较好，尤其是在欧洲等地受到能源危机及贸易影响的情况下，大量订单投往国内、东南亚及"一带一路"沿线，使行业的市场占比上升明显。

随着科技的进步，智能化在门窗行业的应用越来越广泛。未来，门窗将配备智能控制系统，实现远程操控和自动调节，提升使用的便捷性和舒适度，这也让加工设备在门窗产品的生产和配套阶段必须进行智能化升级，实现从"工厂"到"家庭"的全面智能制造。

8. 隔热条和密封胶条

2024年，隔热条及密封胶条的市场总产值约30亿元。在"双碳"目标下，建筑隔热条及密封胶条的市场前景被一致看好，目前我国建筑能耗已占全社会总能耗的40%，而门窗幕墙能耗占到了将近一半，门窗幕墙产品对隔热和密封材料的选择不当，是造成建筑能耗损失的主要原因之一。

我国幅员辽阔，跨越了众多的温度带，华东、华南、华北均处在不同的温度及气候条件中，门窗幕墙市场的产品应用能够满足多种不同气候条件下的需求。

曾经由于隔热条、密封胶条市场内的产品品质不透明，"低质、低价"竞争带来的是市场生存环境恶劣，2025年在隔热条这个"小而精"的行业中，生产企业的技术壁垒和方案设计与创新能力、更新材料的应用是这个行业内企业品牌知名度与规模化最大的核心竞争力。

9. 幕墙设计及顾问咨询行业

2024 年国内建筑幕墙顾问咨询行业的市场总体量约 15 亿元，行业整体市场情况出现了一定量的下滑，同时还存在收款难、周期长、项目合作要求增多、责任划分不明确等种种乱象，行业内人才流失严重，制约了行业企业的人才储备及技术升级投入。

目前建筑幕墙顾问咨询行业的多数企业已经涵盖了幕墙咨询、建筑咨询、门窗咨询、照明咨询、膜结构咨询、钢结构咨询等业务，部分企业还涉及智能化咨询、物流咨询、绿建咨询及其他方面。在行业人才储备与培养方面，注册建造师及注册结构师，在顾问公司的技术人员中占比日渐上升，随着公司规模的扩大，薪酬及福利水平的提高，更多的尖端人才将进入到该领域。

10. 家装门窗类

结合"好"房子、"好"住宅的发展，以核心城市圈为市场中心，将市场面进行全面拓展，解放思想，才能解放双手，做到真正的破局，在"内卷"中释放压力，取得企业的成功。

2024 年的数据统计显示，家装门窗企业的规模差距较大，行业大而企业小的现象依然存在。为了应对严酷的市场竞争，通常企业都会开展完善的市场布局，将产品实现多个品牌拓展，展开在不同领域与价格上的差异化竞争，产生价值最大化。

从其他行业统计数据中了解到，2024 年家装门窗市场的规模预估超过 3500 亿元，特别是封阳台门窗的市场规模已达千亿级，占整个家装门窗市场的 35％～40％，且增长率也是可喜的，但家装门窗企业与门店的数量却出现了减少，结合地区数据来看，总体数量下降在 20％左右，这与国际贸易冲突、地缘战争、经济环境影响等带来的消费降级有关，更多的是"内卷"带来的价格下降，影响到了每一个家装企业，未来必须强化产品品牌与服务，实现赛道超车，才能在新的住房存量时代中占据一席之地，相信家装仍是一个持续增长的万亿级子赛道。

11. 其他小材料类

在铝门窗幕墙行业内有一些小众的产品，它们在各自的领域内有着独特的魅力，涵盖了从配套、安装、科技、体验、外观、保护到服务等多个方面。在分会的数据统计工作中，逐步重视小众产品及行业的发展，为行业整体的发展提供更多的信息资源，并积极开展了如防火玻璃、铝板、涂料、BIPV 玻璃、聚氨酯类、擦窗机、精制钢、开窗器、内置遮阳、锚栓、金属保温装饰墙体系统、ETFE 膜、UHPC 板、蜂窝铝板等产品的品牌推荐活动，取得了较积极的影响，2024 年全年的小众分类总产值出现了下滑，下滑幅度接近 10％，是近三年以来的首次下滑。

大风起兮云飞扬，是对行业最好的表述。从粗放式增长迈向高质量发展，我国铝门窗幕墙产业正在经历一场大变革，需要行业企业直面诸多硬核挑战，重塑产业新格局的时代已然来临。我国建筑门窗幕墙行业利润微薄，横向与同行业内相比，特大型门窗幕墙企业赢利水平远低于国外大型同类企业，同时也远低于国内整个建筑行业水平；与其他行业相比，我国建筑门窗幕墙行业远低于我国工业平均水平，应属利润率最低的第二产业之一。随着国家经济发展战略和城市更新、"一带一路"等深入实施，新质生产力的培育，创新产品的出现，门窗幕墙及众多小众行业已经站上跨越发展的绝佳"风口"，正在酝酿着强大的发展势能。

第三部分　铝门窗幕墙分会工作内容

一、举办年会及新产品博览会

自分会成立起，分会每年召开行业年会并同期举办新产品博览会。至今为止，全国铝门窗幕墙行业年会及新产品博览会共举办了 30 届，形成了固定每年 3 月在广州联动举办的模式，是国内铝门窗幕墙行业最专业的盛会之一。

据统计，2024 年铝门窗幕墙新产品博览会展览面积约 8 万 m²，参展企业有门窗、幕墙、结构胶、设备、玻璃、隔热条、胶条等相关企业 700 余家，观众有各省市协会代表、门窗幕墙行业专家、企业代表、国内外买家等 7 万余人次。在每年 3 月份年会及博览会上相聚，发布新技术、新材料已成为行业人的行为习惯。

二、行业数据统计工作

当前，在国家和政府大力推行"大数据分析基础上制定发展战略"的宏观政策指导下，行业数据统计工作显得尤为重要。针对铝门窗幕墙行业的上、下游企业，中国建筑金属结构协会铝门窗幕墙分会自 2004 年起陆续开展了数据统计工作。近二十年来一直得到行业企业、会员单位的大力支持、配合与协助，统计数据结果"真实有效、较为全面"，为广大业内企业家、高管人员的市场分析、产品创新及企业决策提供了"行业大数据"支持。

三、组织专家编制行业技术期刊

分会每年组织专家编撰《建筑门窗幕墙创新与发展》行业论文集，作为行业正式出版物公开出版发行，《建筑门窗幕墙创新与发展》为每年新产品、新技术的发布提供了平台，为行业技术人员职称评定提供了依据，提高了铝门窗幕墙行业的学术性，在行业内有一定的影响力。

四、举办行业多项会议及活动

分会每年会主办与协办众多的行业顶尖高端会议及活动，在 2024 年期间，分会主办与协办的多项活动包括：第 30 届全国铝门窗幕墙行业年会、2024 年全国铝门窗幕墙新产品博览会、第十三届中国建筑幕墙安全应用高峰论坛、第三届"白云杯"篮球友谊赛、新数智·新共建·新质生产力 | 2024 年转型发展高峰论坛等，为行业的高端技术交流与商务合作提供了最大的助力。同时，这些会议及活动也加强了行业内各企业间的联系与沟通，促进了信息的共享与资源的整合。通过这些平台，企业不仅能够了解到最新的行业动态和技术趋势，还能够结识到潜在的合作伙伴，拓展业务渠道，共同推动整个行业的繁荣发展。

五、开展行业培训活动

分会在今年开展了两项培训活动，分别是"首都职工教育培训示范点特色教育（门窗幕墙技术）培训活动"和"澳门建筑门窗幕墙设计及应用课程"，为国内门窗幕墙行业的新质生产力注入了新的活力与机遇，有效提升了个人及企业的专业水平与竞争力。此外，培训活动还为行业内的新人提供了宝贵的学习机会，助力他们快速成长，为门窗幕墙行业的持续发展储备了人才力量，为行业的进步与发展贡献力量。

六、行业走访调研活动

分会开展行业调研，结合数据分析，组织研讨，依据新时代核心价值观，制定铝门窗幕墙行业发展规划，结合国家"十四五"发展战略，为行业发展设定目标，指导行业及企业发展。

2024 年分会积极深入行业企业开展走访调查活动，也开展了针对房地产企业的调研工作，并深入各大建设设计院所及咨询企业等。2024 年共走访产业链企业 50 余家，深入调研门窗幕墙行业的产品研发、应用推广及市场运营情况，与被调研企业高层会晤，开展深入交流。

七、组织开展密封胶年检与相关推荐工作

为了进一步加强建筑结构胶生产企业及产品工程使用的管理，分会每年都会对已获推荐的建筑结构胶产品进行年度抽样检测，加强了对结构胶生产企业的监督、检查；同时对已获推荐企业，分会优先向房地产、门窗幕墙企业推荐。

八、组织开展建筑隔热条年检与相关推荐工作

为了进一步加强及提高对铝合金门窗、幕墙用"建筑用硬质塑料隔热条"产品质量管理，对生产企业的规范管理，以及产品工程使用的管理，确保工程质量，保障人民生命财产的安全，分会每年都会对隔热条生产企业实施行业推荐工作，加强了对隔热条的监督、检查，同时对已获推荐的企业，分会优先进行推荐。

九、组织编制、修订建筑门窗幕墙行业规范

分会为更好地服务建筑门窗幕墙行业及会员单位，抓住团体标准发展契机，组织开展多项团体标准编制。截至今日，分会主编了《铝合金门窗生产技术规程》《幕墙运行维护 BIM 应用规程》《智能幕墙应用技术要求》《铝合金门窗安装技术规程》《幕墙门窗用聚氨酯泡沫填缝剂应用技术规程》《珐琅金属护栏》等团体标准，还主编了行业标准《铝合金门窗工程技术标准》和国标《建筑幕墙抗震性能试验方法》等多项标准并组织修编行业标准《建筑铝合金型材用聚酰胺隔热条》。

同时分会参与了《绿色建材评价 防火窗》《绿色建材评价 超低能耗建筑门窗》《质量分级及"领跑者"评价要求 硅酮建筑密封胶》《质量分级及"领跑者"评价要求 建筑用硅酮结构密封胶》《质量分级及"领跑者"评价要求 中空玻璃用硅酮结构密封胶》《既有建筑围护结构修缮技术规程》《建筑围护结构修缮有效性和耐久性评价标准》《装配式建筑用密封胶》《既有金属幕墙检测与评价标准》《既有石材幕墙安全性鉴定标准》等多项标准的编制工作。

分会每年对相关标准规范进行更新与编制，这既是市场反馈与需求的体现，也是新工艺、新产品的规范化要求。通过制定行业新标准规范，真正实现为行业和企业服务。

十、与多省市地方协会合作活动

分会强化与各地方协会的合作，积极参加了北京、上海、广东、四川、浙江、江苏、湖北、安徽、山东、福建、陕西、河南、天津、河北等多地省市地方协会的多场会议；建立了友好协会库，同各友好协会互动交流、互联互通、共享共生、共谋发展；积极参与各省市地方协会的合作活动，以交流促进步，推动行业高质量发展。

十一、与多协会共同开展绿色环保新材料、新产品认证与推荐

随着国内绿色建材产品认证工作的不断推进，全社会对绿色建材产品认证认知度不断提升，尤其是三部委出台关于绿色建材产品认证的通知后，市场内的需求与产品应用与日俱增，分会与多协会、多地机构共同推进实施了建筑门窗幕墙行业的各类型产品具体认证工作，同时在全行业内开展学习、宣传和推广。

十二、开展行业大数据统计品牌入库推荐活动

分会组织开展行业大数据统计品牌入库推荐活动，旨在通过数据的收集与分析，为行业内的企业提供更为精准的市场定位和发展方向。活动得到了众多企业的积极响应与参与，分会通过对企业提交的数据进行专业分析，挖掘出了一批具有发展潜力的品牌，并进行了入库推荐，助力品牌发展。同时，分会还通过活动的举办，加强了行业内的交流与合作，促进了企业间的互利共赢，为行业的健康发展注入了新的活力。

在年会期间，为积极提交统计数据的企业发放了"大数据入库证书"，进一步打通上下游产业链之间的沟通与合作。分会将工作重心放到了推动行业高质量发展上来，积极开展品牌大数据调研及入库推荐工作，分会把一切的工作中心放在为行业企业及会员企业的服务上，坚持全面引领行业高质量发展，利用接地气的深入走访调研活动，结合大数据时代的分析方式，组织专家、学者进行头脑风暴的科学方法，对行业的发展方向和企业转型升级、管理模式升级提出最直接的观点和指导。

十三、组织行业企业互访活动

为互动交流，传播文化，传递正能量，分会在行业企业间建立起互访互通共融模式，相互学习、取长补短、共同进步。2024年分会组织行业企业走进山东，同山东知名企业进行互访交流，达到了预期效果，取得了巨大成功。

通过互访活动，不仅加深了企业间的相互了解，还促进了技术、管理经验的共享。各企业在互访中纷纷展示了自身的核心技术和产品优势，同时也坦诚地分享了发展过程中遇到的挑战和解决方案。这种开放、包容的交流氛围，极大地激发了企业的创新活力，为行业的持续发展注入了强劲动力。分会将继续秉持服务行业的宗旨，定期举办类似活动，推动行业企业间的深度合作与共赢发展。

十四、开展对外交流活动

随着产业进入整合阶段，增长速度逐渐放缓，竞争日益激烈，市场规模呈现缩减趋势。为拓展新的市场领域，提升市场份额，并推动国内品牌国际化，铝门窗幕墙协会制定了新的

发展战略。2024 年 3 月，协会组织了德国访问团，深入考察德国企业，汲取其先进经验，旨在为我国企业走向国际市场积累宝贵经验。

十五、配合住房城乡建设部编写专题报告

2024 年 9 月，台风"摩羯"对海南沿海地区造成了严重损伤，建筑外窗幕墙尤为明显，在此情况下，分会参与研讨会并同时配合住房城乡建设部派出专家赴海南开展风灾情况调研，并就有关城镇建筑门窗幕墙防风标准开展调研工作。

2024 年 10 月，为推动建筑业高质量发展和"新一代好房子"建设，按照住房城乡建设部有关领导指示，开展了国内建筑门窗幕墙行业的调研工作。

第四部分　幕墙设计及顾问咨询分会工作内容

设计是行业的龙头，设计及顾问咨询是门窗幕墙行业的重中之重。经过长期思考和市场检验，结合多年工作基础，2023 年铝门窗幕墙分会向中国建筑金属结构协会提出申请成立"幕墙设计及顾问咨询分会"，成立大会于 2023 年 12 月 27 日在深圳召开，由此开启了幕墙设计及顾问咨询行业新时代。

为了更好地发挥建筑幕墙顾问行业的技术引领作用，让幕墙顾问企业的相关工作得到健康有序开展，并解决幕墙顾问行业在生产过程中出现的问题，进一步发展壮大建筑幕墙顾问产业，让幕墙顾问行业、设计产业健康有序发展，在成立的这一年内，分会积极开展各项活动。

一、行业走访与调研活动

分会积极开展行业走访调研活动，结合走访调研与数据统计的科学分析结果，组织开展研讨，以新时代核心价值观为依托，制定幕墙设计及顾问咨询行业发展规划，全面结合国家"十四五"发展规划战略，为行业发展订立目标，为行业及企业发展指明方向。2024 年分会共走访考察企业近 30 家，深入调研幕墙设计及顾问咨询行业，与调研企业高层会晤，开展深入交流。

二、行业专家团观摩活动

2024 年 7 月，分会在成都举办"全国幕墙设计及顾问咨询行业观摩活动"，来自全国各地的顾问行业知名专家、企业家相聚于此进行思想上的碰撞。从房地产、建筑业到门窗幕墙新材料、新技术应用，共同为推动产业链高质量发展助力。

三、幕墙设计项目大"讲"赛

从 2018 年以来，我们坚持幕墙设计及顾问咨询行业数据统计工作，并从提交数据资料的项目中，选取优秀项目举办幕墙设计项目大"讲"赛。

四、年度技术交流活动

为了加强合作交流，进行信息互通，分会于 2024 年底开展"2024 年全国建筑幕墙设计

及顾问咨询行业专家研讨会"，汇集顾问行业专家，探讨行业发展方向，共谋发展契机，共同推动幕墙设计及顾问咨询行业的持续健康发展。

五、行业相关活动

今年以来，分会主办与协办了众多行业高端会议及活动，4月："'百'闻不如一见！全国知名幕墙顾问、设计专家（扬州）研讨会"，5月："2024行业发展技术交流活动暨'杨'台州美味、'梅'您可不行——优秀品牌企业'时间·健康胶'走访调研"，9月："精彩'沪'动！逐浪追新山东行""首届西南地区建筑与幕墙发展论坛""西南地区幕墙专家研讨会"，12月："2024全国幕墙设计及顾问咨询工作会""幕墙设计项目大'讲'赛"等，为行业的高端技术交流与商务合作提供了最大的助力。

第五部分　行业存在问题

一、行业标准和质量控制不规范

尽管行业内部存在既定的标准规范，但部分制造商为了迅速占领市场份额，采取了价格战策略，通过降低产品品质以追求利润最大化，从而导致市场上出现了一些质量低劣的产品。这种现象不仅降低了工程项目的质量，还对建筑物的整体安全性和外观造成了负面影响。此外，行业质量监管不力，也为这些劣质产品的流通提供了可乘之机。

二、技术研发和创新不足，学术性不足

鉴于我国尚未设立专门针对门窗幕墙领域的专业学科，该行业从业者主要依赖自学途径以增进其学术素养，这导致了从业人员的基础知识体系不够坚实且缺乏系统性。尽管铝门窗幕墙行业近年来在技术层面取得了一定进步，但相较于国际先进水平，仍存在一定的差距。

三、市场竞争激烈，品牌差距大

铝门窗幕墙行业的竞争较为激烈，市场上主要有国企、民企、外资企业等多种类型的企业在参与竞争。然而，企业之间品牌差距日趋拉大，一些领域高端品牌尤为明显。品牌影响力的不足可能会影响企业的市场竞争力和长远发展。

为了提升铝门窗幕墙行业的整体水平，需要行业内的企业加强技术研发和创新，提高产品质量和附加值；加强行业标准和质量控制，规范市场秩序；同时，也需要加强品牌建设和市场推广，提升企业的知名度和美誉度。

第六部分　拟开展的工作计划

我国经济的稳健增长为国家与行业的发展提供了强大的动力。分会将率先实践，切实将文化与理念转化为具体行动，以实现文化与理念的全面革新。为更有效地服务于分会会员单位，并充分发挥协会平台的最大潜能，分会计划开展以下工作。

一、计划举办行业年会及博览会

每年一度的行业年会，是行业内最为重要的年度盛事，年会不仅汇聚了来自四面八方的专业人士，更是行业知识、经验与创新思维的交流平台。在这个充满活力的会议上，行业精英们分享他们的见解，探讨行业发展趋势，共同面对挑战，寻找合作机会。与此同时，新产品博览会作为年会的重要组成部分，它不仅展示了最新的行业成果，更是企业展示自身实力、拓展市场的重要窗口。通过不断地推陈出新，博览会不仅促进了企业与国内外市场的互联互通，也为消费者带来了前所未有的新鲜体验。在这里，每一件展品都承载着企业的智慧和对未来的憧憬，每一次交流都可能孕育出新的合作与机遇。

二、计划举办多场高端行业活动

为了进一步促进行业内深入交流与合作，分会计划采取一系列创新举措，以强化行业交流活动。我们不仅会加大技术交流的力度，还将推出一系列富有创意的产品创新活动，旨在激发行业内的创新活力和促进知识共享。通过这些全新活动的推广，我们希望能够为会员们提供一个更加开放和互动的平台，让每一位参与者都能从中获得宝贵的经验和灵感，共同推动行业的进步与发展。

三、计划开展行业青年人才培养计划

在当今这个日新月异、充满挑战与机遇的时代，企业要想持续发展，行业要想不断创新，人才的培养和引进显得尤为重要。青年人才，作为新鲜血液和未来的希望，对于推动社会进步和经济繁荣具有不可替代的作用。因此，分会经过深思熟虑，制订了青年人才培养计划，并将其作为一项长期而艰巨的任务全力推进。我们认识到，只有通过精心的规划和不懈的努力，才能为青年人才提供成长的土壤，激发他们的潜力，让他们在各自的领域发光发热。下一步，我们将继续深化与各方的合作，完善相关机制，确保这一计划能够得到全面而有效的落实，为企业的长远发展和行业的持续创新注入源源不断的活力。

四、开展行业内职业资格培训工作

在当前这个充满机遇与挑战并存的时代，分会深知行业内部对于专业技能和人才成长路径的渴求。因此，我们致力于打造一个更加完善的平台，旨在为行业内的职业功能提供全面的支持，并为人才的职业规划开辟一条全过程的通道。

五、继续引导建筑幕墙设计、施工规范化

在当前建筑行业快速发展的背景下，我们有必要制定一套全新的建筑幕墙工程项目中的设计与施工创新技术及工艺的规范标准。这不仅是为了推动技术进步和提高工程质量，更是为了满足市场对建筑安全、美观和环保的日益增长的需求。通过这样的新规范标准，我们能够确保每一项工程都能在严格遵循行业最佳实践的同时，融入最新的设计理念和施工方法。这将有助于提升整个行业的专业水平，为建筑师、工程师和施工团队提供明确的指导，确保他们在设计和施工过程中能够充分考虑到材料的可持续性、结构的稳固性以及外观的创新性。完善行业内对各项内容的要求，意味着我们不仅关注短期的项目完成，而且着眼于长远

的行业发展和建筑的生命周期管理。

六、深化行业技术发展，开展新技术、新工艺观摩活动

在未来的时间里，分会计划组织多场富有成效的新技术、新工艺的观摩活动，聚焦上游产业链及建筑业项目。这些活动不仅将为行业内的专业人士提供一个宝贵的交流平台，让他们能够亲眼目睹和学习到最新的技术进步和创新工艺，而且还将促进不同企业之间的合作与对话，共同探讨如何将这些前沿技术应用到实际项目中，以提高效率和质量。通过这些观摩活动，我们期望能够激发整个行业的创新精神，推动建筑行业向更高效、更环保、更智能的方向发展。

七、重点加强对专精特新企业的服务

针对"专精特新"企业的发展，我们致力于加强企业之间的走访与交流，为企业提供更加贴近实际需求的"更近一公里"的服务方式。在铝门窗幕墙行业，随着国家新一轮的经济发展，科技创新与数字化、智能化已经成为全新的发展导向。以"专精特新"为代表的企业，将会成为行业内发展的新典型，它们将引领高质量发展的潮流，成为行业发展的门面担当。

八、组织编写并出版年度出版物

我们将继续致力于组织和编写年度内的行业专业出版物，确保内容的深度和广度，以满足专业人士的需求。

九、重视行业传承与文化建设

我们致力于营造一个更加注重传承的行业环境，通过各种创新的方式和切实可行的措施，不断加强和深化对行业文化的重视，从而有效提升整个行业的文化建设水平，让文化的力量成为推动行业发展的强大动力。

十、继续开展行业数据调查统计工作

我们将继续深化对行业发展产生重大影响的行业数据调查统计工作，以确保我们能够全面了解市场动态，把握行业趋势，从而为决策提供有力的数据支持。我们将通过收集和分析各种关键指标，深入挖掘行业发展的内在规律和潜在机遇。此外，我们还将密切关注政策导向和技术创新对行业的影响，以便及时调整我们的战略方向，确保在不断变化的市场环境中保持竞争力。

十一、提升行业大数据入库品牌的影响与深度

我们正计划进一步推动"大数据入库品牌"的活动，以期打造一个更具影响力和吸引力的市场化渠道。通过这一系列的举措，我们希望能够更好地整合和利用大数据资源，从而为品牌的发展注入新的活力，同时为市场带来更加丰富和多元化的选择。

十二、进一步完善友好协会库建设

在当今这个互联互通、共享共生的时代背景下，我们应当进一步完善友好协会的档案管

理工作，通过加强横向联合，促进不同组织之间的信息交流与资源共享。这不仅有助于提升协会的运营效率，还能为整个行业带来更加健康和有序的发展环境。

第七部分　未来发展展望

行业的发展呈现出多元化、创新化和绿色化的趋势。

技术创新将成为行业发展的重要驱动力。未来，行业将加大研发投入，推动技术创新，以满足市场对高性能、高附加值产品的需求。绿色环保将成为行业发展的主题。随着国家绿色建筑和节能环保政策的出台，铝门窗幕墙行业将逐渐向更加环保、节能的方向发展。分会将积极响应政策要求，推动绿色环保材料的应用，提高产品的环保性能。同时，分会还将加强标准化和规范化建设，制定和完善相关标准和规范，提高行业准入门槛，规范市场秩序。

此外，分会还将积极拓展国际市场，加强与国际同行的交流与合作，引进吸收国际的先进技术和材料，推动产品的国际化发展。

协会的工作需要细致的服务，文化理念建设也是重要的组成部分，分会一直秉承着"感恩、传承、创新、发展"的行业文化，充分利用协会平台，适应新形势的发展，继续坚持高质量发展，坚定创新、打造全产业链绿色发展，并对"感恩、传承、创新、发展"的行业文化进行升级，致力于为好房子提供"好技术、好门窗、好部品、好材料、好服务"。

未来，我们要继续做好"幕墙工匠"，提升核心竞争力，从设计到施工，辅以建筑玻璃、铝型材、五金配件、密封胶、隔热条和密封胶条等材料的相互配合的全产业生态链，完善自己的发展闭环，把基础做得更好、更扎实。

分会将始终与行业、会员单位等站在一起，共同学习、共同进步，矢志不渝地为我国建筑门窗幕墙事业的辉煌明天不断奋斗。

凌云出海战略——全球化进程"三部曲"

朱应斌　余凡姣

武汉凌云建筑装饰工程有限公司　湖北武汉　430040

摘　要　随着经济全球化的不断深入,我国企业正逐步走向世界,寻求更广阔的发展空间。本文以武汉凌云幕墙公司为案例,分析其"走出去""走进去"和"走上去"的"三部曲"战略,探讨其在全球化浪潮中的发展历程和成功经验。通过具体工程案例分析,本文旨在揭示我国企业如何通过国际化战略,提升自身的技术创新能力和品牌影响力,与国际接轨,推动建筑美学与功能的融合,提升城市建筑风貌。通过技术创新和产业升级,企业可以提高资源利用效率,促进可持续发展,同时带动经济增长,创造就业机会。

关键词　凌云幕墙;全球化;"三部曲"战略;技术创新;品牌国际化

1　引言

在广袤无垠的海洋上,波涛汹涌,风云变幻,但那凌云而起的帆船,始终在追寻着属于它的彼岸,正如我们在经济全球化的浪潮中,逐步走向世界。

北京大学林毅夫院长曾提出,中国需要宏观层面的"三步走"战略,以此引导我国企业整体的国际化可持续发展。企业在海外发展要高瞻远瞩,把自己的国际化发展目标与国家的国际化发展目标相结合。

在经济全球化的大背景下,我国企业面临着前所未有的机遇与挑战。武汉凌云建筑装饰工程有限公司作为中国幕墙行业的领军企业,通过实施"走出去""走进去"和"走上去"的"三部曲"战略,成功开拓了国际市场,提升了品牌国际知名度。本文将详细分析武汉凌云建筑装饰工程有限公司的国际化进程,探讨其在全球化浪潮中的成功经验。

2　"走出去"——扬帆启程

伴随着我国建筑行业的腾飞,一些国际项目也将目光投向我国,2000 年成立的武汉凌云公司已在国内业界游弋多年,并日臻成熟,企业需要新的市场、新的经济增长点,希望能够迈出国门,走向世界。

2001 年 3 月,凌云迎来了历史性的时刻,成功签订第一个美国本土的外装饰工程合同——匹兹堡会展中心幕墙工程。此工程中,武汉凌云公司采用了世界首创的柔性钢索单元体幕墙技术。这种新型的幕墙系统不仅提升了建筑的美观度,还极大地增强了结构的稳定性与安全性。在项目实施过程中,团队克服了语言、文化和技术标准等多重难题,以高效的沟通和严格的质量控制,确保工程的顺利进行。

2004 年,武汉凌云公司时任总经理围绕"我们的'蓝海'在哪里,新的市场、新的经济增长点在哪里"的企业发展问题，提出"蓝海战略"。同年 11 月，北京举行全国性的建筑幕墙产品展览会，国内国际有关人士如云集蚁聚，纷纷前往。凌云幕墙也拿出自己最有代表性的产品，功夫不负有心人，并在展会上有所收获，与诸多国外代理商建立商贸关系。此后，武汉凌云公司初期尝试承建了一些有代表性、有影响力的工程，如美国匹兹堡劳伦斯会展中心、冰岛歌剧院、哈马拉大厦等。

2005 年，武汉凌云公司加快开拓国际市场，取得了对外贸易经营权和对外承包工程业务经营权；2006 年，公司与华中科技大学联合立项光伏幕墙的应用研究课题，并将研究成果成功应用于科威特沃巴保险公司总部大楼等项目上。2007 年，公司承建冰岛歌剧院项目，"凌云人"凭借过硬的实力，将设计师的理念完美地向世人呈现，为中冰建交 40 周年献上了厚礼。从冰岛雷克亚未克大酒店到科威特阿拉亚大厦，从迪拜劳力士大厦到科威特哈马拉大厦，"凌云幕墙"的品牌在海外逐步打开市场，打响知名度。

2.1 冰岛歌剧院项目

在冰岛首都雷克雅未克海岸边，矗立着一座晶莹剔透的玻璃建筑——冰岛歌剧院（图 1）。冰岛歌剧院造型独特的六棱柱晶体玻璃幕墙，其设计灵感来自冰岛久负盛名的自然景观——火山喷发的岩浆冷却风化形成的玄武岩石柱（图 2）。整个外幕墙由 1000 余个六棱柱框架与不同角度、不同颜色的多边形玻璃面板拼接而成，捕捉和折射着高纬度的阳光，晶莹剔透，像一座巨大的水晶雕塑，在北极圈的阳光下熠熠生辉。

图 1　冰岛歌剧院主立面

艺术家的想象力天马行空，不落凡尘，在实施细节上更是追求完美，用雕塑的美感来要求结构件。所有杆件要均匀轻灵，光滑平整，角度要有美感，不允许有外露连接件。这就需要 12 面体几乎所有的单元单独进行三维建模，并与相邻单元及周边主体结构组合装配，综合考虑美学和力学。本工程是武汉凌云公司较早的实行全三维设计的项目，公司以此为契机在行业内率先进入 BIM 时代。

结构计算的难度显而易见。独立分散的 12 面体钢构架，要通过内嵌的连接件拼接成一个刚柔并济的整体，既要足够的"刚"，能当一道挡住北冰洋肆虐狂风的墙；又要足够的

"柔",能释放掉对主体结构不利的温度应力和附加弯矩(图3)。面对超大风压、主体结构承力的严苛限制以及欧洲标准等技术障碍,结构工程师认真细致地计算,结合有限元分析工具终于逐一扫清。

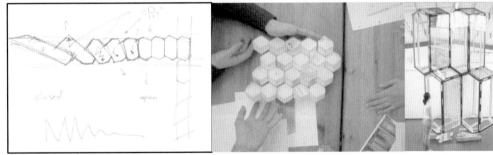

图2 艺术概念提取

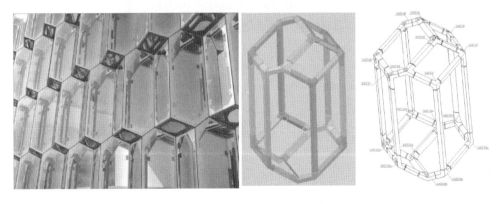

图3 建筑创意及实施过程

2021 年 5 月 4 日，冰岛交响乐团的首场音乐会（图 4）在冰岛歌剧院的埃尔德堡音乐厅（Eldborg Concert Hall）如期举行，这标志着该工程正式投入使用。随后，该建筑成为冰岛交响乐团、冰岛歌剧团和雷克雅未克大乐队的正式常驻基地。众多世界闻名的乐队、独奏家、舞蹈团和剧团都曾在这里演出。首演当天，冰岛国家邮局专门发行了印有冰岛歌剧院幕墙的纪念邮票，受到冰岛市民的欢迎和抢购。

由于完美履约，武汉凌云公司得到冰岛业主的好评和中国驻冰岛大使的赞扬，进一步增强了我国公司在北欧的良好形象，为武汉市与冰岛第二大城市——科波沃市（Kópavogur）建立友好城市打下了基础，为中冰建交 40 周年（1971—2011）系列庆祝活动交出了一份满意的答卷。

图 4　首场音乐会

冰岛歌剧院是当地著名的地标，在欧美建筑界享有盛誉，其地位与悉尼歌剧院相当。尽管建成时间不长，冰岛歌剧院却以其独特的设计和精良的质量获得了无数奖项，涵盖建筑设计、音乐会和会议中心等多个方面，包括 2011 年最佳音乐会和会议中心奖、2011 年最佳北欧公共空间、2012 年北欧最佳会展中心、2013 年密斯·凡·罗当代建筑奖、2016 年欧洲最佳会议中心和商务目的地、2018 年 USITT 建筑奖等。

冰岛外交部司长皮特·奥斯格尔松（Peter Ásgeirsson）先生说。"冰岛人民感谢中国的武汉凌云公司建造了一座这么美丽的剧院，它实现了冰岛人民长久以来拥有一座大型剧院的梦想，歌剧院必将成为中冰两国人民友谊的象征。"

IPC 总工程师雷克哈顿（Rikhardur）先生说。"武汉凌云公司拥有这个世界上最好的工程师，最优秀的工程团队。我敢说这项工程是世界上少有的复杂工程之一。在我看来，能够胜任冰岛歌剧院幕墙工程的公司，在欧洲只有德国公司，在中国只有凌云公司。当大家看到了歌剧院建成的情况，答案就揭晓了，凌云公司做到了，而且做到了最好。"

2.2 科威特哈马拉大厦项目

科威特哈马拉大厦（图 5）距离波斯湾海仅 1km，是科威特第一高楼。其外立面造型为半蜷曲状，非对称结构式结构。幕墙形式包含大面积的浅灰色隐框单元体幕墙、弧形扭曲单元玻璃幕墙、复杂造型不锈钢雨棚等，其中，干挂石灰石幕墙的建筑高度达到 400m。

图 5　哈马拉大厦

哈马拉工程存在 1.5 万 m² 的扭转面 Trencadis 马赛克面材，分布于仰角达 77°自下而上的逆时针螺旋面上。此处的结构为实体墙，没有供吊篮吊臂架设用的开洞，无法安装吊篮悬挂点。另外 SE 和 SW 两个实体墙扭曲面属于三维方向扭曲，在不同标高的展开方向以及楼板进出之处都在发生变化，并且存在"正锥"和"倒锥"两个不同角度，这对于 Trencadis 马赛克面材安装是很大挑战，尤其是 SW "倒锥"难度极大。为此，工程必须设计一种能够适应墙面扭转、易于操作的面材安装方法。

本工程的技术难点在于曲面瓷板幕墙，其中又以 25～70 层的倒锥双曲面最为困难。倒锥角度使每楼层高范围内墙体缩进约 0.67m，每十层楼高就缩进 6.7m 的距离，加上轨道宽度，轨道吊上的吊篮离墙悬空将近 7m。此时，施工方可以一方面增加轨道设置次数，减小设置的楼层数，另一方面在预埋件上设置牵引钩，牵引钩在建筑结构施工时就进行预埋，施工时将轨道吊放下的吊篮强力固定在牵引钩上。正锥双曲面瓷板幕墙的安装也采用轨道吊的方式进行。

"走出去"是一个企业走向世界的第一步，象征着开放与包容，体现了武汉凌云公司勇敢迈出国门、探索更广阔天地的决心。2007 年，武汉凌云公司结合自身的优势和能力，带着梦想正式成立海外公司，全面打开国际市场。在这个阶段，企业学习国际规则，借鉴先进经验，寻求发展机遇，正如一位勇敢的航海者，背负着梦想与希望，扬帆起航，驶向未知的海域。

21

3 "走进去"——迎风航行

随着"走出去"战略的推进，武汉凌云公司逐渐意识到，仅仅走出国门是不够的，更需要"走进去"。这意味着公司要深刻理解和融入所在国家的文化、市场和法律环境，和当地企业建立信任与合作，实现共赢。要想在国际市场蓝海里遨游，必须从观念、管理、技术、组织、人员等诸多方面彻底更新。武汉凌云公司成立了体系功能齐备的海外公司，全力应对海外市场，先后在冰岛、科威特、澳大利亚、英国等地区展开布局，并根据其特点，提供合适的定制化技术服务，具体如下：

（1）冰岛：提供适应寒冷气候的幕墙服务。采用高效保温材料，确保室内温暖，同时注重防风、防潮设计，抵御恶劣天气，提升建筑舒适度与耐久性。

（2）科威特：提供隔热性能卓越的幕墙。采用反射性强的玻璃等材料，有效阻挡太阳辐射，降低室内温度，减少空调能耗，适应沙漠环境特点。

（3）澳大利亚：提供兼具美观与环保性的幕墙服务。考虑到多样气候条件，选用合适材料，注重防火、抗震性能，同时融入当地自然风格，打造特色建筑外观。

（4）英国：提供符合当地建筑风格和标准的幕墙服务。注重历史建筑与现代幕墙的融合，采用高品质材料，确保结构安全与美观，提升建筑整体品质和价值。

3.1 科威特 Avenue 4 项目

本项目规划为科威特高端商业建筑（图6），武汉凌云公司综合考虑建筑功能及自然地理条件，结合热工性能、安全性能、光学性能与声学性能要求，充分发挥各种幕墙技术、材料、方法及工艺的优势，在满足健康安全舒适的要求下，合理提高热、光、声舒适度，以呈现良好的建筑实用性与美观效果。

图6　Avenue 4

项目中的幕墙亮点主要为飘带曲面铝板幕墙和异形采光顶系统（图7）。曲面铝板幕墙是本工程体量最大、难度最大、形状最复杂的区域。铝板曲率变化无规律性，必须通过参数化进行拟合。单层网壳结构可以很好地适应建筑外形，可以形成各种曲面，同时现场施工不需要大型设备，施工条件要求较小，综合经济性好。

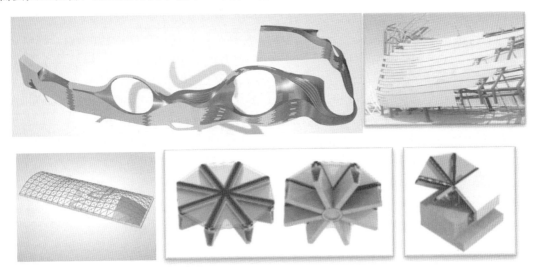

图 7　项目异形系统

3.2　英国 Portal West 项目

本项目为融合性建筑项目，面对现代城市中较为成熟的传统街区，项目重点为如何对其进行扩展和延伸，它不仅局限于建筑层面，还会涉及保护、功能、景观、与现代化城市融合等方方面面。项目充分运用了装配式技术，既保留了街区的传统风格，又不失现代感，承载着伦敦的历史和文化。Portal 一词本意就是（建筑物的）壮观的大门、正门。所有四栋楼的裙楼商业区红砖造型，及其塔楼的 GRC 造型，都呼应了工程名称的本意。

项目包含 A、B、C、D 四栋楼，建筑最高高度为 184m，裙楼为商业区，塔楼为住宅区域。整个建筑形体由下而上、由基座延伸至塔楼，由传统过渡到现代。

图 8　Portal West

装配式技术是本工程的主要亮点。其中，面砖系统（图9）将现场砌砖工作转移至车间，整体形成完整的水密、气密体系，减少现场施工工序，保证质量和安装工期易于控制。这套系统的砖墙防火要求很高，公司根据 BS EN 1364-1 的测试方法程序进行试验，经过30min 的测试，样件整体完好，工作性能稳定，无坍塌坠落等现象发生。

图 9　面砖系统

另一个比较有趣的地方是三角形错层阳台的设计（图10），阳台整体极具美观性，同时采光性能优良。结构计算控制贯穿阳台施工的全过程。转接系统设计三维可调节、安装方便，连接件在单元板块内，板块安装完成后，阳台直接螺接固定。阳台作为整体模块，在车间组装完毕，使用独立货架打包固定，然后装入集装箱发运到现场。三维可调节的嵌入式转接系统将阳台转接件集成到单元体中，在工厂内完成防水处理，在现场只需将螺栓接入预留螺纹孔内固定即可（图11）。为保证阳台的防水性能，公司在现场进行了注水测试。

图 10　三角形阳台结构计算

图 11　一体化安装

　　高性能门窗也是武汉凌云公司在海外工程中重要的设计产品之一。本项目涉及一款低门槛门，英国标准（BS8300：2009，6.2 条）及《禁止残障歧视法案》（DDA）规定，门槛高度不应高于 15mm 以便轮椅通过。公司设计的这款提升推拉门（图 12）符合相应要求。

图 12　高性能门窗系统

"走进去"如同在一片新大陆上扎根，种下希望的种子。通过与当地企业的合作、与政府的沟通，武汉凌云公司不仅带去了技术，更将中华文化向世界传播。在这一阶段，武汉凌云公司所需的不仅是单纯的输出，而是深入的交流与互动，通过了解当地消费习惯和需求，调整产品和服务，以更好地满足当地市场需求。同时，公司通过在当地建立销售渠道、设立分支机构等方式，更好地融入当地市场。此外，公司还积极培养和引进熟悉当地市场的专业人才，确保本地化运营顺利进行。这样的"走进去"，让公司与世界的每一次碰撞都充满了温度与深度。

4 "走上去"——掌舵远航

"走上去"是武汉凌云公司追求更高目标的必然选择。在这个阶段，公司不仅是参与者，更是引领者。在"走上去"阶段，公司致力于技术创新和品牌国际化，力求在国际市场上形成差异化竞争优势，并引领行业发展。

4.1 科威特国际机场项目

科威特国际机场（图 13）作为世界级绿色航空港，目标是成为世界上第一个获得 LEED 绿色认证金奖的航空客运枢纽。公司通过全周期 BIM，实现了对该项目全流程的实时监控，确保了项目的顺利进行。

图 13 科威特国际机场

本项目 BIM 流程（图 14）非常完善，包括初期规范的制定和统一，以及整体工作路径和信息传递方式的确认，高精度的模型能保证精确地加工和完善的图纸输出，辅助项目整体的安装定位工作，也可根据现场实测数据，生成钢结构校核报告及校核模型，实现参数和信息在不同平台之间的导入等功能。

目前，武汉凌云公司已基本打通幕墙工程 BIM 建造全流程（图 15）。跨平台的互联与合作创新性解决了管理、设计、加工、施工等多方位问题，具有极强的推广价值。

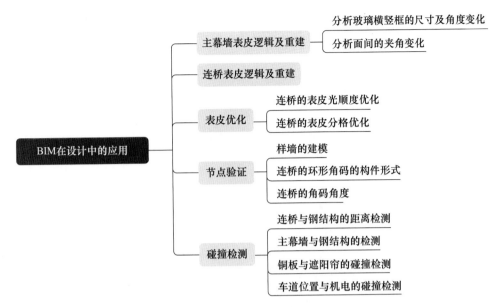

图 14　BIM 主要设计流程

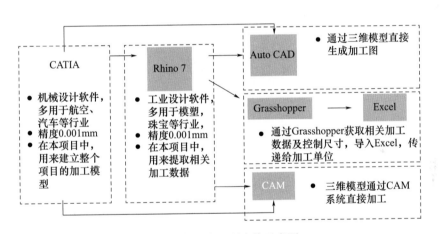

图 15　跨平台互联合作示意图

科威特机场也是凌云在海外承接的重点项目之一，建筑面积庞大、系统复杂。经过精心设计与严格测试，公司最终完成了该项目的设计和施工，体现了其在高性能幕墙产品领域的专业性。

4.2　澳大利亚 435 Bourke Street Project 项目

此建筑立面造型别致，包含 GRC、陶棍、花瓣铝板造型，塔楼大面包含大量光伏幕墙系统，是澳大利亚维多利亚省第一个大批量使用光伏玻璃的建筑，走在绿色建筑潮流的前列（图 16）。

项目整体亮点主要为 BIPV 光伏设计和异形 GRC 装饰。目前，光伏幕墙已经在全球范围内被广泛运用。作为绿色建筑，其优势明显，不仅满足节能减排的绿色建筑要求，同时，光伏产生的电后期还可以产生一定的经济效益。GRC 造型则具有灵活多变的造型，在海外项目，尤其是在澳大利亚项目中实际运用较多。

"走上去"是一种自信的展现，标志着武汉凌云公司已不再是单纯的追随者，而是走在前列的开拓者。公司不仅是在为自身的发展铺路，更是在为全球的未来而努力。

图 16 澳大利亚 435 Bourke Street Project

5 "未来"——智慧全球

国际整体建筑趋势始终围绕绿色、节能、低碳、环保以及全周期的运维等主题。武汉凌云公司的发展规划和思路依然是"多管齐下"，即培养兼具理论与实践能力的人才，同时开展在职培训提升员工技能；加大研发投入，探索新型材料和智能设计；积极拓展国内外新兴市场，针对不同地区需求定制产品，加强品牌推广。这些措施将促进企业提高生产效率和产品质量，打造完整产业链，推动企业向智能化、绿色化转型。

"三部曲"战略是武汉凌云公司国际化进程的重要里程碑。从"走出去"到"走进去"再到"走上去"，公司在全球化进程中不断探索。这一路走来，公司不仅在国际市场上取得了显著成绩，还提升了自身的技术创新能力和品牌影响力。未来，随着全球化进程的加速和"一带一路"倡议的深入推进，武汉凌云公司在国际市场上有着更加广阔的发展前景。

作者简介

朱应斌（Zhu Yingbin），武汉凌云建筑装饰工程有限公司副总经理兼总工程师。

余凡姣（Yu Fanjiao），武汉凌云建筑装饰工程有限公司技术部标准室主任。

品牌是门窗幕墙企业工程营销增长的动力

宋雪原

亚萨合莱国强（山东）五金科技有限公司　山东乐陵　253600

摘　要　现在市场主导权转换，这要求工程营销既要有好产品，又要有好包装，高品质产品、高价值及差异化解决方案成为工程营销竞争重要因素。工程营销不仅要有好的产品服务，还要做好品牌包装和价值传导。本文简要分析一下如今工程营销品牌推广存在的一些误区，以及工程营销如何实现"品效一体"，供大家参考。

关键词　市场；建筑；工程营销；品牌宣传

1　引言

新周期为什么要求工程提升品牌力？主要有以下几点考量。

1.1　市场主导权转换

随着市场的变化和消费者需求的多样化，工程营销既要有好产品，又要有好包装，高品质产品、高价值及差异化解决方案成为工程营销竞争重要因素。工程营销不仅要有好的产品服务，还要做好品牌包装和价值传导。

1.1.1　市场端

终端购房者主导房地产市场，购房者对产品品质、功能要求、品牌要求提升，而购房者的消费心理变化影响到采购方对选择产品的考虑。

1.1.2　房企端

国企、央企已成为房地产市场主力军，不同于民企，国企、央企在性价比和品牌品质之间，更加注重品牌价值。

1.1.3　业务模式端

代理模式逐渐兴起，工程营销业务模式由厂商主导转向厂商拓展工程经销商实现集采落地。而想要拓展足够多的工程经销商，品牌和工程营销实例必不可少。

1.2　行业集中度提升

在工业品牌 4.0 时代行业集中度提升的大背景下，竞争格局逐渐激烈，这加速了 B 端品牌营销时代的到来。例如，2023 年防水 CR3 提升 4.59％至 27.02％，建筑涂料 CR5 提升 9.01％至 28.81％。集中度提升叠加工程营销客群需求变化，加速了供方企业出清，在优胜劣汰的大环境下，拥有品牌优势的企业将保持较强韧性。

1.3　决策信息来源多元，市场环境不确定性高

在决策信息来源多元、市场环境不确定性增加的背景下，品牌对于企业销售的贡献越发凸显，所以构建品牌的三大价值越发重要。

1.3.1　第一大价值：建立市场认知，提升获客

初入市场的企业、以智慧智能为发展方向的初创企业和中型企业，尚未完全建立对于市场的认知。这些企业通过梳理产品资产与品牌故事，选择合适的渠道进行传播，可以提升终端客户和采购方对企业的认可，促进获客转化。

1.3.2　第二大价值：树立专业和品质印象，强化信任

拥有新技术或高品质产品的专业型企业，可以对其技术和产品进行包装，形成专业解决方案，编写知识传播型的白皮书，树立企业的专业形象，从而强化客户信任度，减少决策链路的长度。

1.3.3　第三大价值：构建品牌 IP，提升溢价

与终端消费者生活息息相关的生活要素类的企业可以基于区别于其他企业的差异点，持续进行高价值品牌的塑造，或者打造品牌 IP，实现自身与终端客户的情感链接，也可通过个人带动企业，提升采购方对品牌的认同感，从而获取品牌溢价。

2　工程营销品牌推广存在的误区

2.1　急于求成

企业缺乏合理的品牌建设与推广规划，过度关注短期销售转化，以短期获客情况为指标决定构建长期品牌的推广动作，要求看到即时效果，导致品牌投入不持续。

2.2　无的放矢

企业营销时照搬 C 端的品牌推广手段，广撒网、盲目推广，客群不精准，花费人力财力，但收效甚微。

2.3　缺乏辨识度

品牌推广没有与企业自身及产品特点相结合，品牌推广内容同质化，缺乏品牌内核，无法与其他友商拉开差距，导致目标客群对其无感知，在采购产品时不能第一时间想到该品牌。

2.4　重流量、轻留存

企业没有有效承接和沉淀每次品牌营销动作带来的流量，没有建立客户私域，导致大量的品牌投入打水漂，难以形成长尾效应。

3　工程营销如何实现"品效一体"

3.1　"品效一体"的概念

"品效一体"主要指品牌营销和销售转化的结合，即在品牌建设和推广的同时，也要实现销售转化。这个概念强调，品牌营销不仅是为了提升品牌形象，而且要直接关联到实际的销售效果。

3.1.1　品牌营销（"品"）

品牌营销指企业通过市场营销活动，使客户形成对其品牌和产品的认知，这是企业为了获得和保持其竞争优势所必需进行的活动。

3.1.2　销售转化（"效"）

销售转化指客户的购买和行为转化，如用户的购买、询问、搜索等行为，这些都是形成用户最终购买转化的先兆指标。

3.1.3 "品效一体"模式

这种模式要求企业在品牌推广活动的同时考虑销售转化,确保每一次的品牌营销活动都能直接或间接地促进产品销售。通过组合式推广手段,既可提升短期的销售效果,又可达成品牌形象的长期价值塑造。

3.2 如何实现"品效一体"

3.2.1 品牌规划

企业品牌规划应长期与短期结合,兼顾品牌与获客,将品牌推广动作导向"品效一体"合理规划的路径,做好战略规划与策略计划的结合,规划是基础,计划是执行和验证,两者相互促进。

3.2.2 制定3到5年长期规划

一是要从以下几点对品牌影响力进行检查:

① 品牌知名度,即品牌在目标区域和目标客群中的知名度;

② 品牌认知度,即目标客群对于品牌的哪些价值认可,如品质、档次、技术、创新、价格等;

③ 品牌忠诚度,即对于品牌较为忠诚的目标客户有何特点;

④ 品牌联想度,即相同品类中,目标客户是否能够第一时间联想到该品牌。

二是要建立品牌战略规划,研究企业的品牌内核是什么,原内核是否需要升级;基于原产品、原内核的品牌影响力如何提升;新产品是否建立新品牌,如何宣传推广。

三是要制订年度计划,综合运用偏品牌类推广与偏效果类推广等方式,多手段配合,多渠道投放。企业要结合不同侧重点,实现团队整合、资源整合、媒介整合。

3.2.3 策略计划

企业要基于品牌战略,设定年度目标,明确每次推广动作的要求,形成分阶段、分步骤的执行计划。

一是年度目标,即基于品牌战略,形成年度策略品牌营销推广目标,包括品牌认知、品牌影响力提升、链接客户数获取商机数等。

二是单次推广动作目标,即本次推广的目的、推广活动的优先级、投入的金额、推广的时间、客户影响的持续性等。

从客户视角来看,对于全生命周期的客户,企业应根据其不同阶段,针对性地形成推广组合拳,对于重点客户同时进行品牌植入与销售转化。

3.2.4 塑造差异

企业应找到自身产品与服务的差异化卖点。如果与同类厂商相比企业同质化程度高,自身提供同样的产品与服务产品,其价值体现不明显,客户会倾向价格低的品牌。

因此,针对同类厂商,要提供差异化产品或服务,体现企业的独特价值,如技术先进、行业唯一、品质过硬等特点,在价格不是主要因素时,目标客户就有可能选择该品牌。

在塑造差异时,企业要洞察目标客户的采购需求,为自己的产品与服务"贴标签",构建差异化的价值树,加深客户印象,让客户在有采购需求时可以第一时间想到自己。

3.3 如何构建工程营销 IP

优秀的品牌 IP 在品牌传播中有"4 高"特征,即高辨识度、高传播度、高持续性、高心智占领,好的品牌 IP 可以使企业的差异化标签更加深入人心。工程营销 IP 可按以下方法构建：

① 工程营销 IP 定位，洞察客户需求，找到差异点，检视品牌资产，挖掘 IP 资源；

② IP 要素创建，建立有辨识度的 IP 对外输出标识和符号；

③ IP 内容生产，围绕 IP 组合内容体系；

④ 传播输出，实现品牌 IP 声量扩散。

3.4 如何做好内容营销

内容是影响关键人的重要抓手，可贯穿于客户的全生命周期，工程营销本身具备专业性，产品手册、知识读本等内容在打通客户关系的全生命周期中都发挥了重要的作用。

当前采购方对于硬广接受度变低，以价值和专业为主要的内容推广更容易被认可，同时，相较于盲目的大投入、低效果的广告推广，做好内容后，企业可以采用精准渠道进行品牌推广，实现低投入、高效果。

工程营销需要对以下内容进行介绍：

① 解决方案：针对目标客群各个行业、主要业务场景的解决方案。不同客户周期，要有不同细度的解决方案。

② 客户案例：目标客群的各个行业和主要业务场景的客户应用案例。客户案例是工程营销中最能印证供方实力的内容素材。客户案例可以合作客户为基础，彰显实力；展现工程结果，将复杂的产品直观化；看到直观效果，让客户产生结果预期。

③ 知识培训：课程、直播、培训课程等。

④ 行业报告、榜单：自身生产、与外部机构合作、外部机构评定的行业报告、权威榜单等。

⑤ 技术干货：技术类的课程、总结方案、文章等。

⑥ 产品介绍：产品手册、文章、长图等。

3.5 工程营销品牌推广渠道

3.5.1 线下：行业展会、活动

大部分展会和活动的目标客群为零售经销商，企业通过目标客群关注的展会、活动，实现品牌推广。展会与活动的选择原则有三点：一是受众匹配度，即主办单位在目标客户行业的影响度，活动整体受众的分布受企业、职能范围、是否决策人影响；二是费用与权益，权益包括广告位、高管宣讲、核心客户链接等，费用为同类型活动费用占比；三是目标客户的报名情况，不同节点的参会企业数、目标客户数不同。

3.5.2 线下：地广推广

户外广告及地铁高铁广告客群不精准，投入金额大，也不具备流动性和任何涉及数据的转化性，主要任务是曝光，对于最终盈利不能一步到位，且目标客户主动接收信息的意愿不强。

3.5.3 线上：社媒渠道

工程营销与 C 端营销有区别，C 端常用的抖音、小红书等渠道的种草转化逻辑不适用于工程营销。

线上广告主要以各大社交媒体为主，如今处在快速发展期，需求成熟，每个平台有不同的人群属性，如今主要平台有抖音、快手、微博、今日头条、小红书等，形式主要以文章、视频等为主，可为门店或者品牌带来相应的效益，从关注到引流，再到转化，各环节的衔接

呈现一条字体业务线，最终目的就是提升产品销量或现金收益。线上渠道通过吸睛的广告内容确实给商家带来了不少盈利，其优势就是具可传播性，转化周期短，可控制 ROI，随时看到盈亏数据，可及时止损。

3.5.4　自建渠道：面向新/老客户进行持续营销；

一是自建社媒渠道，如公众号、抖音号、官网等；二是主办或联合主办活动，如针对各个行业客户的沙龙活动；三是构建小程序化的数字展厅促使客户进入自身私域。

3.5.5　工程营销线上渠道的类型

企业应根据客户特点，寻找合适的传播渠道结构，将品牌内容投放到客户看得到、转化可能性最大的地方，选择客户关注信任的平台，以及能够精准导流的线上平台，主要包括以下几个方面：

① 企业网站建设：企业网站是进行网络营销的基础，需要包括企业介绍、产品展示、技术优势、成功案例等内容，以便更好地向客户展示企业形象和产品优势。网站的设计风格需要与企业形象相匹配，反映企业的专业性和可靠性。

② 多渠道宣传：除了企业网站，通过社交媒体、行业平台等多种渠道进行宣传也是重要的一部分。通过微信公众号、微博、行业论坛等多种渠道，不仅可以扩大企业的曝光度，还可以更广泛地与客户进行互动和沟通。

③ 搜索引擎优化（SEO）：通过优化企业网站的内容、关键词等信息，提升企业在搜索引擎上的排名，从而获得更多的曝光和流量。这对于工程企业来说尤为重要，因为搜索引擎上的排名可以直接影响到客户的选择和决策。

④ 内容营销：企业可创作优质的内容，包括文章、视频、图片等形式，通过自媒体平台进行发布和推广，提升品牌知名度和客户黏性。这包括定期发布相关行业资讯和案例解析，以及通过社交媒体运营计划等。

⑤ 线上广告推广：企业可设计线上广告创意和文字，投放相应等广告平台，策划和组织线上营销活动，邀请专业人士举办讲座或研讨会，以吸引更多的潜在客户。

⑥ 数据分析和监控：企业可对客户访问数据、转化率等数据进行分析，了解客户的需求和行为特征，从而优化营销策略，提高营销效果。这包括定期收集和分析网站流量数据，根据数据调整网站内容和营销策略。

企业线上渠道的选择思路有四点：一是可以影响客户决策，攻占心智，影响采购决策，赢得长期信赖和忠诚；二是可以信用背书，获得客户更高的关注，赢得客户更深的信赖；三是识别性高，目标受众高识别品牌主张更具说服力；四是精准导流，目标客户对于品牌选择、采购的精准导流。

3.6　品牌活动管理

企业要做好线上直播造势与线下活动的全过程管理。

（1）活动前可进行以下工作：

① 渠道传播：自建或选取合适传播渠道进行宣发，客群溯源效果明确清晰；

② 裂变传播：打通社交营销，采用积分激励，实现裂变获客；

③ 精准邀约：可根据全体标签画像，定向邀约高匹配客群；

④ 营销自动化：自动向用户发送参会提醒。

（2）活动中可进行以下工作：

① 营销自动化：活动智能签到；

② 实时互动：支持红包、抽奖等多类互动玩法，提升客户参与度；

③ 引导留资：会议各环节支持行动号召，引导用户下载留资；

④ 客户画像：记录客户会议行为，分析用户需求偏好。

（3）活动后可进行以下工作：

① 资料下载：会后可以进行资料下载；

② 效果量化：量化邀约、报名、参会、下载等各个环节；

③ 客户分析：进行客户观看直播和参会行为分析，把控客户关注点；

④ 营销分析报表：通过个性化勾选表头，生成会议营销分析报表。

3.7 数字化闭环

企业可以采用数字化工具，做好资源承接，实现"品效一体"。工程营销品牌推广为何需要数字化工具？

一是工程营销决策链长，易丢单。与 C 端的消费者偏向冲动购买、决策时间较短的情况不同，B 端工程营销从品牌触达到转化时间周期长，如果不借助数字化工具实现闭环，极容易丢失客户丢失的情况。

二是推广链条不通，数据缺乏。品牌推广的增益效果难以衡量，相较完整的 C 端营销链路，传统的 B 端工程营销更依赖销售团队能力，对品牌推广与销售的衔接管理不到位，如果不借助数字化工具，很难衡量品牌推广带来的增益性效果。

三是数字化推动品牌营销形式多样化，效果精准化。工程营销的品牌及获客使用的手段较为传统，面对越发强调综合实力的市场竞争环境，采取多样化、精准化的品牌营销手段极为必要。

四是借助数字化，可实现工程营销的品牌推广的形式创新、体验提升，承接精准流量变为"留量"。如数字展厅可承接公域客流，促使客户需求从"盲人摸象"到"了然于心"，不仅缩短了决策链长度，还提升了客户体验感。

4 结语

综上所述，通过品牌推广，企业可以通过增强企业认知度、建立客户关系、持续创新以及加强团队协作等策略，推动企业工程营销增长。

参考文献

[1] 艾·里斯，杰克·特劳特，著.定位[M].邓德隆，火华强，译.北京：机械工业出版社，2017.

作者简介

宋雪原（Song Xueyuan），男，1985 年生，中共党员，工程师；长期从事品牌宣传推广及新产品推广服务工作，连续两年被公司评为"先进工作者"，获中国建筑金属结构协会塑料门窗及建筑装饰制品分会"门窗行业工匠"、山东省品牌建设促进会"品牌官"等称号。

中国门窗更换市场前景浅析

宋雪原

亚萨合莱国强（山东）五金科技有限公司　山东乐陵　253600

摘　要　门窗已经成为家居建材行业备受关注的热门品类，特别是随着存量房时代的到来和消费升级的兴起，二次装修需求、改善型住房需求激增，门窗企业迎来新的发展机遇。2023 年，随着经济市场逐渐复苏，包含门窗行业在内的家居建材行业的刚性需求不断释放，消费者的购买能力和认知水平都在提升，消费趋于理性且多元化，门窗更换行业迎来新的市场发展阶段。

关键词　建筑；门窗；更换；市场

1　引言

"十四五"规划以及建筑业发展纲领为未来指明了方向，未来仍将围绕"短期稳增长，长期促发展和调结构"为主。当前中国经济依然面临"需求不足、供给冲击、预期转弱"的压力，房地产与建筑业的发展形势已发生根本性转变。对于 2024 年上半年的经济发展，大多数企业家认为，在国家政策推动下，经济发展有所恢复和好转，运行总体平稳，但是，企业经营仍面临较多困难。部分企业现金流紧张、投入不足、扩张意愿下降，传统产业尤其感到困难。

经历过众所周知的地产调整、全球公共卫生事件之后，加上全球性的经济下行，我国门窗行业受到市场波及，经过行业内企业的自我调节，逐渐形成产品、定位有所区别的分层。门窗已经成为家居建材行业备受关注的热门品类，特别是随着存量房时代的到来和消费升级的兴起，二次装修需求、改善型住房需求激增，门窗制造及相关配套企业迎来巨大的发展机遇。2024 年，随着经济市场逐渐复苏，包含门窗在内的家居建材的刚性需求不断释放，消费者的购买能力和认知水平都在提升，消费趋于理性且多元化，门窗更换行业迎来新的市场发展阶段。

2024 年，我国加快推进城市更新行动，全面开展城市体检工作。2025 年，国家将再改造一批城镇老旧小区，推进城市危旧房的改造，此外，还要继续建设一批完整社区，重点补齐"一老一小"等设施短板，加强无障碍环境的建设和适老化的改造。

城镇老旧小区改造是推进城市更新的重要内容，对提升社区生活环境、完善基层社会治理、提升居民幸福感等方面具有积极作用。从全国范围来看，老旧小区改造正在高位推进。建筑能耗占整个社会总能耗的 45% 左右，建筑门窗能耗占建筑总能耗的 50%，因此，建筑节能对于"双碳"目标的达成意义重大。而在建筑整体节能环节中，建筑外门窗作为建筑热传导热交换最直接、最敏感部位，是建筑能耗最大的部位，也是最易被忽视的部分，因此，建筑门窗的节能已然成为建筑节能的关键。

2 建筑门窗行业背景

在常规建筑中，建筑门窗约占整个建筑面积的 34%，其中，进户门、内门（不含特种门）约占 11%，建筑外窗（含封凉台）约占 23%。

我国既有建筑约 700 亿 m^2，其中，存量门窗约 238 亿 m^2，95% 以上不节能，需要更换。按每年更换 8%（平均每 12 年更换一次，德国、法国平均每 8 年更换一次）计算，每年约更换门窗 20 亿 m^2。按终端市场 1500 元/m^2（出厂价 800 元/m^2 左右）计算，每年约有 3 万亿元产值。

我国建筑门窗产能已经完全满足国内的需求，并逐渐走向国际市场，在澳大利亚、北美、东南亚、西亚、非洲等国家和地区取得了不错的成绩，总体产量已是全球第一，但在高端门窗市场上依然缺乏竞争力。

我国建筑门窗行业是一个体量大但企业规模较小、行业集中度较低的行业，没有产值超过 100 亿元的公司，产值超过 50 亿元的也很少，这说明行业发展还处于初级阶段，竞争也处于低价格、低水平的阶段。行业要想完成向高质量发展的转变，需要国家宏观政策的引导和新理念、新技术、新发展模式的加持。

随着城市化进程加速，人们对于居住环境的要求也越来越高，对于门窗维护和修理的需求也在不断增加。此外，随着建筑物的老化，门窗也会自然损坏，需要维修和更换。因此，门窗维修行业有着广阔的市场前景。

门窗是当下发展势头非常好的行业，在政策和市场的驱动下，预计未来两三年将出现发展高峰期。针对旧窗换新，商品房在经过二三十年的洗礼后，必然会出现门窗损坏、漏风漏雨等问题，同时存量房二次装修市场机会巨大，旧窗换新定然是未来发展趋势。

改善型门窗行业的发展高歌猛进。从业主方来说，随着居民生活条件的明显改善，家居主力消费群体更注重改善型装修，对门窗产品的关注度高达 69%。大多数居民对家庭现有旧门窗的使用体感不佳，门窗换新的呼声不断。

通过走访家居新范式市场我们发现，门窗门店销售业内似乎存在普遍共识，即有相当一部分消费者在选购门窗产品时，除了产品的功能性和性价比，对颜值设计要求和品牌价值的注重也日益显现。这跟国内房地产步入存量市场阶段、家装家居消费步入改善型居住消费为主的新市场阶段息息相关。

由此可知，高端系统门窗市场规模依然在迅速扩张，2024 年同比增长 30%。生产技术更先进、产品品类更丰富、渠道建设与管理更完善、更容易满足消费者需求的家居企业，其市场占有率有望进一步提升，迎来更为广阔的发展前景。

3 门窗企业的挑战和机遇

对传统门窗企业来说，挑战，很可能大于机遇。一方面，门窗换新的产品和服务面临着高要求的转型升级难题，门槛进一步提高；另一方面，之前的十几二十年，门窗企业以作坊模式为主，难以快速掉头。结果总是几家欢喜几家愁，低门槛企业的生存岌岌可危，头部门窗企业渐崭头角，门窗整体格局迭代加快。

自 2019 年以来，部分企业对市场持悲观态度，进而调整其架构，减少人才的输入甚至裁员，缩短对产品的研发周期，减少升级投入，导致近两年的发展停滞不前，甚至岌岌可危。而另一部分企业近年来加强创新和服务，让企业的员工和客户都对企业保持乐观态度。事实证明，这些企业现在的发展超出了大家的想象。

以德国为首的欧洲发达国家的门窗行业一直是行业标杆，他们经历了"二战"后的战后重建阶段（门窗以新建工程及修复工程为主）和从 20 世纪七八十年代开始的存量房门窗改造阶段。尤其是近三十年，为应对全球气候变暖，欧洲出台了愈加严格的建筑节能标准，并通过政府补贴，在门窗节能改造方面取得了非常大的成绩。经过几十年的发展，欧洲的门窗系统建设逐步成型，门窗系统的技术评价与认证体系也经过了市场的检验，从结果来看，其已经为我国的门窗行业发展指明了方向。

2024 年 3 月份举办的德国纽伦堡国际门窗幕墙展上展示了大量 UPVC 门窗、实木门窗、铝塑复合门窗和铝木复合门窗。复合材料的大量应用，加上创新的门窗结构设计，在满足人们对门窗美观耐用需求的同时，又能贯彻"节能、环保、绿色"的生活理念。纽伦堡门窗幕墙展自 1988 年开始举办，每两年一届，是全球最知名的门窗幕墙展之一。时隔 6 年，这个世界级的展会重新开启。此次展会展览面积达 6 万 m^2，不仅为行业提供了更多的展示空间，也为各细分市场提供了更广泛和深层次的产品展示，吸引了世界各国无数的同行和业界精英的目光。大家带着学习和交流的渴望慕名而来，洞察产品创新方向，把握行业发展趋势。

我国门窗企业要学习全球门窗幕墙领域的技术优势，不断推动自身的技术创新和产品升级，为消费者提供更加优质、高效的门窗产品。

2024 年 7 月，在广州开展的 2024 中国建博会圆满结束。作为行业盛会，此次会议在当下的市场环境里被赋予了一些特殊意义，特别是很多优秀企业的表现堪称"破冰"行动，大家都在探索冰山之下，重塑品牌、树立信心。各品牌的分流形态已逐渐形成，大众、中高端或高端的品牌格局开始在从业人员心里慢慢地固化下来。

做高端产品的企业未来往下行，做轻高定、整家定制，有可能保持较好的竞争力，但是做大众业务的品牌输出高定子品牌的路有点"堵车"了，成功概率在变小。

这种品牌分流或者分层现象将会越来越具象化，并且逐渐延伸到消费者认知里。品牌现在慢慢地提升档次，从设计、制造上品质化突围还有机会，但未来这种机会将变得更小。

这些活动为建筑系统门窗在我国的有序推广打下了坚实的基础，明确了发展方向。然而，随着建筑系统门窗推进工作的深入，行业中也出现了一些不健康的现象和声音，比如产品趋同、商业模式高度重合、严重内卷和无序竞争等问题，给企业的发展带来了前所未有的阻力。

4 结语

门窗企业共同的"痛苦"都是对未来不确定性的担忧，市场低迷，前景茫然，"躺不平"又"鸡血"不了。在我们看来这是具有周期性的事件，小到个人，大到企业、行业，甚至国家，都会有周期，凡事不可能一直顺风顺水，肯定会遇到各种波折与挑战。我们应该像成长过程中遇到无数次挑战一样，去面对它，不要逃避。所以，行业同仁要行动起来，与门窗更换行业的骨干企业一起研究出现的问题，分析问题产生的原因，提出应对策略，共同探讨行业发展的现状，齐心协力，共同抵制行业中已经显现的混乱现象，给消费者提供舒适美好的居住体验，同时为我国门窗的发展探寻新道路贡献力量。

大众对节能的认知逐步提高，国家积极出台了节能标准、绿色建筑等相关政策，行业协会和商会也不断组建企业形成正能量的社会团体力量，共同推动我国绿色建筑的发展和门窗更换市场的良性发展。在房地产和既有建筑改造进入结构调整的新常态下，我们相信，随着越来越多的房地产商、企业和普通老百姓认识到门窗更换的巨大潜力，门窗更换市场必将迎来黄金发展的时代。

作者简介

宋雪原（Song Xueyuan），男，1985 年生，中共党员，工程师。自 2012 年 10 月进入公司，一直从事品牌宣传推广及新产品推广服务工作，十二年如一日，敬业爱岗、团结同事，遵守公司各项规章制度，不断学习进步，通过自己的钻研努力取得了较大成绩，得到公司的认可，连续 2 年被公司评为"先进工作者"；获中国建筑金属结构协会塑料门窗及建筑装饰制品分会"门窗行业工匠"，山东省品牌建设促进会"品牌官"等荣誉。

坚守与创新推动门窗幕墙行业高质量发展

孟 迪

沈阳远大铝业工程有限公司 辽宁沈阳 110023

1 引言

回顾我国国民经济的发展历程，建筑行业一直是国民经济的支柱产业。建筑业创造的产值在社会总产值中占有相当比重，所创造的价值也是国民收入的重要组成部分。建筑幕墙门窗作为建筑外立面表现形式的载体，受益于城市建设的迅速发展。随着城市建设由过去的粗放式爆发增长阶段过渡到现在的经济发展新常态阶段，地产行业的下行压力也给门窗幕墙行业带来了压力与挑战。

房地产业在经济发展中的支柱作用依然明显，虽然市场空间可能短时间无法恢复到五年前的水平，但仍然是 10 万亿元的规模体量。据相关分析报告，2023 年度铝门窗幕墙行业总产值仍在 6000 亿元左右。阵痛调整之后，门窗幕墙行业也都在深刻思考着如何转型发展，以适应我国经济步伐的全面调整。

党的二十大明确指出，高质量发展是全面建设社会主义现代化国家的首要任务。同时政府大力推动绿色发展，促进人与自然和谐共生，推行建造"好房子"，在安全、节能、舒适、耐久上加快发展，推进绿色方式转型，实施全面节约战略，发展绿色低碳产业。由此，建筑业及幕墙业的从业者也明确了高质量发展要求，高质量、绿色节能、智能化已成为建筑行业的时代主旋律。

2 建筑幕墙赋予时代的建筑印记

随着 1851 年"水晶宫"的诞生，建筑幕墙已成为现代建筑的主要载体和表现形式。我国幕墙经历了四十年的发展历程，从初期的学习国外经验，逐步积累，如今已进入理论化、系统化、规范化的发展阶段。

2.1 超高层建筑体量

经过几十年的发展，我国已成为世界最大的幕墙生产国和使用国。在某种程度上，超高层建筑的建设是城市发展的一个重要指标，进入新世纪以来，我国经济飞速发展，城市发展尤为迅速，超高层建筑的数量越来越多，建筑高度也一再刷新城市的天际线。

由表 1 可知，经过四十年的高速发展，我国超高层建筑体量已位居世界第一。

表 1　国际城市摩天大楼对比分析

排名	国家	人口	区域（km²）	密度（人/km²）	150m+建筑数量（栋）	200m+建筑数量（栋）	300m+建筑数量（栋）	总计	150m+建筑最多城市
1	中国	1353821000	9706961	139	3287	1148	117	4652	香港
2	美国	317518000	9833517	32	895	243	31	1169	纽约
3	阿联酋	5473972	83600	65	336	156	35	527	迪拜
4	马来西亚	30073353	328550	92	293	67	6	366	吉隆坡
5	韩国	50219669	100339	500	276	79	7	365	首尔
6	日本	127103388	364500	349	280	52	2	334	东京
7	澳大利亚	23836540	7692024	3	154	58	2	214	墨尔本
8	加拿大	33476688	9984670	3	153	40	0	193	多伦多
9	印尼	237556363	1910931	124	136	50	2	188	雅加达
10	菲律宾	94013200	300000	313	128	40	0	168	马卡蒂

选自：知乎网，侵权必删（更新截至 2024.4）

世界摩天大楼最多的国家排名：中国第一，美国第二-知乎（zhihu.com）

由表 2 可知，深圳超高层建筑体量位居全国第一。

表 2　国内城市摩天大楼对比分析

排名	城市	200m+建筑数量（栋）	300m+建筑数量（栋）	400m+建筑数量（栋）	500m+建筑数量（栋）	600m+建筑数量（栋）	合计（栋）	第一高楼	第一高楼高度（m）
1	深圳	198	22	1	1	—	222	平安金融中心	599.1
2	香港	109	4	2	—	—	115	环球贸易广场	484
3	武汉	89	6	2	—	—	97	绿地中心	475.6
4	上海	69	6	2	—	1	78	上海中心	632
5	广州	59	11	1	1	—	72	周大福金融中心	530
6	重庆	63	6	1	—	—	70	陆海国际中心	458
7	长沙	56	7	1	—	—	64	长沙九龙仓	452
8	成都	57	—	—	—	—	57	环球贸易广场 B01 塔楼	280
9	杭州	46	2	—	—	—	48	世纪中心双塔	302.6
10	贵阳	38	3	2	—	—	43	金融城 1 号楼	412.4
11	沈阳	37	6	—	—	—	43	市府恒隆广场西塔	350.8
12	南宁	36	5	1	—	—	42	华润东座	403
13	天津	32	5	—	2	—	39	高银 117 大厦	597
14	南京	32	6	1	—	—	39	绿地紫峰大厦	450
15	大连	28	2	—	—	—	30	御景中心 1 号楼	383.45
16	南昌	26	2	—	—	—	28	红谷滩绿地中心双塔	303
17	北京	24	1	—	1	—	26	中信大厦	528
18	苏州	22	3	1	—	—	26	九龙仓国际金融中心	450

排名	城市	200m+建筑数量（栋）	300m+建筑数量（栋）	400m+建筑数量（栋）	500m+建筑数量（栋）	600m+建筑数量（栋）	合计（栋）	第一高楼	第一高楼高度（m）
19	珠海	22	3	—	—	—	25	横琴国际金融中心	339
20	合肥	24	1	—	—	—	25	安徽广电新中心	301

选自：《2023 中国摩天高楼排行榜（更新截至 2023.8.8）》，侵权必删。

2023 年中国摩天高楼排行榜，赣州以 4 栋已封顶 200＋超高层排第 52 位-房产资讯-房天下（fang.com）

2023 年中国摩天大楼排行榜来了，深圳第一武汉第三，贵阳后来居上｜广州｜地标｜双子塔｜武汉市｜深圳市｜摩天大厦 _ 网易订阅（163-com）

2.2 城市的发展变革

随着经济建设发展，各种规模的城市都在加快地产建设速度，也在不断通过高层、超高层建筑刷新着建筑天际线的新高度。城市建筑的发展体现了经济的繁荣。以上海为例，30 年前浦西是灯火光影的城，浦东是阡陌交通的乡，随着城市发展进程，浦东在通过一座座建筑书写着当代中国风采（图 1、图 2）。

图 1　1990 年上海浦东旧貌

图 2　2022 年上海浦东新貌

2.3 建筑门窗的升级演变

2.3.1 木门窗时代（图 3）

众所周知，我国建筑门窗在古代均以木材为主要材质，这也是中华民族的经典传承。

2.3.2 钢门窗时代（图 4）

1911 年以前，我国便从英国、比利时等国家引进钢门窗。20 世纪 70 年代后期，国家实行"以钢代木"的资源配置政策，推进了钢门窗的发展，20 世纪 70—90 年代，传统的钢门窗分为实腹钢门窗和空腹钢门窗等。

2.3.3 塑钢窗时代（图 5）

20 世纪 80—90 年代，塑钢窗传入我国，2000 年开始，塑钢门窗产量有所下降，而铝门窗发展迅猛。

2.3.4 铝门窗及复合门窗时代（图 6）

20 世纪 70 年代初，铝门窗传入我国，80—90 年代，铝合金窗户进入门窗行业发展的黄金时代。21 世纪初，铝系列窗户逐步取代钢质窗户，占据了行业的支柱地位。如今，木、塑、钢、铝等复合门窗百花齐放。

图 3　木窗时代

图 4　钢窗时代

图 5　塑钢窗时代

图 6　铝门窗及复合窗时代

2.4　玻璃幕墙的升级演变

2.4.1　颜色从深到浅

幕墙玻璃颜色从早期的深绿、金黄、深蓝逐步向浅蓝、超白演变，其背后是玻璃工艺与大众审美的提升。

2.4.2 体形从复杂交错到简约直线与柔美

为了提升建筑的自然柔美性，建筑形体呈现出由复杂交错向简约柔美的趋势。玻璃幕墙可提供自然、简约、优美、跳跃的线形，能表现丰满、圆润、柔和等风格，富有艺术气息。

2.4.3 风格从欧式过渡到现代

建筑风格呈现出老式欧洲风格向现代主义风格演变趋势。现代主义的生命力在建筑中得到较好的体现，玻璃幕墙作为建筑的外围护结构，需要跟随建筑风格的演变而变化。

2.4.4 玻璃从小板块到大板块的演变

单块玻璃板块面积从最初的一两平方米到如今的近十平方米或者更多。从发展趋势来看，建筑立面更为追求全景通透的视觉效果。未来，超大板块风格尺寸的技术将陆续突破应用。

3 行业发展要素分析

我们身处行业发展前行的浪潮中，也站在了变革、创新的路口。企业要结合相关要素分析行业产业发展，包括政策导向、行业发展、需求与供给、模式与创新、机遇与风险等，看清发展方向。

（1）我们对国家宏观战略政策导向要有深刻理解。我国已进入经济发展新常态的阶段，由高速发展转变为高质量发展，包括去落后产能、提高标准要求、实现"双碳"目标等。

（2）国家提倡更加注重生态化建筑，产品应不断提升舒适性能，满足绿色建筑、节能建筑等要求。这对建筑产品提出可持续发展的要求。

（3）随着"5G"时代的到来，"互联网＋"技术日渐成熟。建筑幕墙也要进入物联网时代，同时从设计、加工、组装、安装等环节转向智能化发展。

（4）随着服务经济时代的到来，企业要满足人们对服务快捷、高效、个性化更高的要求，注重客户消费体验及价值提升。

（5）建筑业市场从规模建设转为城市更新。从建筑体量、人居面积、房地产开发速度、人口增长、建筑碳排放增加、超高限值、使用年限及城镇化进程等因素看，建筑增量转变为增量与存量市场并行。

（6）企业应深度理解市场、客户与自身的关系，针对产品特点，结合市场需求进行分析，看是需求获取不足还是供给能力不足，明确需求，提升供给能力。

（7）企业应通过供应链资源整合和更加专业化的细分市场，聚焦提升产品专业化水平。合作共赢是永远不变的基本面。

（8）建筑幕墙行业要开放与包容，发挥各自优势，加强相互经济合作，培育全球大市场，完善全球价值链，做开放型经济的建设者。

4 企业高质量发展技术路径

技术产品的高质量发展是支持业务和企业战略目标实现的重要保障，同时，技术的创新发展也为企业注入不竭的动力。当然，作为门窗幕墙企业，首先要打造好技术发展的文化、组织与团队，确定方向、直面挑战。

企业要明确产品技术战略，分解战术实施。随着产业和技术变革快速推进，消费者需求不断变化，产品生命周期日益缩短，全球产品竞争不断加剧，数字经济广泛应用，这一切成为技术发展面临的新挑战。通过技术战略的规划，不断保持企业产品技术的领先，是企业获取利润和持续发展的保障。当然，技术战略是所有战略中最难制定的，从技术到产品，从创意到市场，是一个"风险—回报"的过程。

无论企业从哪个维度考虑，包括定位、竞争、资源等，又或者采用不同的战略工具，作为建筑门窗幕墙的技术发展，应以产品化、定制化为思想，以成本、效率、质量为关键要素，坚守技术底线，同时使幕墙产品全面适配建筑向集成化、数字化、绿色化、智能化方向创新发展的趋势。

4.1 产品化、定制化思想

企业应实施产品化设计思维，以系列标准化系统定型为主，推广使用统一标准，实现系统可靠（安全性、适用性、耐久性）、关联（系列化、通用性、互换性）和经济（结构优化、易于加工、安装便捷），进一步可实现生产的工业化目标、技术的信息化目标，搭建可进行资源融合的产品平台，探索 B2B 或更进一步 B2C 的商业模式。

企业应实施定制化技术服务思维，满足具有个性化需求、文化特性、商业符号等属性的建筑，并给予系统解决方案，进一步可实现产品高质量、高附加，向重技术、低成本、轻资产方向转型，利于设计前置与需求引导，提升一站式服务能力。

4.2 以成本/效率/质量为关键要素，坚守技术底线（提质、降本、增效）

技术成本的深挖途径包括设计成本、材料成本、工艺成本、安装成本、配件成本、包装成本、配套成本、结构成本、能源成本及管理运营成本等。提效是降本的主要途径，包括运用数字化等手段实施的设计、加工、安装环节效率的提升。

质量是永远不变的主题。质量与安全是一切物质与精神的保障。建筑门窗幕墙的质量管理要求可以总结为以下 5 点：

① 规范、科学、优秀可靠的设计；

② 符合、达标、优质的材料选择；

③ 重点、难点的加工质量控制；

④ 严密的施工监督；

⑤ 科学合理地使用、维护及检查。

门窗幕墙行业需重视"基本功"的加强，守住技术基本底线，加强基础理论及系统的研究。门窗幕墙产品领域因为精细化程度不高等原因，还时而产生不满足行业基本要求的缺陷，面材与构件脱落风险、玻璃自爆风险、石材破损风险、开启扇脱落风险等还时有发生。门窗幕墙产品基本性能还需进一步提升，以满足建筑对水密、气密、隔声、防火等性能的要求，需要不断追求外立面的品质效果，如金属板材的平整度、玻璃的成像及波形、胶缝的处理、板材的色差、收边收口的处理等。工程质量缺陷对工程安全危害较大，常见工程质量缺陷如图 7、图 8 所示，应该引起足够的重视并予以预防。

现阶段，我们需要坚守初心，警惕行业低门槛、恶意杀价导致的不良竞争、恶性循环，这会让企业利润更加稀薄。所以，在恢复高质量发展信心的过程中，坚守品质与价格底线，做好项目和品牌建设是门窗幕墙企业至关重要的原则与底线。

图 7　性能及安全隐患示例

图 8　外观质量缺陷示例

4.3　门窗幕墙行业创新发展方向

门窗幕墙行业如今逐步向集成化、数字化、绿色化、智能化方向创新发展，主要归结为以下 6 个方面。

4.3.1　全力推进产品标准化及生产工业化进程

目前，系统门窗的制造模式已升级为工作站式的加工方式，产品从材料分拣到组装完成，可全部实现智能化、自动化生产。"黑灯工厂"已成为现实。虽然幕墙产品较门窗产品更为复杂，但不断提高幕墙产品生产的工业化程度，减少"作坊式"加工，达到提高生产效率、保证产品质量的目标，仍是幕墙人努力的方向。

4.3.2　性能、节能升级，通过超低能耗建筑，让低碳成为常态

建筑行业一直是能耗大户，在面临低碳、零碳目标挑战的同时，也为我国超低能耗建筑的发展带来了新的机遇。2021 年以来，全国各地均陆续出台超低能耗建筑相关政策，2022 年 3 月 1 日，住建部发布的《"十四五"建筑节能与绿色建筑发展规划》明确提出，到 2025 年，城镇新建建筑全面执行绿色建筑标准。

当然，不仅通过政策导向鼓励，对于建筑本体需求来说，一切都应遵循"以人为本"的设计思路。在对建筑物进行低碳设计时，可运用节能、环保型材料，以及各类绿色、节能技术，

减少建设过程中的碳排放量，使建筑物与周围生态系统和谐相处，促进环境与建筑的融合。

建筑节能设计中应坚持"以人为本"的原则，确保建筑功能设计的合理性，不仅是为了减少二氧化碳的排放，降低资源和能源的消耗，更主要的目的是对人们生活的居住环境进行健康性设计。因此，在对低碳建筑进行设计时，要对热环境质量、空气环境质量、声环境质量和光环境质量等方面进行考量，保证建筑对自然环境的亲和性，实现自然环境的高清新性和融合性，使人们的生活和工作环境更加舒适宜居。

《近零能耗建筑技术标准》（GB/T 51350—2019）中，室内环境参数（表 3）作为一个约束性指标被制定，体现了低碳建筑"以人为本"的主体理念。

表 3　夏季和冬季室内环境参数表

室内环境参数	冬季	夏季
温度（℃）	≥20	≤26
相对湿度（%）	≥20	≤60
新风量（m³/h）	居住建筑≥30	
噪声［dB（A）］	居住建筑日间≥40，夜间≤30	

4.3.3　加大复合材料和新材料的应用，提升产品综合性能

想要实现创新及高质量发展，必须加大新材料的应用，为幕墙产品的综合性能提升及绿色节能发展做好技术供给保障。

目前，市场上新兴的复合材料及绿色环保材料包括高性能混凝土、轻质隔墙板材、稀土断热、纳米涂层、特种玻璃、复合胶条、调光玻璃、树脂型材、发电玻璃、发泡铝、气凝胶等。

4.3.4　清洁能源综合应用

2023 年中国建筑节能协会和重庆大学在重庆联合发布《2023 中国建筑与城市基础设施碳排放研究报告》显示：2021 年全国房屋建筑全过程能耗总量为 19.1 亿 tce，占全国能源消费总量比重为 36.3%，相比 2020 年同比增长 5.0%；2021 年全国房屋建筑全过程碳排放总量为 40.7 亿 tCO_2，占全国能源相关碳排放的比重为 38.2%，相比 2020 年同比增长 4.8%。建筑全过程能耗占比和碳排放占比示意图如图 9 和图 10 所示。

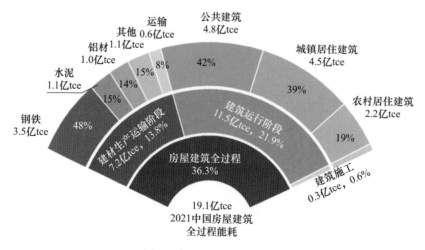

图 9　建筑全过程能耗占比

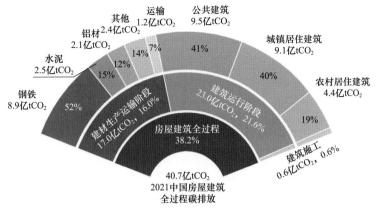

图10 建筑全过程碳排放占比

随着石化能源的日益枯竭和人类生存环境的日益恶化，清洁能源如太阳能、风能等可再生能源的开发利用成为发展的主流。幕墙行业将借此机遇，将光伏发电、风力发电技术与幕墙系统完美结合（图11～图13），实现建筑幕墙系统的升级迭代。

图11 首座风力发电　　　图12 光伏发电建筑-世博会主场馆　　　图13 绿植幕墙-深圳国际低碳城
建筑-巴林世贸中心

从产品类型来说，光伏组件的种类日益丰富，满足了建筑师对建材透光性、颜色、形状等各方面的设计要求，推动了光伏建筑一体化建设理念的发展。通过光伏与幕墙技术的结合，在建筑的屋面、层间、立面及采光顶等部位设置发电单元，能够充分利用太阳能的清洁无污染特性，提升幕墙产品附加经济价值。BIPV应用路线分类如图14所示。

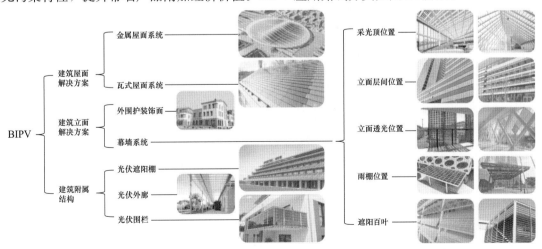

图14 BIPV应用路线分类

4.3.5 大力发展轻量化、装配式结构

2021 年 6 月，住建部规定，各地新报建项目必须强制使用装配式建筑材料，并明确规定各地装配比例。2022 年 4 月，住建部发布《建筑节能与可再生能源利用通用规范》（GB 55015—2021），要求新报建建筑物严格执行碳排放节能标准。住建部 2023 年印发《装配式建筑工程投资估算指标》，2024 年继续鼓励提高各重点城市建设装配式比例等。一系列政策表明，国家将大力推动发展装配式建筑。

有关研究显示，预制装配式建筑在全生命周期内可减碳 7.5%，大大缓解了传统建筑能耗高的问题。所以，建筑越复杂，越需要轻量化装配式的结构设计。装配式的建筑具有如下优点：

① 质量可控：构件可在工厂预制，实现标准化大批量生产，在质量方面更加可靠。

② 节能环保：装配式建筑能够减少施工过程中的物料损耗，减少施工现场的建筑垃圾。

③ 缩短工期：构件在工厂组装完成后直接运至现场安装，减少现场施工工序，有效缩短工期。

④ 节约人力：构件在工厂组装完成，减少了施工现场人员需求，同时降低了施工人员的劳动强度。

4.3.6 智能化、数字化建筑集成产品升级

建筑作为人类社会活动集中的区域，是决定人类生存条件，或者说是实现美好生活的重要体现。目前，我国智能化建筑集成建设的发展如火如荼，对实现建筑可持续发展、提升建筑综合竞争力发挥了重要作用。具体来说，智慧建筑需要打破数据孤岛，通过信息化、数据化的方式呈现在建筑运营者、管理者和使用者面前，并借助大数据、物联网、人工智能等技术进行数据挖掘，实现建筑内所有设备的智能化管理，打造舒适、高效、低能耗的环境。

智能化、数字化幕墙产品升级主要从检测环境的温度、风、光，雨、烟等多方面着手，通过传感设备、中央处理系统，使建筑幕墙产品获得感知功能、处理功能和扩展功能，实现有效的智能化、数字化运维管理。其具体的功能（图 15）包括智能遮阳、智能开启、消防联动、微循环、空气净化、门控安防、智能照明、自动巡检等，使建筑从被动封闭式走向主动开放式的生态智慧化。

图 15 智能化、数字化技术与建筑的结合

5 国内外门窗幕墙标准对比

5.1 性能要求方面对比列举

从表4可以看出，欧盟规范对幕墙性能的要求更多的是从实际应用及结果出发。

表 4 国标和欧标对幕墙性能的要求对比

性能	国标	欧标
气密性	GB 15227 中描述：以标准状态下 10Pa 压力差时，试件整体的单位面积空气渗透量值和单位开启缝长空气渗透量值为指标进行分级	EN 12152 中描述：幕墙气密性能分面积和单位固定缝长的空气渗透量进行分级（不同等级的实验压差不同），且不单独考虑开启部分的空气渗透性能
水密性	GT 15227 中描述：以未发生严重渗漏（指"持续喷溅出试件界面或持续流出试件界面"）时的最高压力差值进行评定	EN 12155 中对水渗漏的定义是：渗透的水连续或重复弄湿下列部位：（1）试件的内表面；（2）试件的任何希望保持干燥的部位，不是向外排水系统的组成部分
抗风压	GB/T 21086 中对不同系统中不同材质构件的相对挠度和绝对挠度做了要求	欧标对挠度变形的允许值做了更细化的规定： 当 $L \leq 3000$mm 时，$d \leq L/200$； 当 $3000 < L \leq 7500$mm 时，$d \leq L/300 + 5$mm； 当 $L > 7500$mm 时，$d \leq L/250$。 其中 L 为幕墙构件支承点间的距离

5.2 产品质量需求对比列举

根据我司收集的国内外幕墙相关规范对比，在产品质量要求方面，国际规范比国内规范更详细，对幕墙常见问题的针对性更强，在此，仅列举2条具有代表性的检验要求，见表5。

表 5 国内外对幕墙常见问题的要求对比

检验分类	类别		国内要求	国际要求
铝型材	外观质量	观察角度	GB/T 5237.4/5 规定：装饰面外观观察距离为 3m 远，在与表面呈 90°情况下目视观察	欧盟 Qualicoat 喷涂标准规定：观察与表面斜角约 60°，从距离物体 3m 远处观看，对该正表面涂层观看
玻璃	外观质量	弯曲度	GB 15763.2 规定：弓形时不超过 0.3%，波形时不超过 0.2%	澳标 AS/NZS 2208 中，根据不同厚度、不同尺寸、规定了不同的弯曲度

5.3 产品节能需求列举

对比多个国内外规范可知，欧美对幕墙的节能要求更高，且已从仅针对幕墙产品的节能要求，延伸至幕墙产品的整个生命周期，欧洲已要求幕墙产品提供幕墙产品环境声明（EPD）。表6为中英两国对新建建筑的节能要求对比。

表 6 中英对新建建筑的节能要求对比

对标类别	《建筑节能与可再生资源利用通用规范》GB 55015—2021	The Building Regulations 2010 2016 修订版
	传热系数 K［W/（m² · K）］	最大 U 值［W/（m² · K）］
典型屋面	0.25	0.16
墙	0.45	0.26
地面	0.45	0.18
窗	1.8	1.6
采光顶	1.8	2.2
门（包括玻璃门）	2.0	1.6
空气渗透率	4.5m³/（h · m²）@10Pa 1.5m³/（h · m）@10Pa	8.0m³/（h · m²）@50Pa、 1.57m³/（h · m²）@4Pa

通过对标中英规范发现，在节能要求上，英国标准大多高于国标。另外，在近年的实际工程中，欧洲工程的幕墙系统整体 U 值控制在 $0.9 \sim 1.5\text{W}/（\text{m}^2 \cdot \text{K}）$ 之间，国内寒冷及严寒地区的大部分工程，要求幕墙系统 K 值达到 6 级（$1.5\text{W}/（\text{m}^2 \cdot \text{K}）\leqslant K \leqslant 2.0\text{W}/（\text{m}^2 \cdot \text{K}）$）。

6 结语

展望未来，建筑围护行业要以提升专业化程度及技术创新为手段，有效推动行业高质量发展，实现行业结构的优化升级。企业应提升专业化程度，专注产品工程实施，深耕产品基础技术环节，守住产品安全性底线，提升精细化程度。行业要优化幕墙性能，提升产品质量，做精致幕墙、精致门窗，充分发扬工匠精神，把建筑外围护产品做成"既可远观，又可近视"的艺术精品。同时，企业应推进特色化发展。产品端应拓展产品线，例如开发清洁能源应用型、新材料应用型、高性能型外围护产品，以达到细分市场的要求；结构上以轻量化、装配式、装饰装修一体化为主要形式，形成具有特色工艺方法的特种产品。此外，行业发展呈现新颖化趋势，逐步融合智能化、数字化科技手段，赋予外围护产品以智慧概念，打造以人为本、充分考量用户体验的全新宜居建筑产品。行业要全面推动产业高端化、智能化、绿色化，发展服务型建造，以科技创新引领行业进入高质量发展新时代。

二、技术篇

建筑玻璃力学性能综述

刘忠伟

北京中新方建筑科技研究中心　北京　100024

摘　要　本文总结了建筑玻璃力学性能、破坏形式，钢化玻璃自爆机理和降低钢化玻璃自爆的方法，对建筑玻璃的设计应用具有指导意义。

关键词　建筑玻璃；力学性能；破坏形式；钢化玻璃自爆

1　引言

建筑玻璃是典型的脆性材料，对其力学性能的深入理解对正确的设计与施工非常重要。本文对建筑玻璃的力学性能进行综述，以期对建筑玻璃的应用起到有益作用。

2　力学特性

2.1　弹性

建筑玻璃是完全的弹性体，目前在全世界范围内尚未检测到其任何可见的塑性变形。因此建筑玻璃在进行设计施工时，其周边应与软性材料接触，如胶条或密封胶，不得与金属材料，如铝型材或钢型材直接接触。

2.2　脆性

建筑玻璃表面存在大量微裂纹，其脆性极大，断裂韧性极差，表现为破坏时突然断裂。因此，一般情况下，建筑玻璃不可作为工程结构材料使用。

2.3　强度离散性

由于建筑玻璃表面存在大量微裂纹，其强度与裂纹尺寸密切相关，而裂纹尺寸与数量随机存在，这使得建筑玻璃强度离散性较大。设计使用建筑玻璃时，应考虑较大的安全系数，一般情况下，应采用失效概率不大于0.1％时的安全系数。

2.4　强度取值

建筑玻璃的破坏与其表面裂纹的扩展密切相关，破坏时的起始裂纹位置、裂纹走向和作用力方向决定了建筑玻璃强度的大小。建筑玻璃强度分为大面强度、边缘强度和端面强度，设计时应注意区分。

3　破坏形式

3.1　弯曲破坏

建筑玻璃在风荷载等外力作用下，表现为薄板的弯曲破坏，通常所说的钢化玻璃设计需用强度84MPa即弯曲强度。建筑玻璃不存在压缩强度、剪切强度和拉伸强度，因此，设计时，计算建筑玻璃的压缩应力、剪切应力和拉伸应力是没有意义的。

3.2 冲击破坏

在人体或物体的冲击作用下，建筑玻璃很容易破坏，即玻璃的抗冲击强度较低，因此，改善其抗冲击强度是建筑玻璃生产时应重点考虑的问题。

3.3 热炸裂

在温差应力作用下，建筑玻璃极易发生热炸裂。由于玻璃热炸裂的起始裂纹始于玻璃板边部，因此，其边部精加工对改善玻璃抗热炸裂能力作用明显，同时，对玻璃进行热处理也将明显改善其抗热炸裂能力。

4 钢化玻璃自爆

建筑玻璃的弯曲强度和抗冲击强度较低，且极易发生热炸裂，限制了其广泛应用。对玻璃进行热处理，即钢化处理，可提高其弯曲强度 2～3 倍，提高抗冲击强度 3～4 倍，不存在单独热炸裂问题。钢化玻璃的优异性能极大地拓展了建筑玻璃的应用。但是，钢化玻璃也有明显的缺陷，即钢化玻璃自爆。只有详尽地了解钢化玻璃自爆的机理，才能正确地设计使用钢化玻璃。

钢化玻璃自爆的原因很多，最主要原因是硫化镍粒子的膨胀。玻璃中含有硫化镍夹杂物，硫化镍夹杂物一般以结晶体（NiS）存在，室温下存在着 α 相向 β 相转变的热力学倾向，并伴有 2％～3％ 的体积膨胀。硫化镍粒子存在于平板玻璃中，因而才存在于半钢化玻璃和钢化玻璃中。但平板玻璃和半钢化玻璃没有自爆现象，只有钢化玻璃才有自爆现象，原因是硫化镍粒子仅有由 α 相向 β 相转变的热力学倾向是不够的，必须具备一定的动力学条件才能实现这种相变，进而造成玻璃的自爆。平板玻璃是退火玻璃，其内部无应力。半钢化玻璃和钢化玻璃经淬火后其内部具有应力，属于预应力材料。半钢化玻璃和钢化玻璃内部应力状态如图 1 所示。

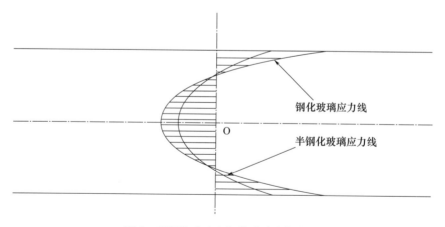

图 1 半钢化玻璃和钢化玻璃内部应力

由图 1 可见，半钢化玻璃和钢化玻璃内部应力分布趋势是一致的，都是外表面处于压应力，内部处于张应力，两者的区别是，钢化玻璃表面压应力和内部张应力比半钢化玻璃的表面压应力和内部张应力都大。玻璃中的硫化镍粒子只有位于足够大的张应力区，才具备相变的动力学条件。因为硫化镍粒子相变伴随体积膨胀，足够大的张应力为硫化镍粒子体积膨胀提供了动力学条件。这就是平板玻璃和半钢化玻璃不发生自爆现象而钢化玻璃自爆的原因。玻璃中的硫化镍粒子是随机分布的，如果位于钢化玻璃最大张应力部位，该粒子就可能成为钢化玻璃自爆的起爆点。由硫化镍粒子造成的钢化玻璃自爆，其爆裂点裂纹形状往往与蝴蝶相似，被称为蝴蝶形裂纹；有些自爆钢化玻璃在爆裂点中部有一个有色颗粒，被认为是硫化镍粒子。这两个特性往往被用来作为钢化玻璃是否是自爆的判据。硫化镍粒子在钢化玻璃自爆前后的体积是不同的，爆裂前体积小，不易被看见；自爆后其体积增大，地点确定，很容易被看见，这也是钢化玻璃自爆不易预见的原因之一。钢化玻璃自爆裂纹如图2所示。

图2　钢化玻璃自爆裂纹

硫化镍粒子造成的钢化玻璃自爆具有主动性、自发性、无外因的特点，是真正意义上的自爆。

硫化镍粒子造成钢化玻璃自爆需要两个条件，一是硫化镍粒子所处位置的张应力大小；二是硫化镍粒子的尺寸。硫化镍粒子尺寸越大，它需要的张应力越小，即对应不同的张应力，硫化镍粒子存在临界尺寸，钢化玻璃中张应力越大，硫化镍粒子的临界尺寸越小，产生自爆硫化镍粒子越多，钢化玻璃自爆的概率越大。

平板玻璃中除含有硫化镍粒子外，还含有结石、气泡和杂质。玻璃是典型的脆性材料，其力学行为服从断裂力学。玻璃中的结石、气泡和杂质在玻璃中将会形成裂纹，是钢化玻璃的薄弱点，特别是裂纹尖端是应力集中处。如果结石、气泡或杂质处在钢化玻璃的张应力区，或在荷载作用下使其处于张应力，都可能导致钢化玻璃炸裂。

我国标准要求，钢化玻璃的表面应力不应小于90MPa，美国标准规定，钢化玻璃的表面压应力大于69MPa。可否将我国钢化玻璃表面压应力降低到与美国标准一致或接近，这一问题非常值得研究。如果可行，将极大地降低钢化玻璃的自爆率。降低表面压应力值限值可能会造成钢化玻璃碎片偏大，不过即使钢化玻璃表面压应力很高，碎片很小，也无法保证碎片都以分裂状态存在，许多情况下碎片表现为裂而不碎，形成"钢化玻璃被"，其结果与大一点的碎片区别不大，甚至其危害性更大，因此，可以考虑降低钢化玻璃表面压应力值限值。况且，我国半钢化玻璃标准规定，其表面压应力值限值为不大于 60MPa，钢化玻璃标准规定，其表面压应力值限值为不小于 90MPa，如果玻璃表面压应力处于 60MPa～90MPa 之间，既不属于半钢化玻璃，也不属于钢化玻璃，属于不合格品。从这个角度来说，也应将钢化玻璃表面压应力值限值降低，如果将半钢化玻璃表面压应力值限值与钢化玻璃表面压应力值限值连接有困难，至少可将钢化玻璃表面压应力值限值降低，缩小两者的差距。

玻璃表面和边部在加工、运输、贮存和施工过程，可能造成有划痕、炸口和爆边等缺陷，易造成应力集中而导致钢化玻璃自爆。玻璃表面本来就存在大量的微裂纹，这也是玻璃力学行为服从断裂力学的根本原因。这些微裂纹在一定的条件下会扩展，如水蒸气的作用、荷载的作用等，都可能加速微裂纹的扩展。通常情况下，微裂纹的扩展速度是极其缓慢的，表现为玻璃的强度是一恒定值。但是，玻璃表面的微裂纹有一临界值，当微裂纹尺寸接近或达到临界值时，裂纹快速扩张，导致玻璃破裂。如果玻璃表面和边部存在接近临界尺寸的微裂纹，如玻璃表面和边部在加工、运输、贮存和施工过程造成的划痕、炸口、爆边等缺陷尺寸较大，可能在极小的荷载作用下就会导致玻璃表面或边部微裂纹快速扩张，最终导致玻璃破裂。

为此，应提高钢化玻璃边部加工质量，明确边部加工要求，如两边完全磨边或三边不完全磨边，避免玻璃边部和表面划伤和磕碰。理论分析和试验表明，钢化玻璃边部钢化程度较低，因此，应对钢化玻璃边部重点保护。对于点支式幕墙玻璃，如果对玻璃打孔，孔边一定要精磨，最好达到抛光的程度，因为玻璃孔边是应力集中部位。

钢化玻璃在生产过程中需要进行加热和冷却，加工沿玻璃板面方向不均匀和沿厚度方向的不对称，将导致钢化玻璃沿板面方向应力不均匀和沿厚度方向应力分布不对称，这些都有可能造成钢化玻璃自爆。钢化玻璃沿板面方向应力不均匀，可以导致玻璃局部处于张应力，如果这种张应力过大，超过玻璃的断裂强度，玻璃就会爆裂。玻璃板沿厚度方向应力分布应当是对称的，即上下两表面处于压应力，中间处于张应力，上下表面的压应力大小、应力层厚度和变化完全是对称的，玻璃板承受正负风压的能力是相同的。如果玻璃板沿厚度方向应力分布不对称，玻璃板承受正负风压的能力就不相同，一侧承受荷载的能力较强，另一侧较弱，即玻璃可能在较小荷载作用下破损，严重时，玻璃板会在无荷载作用下产生变形，造成幕墙玻璃影像畸变。

为此，应提高钢化玻璃表面应力均匀度和沿厚度方向的对称度。特别是对于 Low-E 玻璃的钢化，更要关注应力沿厚度方向的对称度，因为 Low-E 玻璃上下表面对热辐射吸收的差异将会造成玻璃板在加热时沿厚度方向温度的差异，而这种差异最终将会导致钢化玻璃应力沿厚度方向的不对称。目前在玻璃钢化过程中，采用强制对流的方法来消除这种不利因素。

钢化玻璃内部应力不均匀，存在较大应力梯度，会造成自爆，表现为碎片颗粒大小不一且差距较大。表面压应力有五个测点，取平均值。应增加五个测点最大值和最小值之间的差值限值，用以表征钢化玻璃表面压应力均匀性。

减小钢化玻璃板面尺寸，可降低钢化玻璃自爆率。目前，我国在应用建筑玻璃方面呈现板面越来越大的趋势，钢化玻璃尺寸越大，玻璃板越厚，自爆概率越大。在一块钢化玻璃板中，只要有一个自爆点，并最终导致钢化玻璃自爆，无论钢化玻璃板块大小，整个钢化玻璃板都会破碎。玻璃板块越大，含有杂质、硫化镍粒子、边部加工缺陷、表面划伤、应力的不均匀等导致钢化玻璃自爆的不利因素就越多，在同样荷载作用下，自爆概率就会加大。因此，应依据平板玻璃厚度、质量等级对钢化玻璃板面尺寸做出限制。

5 结语

《建筑门窗幕墙用钢化玻璃》（JG/T 455—2014）和《建筑玻璃应用技术规程》（JGJ 113—2015）对钢化玻璃的生产和建筑玻璃的应用均做出明确的规定，本文对建筑玻璃的力学性能进行综合评述，对理解上述标准提供部分补充说明。

大跨度精制钢板肋玻璃幕墙有限元结构设计

屈　铮　叶步洲

港湘建设有限公司　湖南长沙　410013

摘　要　大跨度精制钢板肋玻璃幕墙，由于有着极高的透光性能和一般幕墙难以比拟的视觉效果，通常用于高层建筑顶部城市观光造型、高档售楼中心、展馆等公共建筑的幕墙设计。大跨度精制钢板肋可以解决夹层玻璃肋作为幕墙结构支撑成本高、易破损、稳定性差、吊装困难等问题。

关键词　精制钢板肋；大跨度；截面设计器；有限元；结构设计

1　引言

　　大跨度精制钢板肋玻璃幕墙，由于有着极高的透光性能和一般幕墙难以比拟的视觉效果，近年来应用渐渐多了起来，通常用于高层建筑顶部城市观光造型、高档售楼中心、展馆等公共建筑的幕墙设计。由于跨度较大，如果采用超长夹层玻璃肋作为幕墙结构支撑，不仅加工不易、成本非常高，且容易破损，稳定性差，吊装困难。而大跨度精制钢板肋玻璃幕墙刚好可以解决这些问题，它可以和钢板肋横梁或不锈钢玻璃夹具组成隐框玻璃幕墙。本文采用 SAP2000 进行大跨度精制钢板肋玻璃幕墙的结构分析与设计。

2　工程设计条件

　　南京某售楼中心幕墙项目招标方案图显示，该地区建筑物类别为 B 类，抗震设防烈度为 7 度（0.10g）；基本风压为 $0.4kN/m^2$。幕墙玻璃板块设计为对边简支梁力学模型。

　　该幕墙最高处为 23.2m，局部外立面采用了大跨度精制钢板肋结构隐框玻璃幕墙，玻璃采用 12mm＋12A＋12mm 双钢化超白 Low-E 玻璃，玻璃板块规格最大为 4000mm×2250mm，用铝合金附框形式，把玻璃板块安装在氟碳饰面处理的幕墙钢板肋结构体系中。

2.1　风荷载标准值的计算

2.1.1　风荷载基本参数计算

　　幕墙属于外围护构件，按《建筑结构荷载规范》（GB 50009—2012）第 8.1.1 条：

$$w_k = \beta_{gz} \times \mu_s \times \mu_z \times w_0$$

式中：w_k——作用在幕墙上的风荷载标准值（MPa）；

　　　　z——计算点标高（m）；

　　　　β_{gz}——高度 z 处的阵风系数。

　　根据不同场地类型，按《建筑结构荷载规范》（GB 50009—2012）条文说明部分第 8.6.1 条计算：

$$\beta_{gz}=1+2gI_{10}\ (z/10)^{-\alpha}$$

式中：g——峰值因子，按 GB 50009—2012 取 2.5；

I_{10}——10m 高名义湍流度，对应 B 类地区地面粗糙度，可取 0.14；

α——地面粗糙度指数，对应 B 类地区地面粗糙度，可取 0.15。

对于 B 类地形，23.2m 高度处的阵风系数为：

$$\beta_{gz}=1+2\times2.5\times0.14\times\ (23.2/10)^{-0.15}=1.617$$

μ_z 为风压高度变化系数，对应 B 类场地，$\mu_z=1\times\ (z/10)^{0.44}$。

根据《建筑结构荷载规范》（GB 50009—2012）条文说明第 8.2.1 条，公式中的截断高度和梯度高度与计算阵风系数时相同，也就是说，对 B 类场地，当 $z>450m$ 时，取 $z=450m$，当 $z<15m$ 时，取 $z=15m$。

对于 B 类地形，23.2m 高度处风压高度变化系数：

$$\mu_z=1\times\ (23.2/10)^{0.3}=1.2872$$

μ_s 为局部风压体型系数，依据《建筑结构荷载规范》（GB 50009—2012）第 8.3.3 条，本幕墙计算点为墙面转角位置，建筑物表面正压区体型系数，取 1.0；建筑物表面负压区体型系数，取 -1.4；建筑物内部压力的局部体型系数，考虑内表面压力，取 -0.2 或 0.2 得墙面转角位置局部风压体型系数为：

$$\mu_s=1.4+0.2=1.6$$

基本风压值 w_0 根据《建筑结构荷载规范》（GB 50009—2012）附表 E.5 中数值采用，但不小于 0.3（kN/m^2），按重现期 50 年，江苏南京地区取 0.4（kN/m^2）。

2.1.2　迎风面风荷载标准值计算

$$\begin{aligned}迎风面风荷载标准值\ w_{k1}&=\beta_{gz}\times\ \mu_s\times\mu_z\times w_0\\&=1.617\times1.6\times1.2872\times0.4\\&=1.3321\ (kN/m^2)\end{aligned}$$

2.2　自重荷载的计算

G_k 为幕墙系统（包括面板）的平均自重标准值，取 0.62（kN/m^2）。

2.3　水平地震作用标准值

水平地震作用标准值按《玻璃幕墙工程技术规范》（JGJ 102—2003）第 5.3.4 条计算：

$$\begin{aligned}q_{Ek}&=\beta_E\times\alpha_{max}\times G_k\\&=5\times0.08\times0.62\\&=0.248\ (kN/m^2)\end{aligned}$$

式中：q_{Ek}——垂直于幕墙平面的分布水平地震作用标准值；

β_E——动力放大系数，取 5.0；

α_{max}——水平地震影响系数最大值，取 0.08；

G_k——幕墙构件的重力荷载标准值（kN）。

3　建立分析模型

大跨度钢板肋结构隐框玻璃幕墙招标方案图显示，幕墙采用钢板肋（T346×100×20×20）立柱与钢板肋（T181×100×20×20）横梁作结构支撑，用铝合金附框形式把中空双钢化玻璃固定安装在氟碳饰面处理的幕墙钢板肋结构体系中。幕墙跨度为 12000mm，设计为单跨梁力学模型，玻璃板块高度为 4000mm，宽度为 2250mm，玻璃幕墙尺寸如图 1 和图 2 钢板肋结构玻璃幕墙 CAD 尺寸图所示。

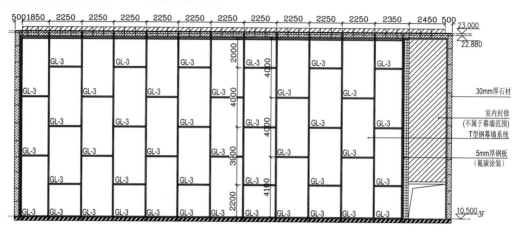

图 1　钢板肋结构玻璃幕墙 CAD 尺寸图（一）

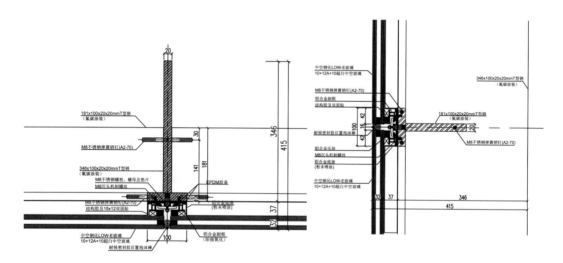

图 2　钢板肋结构玻璃幕墙 CAD 尺寸图（二）

　　此例我们可以先定义轴网数据的命令方式建立模型，具体操作如下：

3.1　创建模型

3.1.1　初始化设置

　　启动 SAP2000 软件，显示程序界面进行初始化设置（略）。

3.1.2　定义轴网数据

　　轴网由坐标系组成，坐标系有两种类型：一种是笛卡尔坐标系（直角坐标系），另一种是柱坐标系。在 SAP2000 中，定义的第一个坐标系作为整体坐标系（GLOBAL），是不能更改的，它是生成其他附加坐标系的前提条件，通过添加附加笛卡尔坐标系就能生成我们所需要的轴网系统。

3.1.3　绘制模型图

　　通过点击界面上工具条中【绘制 R】下拉列表，选【框架/索/钢束】项弹出"对象属性"对话框（或直接选择界面左边工具条），选择线 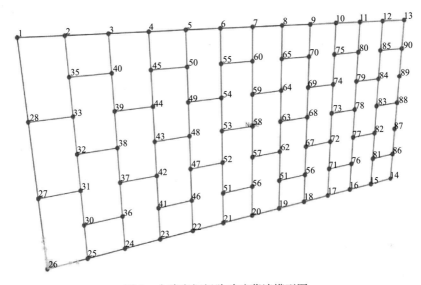 对象类型为"直框架"，截面属性为"空"，端部释放为"连续"（continuous）。为方便绘制模型，再用刚设置的"虚杆"（无质量、无属性，仅起传递荷载与连接作用）将轴网模型的上下左右边分别连接起来。

再点击界面上工具条中【绘制 R】下拉列表，选【多边形面】项弹出"对象属性"对话框（或直接选择界面左边条），选择绘图 控制为"无"，截面属性为"空"，然后依次连接各节点绘制成"虚面"。

为了图形输出美观，我们也可以选择把模型中的轴网、坐标等进行关闭，具体操作如下：点击界面上工具条中【视图 V】下拉列表，点击【显示轴网】【显示坐标轴】使之窗口变"灰"即可。至此，我们已基本完成了模型图创建，如图 3 大跨度钢板肋玻璃幕墙模型图所示。

图 3　大跨度钢板肋玻璃幕墙模型图

3.2　定义材料参数与属性

玻璃幕墙面板可以采用建立"虚面"（无质量、无刚度）的方式，用于导荷载至幕墙立柱、横梁框架上，这样可以得到比较准确的显示杆件位移与受力状况。

① 钢材 Q235 材质：按《玻璃幕墙工程技术规范》（JGJ 102—2003）第 5.2 条"材料力学性能"查得，即钢材 Q235 材质弹性模量 $E=2.06\times10^5$（N/mm²），泊松比 $\upsilon=0.3$，膨胀系数 $\alpha=1.2\times10^{-5}$（1/℃），重力密度 $\gamma_g=78.5$（kN/m³）。强度设计值为抗拉、抗压、抗弯 $f_g\leqslant215$（N/mm²），抗剪设计值 $f_v\leqslant125$（N/mm²）。

② 玻璃材质：玻璃面板的受力分析，不在本例结算中。

3.2.1　定义钢板肋截面

大跨度钢板肋玻璃幕墙的立柱与横梁均由 Q235 材质 T 型钢板组成，定义钢板肋截面如下：

① 定义钢板肋立柱 T346×100×20×20 截面

命令路径：点击界面上工具条中【定义 D】下拉列表，依次选【截面属性】【框架截面】

【添加框架截面】，弹出"添加框架截面"对话框，"截面类型"可选择"Steel（钢）"，点击
"钢截面"栏中"T 型"图案，弹出"Tee 截面"对话框，在"截面名称"中输入 T346×100×
20×20（颜色可任意设置），"几何尺寸"栏中亦按此正确输入，"材料属性"选填"Q235"，再
点击【确定】完成了钢立柱截面的定义，如图 4 添加 T346×100×20×20 截面所示。

　　② 定义钢板肋横梁 T181×100×20×20 截面

　　按照同样的命令路径可以完成钢横梁截面的定义，如图 5 添加 T181×100×20×20 截
面所示。

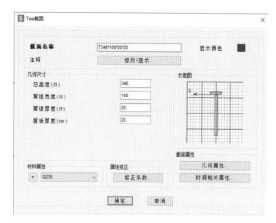
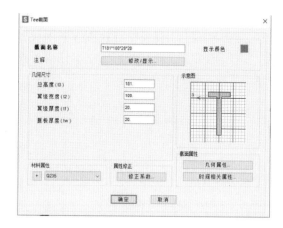

图 4　添加 T346×100×20×20 截面　　　　　图 5　添加 T181×100×20×20 截面

3.3　建立导荷"虚面"与指定钢板肋截面

　　完成了钢板肋截面的定义后，如果在建模时未指定，我们可以选择指定已建模型中的钢
板肋立柱、钢板肋横梁及用于导荷载地所建立的"虚面"（无质量、无刚度）。

3.3.1　建立导荷"虚面"

　　命令路径：首先用鼠标左键选择所有面板，再点击界面上工具条中的【指定 A】下拉列
表，依次选【面/面积】【面截面】，弹出"指定面截面"对话框，点击"None"按钮，点击
【应用】和【确定】，完成"虚面"的指定。

3.3.2　分组与指定钢板肋截面

　　钢板肋的立柱 T346×100×20×20 与钢板肋的横梁 T181×100×20×20 截面定义后，如果
在建模时未进行分组与指定截面，那么就需要选择分组、指定已建模型中的钢板肋截面。

　　① 钢板肋分组命名

　　命令路径：在图 3 模型图中，用鼠标左键选择界面上工具条中的【指定 A】，在下拉列
表，选【对象组】弹出"指定对象组"对话框，选击"添加"中的【定义对象组】按钮，弹
出"定义对象组"对话框，点击【添加对象组】弹出"对象组"对话框，在"名称"中输入
"TLZ"肋立柱，点击【确定】完成肋立柱分组命名。

　　按照同样操作，可以完成"THL"肋横梁分组命名。

　　② 钢板肋指定分组

　　命令路径：首先用鼠标左键选择图 3 模型图中所有前立柱（竖杆），再点击界面上工具
条中的【指定 A】，在下拉列表，选【对象组】弹出"指定对象组"对话框，在指定对象组
栏中，选出已定义了的"TLZ"肋立柱分组，依次点击【应用】和【确定】，完成肋立柱指

定分组。

按照同样操作，选择图3模型图中所有前立柱（横杆），可以完成"THL"肋横梁指定分组。

③ 指定钢板肋分组截面

命令路径：在图3模型图中，点击界面上工具条中的【选择S】，在下拉列表，选【选择】弹出"选择对象组"对话框，在指定对象组栏中，选出已定义了的"TLZ"肋立柱分组，依次点击【选择】【关闭】；再回到界面上点击工具条中的【指定A】，在下拉列表中点击【框架】【框架截面】，弹出"指定框架截面"对话框，在栏中选择"T346×100×20×20"，再点击【应用】【确定】，完成指定"TLZ"肋立柱分组截面。

按照同样操作，可以完成"THL"肋横梁T181×100×20×20分组截面的指定。

3.3.3 指定钢板肋截面局部轴调整

在钢板肋玻璃幕墙模型中完成立柱、横梁的指定后，一般要进行框架分割，使结构更稳定，另外，还要在程序默认的局部轴方向与框架强轴承受弯矩方向（或与设计图）不一致时，进行旋转调整，使其强度、稳定性满足设计要求。

点击界面上工具条中"视图选项"弹出"设置视图选项界面"，在"通用选项"界面上选"截面属性"，在"视图类型"选"拉伸视图"，将"通用选项"下的"对象收缩""对象填充""对象边""参考线""边界框"全打钩。通过查看，发现钢板肋立柱与横梁均与设计分析角度相差90°，因此需指定框架局部轴旋转。

命令路径：用鼠标左键点击选定所有钢板肋立柱与横梁，点击界面上工具条中的【指定A】下拉列表，选【框架】【局部轴】弹出"指定框架局部轴"对话框，根据模型图，选择"标准局部轴"，"角度"选填"90°"（注：本例绘制框架时，上横梁按＋X 向绘制，下横梁按－X 向绘制，则下横梁旋转"角度"选填"－90°"才能保持横梁方向一致），见图6指定框架局部轴图所示，点击【应用】【确定】完成立柱与横梁框架局部轴旋转。框架局部轴旋转前和旋转后如图7所示。

图6　指定框架局部轴

图7　框架局部轴旋转前与旋转后图

我们查看旋转图时，程序默认钢板肋横梁在钢板肋立柱中间，还需把钢板肋横梁向－Y 移动（346－181）/2＝82.5mm，见图8移动对象所示。

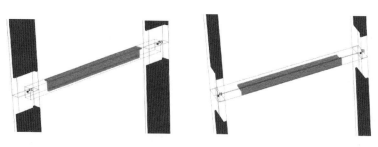

图 8　框架局部轴旋转前与旋转后图

点击界面上工具条中的【编辑 E】【移动】弹出"移动对象"对话框，输入"增量""$Y=-82.5$"点击【应用】【确定】完成平移。

3.4　节点支座约束

大跨度钢板肋玻璃幕墙不仅要满足幕墙规范，还要满足钢结构相关规范。为降低温度效应作用而产生的应力，幕墙钢板肋立柱设计为受拉铰接状态。那么，立柱上端可设置为约束 3 个平动自由度铰接，立柱的下端部位设置为不约束 Z 轴向 2 个平动自由度铰接形式。

命令路径：首先用鼠标左键选择模型上的第 1～13 号节点（立柱上端），再点击界面上工具条中的【指定 A】下拉列表，选【节点】，点击【支座】弹出"指定节点支座"对话框，点击"铰接支座"按钮，这样就约束了 3 个平动自由度，而旋转的 3 个自由度无约束，即完成了立柱上端的铰接约束。

同样，用鼠标左键选择模型上的第 14～26 号节点（立柱下端），再点击界面上工具条中的【指定 A】下拉列表，选【节点】，点击【支座】弹出"指定节点支座"对话框，点击"铰接支座"按钮，其中"平动 3"不勾选（可以向 Z 轴平移活动），这样就只约束了 2 个平动自由度，而旋转的 3 个自由度无约束。

3.5　构件连接释放

由于本例大跨度钢板肋幕墙立柱承受轴力、弯矩与剪力作用，因此无须进行杆件连接的释放；横梁承受弯矩与剪力作用，为增加框架体系稳定性，一般对杆件也不进行连接释放。

3.6　定义荷载模式

钢板肋玻璃幕墙所受力的主要荷载模式可定义为：恒载 DL、迎风面水平荷载标准值 w_k、垂直幕墙面的地震荷载 q_{Ek}。

命令路径：点击界面上工具条中【定义 D】下拉列表，选【荷载模式】弹出"定义荷载模式"对话框，设置如下：

3.6.1　定义恒载

在本例"定义荷载模式"对话框中，"名称"栏输入"DL"，"类型"栏选"Dead"，"自重乘数选"栏选"1"，"自动侧向荷载"栏为"灰"色，再点击【添加荷载模式】。

3.6.2　定义垂直幕墙面风荷载标准值

在本例"定义荷载模式"对话框中，"名称"栏输入"w_k"为垂直幕墙面风荷载标准值，"类型"栏选"Wind"，"自重乘数选"栏选"0"，由于本例已手工计算出相应的 w_k 值，"自动侧向荷载"栏选"无"，再点击【添加荷载模式】。

3.6.3 定义垂直幕墙面的地震作用

在本例"定义荷载模式"对话框中，"名称"栏输入"q_{Ek}"为垂直幕墙面的地震作用，"类型"栏选"Quake"，"自重乘数选"栏选"0"，由于本例已手工计算出相应的 q_{Ek} 值，"自动侧向荷载"栏选"无"。

以上选项完成之后，如果需要修改模式可点击【修改荷载模式】，然后再按【确定】按钮就完成了整个荷载模式的定义。

3.7 定义荷载工况

荷载工况定义了荷载模式的作用方式和结构的响应方式、分析方式等。

命令路径：点击界面上工具条中【定义 D】下拉列表，选【荷载工况】弹出"定义荷载工况"对话框，点击【添加荷载工况】弹出"定义荷载工况数据"对话框，在"工况名称"项中填写恒荷载 DL；在"结构刚度"栏中选"零初始条件-无应力状态"；"工况类型"选"Static 静态"；"分析类型"选"线性"；在"施加荷载"栏中"荷载类型"选"Load Pattern"（荷载工况）"荷载名称"选已输入的恒荷载 DL"比例系数"选"1"；然后再按【添加】【确定】按钮，这就完成了荷载 DL 的荷载工况数据选定。

按上述步骤分别选填完成迎风面水平荷载标准值 w_k、垂直幕墙面的地震荷载 q_{Ek} 的荷载工况数据，若需修改数据，可以点击【修改】，再点击【确定】按钮。

由于本例不必进行抗震验算，可不进行模态分析，也就无须定义质量源，因此程序自动生成的 MODAL（模态）工况可以删除，或后续设置运行工况时采用取消运行模式。

3.8 定义荷载组合

荷载工况组合是包括构件节点在内的所有位移、力、单元的内力或应力。这里的组合是不同荷载工况结果的总和或包络。组合数量可以任意指定，但每个组合需要定义一个不相同的名称，且名称不能与荷载工况的名称相同。一般常用的是通过基于规范定义的组合方式来进行添加，也可以根据需要自行定义组合或选择自动添加默认设计组合。

根据《玻璃幕墙工程技术规范》（JGJ 102—2003）第 5.4.1 条，当作用和作用效应可按线性关系考虑时，幕墙构件承载力极限状态设计的作用效应组合应按下列规定组合：

① 在荷载持久或短暂作用设计状况下：
$$S=\gamma_G S_{Gk}+\psi_w \gamma_w S_{wk}+\psi_T \gamma_T S_{Tk}$$

② 在考虑地震作用设计状况下：
$$S=\gamma_G S_{Gk}+\psi_E \gamma_E S_{Ek}+\psi_w \gamma_w S_{wk}$$

式中：S——作用效应组合值；

S_{Gk}——永久荷载效应标准值；

S_{wk}——风荷载效应标准值；

S_{Ek}——地震作用效应标准值；

S_{Tk}——温度作用效应标准值（对变形不受约束的支撑结构及构件可取 0）；

γ_G——风荷载分项系数；

γ_E——永久荷载分项系数；

γ_w——地震作用分项系数；

γ_T——温度作用分项系数；

ψ_w——风荷载的组合值系数；

ψ_E——地震作用的组合值系数；

ψ_T——温度作用的组合值系数。

③ 在进行幕墙构件的承载力设计时，作用分项系数应按下列规定取值：

a. 一般情况下，永久荷载分项系数 γ_G、风荷载分项系数 γ_W、地震作用分项系数 γ_E、温度作用分项系数 γ_T 应分别取 1.3、1.5、1.3 和 1.4［《建筑结构可靠性设计统一标准》（GB 50068—2018）与《玻璃幕墙工程技术规范》（JGJ 102—2003）要求］；

b. 当永久荷载的效应起控制作用时，分项系数 γ_G 取 1.35；

c. 当永久荷载的效应对构件有利时，分项系数 γ_G 取值应不大于 1.0。

④ 可变作用的组合值系数需按下列规定采用：

a. 在持久、短暂设计状况下，且风荷载效应起控制作用时，风荷载组合值系数 ψ_W 应取 1.0，温度荷载组合值系数 ψ_T 应取 0.6；

b. 在持久、短暂设计状况下，且温度荷载效应起控制作用时，风荷载组合值系数 ψ_W 应取 0.6，温度荷载组合值系数 ψ_T 应取 1.0；

c. 在持久、短暂设计状况下，且永久荷载效应起控制作用时，风荷载组合值系数 ψ_W 和温度荷载组合值系数 ψ_T 均应取 0.6；

d. 在地震设计状况时，风荷载组合值系数 ψ_W 应取 0.2。

⑤ 在进行幕墙构件的挠度验算时，仅考虑永久荷载、风荷载、温度荷载作用。风荷载 γ_W 分项系数、永久荷载 γ_G 分项系数、温度荷载 γ_T 分项系数、张拉索杆结构中的预应力分项系数均应取 1.0，且可以不考虑作用组合。

本例通过基于规范定义的组合方式进行添加工况组合操作如下：

命令路径：点击界面上工具条中【定义 D】【荷载组合】，弹出"定义荷载组合"对话框，点击"添加组合荷载"弹出"荷载组合数据"对话框，在"荷载组合"栏中，自定义强度组合为 QDZH；在"组合类型"选"Linear Add（线叠加）"；在"荷载工况"栏中，在"工况类型"默认"Linear Static（静态线性）"；在"工况名称"分别选 DL、w_k、q_{Ek}；按上述幕墙规范，当幕墙构件承载力极限状态设计作用效应组合"分项系数"与"组合系数"，分别对应选取 $\gamma_G=1.3$、$\gamma_W=1.5$、$\gamma_E=1.3$，$\psi_W=1$，$\psi_E=0.5$ 时，则"比例系数"栏中对应选取：DL 系数为 1.3、w_K 系数为 1.5、q_{Ek} 系数为 $1.3\times0.5=0.65$。

3.8.1　计算强度时荷载组合

由此可知，当用于玻璃面板强度计算时的荷载组合为：

荷载组合（QDZH）：$1.3DL+1.5w_K+0.65q_{Ek}$

3.8.2　计算挠度时荷载组合

根据《玻璃幕墙工程技术规范》（JGJ 102—2003）第 7.2.2 条，计算玻璃面板挠度时可按风荷载标准值作用下来计算，也可按第 5.4.1 条来计算，因此，用于计算玻璃面板挠度时的荷载组合如下：

荷载组合（NDZH1）：$DL+w_K$

荷载组合（NDZH2）：w_K

命令路径：同上面强度组合荷载数据的设置步骤。只不过在此情形下，重力荷载的效应对构件有利，风荷载效应起控制作用，则"分项系数"分别对应选取 $\gamma_G=1.0$、$\gamma_W=1.0$；而"组合系数"选取 $\psi_W=1.0$；那么"比例系数"栏中对应选取：DL 系数为 1.0、w_K 系数为 1.0 且可以不考虑地震作用的组合。然后再按【添加】【确定】按钮完成了设置。

如果需要修改荷载组合可点击【修改/显示荷载组合】，然后再按【确定】按钮，就完成了整个定义荷载组合。

3.8.3 添加默认设计组合

以上组合均根据《玻璃幕墙工程技术规范》（JGJ 102—2003）设定，由于本幕墙同时也为钢框架结构，为了便于按我国规范校核其强度和稳定性、方便结构设计，还要按钢框架结构添加默认组合。

命令路径：点击界面上工具条中【定义 D】【荷载组合】，弹出"定义荷载组合"对话框，点击"添加默认设计组合"弹出"添加默认设计组合"对话框，添加默认设计组合，在"结构设计类型"中选择"钢框架设计"，再点击【设置荷载组合数据】，弹出"默认的钢框架设计组合-chinese 2018"对话框，分别选择"强度"与"挠度"中的"备选工况" DL、w_k、q_{Ek} 加入到"已选工况"中，点击【确定】，便完成了添加默认组合 DSTL1～DSTL19。

3.9 施加荷载

定义的荷载模式，并且在已指定的荷载模式中再定义荷载工况下，就需要对荷载进行指定施加。

命令路径：用鼠标左键直接点击选定迎风面（Y 向）面板，依次点击界面上工具条中【指定 A】【面荷载】【导荷至框架的均布面荷载（壳）】，弹出"指定导荷至框架的均布面荷载"对话框，分别施加重力荷载、风荷载、地震荷载过程如下。

3.9.1 施加重力荷载

在对话框中，"荷载模式"选定重力荷载 "DL"，"坐标系"选定 GLOBAL，"荷载方向"选定 "Gravity（重力方向）"，"导荷方式"选定 "To Way（双向）"，"均布荷载大小"填写 "0.62kN/m^2"，见图 9 施加 DL 重力荷载。

图 9 施加 DL 重力荷载

3.9.2 施加 Y 向风荷载

在对话框中，"荷载模式"选定风荷载 w_k，"坐标系"选定 GLOBAL，"荷载方向"由于是倾斜幕墙，那么选定为 Y 方向，"导荷方式"选定 "Two Way（双向）"，"均布荷载大小"填写"1.3321kN/m²",见图 10 施加 Y 向风荷载（w_k）。

图 10　施加 Y 向风荷载

3.9.3　施加 Y 向地震作用

在对话框中，"荷载模式"选定地震作用 q_{Ek}，"坐标系"选定 GLOBAL，"荷载方向"由于是倾斜幕墙，那么选定为 Y 方向，"导荷方式"选定"Two Way（双向）"，"均布荷载大小"填写"0.248kN/m²"，见图 11 施加 Y 向地震作用（q_{Ek}）。

图 11　施加 Y 向地震作用

通过以上操作，就完成了面板的荷载施加。虽然完成了荷载施加，但是否在面板加载上了荷载，加载方向是否正确？还需在视图中用显示荷载整体性来查看。

命令路径：点击界面上工具条中【显示 P】【对象荷载】【荷载模式】，弹出"基于荷载模式显示荷载"对话框，勾选"导荷至框架的均布荷载""合力"，如图 12 显示施加的重力荷载、图 13 图显示施加的风荷载、图 14 显示施加的地震作用所示。

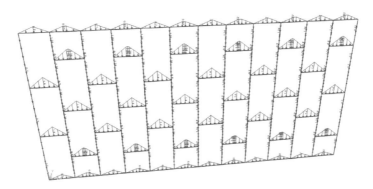

图 12　显示施加的重力荷载

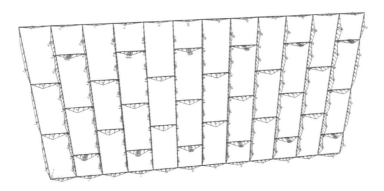

图 13　图显示施加的风荷载

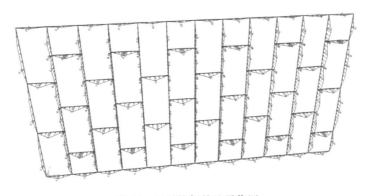

图 14　显示施加的地震作用

3.10　指定框架的自动剖分

在运行结构分析之前，必须对模型进行指定剖分，一般可以用"自动剖分点"选项。

命令路径：首先用鼠标左键将界面上模型图形全选中，再点击界面上工具条中【指定A】【框架】【自动剖分选项】，弹出"指定框架的自动剖分选项"对话框，"剖分选项"选取"自动剖分"，在"自动剖分点"栏中，选取"框架的内部节点"，"最大剖分长度"，选填"500mm"（经验值，根据杆件长度，也便于读取位移值），再点击【应用】【确定】，即完成了指定框架的自动剖分。

4 结构分析

当模型的几何信息、荷载信息、框架剖分（"虚面"无须剖分）等设置完成并检查无误后，就可以进行分析选项，进行设置与运行分析，对所建立的模型求解。

4.1 自由度分析选项

在运行分析之前，还需要对所建模型进行分析选项设置，然后才可以有选择性地运行荷载工况。

命令路径：点击界面上工具条中【分析 N】【设置分析选项】，弹出"分析选项"对话框，"有效自由度"勾选"UX、UY、UZ、RX、RY、RZ"6 个自由度，或点击"快速选择"栏中的"空间框架"图形按钮选取自由度，点击【确定】按钮完成自由度分析选项。

4.2 运行分析

命令路径：点击界面上工具条中【分析 N】【运行分析】，弹出"设置分析工况"选项对话框，再点击【运行分析】按钮，程序自动进行模型在重力恒荷载 DL、荷载工况下的 w_k、q_{Ek} 的分析与计算。另外"MODAL"可以选择点击"运行/取消运行"按钮，再点击【运行分析】按钮完成运行工况分析。

4.2.1 显示框架最大挠度初步结果

命令路径：点击界面上工具条中【显示 P】【变形图】，弹出"显示变形图"（或直接点击界面上工具条中按钮）对话框。在"工况/组合"名称栏中，分别选择已定义好了的挠度组合 NDZH1 和工况 NDZH2 下查看最大位移。另在"缩放比例"栏选择自动计算；在"云图选项"选择"显示位移云图""云图分量"分别选择 UX、UY、UZ 向与"Resultant（合成）"；再选择打钩"三次曲线"，其他默认；点击【应用】【确定】按钮，经 SAP2000 进行结构分析、计算、比较得到在 NDZH1 组合下合成最大位移为：

$$U_R（X 与 Y 向合成）=52.95（mm）$$

4.2.2 显示框架最大应力初步结果

命令路径：点击界面上工具条中【设计 G】【钢框架设计】【开始结构设计/校核】，程序会对模型中的构件设计类型（立柱、梁）自动判断、并自动进行了应力计算。再按上述步骤点击【显示设计信息】，便得到所建模型的应力比图。用鼠标左键点选应力最大位置杆件，再点击鼠标右键，弹出"钢应力检查信息（Steel Stress Check Information）Chinese2018"对话框，钢框架图显示"全部飘红色"，应力比高达 $10^4 \sim 10^5$ 数量级。

在"显示选择的细节"选项，点击【细节】，弹出"钢应力检查信息（Steel Stress Check Information）Chinese2018"对话框，可以看到：程序自动判断竖向立柱默认为"Column 柱"，程序自动判断横梁为"Beam 梁"类型，建筑为高层建筑，抗震等级为"Ⅱ"级，横梁部位显示应力比超限值"Stress Check Message-Capacity ratio exceeds limit"，立柱部位显示"Stress Check Message-lo/i exceeds seismic limit（GB 50011—2010 8.3.1，JGJ 99—2015 7.5.2）"长细比均超建筑抗震规范及高层建筑规范限值等类型信息。

通过以上的运行工况分析可知：已建立的幕墙模型中，钢板肋所受应力极大，且结构极不稳定，必须重新对钢板截面进行设计。

由此而知，对于钢板肋结构幕墙来说，不仅要按幕墙相关规范，还要按《钢结构设计标准》（GB 50017）等相关规范，根据强度和稳定性的要求进行校核计算。

5　结构设计

SAP2000 对钢框架进行了结构分析并得到了计算初步结果后。我们可以得知，原来顾问公司给业主提供的招标图中，所设计的幕墙钢板肋，无论是位移还是应力，尤其是稳定性，完全不符合相关规范要求，有着极大的安全隐患。因此我们还必须根据我国相应的规范，通过交互式人机对话，对构件进行结构设计。

5.1　人机交互设计

5.1.1　钢框架设计首选项

命令路径：点击界面上工具条中【设计 G】【钢框架设计】【查看修改首选项】，弹出"钢框架设计首选项 Chinese2018"对话框，在"设计规范"选"Chinese2018"，"框架类型"选"无侧移框架体系 NMF 抗弯框架 Non Sway Moment Frame NMF"，"高层建筑"选"否"，"抗震等级"选"非抗震"，"梁按压弯构件设计"选"是"，"应力比限值"选"1"（校核是否满足强度设计值），其他均按程序自带系数默认。

5.1.2　钢框架选择设计组

命令路径：点击界面上工具条中【设计 G】【钢铝框架设计】【查看修改首选项】，弹出"选择设计组"对话框，"对象组"添加"ALL"（分组 TLZ、THL），点击【确定】，完成钢框架选择设计组。

5.1.3　钢框架选择设计组合

命令路径：点击界面上工具条中【设计 G】【钢框架设计】【查看修改首选项】，弹出"选择设计组组合"对话框，"极限状态"选"挠度"，"设计组合"添加"NDZH1""NDZH2"，点击【确定】完成选择挠度设计组合。

同样，可以按上述操作，在"极限状态"选"强度"；"设计组合"添加"QDZHS"，同时也可以选择"自动生成基于规范的设计组合"，点击【确定】完成选择强度设计组合。

5.1.4　钢框架设计覆盖项

SAP2000 程序默认设计为水平放置的构件为"Beam 梁"，忽略轴力的影响；竖直放置的构件为"Column 柱"，按框架柱类型设计。在本幕墙钢板肋结构模型中，程序默认"TLZ"分组设计为"Column 柱"（计算轴力、弯矩、剪力），默认"THL"分组设计为"Beam 梁"（计算弯矩、剪力），那么我们按此构件类型无需进行修正。

另外，在钢框架设计覆盖项中，"选项"类别应作如下判断：

① 轧制截面：如果型材是型钢，选择"是"；如果型材是焊接型钢，选择"否"。本例选择"否"。

② 翼缘焰切的焊接截面：如果型材翼缘是焰切边，选择"是"；如果型材翼缘切割是其他工艺，选择"否"。

③ 梁按压弯构件设计：对于水平放置的构件，一般情况下其设计类型默认为"梁"，如果水平放置的"梁"还承载压力时，应选择"是"，则按《钢结构设计标准》（GB 50017）与《高层民用建筑钢结构技术规程》（JGJ 99）中的压弯构件进行验算（与幕墙规范一般只按纯弯构件验算区别），长细比没有限值要求。设计覆盖项中其他选项按默认设置。

5.1.5　钢板肋框架截面设计

如果钢板肋还是按原来的单片钢板设计思路，会产生几个问题：第一，钢板肋还要加厚变为实心体，导致质量增大；第二，单片钢板肋不容易焊接平直；第三，单片钢板肋稳定性相对较差。

因此，我们经过"SAP2000 Section Designer 截面设计器"重新设计幕墙钢板肋后，通过截面优选，钢板肋立柱选择为 T450×100×48×12，钢板肋横梁选择为 T300×100×36×12，二者均由 12mm 钢板焊接组合起来的空心肋板。

① 钢板肋 T450×100×48×1 立柱设计

命令路径：在上面模型（或重新复制）中，点击界面上工具条中【定义 D】下拉列表，选【截面属性】【框架截面】【添加框架截面】弹出"添加框架截面"对话框，"截面类型"选择"Other（其他）"，点击"其他截面"栏中"SD 截面"图案，弹出"SD 截面数据"对话框，见图 15 SD 截面数据在"截面名称"中输入 T450×100×48×12（颜色可任意设置），"基本材料"栏中可以暂选"Q235"，"设计类型"选"通用钢截面"，再点击【截面设计器】弹出"SAP2000 Section Designer 截面设计器"对话框，见 SAP2000 Section Designer 所示。

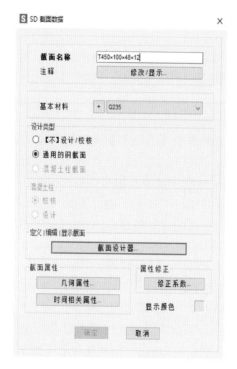

图 15　SD 截面数据

首先，在 SAP2000 Section Designer 截面设计器界面工具条中，点击【选项 O】，弹出图首选项与指定显示颜色对话框，首选项"Dimensions（尺寸）"中，"Background Guideline Spacing 背景向导线间距"可以任意调整，本例为"250mm"，其他项也可以选择默认；在颜色对话框中，根据个人习惯，"XY 轴"可选蓝色，"向导线"可选灰色，"局部轴"可选红色，"背景"可选白色。

命令路径：点击截面设计器界面上工具条中【绘制 R】下拉列表，选【绘结构外形】【板】，用左键点击界面上 X、Y 轴坐标原点，屏幕跳出"板"形截面图，此时把鼠标移动到"板"形截面图阴影部位（截面部位）点击鼠标右键，弹出"Shape Properties-Plate"对话框，见图 16（a）设置板属性，输入相关数据："Materaial 材料"选填"Q235"，"XCenter"填"18"（原点到右边肋中心距），"Y Center"填"0"，"Height 高"填"450"（肋高），"Width 宽"填"12"（肋板厚度），点击【OK】按钮完成右边肋板设置。另为便于视图操作，可以点击界面放大或缩小按钮。

同样操作，按图 16（b）设置板属性，可以完成左边肋板的设置。

同样操作，按图 16（c）设置板属性，可以完成肋立柱横向顶肋板（100mm）的设置。

同样操作，按图 16（d）设置板属性，可以完成竖向肋夹板（80mm）的设置。

同样操作，按图 16（e）设置板属性，可以完成肋板间横向支撑板（24mm）的设置。

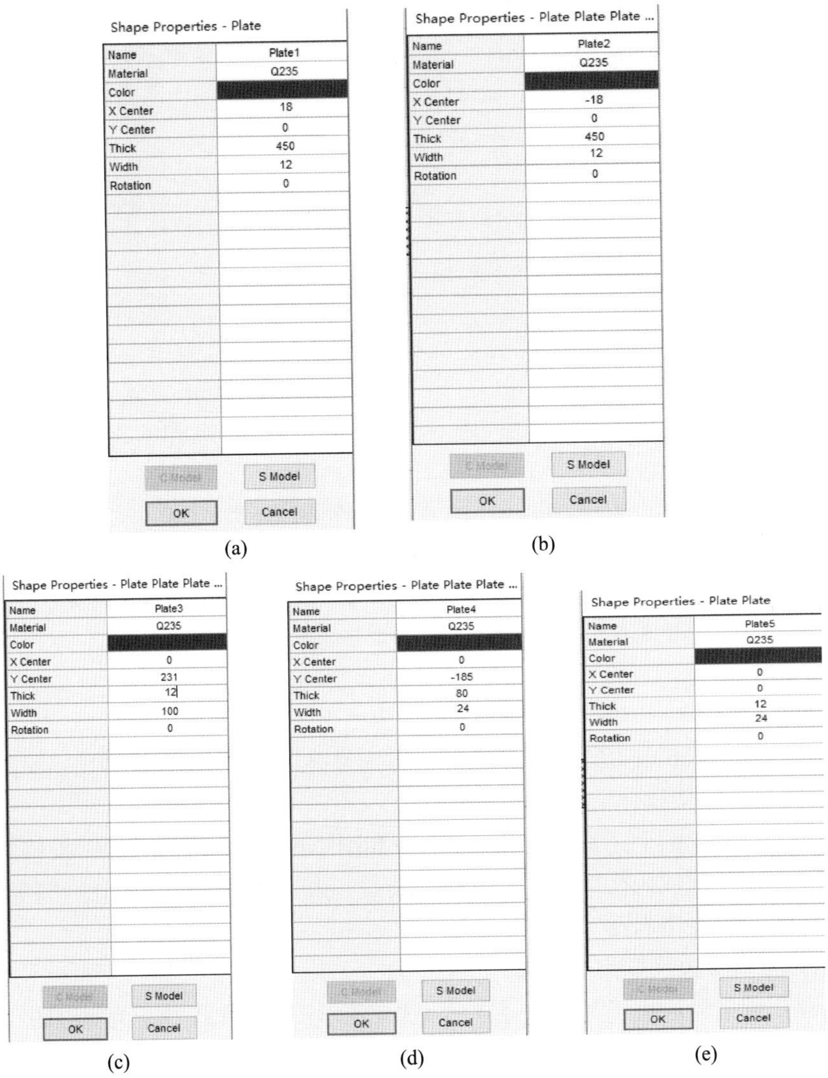
Shape Properties - Plate
Name Plate1
Material Q235
Color
X Center 18
Y Center 0
Thick 450
Width 12
Rotation 0
S Model
OK
Cancel
(a)
Shape Properties - Plate Plate Plate ...
Name Plate2
Material Q235
Color
X Center -18
Y Center 0
Thick 450
Width 12
Rotation 0
S Model
OK
Cancel
(b)
Shape Properties - Plate Plate Plate ...
Name Plate3
Material Q235
Color
X Center 0
Y Center 231
Thick 12
Width 100
Rotation 0
S Model
OK
Cancel
(c)
Shape Properties - Plate Plate Plate ...
Name Plate4
Material Q235
Color
X Center 0
Y Center -185
Thick 80
Width 24
Rotation 0
S Model
OK
Cancel
(d)
Shape Properties - Plate Plate
Name Plate5
Material Q235
Color
X Center 0
Y Center 0
Thick 12
Width 24
Rotation 0
S Model
OK
Cancel
(e)

图 16 设置板属性

最后完成钢板肋立柱的设计，见图 17 钢板肋立柱 T450×100×48×12 所示。

② 钢板肋 T300×100×36×12 横梁设计

同样，按上述步骤，也可以完成钢板肋 T300×100×36×12 横梁设计；钢板肋横梁高 300mm、横梁顶肋板 100mm、横梁夹板 50mm、横梁支撑板 12mm。

最后完成钢板肋横梁的设计，见图 18 钢板肋横梁 T300×100×36×12 所示。

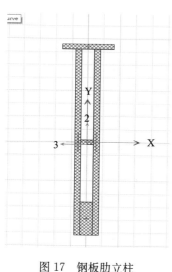
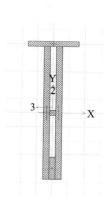

图 17　钢板肋立柱
T450×100×48×12

图 18　钢板肋横梁
T300×100×36×12

我们重新指定截面后，查看图时，程序默认钢板肋横梁在钢板肋立柱中间，因此还需把钢板肋横梁向-Y 移动（450－300）/2＝75mm，见移动对象设置所示。

命令路径：点击界面上工具条中的【编辑 E】【移动】，弹出"移动对象"对话框，输入"增量""Y＝－75"点击【应用】【确定】，完成平移。

5.2　计算结果分析

钢板肋幕墙经过按《玻璃幕墙技术规范》（JGJ 102）、《钢结构设计标准》（GB 50017）等规范的要求，进行人机交互设计后，则可以得到最终比较准确设计结果。

5.2.1　人机交互后框架设计结果

命令路径：点击界面上工具条中【设计 G】【钢框架设计】【开始设计/校核】。经程序分析计算得到在不同工况或风荷载下最大位移与最大应力，再用鼠标左键分别选定立柱、横梁杆件最大值位置，再点击右键。

① 显示钢框架最大挠度初步结果

命令路径：点击界面上工具条中【显示 P】【变形图】，弹出"显示变形图"（或直接点击界面上工具条中按钮）对话框，在"工况/组合"名称栏中，分别选择已定义好了的挠度组合 NDZH1 和工况 NDZH2 下查看最大位移。另在"缩放比例"栏选择自动计算；在"云图选项"选择"显示位移云图"、"云图分量"分别选择 UX、UY、UZ 向与"Resultant（合成）"；再选择打钩"三次曲线"，其他默认；点击【应用】【确定】按钮，如图 19 所示，经 SAP2000 进行结构分析、计算、比较得到在 NDZH1 组合下合成最大位移为：

$$U_R（X 与 Y 向合成）＝35.42（mm）$$

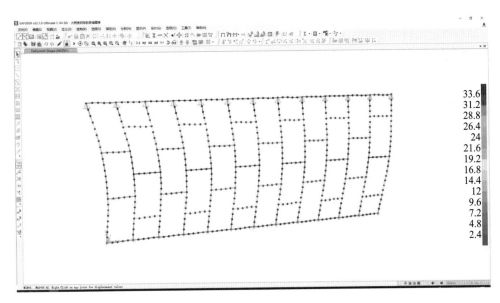

图 19　在 NDZH1 组合下合成最大位移

② 显示钢框架最大应力初步结果

命令路径：点击界面上工具条中【设计 G】【钢框架设计】【开始结构设计/校核】，程序会对模型中的构件设计类型（立柱、梁）自动判断、并自动进行了应力计算。再按上述步骤点击【显示设计信息】，便得到所建模型的应力比图。钢框架图显示横梁部位应力超标。其中横梁"35"～"40"节点之间的"42"杆件，应力比高达 1.503；左右外围立柱应力比为 0.468，但长细比超标；如图 20 钢板肋框架应力图所示。

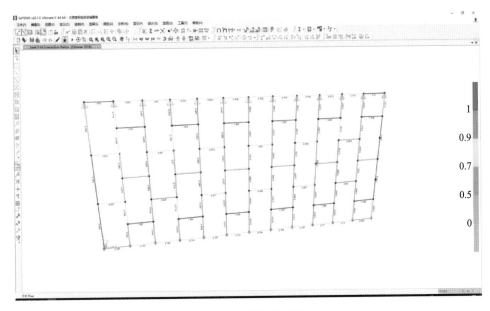

图 20　钢板肋框架应力图

5.2.2　人机交互后钢框架模型修正

为了不再增加材料截面，我们可以尝修正模型约束形式的方式，即缩小跨度，把框架杆件受力距离变短。如把左右边钢板肋立柱中部各增加两个，不约束 Z 向的铰接点，这样可以起到稳定立柱、减少应力的作用。

5.2.3　人机交互后钢框架最终设计结果

当完成了钢板肋框架截面的最后修正后，再次运行 SAP2000 如下：

命令路径：点击界面上工具条中【分析 N】【运行分析】，再点击界面上工具条中【设计 G】【钢框架设计】【开始结构设计/校核】；再点击界面上工具条中【设计 G】【钢框架设计】【显示设计信息】查看构件应力信息。至此全部完成结构模型的位移与应力的最后运算结果。

① 钢板肋框架最大挠度

命令路径：点击界面上工具条中【显示 P】【变形图】弹出"显示变形图"（或直接点击界面上工具条中按钮）对话框，选项设置不变，点击【应用】【确定】按钮，得到在不同工况或风荷载下最大位移数据如下：

在 NDZH1 组合下合成最大位移：

$$U_R（X 与 Z 向合成）＝23.431（mm）$$

根据《金属与石材幕墙工程技术规范（附条文说明）》（JGJ 133—2001），立柱在风荷载标准值作用下产生的挠度 $d_{f,lim}$ 应符合下列规定：钢型材 $d_{f,lim} \leqslant l/300$，即：

$$d_{f,lim} \leqslant 12000/300＝40（mm）$$
$$U_R＝23.431（mm）\leqslant d_{f,lim}$$

因此，在荷载组合与风荷载工况作用下，幕墙中的最大变形，满足幕墙规范要求，如图 21 组合 NDZH1 下合成最大位移所示（注：因钢板肋横梁位移随钢板肋立柱产生绝对移动，因而未予校核）。

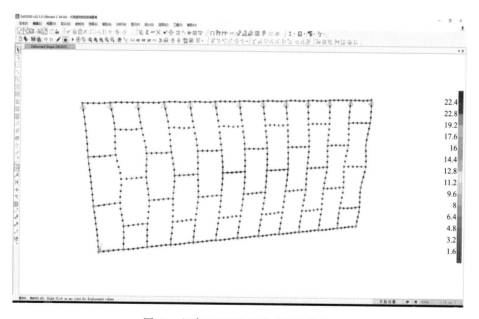

图 21　组合 NDZH1 下合成最大位移

② 钢板肋框架最大应力

命令路径：点击界面上工具条中【设计 G】【钢框架设计】【开始结构设计/校核】，程序对模型自动进行了位移、应力计算。再按上述步骤点击【显示设计信息】，便得到所建模型的应力比图。钢板肋框架图显示，钢板肋立柱"31"～"32"节点之间的"115"杆件，在DSTL5 组合下，应力比为 0.928，那么，钢架最大应力为：

$$Stress\ S_{max}=0.928\times215=199.52（N/mm^2）$$

按《玻璃幕墙工程技术规范》（JGJ 102—2003）第 5.2 条"材料力学性能"查得，钢型材强度设计值抗拉、抗压、抗弯 $f_g \leqslant 215$（N/mm²）。钢型材应力 Stress S_{max}）$\leqslant f_g$，满足规范要求，如图 22 框架最大应力比所示。

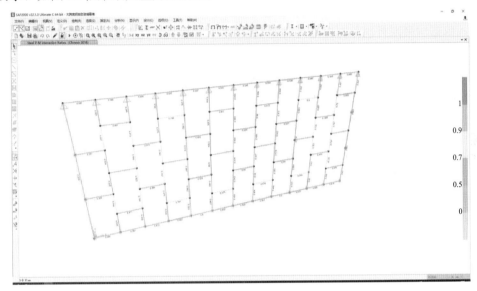

图 22　框架最大应力比

6　结语

大跨度精制钢板肋玻璃幕墙，无论是位移还是应力，尤其是稳定性，不仅要符合幕墙相关规范，还要同时满足钢结构的相关规范要求。

精制钢由于具有优越的抗拉强度、弹性模量、冲击韧性、冷弯性能、可焊性、冷热加工性能等特性，因此完全能够满足大跨度幕墙结构的基本受力需求，广泛应用于高层建筑顶部城市观光造型、高档售楼中心、展馆等公共建筑的幕墙设计等装饰领域，同时实现建筑外观的艺术之美感，并逐渐解决了大跨度夹层玻璃肋作为幕墙结构支撑成本高、易破损、稳定性差、吊装困难的问题。

参考文献

[1]　中华人民共和国建设部. 玻璃幕墙工程技术规范：JGJ 102—2003［S］. 北京：中国建筑工业出版社，2003.

[2]　中华人民共和国住房和城乡建设部，中华人民共和国国家质量监督检验检疫总局. 建筑结构荷载规范：GB 50009—2012［S］. 北京：中国建筑工业出版社，2012.

[3]　屈铮. SAP2000 在建筑异形幕墙工程的设计实例解析［M］. 长沙：中南大学出版社，2022.

玻璃幕墙横梁扭转倾斜的预防与应用

卢定广[1]　刘长新[2]　王如刚[2]　王　涛[2]

1　西南林业大学　云南昆明　650000

2　贵州君望建筑科技集团有限公司　贵州贵阳　550081

摘　要　本文对构件式玻璃幕墙用铝合金横梁在自重荷载作用下发生扭转倾斜问题进行分析与研究，依据国家现行规范和标准要求，从设计、样板、型材选用、加工方面提出了防治措施，并将解决方案应用于实际工程，为玻璃幕墙设计及施工提供参考和借鉴。

关键词　玻璃幕墙；扭转倾斜；构造设计；三角形特征

Abstract　This article delves into the issue of torsion and inclination in aluminum alloy transoms used in glass curtain walls under the influence of self-weight loading. Based on the prevailing national codes and standards，preventive measures are introduced in aspects encompassing design，prototyping，material selection and processing，and have been implemented in actual projects，serving as a valuable reference for the design and construction of glass curtain walls.

Keywords　glass curtain wall；torquional tilt；constructional design；features of a triangle

1　引言

玻璃幕墙是现代建筑的一种新型墙体，它赋予建筑的最大特点是将建筑美学、建筑功能、建筑节能和建筑结构等因素有机地统一起来，建筑物在不同角度呈现出不同的色调，随阳光、月色、灯光的变化给人以动态美。玻璃幕墙是现代建筑的显著特征。构件式玻璃幕墙是最传统的结构形式，应用最广泛，工作性能可靠。然而，横梁扭转倾斜的问题依然层出不穷。横梁扭转倾斜问题的发现往往是在项目投入使用后，其整改修缮难度大、成本高、效率低，因而对横梁扭转倾斜的预防、研究及推广应用显得至关重要。本文结合实际工程案例进行分析和总结，供幕墙工程技术人员参考与探讨。

2　横梁扭转倾斜的原因分析

2.1　幕墙分格尺寸划分

幕墙立面的分格尺寸是影响幕墙系统自重大小的根本因素，玻璃板块越大，所用龙骨就越大，其整体自重就越大，对横梁产生的偏心力也就越大，横梁发生扭转倾斜的概率就越大。不合理的幕墙分格尺寸划分，尤其是大板块的分格划分，对幕墙设计及施工要求较高，对横梁的抗扭承载力越不利。

2.2　抗扭承载力的复核

依据《玻璃幕墙工程技术规程》（JGJ 102—2003）第6.2.6条规定，玻璃在横梁上偏置使横梁产生较大的扭矩时，应进行横梁抗扭承载力计算。部分设计师未按照规范要求对横梁的抗扭承载力进行复核，当幕墙施工完毕后，玻璃面板自重荷载和风荷载作用会加剧横梁的扭转倾斜。

2.3 施工样板段的设置

施工样板段设立，除了从观感上能直接了当地观察到幕墙立面的分格比例、色彩配置、用料规格、施工工艺等，还可直观地表现出幕墙设计中的构造是否合理、安装工序是否得当等情况，通过对样板段的研究与分析，能够更加可靠地落实理论数据，以保证批量安装后的结构安全和观感质量满足要求。而部分项目往往容易忽略样板段的设计，在批量安装后才发现横梁的扭转倾斜，但为时已晚。

2.4 选用型材的合理性

当玻璃板块较大时，尽可能选择闭口型材，或考虑开模进行量身定制，使横梁满足构造要求。而多数情况下，设计师往往会从铝材厂家的现有模型中进行挑选，项目的独特性会导致挑选的型材不适用在建项目，为横梁的扭转倾斜埋下伏笔。

2.5 横梁与立柱的连接

依据《玻璃幕墙工程技术规程》(JGJ 102—2003) 5.5.2 条规定：玻璃幕墙构件连接处的连接件、焊缝、螺栓、铆钉设计，应符合国家现行标准《钢结构设计标准》(GB 50017) 和《高层民用建筑钢结构技术规程》(JGJ 99) 的有关规定，连接处的受力螺栓、铆钉不应少于 2 个。设计师在考虑横梁与立柱连接时，往往按此要求进行配置。当横梁跨度较大、玻璃偏置于横梁上时，使用 2 个螺栓易出现横梁扭转倾斜。

2.6 加工误差控制

幕墙构件加工时，构件加工图的精度要求不明确，验收不严谨，如开孔直径的精度、几何尺寸、偏差等不满足要求，会严重影响安装质量。

2.7 加工设备老旧

幕墙施工中存在一定数量的老旧加工设备，长期不校核、不维修、不更新，其精度和效能将有所下降，直接影响加工质量。

3 横梁扭转倾斜的防治措施——以贵州机车文化广场幕墙工程为例

3.1 项目概况

该项目（图 1、图 2）是由 1 栋 7 层高不规则多边形临街主楼及 1 栋 4 层高矩形背街附属用房半包围式的建筑群组成。建筑面积约为 39017.76m²；建筑幕墙工程量合计约 28000m²，建筑幕墙工程主要由构件式玻璃幕墙、铝合金装饰格栅、铝板幕墙、铝板雨棚等组成。幕墙最大标高为 40.00m。该项目建筑结构类型为框架式剪力墙结构，基本风压为 0.3kN/m²，基本雪压为 0.20kN/m²；地面粗糙度类别为 B 类。抗震设防烈度为 6 度，设计基本地震加速度为 0.05g，建筑抗震设防类别为标准设防（丙）类。结构的设计使用年限为 50 年，幕墙设计使用年限为 25 年。风压重现期按 50 年一遇考虑，幕墙设计时考虑幕墙自重、风荷载、地震作用下的最不利组合以及组合系数。

3.2 玻璃幕墙系统

本工程玻璃幕墙系统主要为构件式全明框玻璃幕墙系统，采用大板块玻璃与开启位置小板块玻璃相结合，保证立面美观且自然通风功能相结合，依据《建筑门窗幕墙用钢化玻璃》

（JG/T 455—2014）和《建筑玻璃应用技术规程》（JGJ 113—2015）对钢化玻璃最大面积的要求进行玻璃配置，分别配置了 12＋12A＋12mm、8＋12A＋8mm、6＋12A＋6mm 双钢化中空玻璃，幕墙玻璃板块最大尺寸为 2200mm×3100mm，其标准立面分格图见图 3，竖剖节点详图见图 4。

图 1 南立面透视效果图

图 2 东立面透视效果图

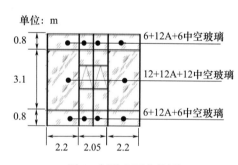

图 3 标准立面分格图

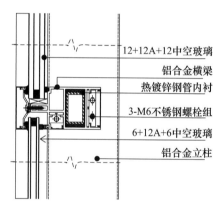

图 4 竖剖节点详图

3.3 横梁扭转倾斜的预防措施

下面将基于上述提出横梁扭转倾斜的原因分析，依据本项目的特征，具有针对性地提出相应的预防措施。

3.3.1 幕墙分格尺寸划分

本项目在方案设计阶段，经各参建单位多轮沟通后，最终确定外立面水平向玻璃板块分格施工图深化按照 2200mm＋1025mm＋1025mm＋2200mm＋1025mm＋1025mm……，固定玻璃位置垂直向玻璃板块分格规律为 800mm＋3100mm＋800mm＋3100mm……，可开启位置垂直向玻璃板块分格规律为 800mm＋1100mm＋1200mm＋800mm＋800mm＋1100mm＋1200mm＋800mm＋800mm……的规律进行分格划分，如图 3 所示。玻璃最大板块为 2200mm＋3100mm，玻璃配置为 12（Low-E）＋12A＋12mm 厚双钢化中空 Low-E 玻璃（如图 3、图 4 所示），其单片面积为 6.82m²，按 1.0mm 厚玻璃每平方米自重为 2.56kg 计算，该玻璃单块自重为（12＋12mm）×2.56mm/kg×6.82m²≈420kg，该玻璃板块质量远超常规用玻璃质量，其自重对幕墙横梁的强度、挠度、抗剪强度要求较高，在强度、挠度方面我们通过钢铝结合方式进行加强，基于玻璃板块自重大且偏置于横梁上，我们依据规范要求进行了抗扭承载力的复核，并设立了施工样板段。

3.3.2 抗扭承载力的复核

本项目为全明框玻璃幕墙，玻璃面板置于横梁前端，铝合金横梁最大跨度约为2200mm，依据《玻璃幕墙工程技术规程》（JGJ 102—2003）第6.2.6条规定，玻璃在横梁上偏置使横梁产生较大的扭矩时，应进行横梁抗扭承载力计算。因此我们将横梁构造进行了重新设计，将横梁构造设计成为多腔体横梁，重新设计横梁构造模型（图5），并对其抗扭承载力进行验算，校核依据：$\tau_{max} \leqslant 85MPa$（型材的抗剪强度设计值）详细计算书如下：

H_1——横梁上分格高：3100mm；

H_2——横梁下分格高：800mm；

H——横梁受荷单元高（应为上下分格高之和的一半），$(H_1 + H_2)/2 = 3900/2 = 1950mm$；

B——横梁跨度，$B = 2200mm$。

横梁构造模型截面特征见表1，截面图见图7。

表1 截面几何参数（主单位：cm）

A（cm^2）	22.643	I_p（cm^4）	562.34
I_x（cm^4）	167.690	I_y（cm^4）	394.65
i_x	2.7213	i_y	4.1748
W_x（上）（cm^3）	43.321	W_y（上）cm^3）	50.489
W_x（下）（cm^3）	40.612	W_y（下）（cm^3）	50.471
绕 X 轴面积矩	26.412	绕 Y 轴面积矩	40.273
形心离左边距	7.816	形心离右边距	7.819
形心离上边距	3.870	形心离下边距	4.129

横梁在自重作用下的剪应力：

G_{Ak}——作用在横梁上自重，$700N/m^2$

$$G_k = G_{Ak}BH1/2 = 700 \times 2.2 \times 3.1/2 = 2387N$$

G：横梁自重产生的集中荷载设计值，kN；

$$G = 1.3 \times G_k = 1.3 \times 2387 = 3.103kN = V_y$$

$$\tau_y = V_y S_x / I_x t_x \quad \cdots\cdots 6.2.5 \text{ [JGJ 102—2003]}$$

$$= 3103.1 \times 26.412/167.690/0.8$$

$$= 610.94 （N/cm^2）$$

$$= 6.109 （N/mm^2） = 6.109 （MPa） \leqslant 85MPa$$

所以，横梁在自重作用下的抗剪强度可以满足。

横梁在风荷载和地震荷载作用下的剪应力：

W_k——风荷载标准值，取 $1.0kN/m^2$；

q_{Ek}——地震作用面荷载标准值（kN/m^2）；

$$q_{Ek} = 5 \times 0.04 \times 0.7 = 0.14kN/m^2$$

面荷载组合设计值：$q_x = 1.5W_k + 0.5 \times 1.4 q_{Ek}$

$$q_x = 1.5 \times 1 + 0.5 \times 1.4 \times 0.14 = 1.598 \text{kN/m}^2$$

V_u——横梁上部组合荷载剪力设计值（三角形）；

V_d——横梁下部组合荷载剪力设计值（梯形）；

$$V_u = (1.598 \times 2.2/2) \times 2.2/4 = 0.967 \text{kN}$$

$$V_d = (1.598 \times 0.8/2) \times 2.2/2 \times (1 - 0.8/2.2/2) = 0.575 \text{kN}$$

V_x——横梁水平方向的剪力设计值（kN）；

$$V_x = V_u + V_d = 0.967 + 0.575 = 1.542 \text{kN} = 1542 \text{N}$$

$$\tau_x = V_x S_y / I_y t_y \quad \cdots\cdots 6.2.5 \text{ [JGJ 102—2003]}$$

$$= 1542 \times 40.273/394.65/0.8$$

$$= 196.70 \text{ (N/cm}^2) = 1.967 \text{ (N/mm}^2)$$

$$= 1.967 \text{ (MPa)} \leqslant 85 \text{MPa}$$

所以，横梁在风荷载和地震荷载作用下的抗剪强度可以满足。

横梁所受扭矩的计算，横梁偏心扭转见图 8。

单位：mm

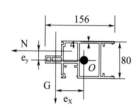

图 5　横梁截面图

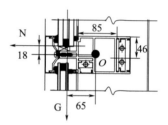

图 6　横梁偏心扭转参数图

O——横梁形心；

N——横梁所承受的水平总荷载计算值，取 1542N；

G——横梁所承受的自重总荷载计算值，取 3103N；

e_x——自重荷载作用线距离型材型心的偏心距，取 18mm；

e_y——水平荷载作用线距离型材型心的偏心距，取 65mm；

M_k——由于荷载偏心作用使横梁产生的扭矩值（N·mm）；

P——水平荷载作用下每个集中力设计值，取 1542N；

P_G——自重荷载作用下每个集中力设计值，取 3103N；

$$M_k = N \times e_y + G \times e_x = P \times e_y + P_G \times e_x = 1542 \times 18 + 3103 \times 65 = 229451 \text{N·mm}$$

1. 横梁抗扭计算：

查《建筑结构静力计算手册》，得横梁的最大扭转剪应力为：$T_{max} = M_k / [2\delta \times (a - \delta) \times (b - \delta)]$

上面公式中：

M_k——荷载偏心作用使横梁产生的扭矩值（N·mm）；

a——选用横梁的最小长边边长，取 85mm；

b——选用横梁的最小短边边长，取 46mm；

δ_i——各截面厚度，取 4mm；

δ——最大截面厚度，取 4mm，

套用公式计算得：

$$T_{max} = M_k / [2\delta \times (a-\delta) \times (b-\delta)]$$
$$= 229451 / (2 \times 4 \times (85-4) \times (46-4))$$
$$= 8.431 \ (MPa) \leqslant \tau_s = 85MPa$$

横梁上最大纯扭剪应力计算能满足要求。

3.3.3 施工样板段设立

在玻璃幕墙的样品、颜色选择以及样板段视觉样式对比与确认阶段，为了校验设计阶段数据、分格样式是否准确，我们在安装主龙骨的同时，按照常规铝合金玻璃幕墙开口横梁（图7）的安装方式采购了部分铝合金横梁进行试装，以检验推测数据是否准确，为改进横梁构造、安装工艺等提供参考数据，在样板段玻璃面板安装完成后，现场查验发现横梁出现了一定程度的扭转现象，最大的扭转倾斜约 3mm（图8），其观感质量和结构安全存在一定隐患。

3.3.4 选料开模，明确为本项目开具专属型材模型，量身定制。

由样板段数据可以得出结论，常规构件式开口横梁构造不适用本项目，而通过抗扭承载力复核设计的模型力学性能满足要求，明确该型材构造设计有效合理，确定横梁型材模型如图9所示，交付厂家开模生产。

图 7 样板段比例样式对比

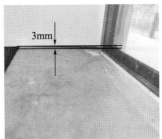
图 8 样板段横梁扭转现象

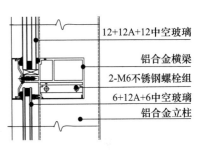
图 9 常规构件式开口式横梁

3.3.5 增加横梁与立柱的连接螺栓数量，重塑螺栓排列布局方式

横梁构造为多腔体横梁（图10），横梁腔体预留加强钢芯腔体空间，以保证大跨度横梁挠度满足规范要求，充分利用三角形具有稳定性的特征，对穿螺栓安装位置呈三角形方式布置，使横梁在重力作用下不易变形，稳固、坚定、耐压，从而规避横梁扭转倾斜问题发生。

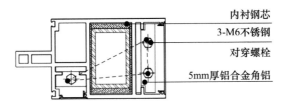
图 10 多腔体横梁构造模型

3.3.6 加工误差的修正

横梁与立柱通过 M6 不锈钢对穿螺栓和铝合金角铝进行连接，铝合金角铝与立柱的连接开孔直径控制尺寸为 6.5mm，样板拆除后进行检查复核，孔径普遍偏大，为 6.8～7.2mm，

且立柱两侧孔位有 1mm 的误差；角铝与横梁间存在 0.2～0.5mm 的安装间隙，横梁与立柱连接时，角铝已呈现一定角度的扭转，立柱、角铝的开孔误差累积后，导致横梁的扭转倾斜变得更大更明显。立柱与角码开孔时，室外侧开孔时孔径中心点向上偏移 3mm（图 11），通过抬高室外侧中心点位置消化误差尺寸，使横梁在发生扭转后扭转角度在允许范围，不影响观感质量和结构受力。

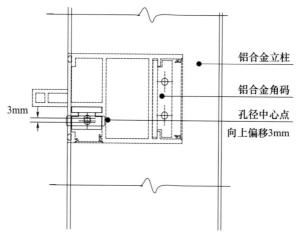

图 11　外侧孔径中心点向上偏移示意图

3.3.7　加工设备的须满足精度要求

《玻璃幕墙工程技术规范》（JGJ 102—2003）中第 9.1.2 条规定，加工幕墙构件所采用的设备、机具应满足幕墙构件加工精度要求，其量具应定期进行计量认证。幕墙施工中存在一定数量的老旧加工设备，其精度和效能均有下降，因此对老旧设备进行了检查、维修、校核和更新，以保证设备加工进度符合设计要求，减少因设备老旧带来的加工误差及其导致的加工质量低下、不满足设计要求等问题。

4　结语

本文通过设计校验复核，对施工样板段的设计和评价研究，就类似项目的横梁扭转现象从设计之初、样板段纠偏反馈、施工过程的质量控制提供了参考数据，大大减少和规避了横梁在重力作用下发生扭转倾斜的概率，供幕墙从业人员借鉴与研究，如有不当之处和错误，还请批评指正。

参考文献

［1］　中华人民共和国建设部．玻璃幕墙工程技术规范：JGJ 102—2003［S］．北京：中国建筑工业出版社，2003.

［2］　中华人民共和国住房和城乡建设部，中华人民共和国国家质量监督检验检疫总局．建筑结构荷载规范：GB 5009—2022［S］．北京：中国建筑工业出版社，2022.

作者简介

卢定广（Lu Dingguang），男，1989 年 9 月生，工程师，研究方向：幕墙设计与施工；地址：贵州贵阳；邮编：550081；联系电话：18275324673；E-mail：laoguang13@qq.com。

铝合金耐火窗用单片非隔热防火玻璃
受热破裂的机理分析

徐 阳

四川博立菲尔科技有限公司 四川成都 61000

摘 要 本文深入探讨了单片非隔热防火玻璃在受热条件下破裂的机理。通过对玻璃材料特性、热应力分布以及破裂模式的进行分析，揭示了单片非隔热防火玻璃在火灾环境中破裂的根本原因。

关键词 单片非隔热防火玻璃；热应力；破裂机理；预防措施

1 引言

随着现代建筑技术的快速发展，防火玻璃作为一种重要的建筑材料，被广泛应用于各种建筑结构中。单片非隔热防火玻璃作为其中的一种，以其良好的透光性和耐候性受到了广泛关注。然而，在火灾环境中，单片非隔热防火玻璃往往会因受热而破裂，给建筑安全带来隐患。因此，研究单片非隔热防火玻璃受热破裂的机理，对于提高建筑防火安全性能具有重要意义。

2 单片非隔热防火玻璃的材料特性

单片非隔热防火玻璃是一种特殊处理的玻璃，其主要材料为硅酸盐类。由于其独特的制作工艺，单片非隔热防火玻璃具有较高的强度和硬度，同时也具有一定的耐热性能。然而，在高温环境下，单片非隔热防火玻璃仍会发生热膨胀和热应力分布不均的现象，这是导致其破裂的主要原因。

3 单片非隔热防火玻璃受热破裂的机理

3.1 热应力分布

当单片非隔热防火玻璃暴露于高温环境中时，其表面会首先受到热源的直接影响，导致温度迅速上升。由于玻璃是一种热传导性能相对较差的材料，其内部温度的上升速度会远慢于表面。这种内外温度的差异会导致玻璃内部产生热应力。

具体来说，当玻璃表面受热膨胀时，其体积会增大，而内部由于温度上升较慢体积变化相对较小。这种不均匀的体积变化会在玻璃内部产生应力分布。这些应力主要由两部分组成：一是由于热膨胀引起的压缩应力，二是由于体积变化不均匀引起的拉应力。这些应力的分布会随着温度差异的变化而变化。

当热应力的大小超过单片非隔热防火玻璃的临界破裂应力时，就会发生破裂现象。临界破裂应力是玻璃材料本身的物理性质之一，它取决于玻璃的成分、结构和制造工艺等因素。

3.2 破裂模式

单片非隔热防火玻璃受热破裂的模式主要分为两种，即边缘破裂和整体破裂。

边缘破裂指玻璃边缘处首先发生破裂的现象。由于玻璃边缘处的结构相对薄弱，且往往受到安装框架或其他结构的约束，因此在受到热应力作用时，边缘处更容易产生应力集中，从而导致破裂。此外，如果玻璃在制造或安装过程中存在边缘缺陷或应力集中点，也会增加边缘破裂的风险。

整体破裂指玻璃因内部热应力分布不均而发生整体性的破裂。当玻璃内外温差较大时，内部产生的热应力也会相应增大，导致玻璃整体受到拉应力的作用。如果这种拉应力超过了玻璃的强度极限，就会发生整体性的破裂。整体破裂通常表现为玻璃表面出现裂纹并迅速扩展至整个玻璃面。

在实际火灾中，单片非隔热防火玻璃的破裂模式往往受到多种因素的影响，如玻璃的尺寸、形状、安装方式以及火灾的严重程度等。因此，在设计和使用单片非隔热防火玻璃时，需要充分考虑这些因素，以确保其具有良好的防火性能和安全性能。

4 影响单片非隔热防火玻璃受热破裂的因素

4.1 温度变化

单片非隔热防火玻璃在受热时，其内部的温度变化是导致其破裂的重要因素之一。由于单片非隔热防火玻璃通常是由硅酸盐等材料制成，这些材料在受到温度变化时会产生热胀冷缩的现象。当单片非隔热防火玻璃长时间处于高温或低温环境中时，其内部温度分布会不均匀，形成温度梯度。这种温度梯度会在玻璃内部产生热应力，即不同部分由于温度差异而产生的相互作用力。

随着温度变化的持续，单片非隔热防火玻璃内部的热应力会不断累积。当热应力达到一定程度时，超过了玻璃的抗破裂能力，就会导致玻璃破裂。

4.2 玻璃表面缺陷

单片非隔热防火玻璃在生产过程中，由于工艺控制、原材料质量等因素不同，玻璃表面可能会产生各种缺陷，如杂质、不溶物、气泡等。这些表面缺陷虽然看似微小，却对单片非隔热防火玻璃的抗破裂能力产生显著影响。

一方面，表面缺陷会破坏玻璃表面的完整性，导致玻璃内部张力分布不均。在受热时，由于表面缺陷的存在，玻璃内部各部分的热膨胀程度会有所不同，进而产生应力集中。这种应力集中会加剧玻璃内部的热应力，使其更容易达到破裂的临界点。

另一方面，表面缺陷还可能成为裂纹扩展的起点。在受到外力或温度变化时，这些缺陷处可能首先出现微裂纹。随着应力的不断累积和裂纹的扩展，最终可能导致整个玻璃的破裂。

4.3 制作工艺

单片非隔热防火玻璃的制作工艺对其性能具有决定性的影响。如果生产工艺不当或设备不先进，会导致玻璃内部存在缺陷或杂质，进而影响其耐热性能和抗裂能力。

生产工艺不当可能导致玻璃内部存在气泡、夹杂物等缺陷。这些缺陷会破坏玻璃内部结构的连续性，降低其强度和耐热性能。在受热时，这些缺陷处可能首先出现裂纹或破裂，进而影响整个玻璃的安全性。

此外，设备不先进或操作不当也可能导致玻璃质量问题。例如，如果熔炉温度控制不准确或搅拌不均匀，可能导致玻璃成分不均匀或存在未熔化的颗粒。这些问题都会降低玻璃的性能和可靠性。

因此，在制作单片非隔热防火玻璃时，需要严格控制生产工艺和设备条件，确保玻璃的质量和性能符合要求。同时，还需要对原材料进行严格筛选和检验，避免使用劣质或含有杂质的原材料。

5　预防措施

为了确保单片非隔热防火玻璃在各种环境条件下都能保持其稳定性和安全性，我们需要采取一系列详细的预防措施来降低其受热破裂的风险。以下是这些预防措施的详细进行说明：

5.1　选用优质材料

单片非隔热防火玻璃的质量与其原材料的选择密切相关。在选购单片非隔热防火玻璃时，我们应该注重其原材料的质量。优质的原材料通常具有更高的强度和更好的耐热性能，这意味着它们能够更好地抵抗温度变化带来的热应力。为了选择到这样的材料，我们可以从以下三个方面入手：

一是优先选择知名品牌的产品，这些品牌通常有着更严格的原材料筛选和质量控制流程；二是查看产品的相关认证和检测报告，确保其符合国家标准和行业要求；三是在购买前咨询专业人士或供应商，了解产品的具体性能和适用范围。

此外，我们还应该避免使用劣质或含有杂质的原材料。这些原材料可能会在生产过程中引入缺陷或降低产品的性能，从而增加单片非隔热防火玻璃破裂的风险。

5.2　严格控制生产工艺

生产工艺对单片非隔热防火玻璃的性能具有决定性的影响。为了降低破裂风险，我们需要从以下三个方面严格控制生产工艺：

一是确保生产设备的先进性和稳定性。先进的生产设备能够提供更精确的温度控制和更均匀的搅拌效果，从而确保玻璃成分的均匀性和稳定性。此外，稳定的设备性能还能减少生产过程中的故障和意外情况，提高产品的合格率。

二是加强对原材料的质量控制。在生产过程中，我们应该使用符合要求的原材料，并对其进行严格筛选和检验。这包括检查原材料的纯度、成分、粒度等指标，确保它们符合生产要求。

三是加强对生产过程的监控和管理。我们应该建立完善的生产管理制度和质量控制体系，对生产过程进行实时监控和检测。这包括定期检查设备的运行状态、检测产品的质量指标、记录生产数据等。通过这些措施，我们可以及时发现并处理潜在问题，确保单片非隔热防火玻璃的质量和性能符合要求。

5.3　合理使用和维护

在使用单片非隔热防火玻璃时，我们需要注意以下几点来降低其破裂的风险：

一是避免长时间暴露于高温或低温环境中。长时间的高温或低温作用会加剧玻璃内部的热应力累积，增加破裂的风险。因此，我们应该尽量避免将单片非隔热防火玻璃安装在阳光直射、热源靠近等不利环境中。

二是定期对单片非隔热防火玻璃进行维护和检查。在使用过程中，我们应该定期检查玻璃表面是否存在裂纹、划痕等缺陷，并及时进行修复或更换。此外，我们还应该检查玻璃的安装情况，确保其固定牢固、无松动现象。通过定期维护和检查，我们可以及时发现并处理潜在问题，确保单片非隔热防火玻璃的安全使用。

此外，我们还需要注意对单片非隔热防火玻璃进行合理的保养和维护。例如，在清洁玻璃时，我们应该使用柔软的布料和中性清洁剂，避免使用硬物或腐蚀性强的清洁剂来刮擦或腐蚀玻璃表面。同时，我们还应该避免在玻璃上施加过大的压力或撞击等外力作用，以免对其造成损伤或破裂。

6 结语

（1）热应力分布不均：单片非隔热防火玻璃在受到高温热源作用时，表面迅速升温并产生热膨胀，而内部由于热传导较慢导致温度上升较慢，形成内外温差。这种温差引起的热应力分布不均是导致单片非隔热防火玻璃破裂的主要原因。

（2）破裂模式：单片非隔热防火玻璃的破裂模式通常表现为边缘破裂或整体破裂。边缘破裂主要发生在玻璃边缘处，边缘处由于受到较大的拉应力而破裂；整体破裂则是由于玻璃内部热应力分布不均而发生。

（3）影响因素：除了热应力分布不均，影响单片非隔热防火玻璃受热破裂的因素还包括温度变化、玻璃表面缺陷以及制作工艺等。长时间的高温或低温作用，玻璃表面的脏点、气泡等缺陷以及不恰当的制作工艺都可能增加单片非隔热防火玻璃破裂的风险。

（4）预防措施：为了减少单片非隔热防火玻璃受热破裂的风险，应选用质量可靠、性能优良的单片非隔热防火玻璃产品，确保原材料的质量；严格控制生产工艺和设备条件，确保产品质量符合标准要求。在使用单片非隔热防火玻璃时，应避免其长时间暴露于高温或低温环境中，并定期进行维护和检查。

通过研究，我们为单片非隔热防火玻璃受热破裂的机理提供了深入的理论分析，并为实际应用中如何减少单片非隔热防火玻璃破裂的风险提供了实践指导。这对于提高建筑防火安全性能具有重要意义，并为未来防火玻璃的研发和应用提供了有价值的参考。

参考文献

[1] 李华，张明. 防火玻璃材料性能及应用研究[J]. 建筑材料学报，2018，21(3)：502-508.

[2] 王晓丽，刘涛. 单片非隔热防火玻璃热应力分析[J]. 玻璃与搪瓷，2019，47(2)：15.

[3] 赵志刚，陈晓红. 防火玻璃受热破裂机理及预防措施[J]. 消防科学与技术，2020，39(3)：433-436.

[4] 张丽梅，刘洋. 建筑用防火玻璃材料性能及研究进展[J]. 新型建筑材料，2021，48(6)：14.

[5] Smith, J. A. Johnson. . Thermal stress analysis of firerated glazing systems[J]. Fire Safety Journal，91 (1)，75-82.

[6] Wang, L. Chen, H. . Experimental study on the thermal break age behavior of noninsulated fire resistant glass[J]. Construction and Building Materials，240，117974.

作者简介

徐阳（Xu Yang），男，1980 年 7 月生，高级工程师；研究方向：单片非隔热防火玻璃耐火稳定性制程工艺技术研发及玻璃防火分隔系统防火稳定性及应用技术研发和生产；工作单位：四川博立菲尔科技有限公司；地址：四川省成都市成阿工业园成阿大道 3 段 2 号；邮编：61000；联系电话：13981978277；E-mail：36573647@qq.com。

BIM 技术在未来方舟建筑幕墙中的应用

刘庆生　杜世超

沈阳正祥装饰设计有限公司　辽宁沈阳　110000

摘　要　随着 BIM 技术的逐渐普及，设计逐步从二维设计图纸转化为三维数字化设计的领域，同时，随着各专业的 BIM 技术逐渐成型，BIM 云平台的构架进入实际应用的阶段。在异形建筑的领域 Rhinoceros 和 Grasshopper 依然承担着主要的建模工作，Autodesk Revit 也在 BIM 构架中逐步完善，使得 BIM 不仅能够在异形建筑的领域将建筑设计落地，更进一步推动建筑结构、水电暖、精装、景观、灯光等相关专业共同形成一个整体的构架体系，让各专业之间的交圈落地成为可能。这样可使工程设计周期缩短约 30%，可通过即时反馈机制加速设计迭代，提高设计效率，同时减少施工现场变更损失约 90%，施工精度提升至毫米级，从而显著降低拆改变更成本。

关键词　异形檐口；龙鳞造型幕墙；树状花柱造型

Abstract　With the gradual popularization of BIM technology，design has gradually transformed from two-dimensional design drawings to three-dimensional digital design，and with the gradual formation of professional BIM，the framework of BIM cloud platform has entered the stage of practical application. In the field of anomalous architecture，Rhinoceros and Grasshopper still undertake the main modeling work. However，with the gradual improvement of Autodesk Revit in BIM architecture. It makes BIM not only land buildings in the field of completing special-shaped buildings，but also further forms an overall framework system for building structure，water and electricity heating，hardcover，landscape，lighting and other related professions，making it possible to land the intersection between various professions. This can shorten the engineering design by about 30%，accelerate the design iteration through the instant feedback mechanism，and improve the design efficiency. At the same time，the construction reduces site changes by about 90%，and the construction accuracy is increased to the millimeter level，which significantly reduces the cost of demolition and change.

Keywords　shaped cornice；dragon scale modeling curtain wall；tree style modeling

1　引言

随着幕墙顾问服务工作的逐渐深入和扩展，以及人们审美的多元化，现代建筑的设计不仅局限于求高、求大的体量冲击，同时对视觉艺术和异形空间美感有了更高追求。

本文以沈阳正祥顾问所服务的南宁未来方舟项目为例，通过异形主售楼处檐口、龙鳞造型幕墙、树状花柱造型三点，阐述 BIM 技术在幕墙顾问服务中的作用与价值，并对其未来的发展进行展望。

2 工程概况

建设地点位于广西壮族自治区南宁市，北临良玉大道，东侧为平乐大道。本项目总建筑面积 6094.72m²，其中地上建筑面积 3091.76m²，地下建筑面积 3013.25m²。图 1 为示范区竣工实景照片。

图 1　示范区竣工实景照片

3 方案概念阶段：仿真效果

在方案与概念阶段，BIM 可以通过仿真效果及人行视角漫游，给予方案更好的决策。通过模型的调整，对体量、色彩、光线进行真实模拟对比，可以更快速、更准确、更清晰地对方案效果进行最优决策。

（1）体量决策：对檐口的体量进行判断对比。图 2 为 5m、6m、7m 三种规格檐口的体量对比。

(a) 5m檐口　　　　　　　(b) 6m檐口　　　　　　　(c) 7m檐口

图 2　铝板檐口方案体量对比

（2）系统决策：BIM 仿真模型可以对重要位置进行多方案仿真比选。图 3 为对正立面高 12m 的全玻幕墙进行多个系统的比选。在方案前期应敲定效果需求。

(a) 全玻方案　　　　　　　　　　　　　(b) 比选方案1 (上下两分点式)

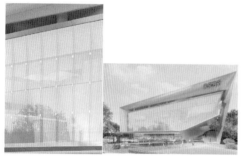
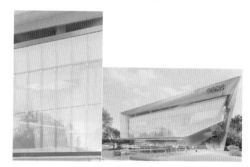

(c) 比选方案2 (居中两分点式)　　　　　　　(d) 比选方案3 (三分点式)

图 3　昭示面玻璃幕墙方案系统对比

4　设计深化阶段：Revit、Fuzor、Enscape 在专业间交圈中的应用

4.1　与主体钢结构的校核

在异形构造的幕墙中，我们既希望主体钢结构与造型距离近一些，从而减少悬挑的难度及视觉效果的纤薄体量感，又担心钢结构和造型相互干涉。

在这种要求下，我们就需要进行各专业间的合模交圈。首先，我们会将在 Rhinoceros 中建好的模型转到 Revit 中，然后通过一个专业的中心点统一其他专业的中心点。合模后就会得到一个各专业整合在一起的完整工程模型（图 4）。将模型载入 Fuzor 中，可以自动进行碰撞检测和分析报告。但是，Fuzor 的渲染能力比较有限，虽然可以完成各方检测及漫游行走，但是真实性仍然达不到仿真的程度。

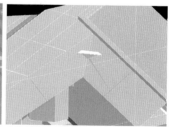

(a) CAD图纸　　　　　　　(b) 透视模型　　　　　　　(c) 实体模型

图 4　屋顶钢结构和铝板干涉工程模型

所以，我们通常使用 Enscape 或者 UE5 进行仿真渲染处理。仿真模型（图5）让设计师和管理者对建筑效果的把控更加便捷，同时，也能把施工可能产生的碰撞问题在设计阶段快速发现并解决。

顾问梳理完校核出现的问题后，分专业进行沟通对接，并按流程整改。

(a) 碰撞检查　　　　　　　　　　　　　　　(b) 修正后

图 5　屋顶钢结构和铝板干涉仿真模型

4.2　与土建、机电结构的校核

土建常规结构都是在 CAD 中表达本层结构，对于异形情况，在本层平面无法表达渐变边界的时候很容易出现干涉错误。如图6所示，CAD 表达的平面梁位置看起来并没有什么问题，但是到 Revit 合模空间时就会出现明显的干涉。表面半透明处理后，可以清晰看到需要对底部梁进行渐变处理。

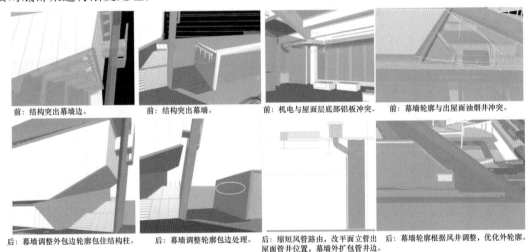

前：结构突出幕墙边。　　前：结构突出幕墙。　　前：机电与屋面层底部铝板冲突。　　前：幕墙轮廓与出屋面油烟井冲突。

后：幕墙调整外包边轮廓包住结构柱。　　后：幕墙调整轮廓包边处理。　　后：缩短风管路由，改平面立管出屋面管井位置，幕墙外扩包管井边。　　后：幕墙轮廓根据风井调整，优化外轮廓。

图 6　土建结构和幕墙碰撞分析及整改

当然，如果我们在 Enscape（图7）仿真模型漫游时，会发现干涉问题会更加的明显。在仿真的环境中，我们可以更直观地察觉到存在的问题。

4.3　与景观的校核

景观楼梯与地面找坡的交接位置也是经常出现问题的地方（图8）。在本项目的下沉广场仿真模型中，可以清楚看到模型中楼梯深入栏板下口铝板的状态。在实际施工中，如果景观后施工是不会深入铝板内的，但是设计遗漏此位置，施工时就会使得现场硬接，没有构造的遮丑处理，就会无法完成一个精致的作品。

(a) 碰撞检查　　　　　　　　　　　　(b) 修正后

(c) 竣工实体照片

图 7　仿真模型下的专业间碰撞干涉、设计整改及最终竣工实体照片

图 8　幕墙与景观专业间碰撞分析

4.4　小结

在项目设计阶段我们共找到 18 处此类干涉问题。因为异形的存在，这些干涉基本是在 CAD 审图中很难察觉到的。这些问题如果只是在 CAD 中表达，现场按图施工，那么在一般项目中出现以上问题，基本两种解决方案：方案 1 为时间及成本充足，拆改结构；方案 2 为时间紧迫，舍弃部分效果，更改造型。此时如果涉及主受力梁柱的情况，会造成拆改困难或成本极高，会迫使项目选择方案 2。此时，一方面会折减项目的精致度，另一方面也是设计效果的遗憾。尽管项目有很大的决心追求效果呈现，选择了方案 1。但是因为涉及主受力梁柱，这种拆改或者后植筋后加固，整改的周期和成本也是巨大的。

在本项目中，设计阶段的预先处理有效缩短施工周期约 30%，同时减少约 90% 拆改和变更带来的效果损失和经济损失，其经济效益远超 BIM 设计费用。同时，在当下市场变化快、开发周期短、客户品质需求高的大背景下，市场上运行的加急工程、抢形象工程都在极限甚至过度压缩顾问设计时间，这也是导致项目设计效果难以达到预期效果的重要因素。前期给予顾问更多的时间对工程潜在质量带来的提升是无法估量的。

5　招标阶段

在招标阶段，BIM 模型可以作为图纸的辅助资料，弥补图纸中交接表达不全的情况，同时可以导出主材的材料清单，复核招标清单用量。

在招标阶段，可以从 BIM 中直接导出主材工程量清单［图 9（a）］，作为项目合约工作的参考文件。同时造价顾问对异形幕墙的算量和对项目的理解也同样重要。造价顾问可以在模型中点击提取模型信息，获取单独的面积［图 9（b）］。如果成本顾问有 BIM 造价测算能力，可以直接在模型信息中输入相关测算的平方米单价，完成后可以直接导出整体项目的总控成本及造价。同时，导出的表格会呈现有分项、有面积、无价格的情况，可以及时补充，有效避免测算中漏项的情况。这也是 BIM 中 Revit 逐渐取代 Rhinoceros 的原因，Revit 所附带的模型信息让 BIM 模型不仅为设计部门提供了便利，同时也提高了合约、项目、物业部门的准确性、高效性、可追溯性。

此外，部门间纵向工作的完整性，是以各个部门都具备 BIM 能力为前提的。在现阶段大多项目中，BIM 还仅存在于设计部中，且有些项目的设计部对 BIM 也并没有很高的管理能力，所以导致 BIM 在全项目部门贯通时出现瓶颈，形成 BIM 模型深度在市场中良莠不齐，BIM 设计报价混乱、低价中标、低价质量的市场现状。

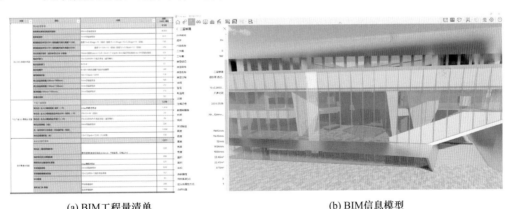

(a) BIM工程量清单　　　　　　　　　　(b) BIM信息模型

图 9　幕墙清单及模型信息

6　施工阶段：Rhinoceros 和 Grasshopper 在异形建筑应用的实现

6.1　异形檐口

本项目售楼会所部分是以未来气息作为整体的设计语言。其中未来体现在棱角分明的现代科技感与大面板块的应用，而方舟则采用各种悬浮体块呈现，形成一种未来科技战舰的视觉冲击，通过大板块玻璃透视的应用及具有穿透力的灰色空间，打造整体具有"穿越时空"

的体验感。

作为幕墙的设计落地，此处有两处难点。

一是使用 12m 全玻璃幕墙，顶部窄边，呈现大视口的空间感受。

二是本项目有大量金属尖角的应用。作为未来气息浓郁的建筑，大量的尖角应用会将棱角更加凸显出来，从而形成更加强烈的视觉冲击。然而这种视觉冲击的体现来源于所有线条交圈的规整，包括灯槽的交圈（图 10）。本项目各檐口点位都是空间点位，整体通过渐变面完成，给予建筑丰富的体量设计感。虽然型材可以很好地表达尖角的位置，但是在不同角度和空间下完成七条边的交圈，是不可能在 CAD 这种二维空间软件中完成设计方案的。项目通过 Rhinoceros 进行建模，Grasshopper 进行拟合，以一层雨棚的尖角和灯槽左右设计基准线，对其他 6 条线进行交圈。控制尖点和灯槽点在 200～300mm 位置，完成灯槽的无接差交圈。白天通过尖角表现建筑的力度，晚上通过泛光灯槽体现其体量轮廓。从视觉感受上，夜间会放大这种未来的悬浮感。

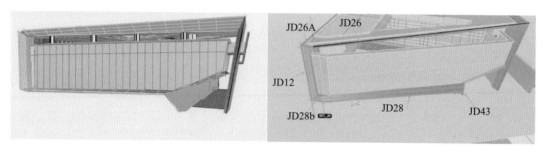

图 10　异形铝板檐口交圈模型

工作流程如下：首先在模型中进行交圈（图 11），然后反推到 CAD 轮廓，进行构造设计（图 12），最后现场根据犀牛点位利用全站仪放点安装实现方案效果需求［图 13（a）］保证效果实际竣工落地（图 13）。

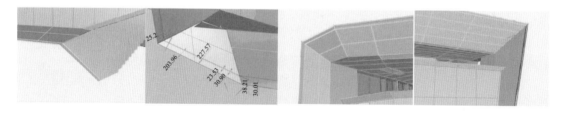

图 11　异形铝板檐口 BIM 工程模型

图 12　异形铝板檐口 CAD 工程模型

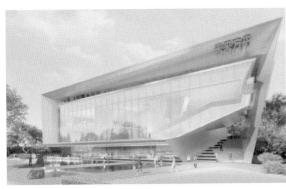

(a) 效果图　　　　　　　　　　　　　　(b) 竣工照片1

(c) 竣工照片2　　　　　　　　　　　　(d) 竣工照片3

图 13　呈现效果图和竣工实体照片

6.2　龙鳞造型幕墙

　　龙鳞造型是我国传统文化的一种经典体现。设计顾问采用异形面加单块折板呈现龙鳞造型（图14），此造型可以在二维图纸中表现出构造做法，通过挂接的形式保证六向可调和密封衔接。但是如何保证转角和四面角位置的整齐，是无法通过想象和现场放样来实现的。顾问通过 Rhinoceros 中进行建模对边角位置进行修正拟合。铝板厂直接用 Rhinoceros 的模型进行拆模，毫米级精确下料，并进行加工标号。现场根据标号安装，大大缩短了设计、生产、加工、安装的时间，并且能够很好地控制交接误差，高度还原建筑师追求的理想效果（图15）。

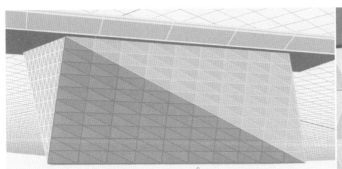
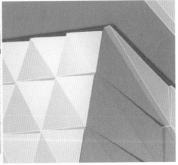

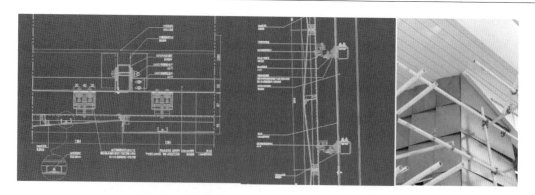

图 14　龙鳞幕墙的 BIM 工程模型、CAD 工程模型

(a) 施工过程

(b) 竣工照片

图 15　龙鳞幕墙施工过程照片及竣工照片

设计顾问与生产的配合要反复打磨。在 Rhinoceros 修正完毕后，构件需要到铝板工厂加工。铝板工厂会根据实际设备的加工能力，对模型中转角位置的极小板多面焊接板进行校核，提取其中无法加工的部分，反馈给设计顾问。设计顾问与建筑师讨论后进行板块的拟合，以保证所有板块加工落地。所以，一个精品项目的建设并不是看起来那么一帆风顺，往往需要不断打磨，BIM 能在打磨中呈现高效有序的状态，但并不适合过度神话。

6.3 树状花柱造型

下沉广场的树干造型是对主体支撑钢柱的艺术化呈现。以万物生长的树状造型将立柱和平台完美结合在一起。同时，星光灯在夜晚呈现出丛林秘境的浪漫效果。

然而对于幕墙而言，这也是一项充满挑战的设计效果。树干到顶部的展开面，每个三角形都是独立的一个空间面，只要有一个三角面偏离，就会在过渡中出现明显的不平整，所以只有既保证安装的角度尺寸连接，又保证缝隙的均匀，才能最好地诠释这种效果。

首先，从幕墙顾问的角度来说，每块三角板需设置独立的钢副框。主受力钢梁与每块三角板通过万向球和螺杆控制空间点位的调节，从而完成此效果的呈现。

接下来就是最重要的问题，如何控制烛点的空间点位和每个三角板的尺寸。以方案提供的 SU 模型作为效果基础，将其导入 Rhinoceros 中后，进行复刻建模。因为 SU 会在导入后变成多个矩形板，所以需要在 Rhinoceros 中逐个剪切。同时，竖向柱子和展开花形的交接位置需要更柔和地过渡，这时候就需要 Grasshopper 发挥逻辑优势，交接位置直接完成互相剪切，保证每个向外的位置都是完整平滑的三角面，在交接位置重新拟合分割，对极小板进行整合，将板子裁剪成可实现的柔性过渡效果。与此同时，三个树干在吊顶的分缝关系中也有着对应的缝隙点位，需要在模型中进行微调对缝。最后，对所有三角板进行缩尺缝隙的裁剪，我们就得到了每块板的理论尺寸及空间点位。

将模型提供给铝板厂，拆模形成每块铝板的加工图，并逐个编号。工厂进行预组装完成后，运输到现场通过全站仪进行打点、安装。我们就得到了漂亮的树状花柱。

设计与施工需深度配合。下部主树干和散花交接的位置是众多小块铝板交错的地方，会出现极小锐角加工不出来的情况（图 16）。此位置的处理也是与建筑师及加工厂反复讨论优化、调整模型的结果，最终实现了设计理想与现有加工能力的协调统一。

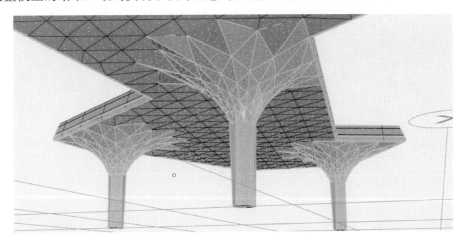

图 16　树状造型工程模型及仿真模型

　　花状结构落地过程中，尽管在设计中已经充分考虑了各块铝板的可调能力，但是实际施工时，还是出现了安装上墙后调节吃力的情况。毕竟在空间位置上，顶部的背面工人操作空间有限，且存在高空危险，背面效果和正面效果可视同步性也比较差，造成多次调节对缝无果的情况出现。大家都明确板子尺寸对，序号对，但是就是对不上缝。为降低施工难度，施工时重新调整思路，把整个钢架落到地面，在地面完成所有铝板与框架的安装及调整工作。在整体调整满意后，再实行整体花架起吊，这样只要在高空确定平面高度和定位尺寸。最终，工人按此方式完成了花状结构的施工落地（图 17）。

(a) 施工过程

(b) 竣工照片

图 17　树状造型施工过程及竣工实地照片

6.4　小结

　　Rhinoceros 是异形建筑设计必不可少的应用软件。因其在模型生成及 Grasshopper 插件的完善方面的优势，Rhinoceros 在 Revit 盛行的今天依然具有很高的占用率。同时，随着 BIM 云平台的市场普及，Rhinoceros 和 Revit 的转换交互也变得更加方便，BUG 率也在很大程度上减少。我们习惯采用 Rhinoceros 正向设计一些异形建筑，采用 Revit 快捷地设计一些平整构造，最后进行模型链接，完成模型整体设计。这也是现阶段 BIM 应用中比较快捷高效的逻辑手段。Rhinoceros 虽然信息化程度不及 Revit，但是更能满足现阶段异形幕墙的设计构造需求和正向设计手段，同时从设计到加工落地的产业链条也非常成熟，基本不必因技术壁垒大幅远程寻找加工厂，可以更加便捷地完成项目的进度。当然，相对 CAD，Rhinoceros 绝对是跨越式的成长，正如高迪所说，"直线属于人类，曲线属于上帝。"Rhinoceros 是跨越式的工具，让我们可以驾驭曲线和异形的世界，让更多异形建筑的落地成为可能。

7 现场勘察及物业阶段

7.1 轻量化漫游

轻量化的全景模型（图 18）可以在现场勘察中得到更方便的应用，如在手机界面查看设计意图与现场的差异。仿真模型可以大大节省管理人员翻查图纸的时间成本。

图 18 手机端轻量化模型

7.2 BIM 技术：智能建筑的数字化核心

全专业 BIM 模型，不仅可以在设计阶段提供专业交圈，还可以在后期的物业管理中发挥其重要作用。

在维修管道线路时，很多信息隐藏在外装饰层内部，以前只能通过现场拆卸查看内部情况，但是通过 BIM 技术可以直接在模型中进行查看（图 19），从透视视角给出最优的维护方案后，进行维修检查。

竣工后，很多纸质文件留存困难，并且各个专业人员流动及原图纸指向不明，导致经常出现材料无法确认生产厂家、型号、尺寸等情况。这些所有信息都可以留存在 BIM 模型中。如图 20 所示，如果后期玻璃破碎，就可以从 BIM 模型中清晰查找原片的尺寸、厂家、产地、参数、成本等信息。只要留存一份文件，就可以快速找到想要得到的信息。这也是 Revit作为时代新宠的信息化模型，逐渐取代 Rhinoceros 的一方面原因。

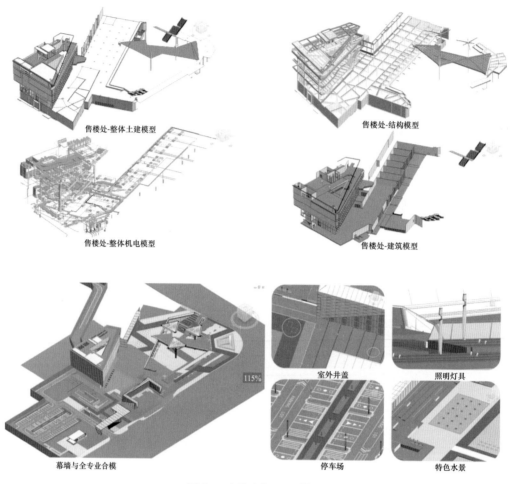

售楼处-整体土建模型

售楼处-结构模型

售楼处-整体机电模型

售楼处-建筑模型

幕墙与全专业合模

室外井盖

照明灯具

停车场

特色水景

图 19　建筑内部 BIM 模型

图 20　BIM 模型留存信息、界面

8　结语

　　BIM 的应用已经不再局限于可视化模型阶段，更多的是对整个项目的信息化管控。纵向贯穿整体项目时间轴，从概念、方案、设计、招标到施工、物管的整个工作链条，BIM 起到管控各阶段效果、造价、落地性、信息性的作用；亦可横向连通，完成主体建筑结构、水电暖、幕墙、精装、景观、灯光等专业的完整交圈。其作用早已经不局限于一个三维模型，而是整个项目的全专业链管理。其准确性和可视度远高于传统工作组织形式，可以使管理者高效地发现问题并解决问题。但是，BIM 作为一个更便捷的工具，并不是万能的，其在开发扩展、智能化、便捷化方面逐渐完善和进步。BIM 实际的应用水平还是需要以足够的设计、施工、成本管理经验及材料厂的加工能力为基础，同时也需要各专业和部门的 BIM 人员相互配合。人才短缺，也是现阶段 BIM 能力不能充分开发的瓶颈之一。

综上所述，BIM 在智慧城市数字孪生建设中的实践应用以信息数据为核心、以模型为基础，可进行虚拟仿真、动态可视、协同作业，大大提高了城市的可持续发展能力，可靠的数据模型也为智慧城市的发展夯实了基础，为城市建设发展决策的科学性提供了高标准的技术保障。

参考文献

[1] 中华人民共和国建设部 . 金属与石材幕墙工程技术规范：JGJ 133—2001[S]. 北京：中国建筑工业出版社，2001.

[2] 中华人民共和国住房和城乡建设部 . 建筑门窗幕墙用钢化玻璃：JG/T 455—2014[S]. 北京：中国标准出版社，2014.

[3] 中华人民共和国住房和城乡建设部 . 建筑玻璃应用技术规范：JGJ 113—2015[S]. 北京：中国建筑工业出版社，2015.

[4] 中华人民共和国国家质量监督检验检疫总局，国家标准化管理委员会 . 建筑幕墙：GB/T 21086—2007[S]. 北京：中国标准出版社，2014.

[5] 中华人民共和国住房和城乡建设部，中华人民共和国国家质量监督检验检疫总局 . 建筑结构荷载规范：GB 50009—2012[S]. 北京：中国建筑工业出版社，2012.

SGP 夹层玻璃等组合截面参数计算

李才睿　闭思廉

深圳中航幕墙工程有限公司　广东深圳　518129

摘　要　本文主要探讨了 SGP 夹层玻璃等效厚度公式的推导，并指出计算公式的适用范围及注意事项。

关键词　SGP 夹胶玻璃；计算公式推导；等效厚度

1　引言

SGP 胶片全称为离子型中间膜，主要材料为乙烯-甲基丙烯酸共聚物，SGP 夹层玻璃承载力是等厚度的 PVB 夹层玻璃承载力的 2 倍，在相等荷载、相等厚度的条件下，SGP 夹层玻璃的挠度只有 PVB 夹层玻璃的 1/4，同时 SGP 夹胶膜的撕裂强度是 PVB 夹胶膜的 5 倍。SGP 夹层玻璃通常应用于安全性能要求较高的门窗、幕墙、天窗，以及楼梯、展柜、栏板等具有冲击作用要求场所。

2　部分标准规范有关 SGP 夹层玻璃计算公式摘录

为方便后文的理论推导，先列出 SGP 夹层玻璃力学分析的公式，主要参考上海市《建筑幕墙工程技术标准》（DG/TJ 08-56—2019）第 11.2.8 条第 3 款，胶片为 SGP 材质的四边支撑玻璃的计算可采用如下公式进行：

$$t_{e,w} = \sqrt[3]{t_1^3 + t_2^3 + 12\Gamma I_s} \tag{1.1}$$

$$t_{1e,\sigma} = \sqrt{\frac{t_{e,w}^3}{t_1 + 2\Gamma t_{s,2}}} \tag{1.2}$$

$$t_{2e,\sigma} = \sqrt{\frac{t_{e,w}^3}{t_2 + 2\Gamma t_{s,1}}} \tag{1.3}$$

$$I_s = t_1 t_{s,2}^2 + t_2 t_{s,1}^2 \tag{1.4}$$

$$t_{s,1} = \frac{t_s t_1}{t_1 + t_2} \tag{1.5}$$

$$t_{s,2} = \frac{t_s t_2}{t_1 + t_2} \tag{1.6}$$

$$t_s = 0.5(t_1 + t_2) + t_v \tag{1.7}$$

$$\Gamma = \frac{1}{1 + 9.6 \cdot \dfrac{EI_s t_v}{G t_s^2 L^2}} \tag{1.8}$$

式中：　　Γ——夹层玻璃中间层胶片的剪力传递系数，当采用聚乙烯醇缩丁醛胶片时可取为 0；

G——夹层玻璃中间层的剪切模量（N/mm²），与温度相关；

t_1，t_2，t_v——双片夹层玻璃中第 1 片、第 2 片和中间层胶片的厚度（mm）；

L——夹层玻璃的短边长度（mm）；

E——玻璃的弹性模量（N/mm²）；

$t_{e,w}$——夹层玻璃的等效厚度（mm），可用于计算面板的挠度；

$t_{1e,\sigma}$——双片夹层玻璃中第 1 片的应力等效厚度（mm），可用于计算第 1 片玻璃的应力；

$t_{2e,\sigma}$——双片夹层玻璃中第 2 片的应力等效厚度（mm），可用于计算第 2 片玻璃的应力。

3 SGP 夹层玻璃截面参数计算公式推导

3.1 推导方法简述

我们将 SGP 夹层玻璃面板简化为组合效应的叠合梁，假定两片厚度分别为 t_1、t_2 的梁通过其中间夹胶片组合起来，组合的效应通过剪力传递系数 Γ 来评估，Γ 为 1 时，叠合梁变为完全组合梁，完全组合梁的惯性矩可以通过平行移轴公式进行推导。

梁的刚度通过其挠度变化来评估，均布荷载作用下，梁的挠度计算采用满足欧拉—伯努利梁方程的欧拉梁即可，考虑夹胶层材料的剪切模量 G 比玻璃的剪切模量 G_g 低很多，有必要考虑剪切效用对其刚度的影响，需按铁摩辛科梁对其进行分析，通过对比铁摩辛科梁与欧拉梁的挠度差异，得出剪力传递系数 Γ。

3.2 SGP 夹层玻璃的等效厚度推导

3.2.1 相关几何参数推导及说明

参考图 1，对如下参数进行说明：

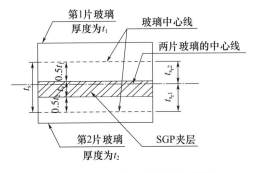

图 1 SGP 夹层玻璃参数示意图

t_s 为第 1 片玻璃中心线到第 2 片玻璃中心线距离，由图 1 可知其值为 $t_v + 0.5 \times t_1 + 0.5 \times t_2$，即标准中的式（1.7）；

$t_{s,1}$ 为第 2 片玻璃中心线到两片玻璃的中心线距离，其推导过程如下：

两片玻璃整体对第 2 片玻璃中心取面积矩，即：$S_2 = (t_1 + t_2) \times t_{s,1}$；

同样计算 S_2，也两片玻璃分别对第 2 片玻璃中心取面积矩，即：$S_2 = t_1 \times t_s + t_2 \times 0 = t_1 \times t_s$；

利用二者相等，可得 $(t_1 + t_2) \times t_{s,1} = t_1 \times t_s$，两侧同除 $(t_1 + t_2)$ 可得 $t_{s,1} = t_1 \times t_s \div$

(t_1+t_2)，即标准中的式（1.5）；

$t_{s,2}$ 为第 1 片玻璃中心线到两片玻璃的中心线距离，可用同样的方法推导出 $t_{s,2}=t_2\times t_s \div (t_1+t_2)$，即式（1.6）。

3.2.2　惯性矩计算

将梁宽度假定为 1，矩形截面的惯性矩可表达为式（2.1），考虑组合效应的叠合梁的整体惯性矩可以考虑为"叠合惯性矩＋折减后刚性组合惯性矩"。

叠合惯性矩就是第 1 片梁惯性矩＋第 2 片梁惯性矩，即式（2.2）；刚性组合惯性矩可以按照各片梁各自型心轴对整体的型心轴的求惯性矩之和，即式（2.3）；完全组合惯性矩则可表达为 $I_d+\Gamma\cdot I_s$，即式（2.4），其中 Γ 为剪力传递系数，4.3 节会补充其推导。

$$I_e=\frac{t_{e,w}^3}{12} \tag{2.1}$$

$$I_d=\frac{t_1^3}{12}+\frac{t_2^3}{12} \tag{2.2}$$

$$I_s=t_1\cdot t_{s,2}^2+t_2\cdot t_{s,1}^2 \tag{2.3}$$

$$I_e=\frac{t_1^3}{12}+\frac{t_2^3}{12}+\Gamma(t_1\cdot t_{s,2}^2+t_2\cdot t_{s,1}^2) \tag{2.4}$$

3.2.3　挠度计算的等效厚度推导

为保证计算的挠度一致，挠度等效厚度的计算是按照惯性矩等效的原则，故等效厚度需要满足式（3.1），公式两侧同时乘 12 后开三次方，可得式（3.2），即标准中所采用的式（1.1）。

$$\frac{t_{e,w}^3}{12}=I_e=\frac{t_1^3}{12}+\frac{t_2^3}{12}+\Gamma(t_1\cdot t_{s,2}^2+t_2\cdot t_{s,1}^2) \tag{3.1}$$

$$t_{e,w}=\sqrt[3]{t_1^3+t_2^3+12\Gamma(t_1\cdot t_{s,2}^2+t_2\cdot t_{s,1}^2)}=\sqrt[3]{t_1^3+t_2^3+12\Gamma I_s} \tag{3.2}$$

3.2.4　应力计算的等效厚度推导

为保证计算的应力一致，应力等效厚度是按照抗弯截面模量等效的原则，考虑截面可能不对称，故需要计算两个不同的抗弯截面模量，分别用于计算叠合后截面的上边缘应力和下边缘应力。

将梁宽假定为 1，矩形截面的抗弯截面模量可表达为式（4.1），根据抗弯截面模量与惯性矩的关系，可得式（4.2），其中 $t_{s,2}+0.5t_1$ 为上边缘到整体型心轴的距离，利用二者相等，可得式（4.3），公式两侧乘以 6 后开根号可得式（4.4），其中 $t_{s,2}$ 需考虑的剪力传递系数 Γ 的折减，需调整为 $\Gamma\cdot t_{s,2}$，调整后即标准中的式（1.2），此应力等效厚度可用于计算上边缘应力，同样的推导可得出式（1.3），用于计算下边缘应力。

$$W_{1e}=\frac{t_{1e,\sigma}^2}{6} \tag{4.1}$$

$$W_{1e}=\frac{I_e}{t_{s,2}+0.5\cdot t_1}=\frac{t_{e,w}^3\div 12}{t_{s,2}+0.5\cdot t_1}=\frac{t_{e,w}^3}{12\cdot t_{s,2}+6\cdot t_1} \tag{4.2}$$

$$\frac{t_{1e,\sigma}^2}{6}=W_{1e}=\frac{t_{e,w}^3}{12\cdot t_{s,2}+6\cdot t_1} \tag{4.3}$$

$$t_{1e,\sigma}=\sqrt{\frac{t_{e,w}^3}{t_1+2\cdot t_{s,2}}}=\sqrt{\frac{t_{e,w}^3}{t_1+2\cdot \Gamma t_{s,2}}} \tag{4.4}$$

3.3 夹层玻璃中间层胶片的剪力传递系数 Γ 的推导

剪力传递系数 Γ 是考虑夹层的剪切效应对梁刚度的影响，叠合刚度 I_d 是不受 Γ 影响的，因此本节中很多参数主要针对 I_d、t_s。

欧拉梁是不考虑剪切效应的，跨度为 L 的梁，在均布荷载 q 作用下其挠度公式可以参见式（5.1），其中 E 为玻璃的弹性模量，I 为梁的惯性矩，在仅考虑组合惯性矩 I_s 并假定梁宽度假定为 1 时，I 可以替换为 I_s。考虑剪切效应后，需要按照铁摩辛科梁进行梁的挠度计算，参考《结构力学》教材，其挠度公式参见式（5.2），其中 A 为截面面积，梁宽假定为 1 后，可以用等效厚度 t_s 表达，G_s 与 I_s 相对应，是组合截面的等效剪切刚度，后文会推导 G_s 与 SGP 夹层的剪切模量 G 的关系，k 是因切应力沿截面分布不均匀而引起的与截面形状有关的系数，假定切应力均匀时，可取 $k=1$。

$$f_{\text{maxA}}=\frac{5qL^4}{384EI}=\frac{5qL^4}{384EI_s} \tag{5.1}$$

$$f_{\text{maxB}}=\frac{5qL^4}{384EI}+\frac{kqL^2}{8\,G_sA}=\frac{5qL^4}{384EI_s}+\frac{qL^2}{8G_sA}=\frac{5qL^4}{384EI_s}+\frac{qL^2}{8\,G_st_s} \tag{5.2}$$

很明显，因为剪切效应的影响，$f_{\text{maxB}}>f_{\text{maxA}}$，因此考虑剪切效应后，惯性矩相当于下降了，$f_{\text{maxA}}/f_{\text{maxB}}$ 这个比值就是剪力传递系数 Γ，参见式（6.1），化简后即为式（6.2）。

$$\Gamma=\frac{f_{\text{maxA}}}{f_{\text{maxB}}}=\frac{\dfrac{5qL^4}{384EI_s}}{\dfrac{5qL^4}{384EI_s}+\dfrac{qL^2}{8\,G_st_s}}=\frac{1}{1+\dfrac{qL^2}{8\,G_st_s}\cdot\dfrac{384EI_s}{5qL^4}} \tag{6.1}$$

$$\Gamma=\frac{1}{1+\dfrac{384}{5\cdot8}\cdot\dfrac{qL^2}{G_st_s}\cdot\dfrac{EI_s}{qL^4}}=\frac{1}{1+9.6\cdot\dfrac{EI_s}{G_st_sL^2}} \tag{6.2}$$

为分析等效剪切刚度 G_s，选取梁的一小段微元进行分析，参见图 2（a），微元在两侧剪力差 dV 的作用下，将发生剪切变形，在深入分析之前，先说明两点假定：

假定 1：玻璃的剪切刚度 G_g 远大于夹层 SGP 的剪切刚度 G，故我们可以忽略上下玻璃的剪切变形，仅考虑中间夹层 t_v 区域发生剪切变形，两侧区域 t_1、t_2 则考虑为刚体变形，变形后的微元可参见图 2（b）；

假定 2：因为 G_s 是针对刚性组合惯性矩 I_s 的，故只需要关注上下两片玻璃中心线相对应的剪切变形，将中心线连线，可参见图 2（c）。

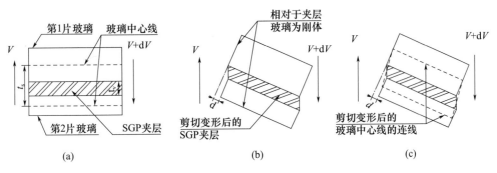

图 2　SGP 夹层玻璃剪切变形

基于假定 1，微元剪切变形后可参见图 3（a），我们可以用变形后的角度来反映剪切变形的差异，基于假定 2，需要关注的应是玻璃中心线的剪切变形，故可以简化为图 3（b），其中 SGP 夹层变形后的角度 α_v 与变形后玻璃中心线的角度 α_s 是不同的。

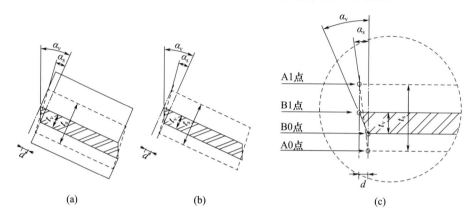

图 3　夹层剪切变形与整体的等效剪切变形

为方便讲解，将视图摆正，参见图 3（c），在满足上文两点假定的前提下，可知变形后 A0 点到 A1 点的距离等于变形后 B0 点到 B1 点的距，即图 3（c）的标识的距离 d，在微小变形的情况下，α_v、α_s 可分别按照式（7.1）、式（7.2）计算，而剪切刚度的是与剪切变形的大小是反比例相关的，由此可得到 G_v 与 G 的关系，参见式（7.3），将其代入式（6.2），可得式（8.1），化简后，与标准中的式（1.8）一致。

$$\alpha_v \approx \tan(\alpha_v) = \frac{d}{t_v} \tag{7.1}$$

$$\alpha_s \approx \tan(\alpha_s) = \frac{d}{t_s} \tag{7.2}$$

$$\frac{G_s}{G} = \frac{\alpha_v}{\alpha_s} = \frac{\dfrac{d}{t_v}}{\dfrac{d}{t_s}} = \frac{t_s}{t_v} \rightarrow G_s = G \cdot \frac{t_s}{t_v} \tag{7.3}$$

$$\Gamma = \frac{1}{1 + 9.6 \cdot \dfrac{EI_s}{G_s t_s L^2}} = \frac{1}{1 + 9.6 \cdot \dfrac{EI_s}{\left(G \dfrac{t_s}{t_v}\right) t_s L^2}} = \frac{1}{1 + 9.6 \cdot \dfrac{EI_s t_v}{G t_s^2 L^2}} \tag{8.1}$$

以上推导，验证相关标准规范计算公式的正确性，同时验证了玻璃规格尺寸不同及配置不同的条件下，其截面参数是变化的。

4　SGP 夹层玻璃计算公式使用的注意事项及相关图表

通过 3.1 到 3.2 的详细推导，公式可通过基于考虑剪切效应的简支梁挠度计算公式推导得出，将其扩展到四边简支支撑的面板，其中关键的参数是夹层玻璃中间层胶片的剪力传递系数 Γ。为进一步理解 Γ，通过对等厚度 SGP 夹层玻璃的情况进行分析，先将此代入等效刚性组合惯性矩的公式，可得式（9.1），再将其代入式（8.1），并做变化，可得式（9.2）。

$$I_s = t_1 \cdot t_{s,2}^2 + t_2 \cdot t_{s,1}^2 = 0.25 \cdot t^3 + 0.25 \cdot t^3 = 0.5 \cdot t^3 \tag{9.1}$$

$$\varGamma = \frac{1}{1 + 9.6 \cdot \frac{EI_s t_v}{G t_s^2 L^2}} = \frac{1}{1 + 9.6 \cdot \frac{E \cdot (0.5 \cdot t^3) t_v}{G (t_s \cdot t_s) L^2}} \qquad (9.2a)$$

$$\varGamma \approx \frac{1}{1 + 9.6 \cdot \frac{E \cdot (0.5 \cdot t^3) t_v}{G (t \cdot t) \cdot L^2}} = \frac{1}{1 + 9.6 \cdot \frac{0.5 \cdot E}{G\left(\frac{t}{t_v}\right) \cdot \left(\frac{L}{t}\right)^2}} \qquad (9.2b)$$

式（9.2a）和式（9.2b），能够比较清晰地表明影响 $\varGamma$ 的两个关键无量纲参数：

1）$\alpha = (t/t_v)$ ——直接影响等效剪切刚度 G_s；

2）$\beta = (L/t)$ ——类似梁单元中的跨高比，越小剪切效应越明显，需要注意，计算公式适用范围限定在四边简支支撑的面板，故 L 取为面板短边跨度是合理的，面板在不同支撑条件下，传力跨度 L 选取方法是不同的：

① 四边支撑的面板传力跨度应取为短边跨度；

② 对边支撑的面板传力跨度应取为传力边跨度；

③ 四点支撑的面板传力跨度应取为长边跨度；

为直观理解参数间的关系，基于此可以绘制出 $\varGamma$ 与 α、β 的关系图表，参见图 4，其中 α 的取值考虑了常规幕墙玻璃厚度 t（6～19mm）与常规 SGP 厚度 t_v（0.76～2.28mm）的配对，其中最大的 $\alpha = 19 \div 0.76 = 25$，最小的 $\alpha = 6 \div 2.28 = 2.63$，可以看到，$\beta = (L/t)$ 对 $\varGamma$ 的影响并非线性。

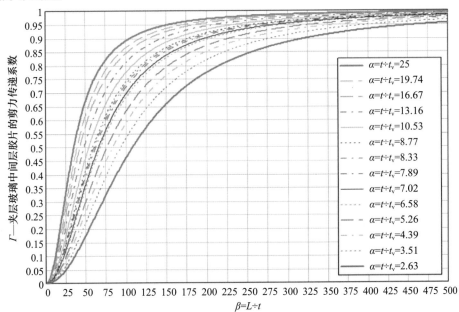

$\beta = L \div t$

$\varGamma$ 与 $\beta = L \div t$ 的关系（内外片等厚SGP夹层玻璃）

图 4　$\varGamma$ 与 α、β 的关系图表

5　SGP 夹层玻璃有限元分析与公式计算对比

为验证上文得出的结论，选取了 3 个算例进行对比，面板规格均是 12mm 玻璃＋1.14mmSGP 夹层＋12mm 玻璃，其中玻璃的弹性模量取为 $G_g = 72000$MPa，离子性 SGP 胶片

的弹性模量取值与外部温度、荷载持续时间有关，标准推荐为：外部温度50℃、持续时间1min，对应的剪切模量 $G=11.3\text{MPa}$、泊松比 $\nu=0.497$，对应的弹性模量 $E=G\times2\times(1+\nu)=33.832\text{MPa}$，面荷载均考虑为5kPa。各算例的其他差异参见表1，其中四点支撑的算例03在计算 Γ 时，分别考虑 $L=$ 长边、$L=$ 短边两种情况。Γ 的计算除了按照公式代入计算外，也可参考本文在图4提供的图表查出。以算例01为例，可先按照玻璃规格算出 $\alpha=(t/t_{\text{v}})=12/1.14=10.53$，再计算 $\beta=(L/t)=(1800/12)=150$，由 α、β 可查图4，$\Gamma=0.89$。

表1 算例说明和有效厚度的计算

算例编号	支撑形式	宽度（mm）	高度（mm）	Γ	挠度等效厚度（mm）	应力等效厚度（mm）	备注
1	长边支撑	3000	1800	0.89	24.37	24.74	—
2	四边支撑	3000	1800	0.89	24.37	24.74	—
3.1	四点支撑	500	1800	0.89	24.37	24.74	Γ 用长边计算
3.2				0.37	20.09	21.89	Γ 用短边计算

注：未考虑标准中等效厚度小于等于 t_1+t_2。

有限元的分析则采用复合壳单元，复合壳单元能够采用各层材料实际厚度进行建模分析，各层材料的力学特学与公式计算时采用的一致，各层材料厚度输入、面荷载加载参见图5，边界条件的设置参见图6。

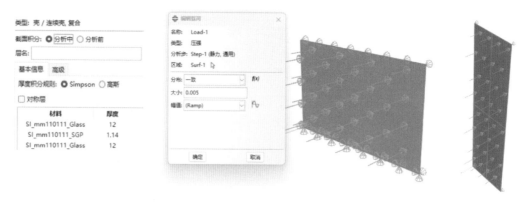

图5 材料厚度输入与面载荷加载

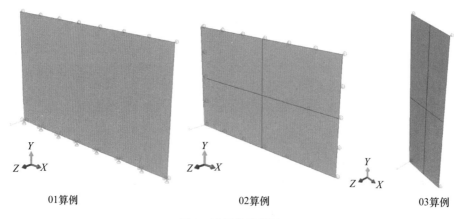

01算例　　　　　　　　　　02算例　　　　　　　　　　03算例

图6 边界条件设置

有限元算例 01、02、03 的分析的位移云图可参见图 7，应力云图可参见图 8，公式计算与有限元的计算结果对比可参见表 2。

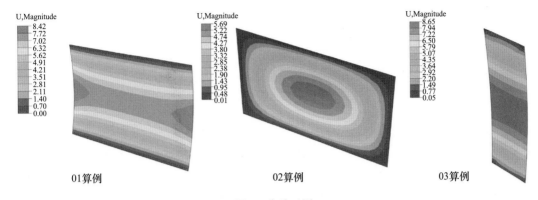

图 7　位移云图

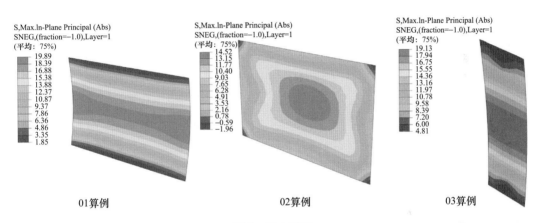

图 8　应力云图

表 2　公式计算结果与有限元结果对比

算例编号	按公式计算挠度（mm）	按公式计算应力（MPa）	有限元计算挠度（mm）	有限元计算应力（MPa）	挠度差异（mm）	应力差异（MPa）	备注
1	7.55	18.08	8.42	19.89	0.87	1.81	—
2	5.03	11.85	5.69	14.52	0.66	2.67	—
3.1	7.73	17.3	8.65	19.13	0.92	1.83	$\varGamma$ 用长边计算
3.2	13.79	22.1			5.14	2.97	$\varGamma$ 用短边计算

通过表 2，可以看到算列 01、算例 02 公式计算得出的挠度、应力与有限元分析得出的挠度、应力差异不大，而算例 03 中，有限元的结果与 $\varGamma$ 用短边边计算得出的挠度、应力差较大，说明计算 $\varGamma$ 时，L 的选取不能一味地选用面板的短边，而应根据面板的支撑情况，选用实际的传力边进行。

6　复合铝板、隔热条型材等组合截面计算分析

基于考虑剪切效应推导等效刚度的方法可以适用于各种考虑组合效应的叠合梁，如复合

铝板、隔热条型材等。对隔热条型材，采用相同方法计算其折减后的惯性矩，其中的一个关键参数 β，类似于前文中 Γ，代表隔热条协同铝合金型材的能力。

标准中部分参数说明如下：

1）I_s 指完全组合惯性矩，相当于组合型材；

2）ν 指参考式（10.1），代表刚性惯性矩占完全组合惯性矩的比例，（$1-\nu$）则代表叠合惯性矩占完全组合惯性矩的比例。

$$\nu = \frac{A_1 a_1^2 + A_2 a_2^2}{I_s} \tag{10.1}$$

推导同样基于比较两种不同梁单元的挠度差异，参考式（11.1a），近似考虑 $\pi^2 = 3.14^2 = 9.8596 \approx k \cdot 9.6$，故可化简为式（11.1b）。等效剪切刚度则可以考虑为公式（11.2），其中的 c 为隔热条的组合弹性值（类似 SGP 夹层的剪切模量）、I_1 为上部型材惯性矩、I_2 为下部型材惯性矩，式（11.1）中的刚度 EI 也是仅考虑刚性惯性矩，采用式（11.3）。

$$\beta = \frac{f_{\text{maxA}}}{f_{\text{maxB}}} = \frac{1}{1 + \frac{kqL^2}{8\,G_s A} \cdot \frac{384EI}{5qL^4}} \tag{11.1a}$$

$$\beta = \frac{1}{1 + k \cdot 9.6\frac{EI}{G_s AL^2}} \approx \frac{1}{1 + \pi^2 \frac{EI}{G_s AL^2}} \tag{11.1b}$$

$$G_s = c \cdot \frac{I_s}{I_1 + I_2} = \frac{c}{\frac{I_1 + I_2}{I_s}} = \frac{c}{1-\nu} \tag{11.2}$$

$$EI = E(A_1 a_1^2 + A_2 a_2^2) = EI_s \nu \tag{11.3}$$

截面面积 A 近似考虑为 a^2（其中 a 为上下隔热型材型心的距离），将其与式（11.2）、式（11.3）一起代入式（11.1b）可得式（12.1a），经变换得式（12.2b），该式中主要的因子与标准中的 λ^2 一致，λ 为几何形状系数，公式参考（12.2），将其代入式（12.2b）后可得式（12.3），该公式与上海市《建筑幕墙工程技术标准》（DG/TJ 08-56—2019）附录 C 的式（C.5.2-4）一致。

$$\beta = \frac{1}{1 + \pi^2\frac{EI}{G_s AL^2}} = \frac{1}{1 + \pi^2\frac{EI_s \nu}{\frac{c}{1-\nu}a^2 L^2}} \tag{12.1a}$$

$$\beta = \frac{1}{1 + \pi^2\frac{EI_s \nu\,(1-\nu)}{c\,a^2 L^2}} = \frac{\frac{c\,a^2 L^2}{EI_s \nu\,(1-\nu)}}{\frac{c\,a^2 L^2}{EI_s \nu\,(1-\nu)} + \pi^2} \tag{12.1b}$$

$$\lambda^2 = \frac{c\,a^2 L^2}{(EI_s)\,\nu\,(1-\nu)} \tag{12.2}$$

$$\beta = \frac{\lambda^2}{\pi^2 + \lambda^2} \tag{12.3}$$

推导出 β 后，可依据折减前后的叠合惯性矩相等得出式（13.1），其左侧是折减前的惯性矩乘叠合惯性矩占比，右侧是折减后惯性矩乘叠合惯性矩占比，变化后可得式（13.2），该公式与上海市《建筑幕墙工程技术标准》（DG/TJ 08-56—2019）附录 C 的式（C.5.2-1）一致。

$$I_s \cdot (1-\nu) = I_1 + I_2 = I_{ef} \cdot (1-\nu \cdot \beta) \tag{13.1}$$

$$I_{ef} = \frac{I_s \cdot (1-\nu)}{1-\nu \cdot \beta} \tag{13.2}$$

7 结语

按考虑剪切效应的铁摩辛科梁进行分析计算，可以得出 SGP 夹层玻璃的挠度公式，将其与仅考虑弯曲效应的欧拉梁的挠度做对比，可以推导出现行标准中 SGP 夹层玻璃的相关公式，包括中间层胶片的剪力传递系数 Γ、刚度等效厚度 $t_{e,w}$ 和应力等效厚度 $t_{1e,\sigma}$、$t_{2e,\sigma}$，推导结果与标准公式一致，并可得出如下结论：

（1）剪力传递系数 Γ 相当于完全组合惯性矩的折减系数，影响 Γ 的主要因素是：

① $\alpha = (t/t_v)$，决定了等效剪切刚度 G_s；

② $\beta = (L/t)$，类似梁单元中的跨高比，L 为传力跨度，其选取应考虑面板实际的支撑形式，标准中 L 取为面板的短边，是基于四边支撑的面板。

（2）应力等效厚度 $t_{1e,\sigma}$ 和 $t_{2e,\sigma}$ 是分别用于计算第 1 片和第 2 片玻璃外边缘的应力，类似于不对称截面的上、下抗弯截面矩是不相同的，因此在用 $t_{1e,\sigma}$ 或 $t_{2e,\sigma}$ 计算应力时，应采用全部的面荷载，类似组合截面做法，而不是采用叠合截面刚度分配后的荷载计算应力，因为采用此方法计算的结果，会远低于实际情况。

（3）实际工程中各种叠合起来共同受力的结构体系，都可以采用考虑剪切效应的分析方法，现行标准中的隔热型材等采用了类似的分析方法。

参考文献

［1］ 上海市住房和城乡建设管理委员会.建筑幕墙工程技术标准：DG/TJ 08-56—2019［S］.上海：同济大学出版社，2020.

［2］ 朱慈勉，张伟平.结构力学：上册［M］.3 版.北京：高等教育出版社，2016，119-120.

作者简介

李才睿（Li Cairui），男，1990 年 12 月生，一级注册结构工程师，研究方向：幕墙结构设计；工作单位：深圳中航幕墙工程有限公司；地址：深圳市龙华区民治街道民乐社区星河 WORLD 二期 E 栋 2207；邮编：518129；联系电话：18898775125；E-mail：1019951699@qq.com。

闭思廉（Bi Silian），男，1963 年 9 月生，教授级高级工程师，研究方向：幕墙设计及施工；工作单位：深圳中航幕墙工程有限公司；地址：深圳市龙华区星河 WORLD 二期 E 栋 2207；邮编：518129；联系电话：13902981231；E-mail：2335407678@qq.com。

西北旺万象汇项目幕墙重难点剖析

王 生 汤荣发 邹帮弼

金刚幕墙集团有限公司 广东广州 510650

摘 要 西北旺万象汇项目以"百望观山，云潮万象"为设计理念，让建筑融入生态，让生态融入城市，形成内敛轻盈、流畅简约的整体设计风格。项目幕墙系统多样，本文重点针对自由角度装饰格栅幕墙、Skywalk 空中玻璃走廊、屋顶异形采光顶等重难点进行分析总结，旨在为类似项目提供参考和借鉴。

关键词 自由角度格栅；装配式空中走廊；异形采光顶；参数化设计

1 引言

西北旺万象汇项目位于海淀区西北旺镇 A3 地块，基地与地铁西北旺站东侧相邻，用地东西长约 280m，南北长约 240m。总建筑面积 50845m²，建筑高度 41.7m，幕墙面积 31000m²。本项目幕墙包括地上 7 号商业楼和地下下沉广场部分幕墙，幕墙系统主要包括立面装饰格栅、玻璃地板走廊、玻璃栏板、屋顶采光顶幕墙、UHPC 板、彩釉玻璃幕墙、首二层大跨度玻璃幕墙、主入口玻璃幕墙等。该项目作为海淀科学城北区近年来重点布局的大型商业项目，以"自然生活创想地"为定位，致力于打造"自然、社交、户外"的特色标签，成为区域型生活、商业空间，集购物、时尚休闲、娱乐社交于一体的商业新地标（图 1～图 2）。

图 1 西北旺万象汇项目效果图

图 2　西北旺万象汇项目实景图

2　幕墙系统重难点介绍

2.1　建筑设计分析

建筑整体外观设计与周围环境相融合，建筑幕墙外立面前后错动，通过巧妙的结构和色彩对比形成凹凸有致的律动感。彩釉玻璃采用了大面板设计，部分玻璃高度达到 6000mm，不仅具有通透性，还使建筑具有色彩和科幻现代感，增加了视觉上的美观性和装饰性；建筑二层以上立面采用装饰格栅系统和彩釉玻璃幕墙系统交错布置（图 3～图 4），铝合金格栅设计具有多个自由角度、挺拔向上、整齐一致的效果，是幕墙设计及施工重难点部位。

图 3　格栅和彩釉玻璃幕墙系统实景图一

图 4　格栅和彩釉玻璃幕墙系统实景图二

　　建筑室内打造了如同云端漫步的 Skywalk 空中玻璃走廊（图 5～图 6），走廊位于项目的顶层，横跨整个商业综合体，连接了不同的购物区域和休闲空间。走廊构造上采用全玻璃设计，不仅提供了极佳的视野，同时也增强了项目的现代感和科技感。走廊与向阳生长的蓝色飞鸟、充满异域情调的悬浮菠萝以及通透晶莹的采光顶天窗相互融合，为消费者提供了一个独特的休闲空间。玻璃走廊采用高强度玻璃和钢结构构造，确保了其坚固性和安全性。面板均为异形的超大玻璃，尺寸达 2000mm×4500mm，且每块尺寸都不一样，同时，支撑玻璃地板的变截面钢梁悬挑最大尺寸达到 4.5m，是设计及施工的重难点部位。

图 5　空中玻璃走廊实景图一

图 6　空中玻璃走廊实景图二

本项目屋顶有三个玻璃采光顶，一个为钢结构单层网壳玻璃采光顶（图 7～图 8），两个平面钢结构玻璃采光顶（图 9）。单层网壳玻璃采光顶采用三角形面板拟合曲面造型，平面玻璃采光顶主要采用矩形平板面板，采光顶的设计使得室内的环境通透、明亮，形成一种蓝天、白云的装饰效果，与周围曲面造型铝板、UHPC 板和格栅线条系统及自然环境相互融合、相互衬托，凸显整个建筑的自然气息，同时又不失现代科幻的建筑效果。其中，单层网壳玻璃采光顶为空间双曲面网壳结构，构件及节点数量多，形式复杂，采光顶最大跨度约为33.4m，是设计及施工的重难点部位。

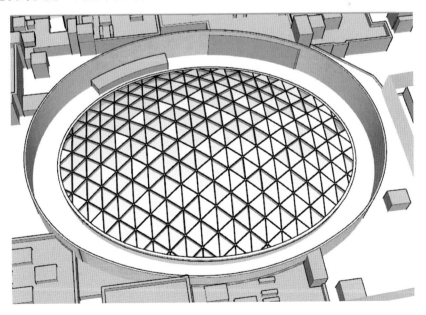

图 7　单层网壳玻璃采光顶效果图一

图 8　单层网壳玻璃采光顶实景图二

图 9　平面异形玻璃采光顶实景效果图

2.2　幕墙系统重难点分析

2.2.1　自由角度装饰格栅系统

2.2.1.1　自由角度装饰格栅设计

自由角度装饰格栅分布于建筑的东、南、西、北立面（图 10），由二层到屋顶檐口位置，层高 5m。格栅竖向模数为 1250mm，水平模数为 300mm。铝格栅共计 1.7 万多件，格栅朝向角度极不规则，角度范围 0°～±90°，每隔一定度数为一个变化角度。例如，西立面二层 S-J 轴位置，格栅竖向一列起始角度为－65°～－90°，以其中起始－70°的一排格栅（格栅编号为：W＿S2＿H302＿－70，编号最后面的数字为角度值）为例，从－70°开始每间隔6个相同角度后增加5°到－65°，然后排布6个－65°后，增加5°到－60°排布，同理逐步增加一直到0°（图11～图13）。格栅同排跟同列竖直方向的角度均不一致，如何精准保证格栅的朝向角度是设计及施工过程中的关键。

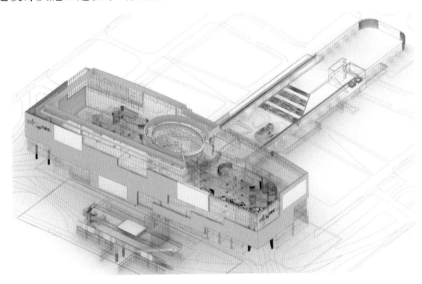

图10　铝合金格栅系统分布位置示意图

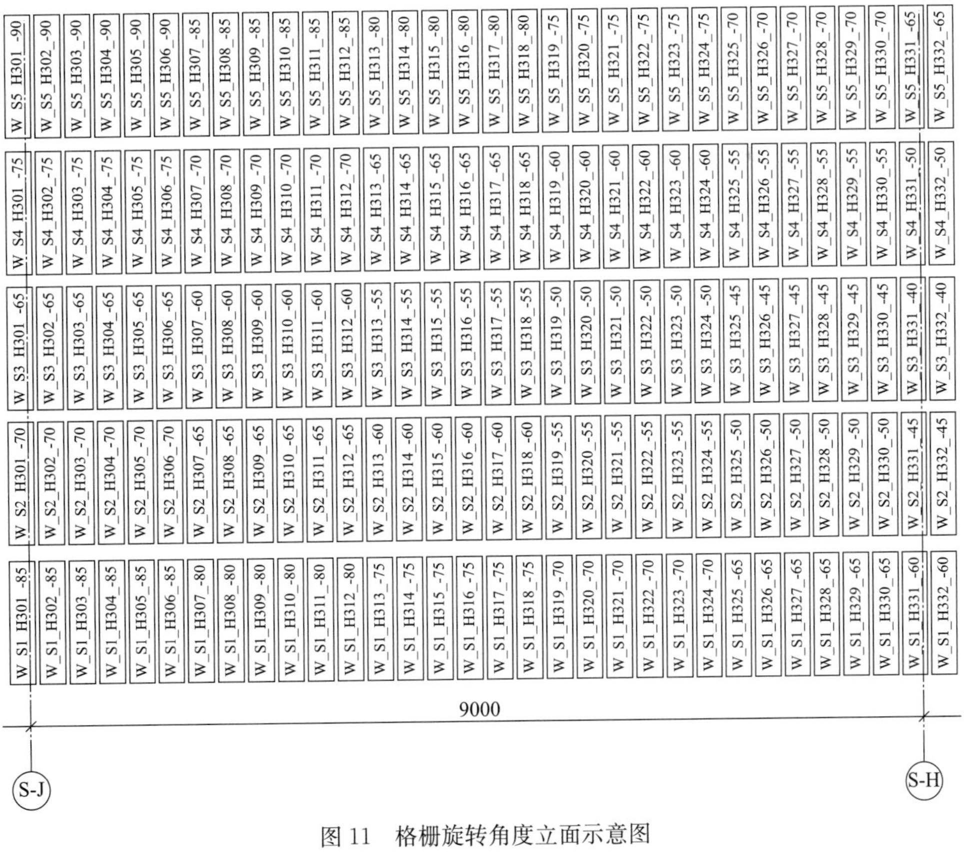

S5																															
W_S5_H301_-90	W_S5_H302_-90	W_S5_H303_-90	W_S5_H304_-90	W_S5_H305_-90	W_S5_H306_-90	W_S5_H307_-85	W_S5_H308_-85	W_S5_H309_-85	W_S5_H310_-85	W_S5_H311_-85	W_S5_H312_-85	W_S5_H313_-80	W_S5_H314_-80	W_S5_H315_-80	W_S5_H316_-80	W_S5_H317_-80	W_S5_H318_-80	W_S5_H319_-75	W_S5_H320_-75	W_S5_H321_-75	W_S5_H322_-75	W_S5_H323_-75	W_S5_H324_-75	W_S5_H325_-70	W_S5_H326_-70	W_S5_H327_-70	W_S5_H328_-70	W_S5_H329_-70	W_S5_H330_-70	W_S5_H331_-65	W_S5_H332_-65
W_S4_H301_-75	W_S4_H302_-75	W_S4_H303_-75	W_S4_H304_-75	W_S4_H305_-75	W_S4_H306_-75	W_S4_H307_-70	W_S4_H308_-70	W_S4_H309_-70	W_S4_H310_-70	W_S4_H311_-70	W_S4_H312_-70	W_S4_H313_-65	W_S4_H314_-65	W_S4_H315_-65	W_S4_H316_-65	W_S4_H317_-65	W_S4_H318_-65	W_S4_H319_-60	W_S4_H320_-60	W_S4_H321_-60	W_S4_H322_-60	W_S4_H323_-60	W_S4_H324_-60	W_S4_H325_-55	W_S4_H326_-55	W_S4_H327_-55	W_S4_H328_-55	W_S4_H329_-55	W_S4_H330_-55	W_S4_H331_-50	W_S4_H332_-50
W_S3_H301_-65	W_S3_H302_-65	W_S3_H303_-65	W_S3_H304_-65	W_S3_H305_-65	W_S3_H306_-65	W_S3_H307_-60	W_S3_H308_-60	W_S3_H309_-60	W_S3_H310_-60	W_S3_H311_-60	W_S3_H312_-60	W_S3_H313_-55	W_S3_H314_-55	W_S3_H315_-55	W_S3_H316_-55	W_S3_H317_-55	W_S3_H318_-50	W_S3_H319_-50	W_S3_H320_-50	W_S3_H321_-50	W_S3_H322_-50	W_S3_H323_-50	W_S3_H324_-50	W_S3_H325_-45	W_S3_H326_-45	W_S3_H327_-45	W_S3_H328_-45	W_S3_H329_-45	W_S3_H330_-45	W_S3_H331_-40	W_S3_H332_-40
W_S2_H301_-70	W_S2_H302_-70	W_S2_H303_-70	W_S2_H304_-70	W_S2_H305_-70	W_S2_H306_-65	W_S2_H307_-65	W_S2_H308_-65	W_S2_H309_-65	W_S2_H310_-65	W_S2_H311_-65	W_S2_H312_-60	W_S2_H313_-60	W_S2_H314_-60	W_S2_H315_-60	W_S2_H316_-60	W_S2_H317_-60	W_S2_H318_-60	W_S2_H319_-55	W_S2_H320_-55	W_S2_H321_-55	W_S2_H322_-55	W_S2_H323_-55	W_S2_H324_-55	W_S2_H325_-50	W_S2_H326_-50	W_S2_H327_-50	W_S2_H328_-50	W_S2_H329_-50	W_S2_H330_-50	W_S2_H331_-45	W_S2_H332_-45
W_S1_H301_-85	W_S1_H302_-85	W_S1_H303_-85	W_S1_H304_-85	W_S1_H305_-85	W_S1_H306_-85	W_S1_H307_-80	W_S1_H308_-80	W_S1_H309_-80	W_S1_H310_-80	W_S1_H311_-80	W_S1_H312_-80	W_S1_H313_-75	W_S1_H314_-75	W_S1_H315_-75	W_S1_H316_-75	W_S1_H317_-75	W_S1_H318_-75	W_S1_H319_-70	W_S1_H320_-70	W_S1_H321_-70	W_S1_H322_-70	W_S1_H323_-70	W_S1_H324_-70	W_S1_H325_-65	W_S1_H326_-65	W_S1_H327_-65	W_S1_H328_-65	W_S1_H329_-65	W_S1_H330_-65	W_S1_H331_-60	W_S1_H332_-60

9000

(S-J)　　　　　　　　　　　　　　　　　　　　　　　　　　　　　　(S-H)

图11　格栅旋转角度立面示意图

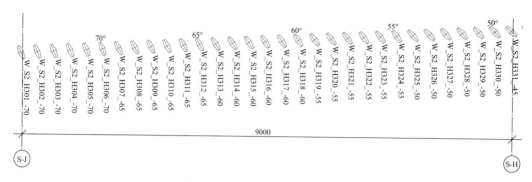

图 12　格栅旋转角度平面示意图

图 13　格栅旋转角度三维效果图

格栅系统整体构造：格栅截面为（50～100）mm×250mm，格栅采用铝合金转接件与横向钢龙骨进行连接，格栅背部设置 1.5mm 厚镀锌钢板，抹胶密封，作为防水立面，从镀锌钢板缝中挑出 T 形铝合金底座，用于连接格栅，通过铝合金插芯调节格栅的角度（图 14～图 16）。

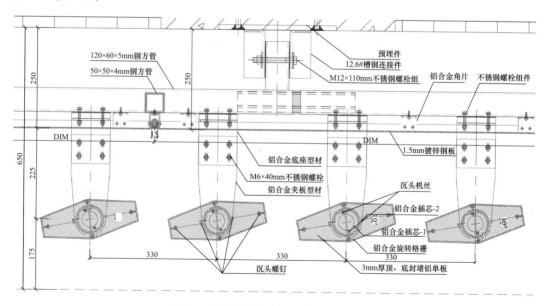

图 14　铝合金格栅渐变角度横剖节点图

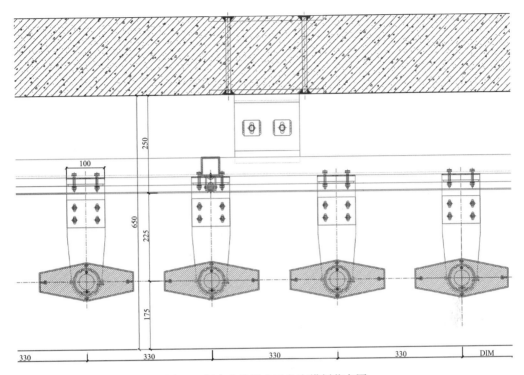

图 15　铝合金格栅水平角度横剖节点图

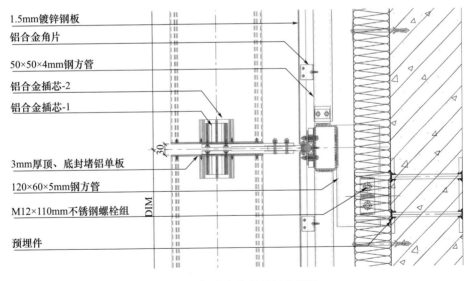

1.5mm镀锌钢板

铝合金角片

50×50×4mm钢方管

铝合金插芯-2

铝合金插芯-1

3mm厚顶、底封堵铝单板

120×60×5mm钢方管

M12×110mm不锈钢螺栓组

预埋件

图 16　铝合金格栅竖剖节点图

　　格栅片及插芯构造：格栅片截面设置两螺钉孔眼及两连接卡槽，铝合金插芯-2内腔设置四个卡位点，外侧设置两螺钉孔眼及两插翅，顶、底封堵铝单板中部设置大圆孔，两侧设置螺钉孔。铝合金插芯-2的插翅与格栅的卡槽进行卡接，后与封堵铝单板进行连接，通过封堵铝单板的四个螺钉孔旋入沉头螺钉（图 17）。

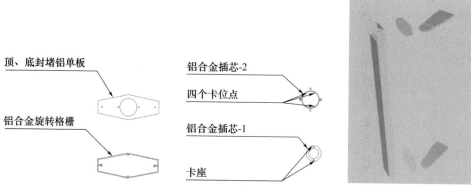

图 17　格栅片及插芯构造

格栅连接构造：如图 18 所示，铝合金底座型材为 T 型，一端与龙骨立柱连接，另一端与夹板型材连接。上下片铝合金夹板型材与底座型材夹在一起。铝合金旋转格栅与铝合金插芯-2 连接；封堵铝板开有圆孔，顶底封堵铝板与格栅顶底连接进行封闭，形成完整的格栅片。铝合金夹板型材与铝合金插芯-1 连接后，完整的格栅片与铝合金插芯-1 进行插接，形成悬挑格栅系统。铝合金底座可实现上下、左右、前后方位调节，插芯-1 可实现各种角度的旋转调节。

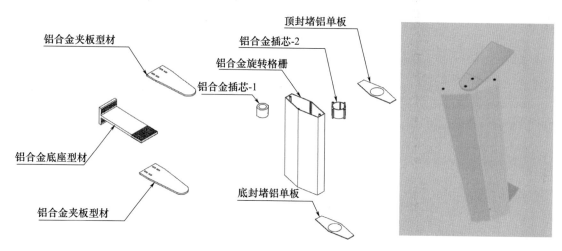

图 18　格栅连接构造

2.2.1.2　自由角度装饰格栅安装

自由角度格栅系统的难点在于旋转格栅的角度定位，需要定位到每一根格栅，格栅角度均通过插芯型材开孔定位，安装前掌握格栅编号与排版，格栅为单根安装，由下至上，安装背板之前需预先安装好铝合金底座，格栅上下采用插芯型材插接，具体如下：

（1）放网格控制线（垂直、水平）作为钢龙骨安装依据，钢龙骨精确定位（水平、进出、左右）；放网格控制线（垂直、水平）作为铝合金底座安装依据，铝合金底座精确定位（水平、进出、左右）（图 19～图 21）。

（2）铝合金夹板型材与铝合金插芯-1 调整好设计角度后，旋入沉头机丝进行固定。

（3）带有铝合金插芯-2的格栅底部插入铝合金插芯-1上，插芯-1两侧卡座与插芯-2的四个卡位点进行卡接，限制格栅水平方向的转动。

（4）将带有铝合金插芯-1的上部铝合金夹板型材插入格栅顶部的铝合金插芯-2，快速完成安装。格栅现场安装顺序为从左到右，从下到上安装。图22～图26分别为格栅安装过程、示意图与实景图。

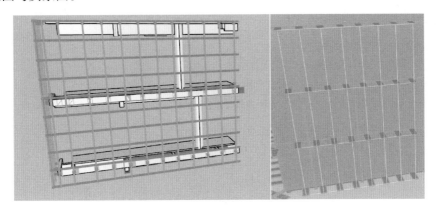

图 19　钢龙骨及铝合金底座安装

图 20　立柱及连接底座安装

图 21　铝合金夹板型材安装

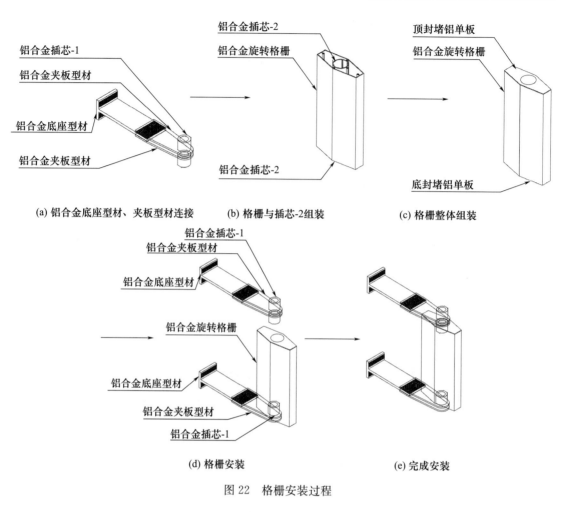

(a) 铝合金底座型材、夹板型材连接　　(b) 格栅与插芯-2组装　　(c) 格栅整体组装

(d) 格栅安装　　(e) 完成安装

图 22　格栅安装过程

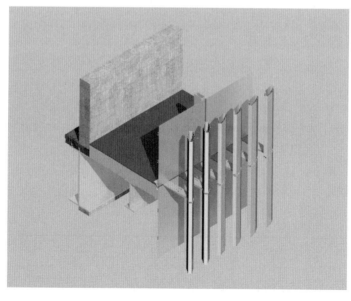

图 23　铝合金格栅安装三维效果示意图

图 24　格栅安装实景一

图 25　格栅安装实景二

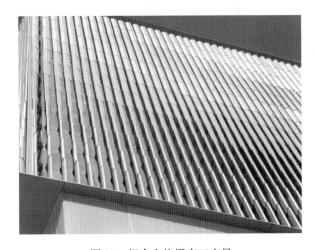

图 26　铝合金格栅完工实景

2.2.2　Skywalk 空中玻璃走廊系统

2.2.2.1　空中玻璃走廊系统设计

　　Skywalk 空中玻璃走廊（图 27～图 28）位于室内 7 层周圈观光连廊部位，主要由栏板玻璃与地板玻璃组成，地板玻璃底部设有从主体钢结构外挑的变截面钢梁，钢梁外包防火板＋不锈钢饰面，上面满铺防火地板玻璃。玻璃采用 10（TP）（酸蚀高硼硅玻璃）＋1.52SGP＋10（TP）（高硼硅玻璃）＋1.52SGP＋10（TP）（高硼硅玻璃）＋1.52SGP＋10（TP）（高硼硅玻

125

璃）+1.52SGP+10（TP）（高硼硅玻璃）mm 全钢化超白夹胶玻璃；外侧设置不锈钢立柱+
半钢化玻璃护栏，栏杆玻璃采用 8（HS）+1.52SGP+8（HS）mm 半钢化超白夹胶玻璃。整
个连廊玻璃为异形超大玻璃造型，面板尺寸达 2000mm×4500mm，且每块面板尺寸都不一样，
同时，支撑玻璃的变截面钢梁悬最大悬挑尺寸达到 4.5m，设计及施工难度极大。

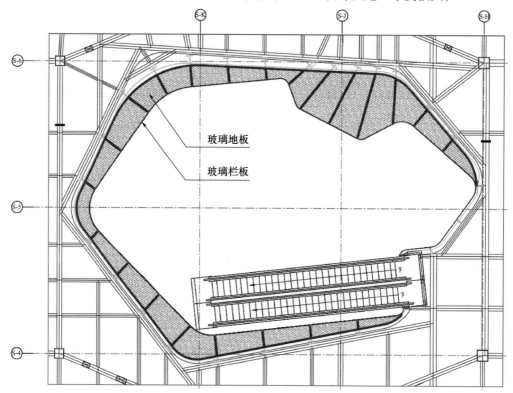

图 27　空中玻璃走廊系统平面图

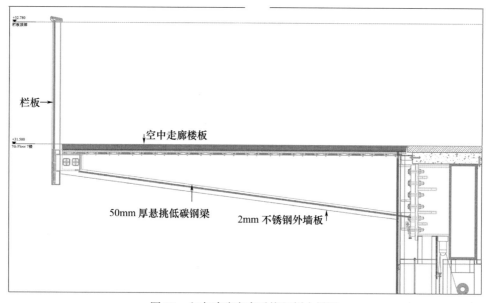

图 28　空中玻璃走廊系统竖剖大样图

变截面低碳钢悬挑梁构造：变截面低碳钢悬挑梁与低碳钢端件焊接成整体，两块 20mm 厚低碳加劲钢板和两块 15mm 厚低碳加劲钢板分别焊接在悬挑梁两侧，提高悬挑梁的稳定性，以上构件组成悬挑梁的整体，称为变截面悬挑结构，悬挑结构通过螺栓固定在主体结构支撑上（图 29～图 30）。

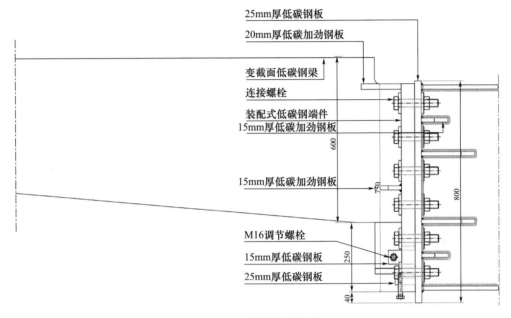

图 29　悬挑梁竖向节点

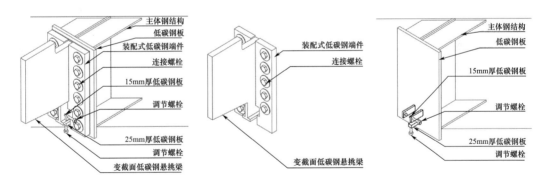

图 30　悬挑梁连接构造示意

玻璃地板构造：8mm 不锈钢板作为副框安装在玻璃地板上，整体俯视为凹凸造型，副框地板玻璃拼装时，两片玻璃的凹凸块相互契合，各自形成连接块。凸块上设有一个长条孔，在凸块表面设置 2mm 厚钢垫片，钢垫片上设有一个大圆孔和两个小圆孔，两个 M5 的螺栓通过钢垫片与凸块连接，长条孔的设置，使得地板可在平面内进行安装定位调节，调节完毕后，通过大圆孔往凸块的长条孔内灌环氧树脂胶进行固定，大圆孔为灌浆孔，两个小圆孔为排气孔，保证环氧树脂胶充满长条孔。灌浆设计使得结构牢固，安装简便，全过程无焊接作业（图 31～图 33）。

在 10mm 连续低碳钢板下部设置凸形低碳钢垫块，钢垫块凸出部位与 10mm 连续低碳钢板连接，两侧下沉部位与变截面钢梁连接，间隔 250mm 布置（图 32～图 33）。凸形低碳钢垫块设计，不仅起到承托作用，还能抵抗一部分楼板弹性变形，使结构更加可靠，人们行走在走廊上具有更高的舒适度。

一体式栏杆构造：两块 10mm 厚不锈钢板组成夹具，一端夹在栏杆立柱上（焊接固定），五块 6mm 厚不锈钢板组成整体钢架。一块 365mm×121mm×6mm 不锈钢板、两件钢架、一块 365mm×121mm×10mm 不锈钢板（栏板托块）组成玻璃槽，形成一体式栏杆连接架。悬挑梁前端开有凹口，组合件中 230mm×150mm×20mm 低碳钢板插到凹口内，焊接固定，形成连接座（图 34～图 36）。

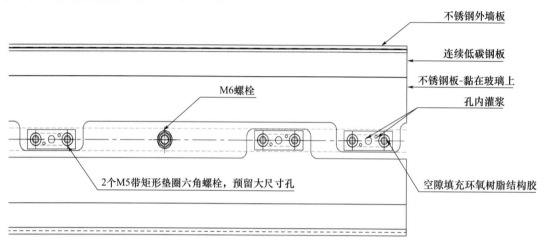

图 31　玻璃地板与玻璃黏接不锈钢板俯视节点

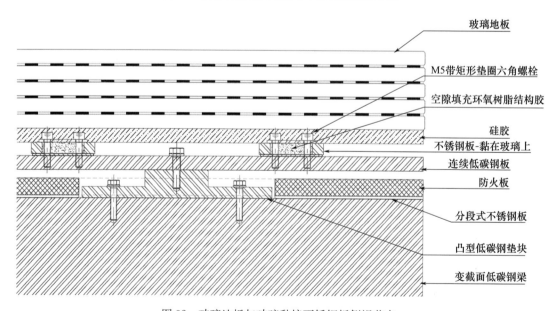

图 32　玻璃地板与玻璃黏接不锈钢板侧视节点

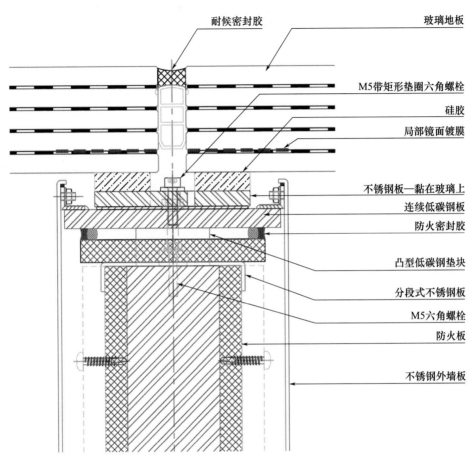

耐候密封胶
玻璃地板
M5带矩形垫圈六角螺栓
硅胶
局部镜面镀膜
不锈钢板—黏在玻璃上
连续低碳钢板
防火密封胶
凸型低碳钢垫块
分段式不锈钢板
M5六角螺栓
防火板
不锈钢外墙板

图 33　玻璃地板与玻璃黏接不锈钢板正视节点

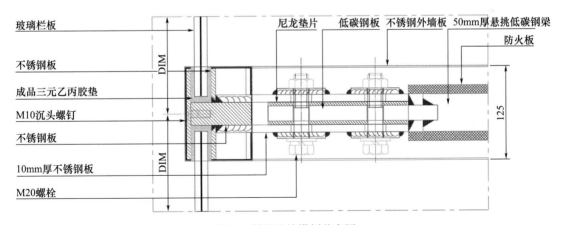

玻璃栏板
尼龙垫片　低碳钢板　不锈钢外墙板　50mm厚悬挑低碳钢梁
防火板
不锈钢板
成品三元乙丙胶垫
M10沉头螺钉
不锈钢板
10mm厚不锈钢板
M20螺栓
DIM
DIM
125

图 34　栏杆连接横剖节点图

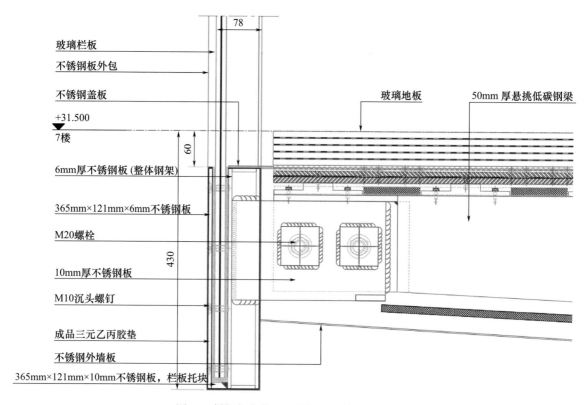

玻璃栏板

不锈钢板外包

不锈钢盖板

+31.500

7楼

6mm厚不锈钢板 (整体钢架)

365mm×121mm×6mm不锈钢板

M20螺栓

10mm厚不锈钢板

M10沉头螺钉

成品三元乙丙胶垫

不锈钢外墙板

365mm×121mm×10mm不锈钢板，栏板托块

玻璃地板

50mm 厚悬挑低碳钢梁

图 35　栏杆与变截面悬挑钢梁连接竖剖节点图

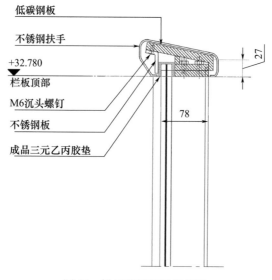

低碳钢板

不锈钢扶手

+32.780

栏板顶部

M6沉头螺钉

不锈钢板

成品三元乙丙胶垫

图 36　栏杆顶部竖剖节点图

　　针对悬挑空中玻璃走廊系统结构，合理考虑结构特征、受载与边界条件以及连接方式，对连廊结构的变形、应力、舒适度等进行控制，对地震下结构、钢梁稳定性、人行舒适度等进行分析，同时对悬挑梁节点构建力学有限元分析模型，保证结构的安全及符合设计使用要求（图 37～图 44）。

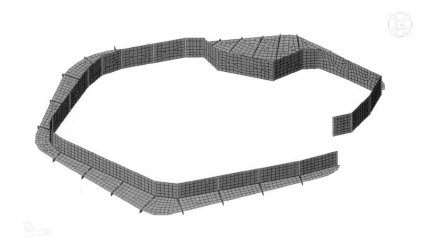

图 37　空中玻璃走廊系统计算模型示意图

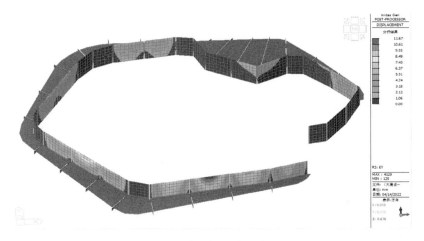

图 38　玻璃栏板位移分析

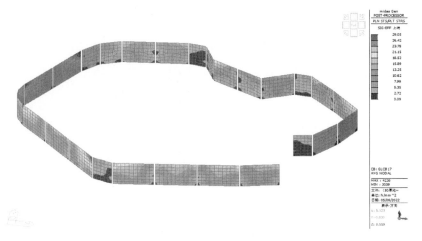

图 39　玻璃栏板应力分析

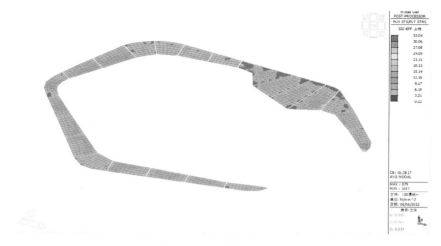

图 40　地面玻璃应力分析

图 41　悬挑钢梁应力分析

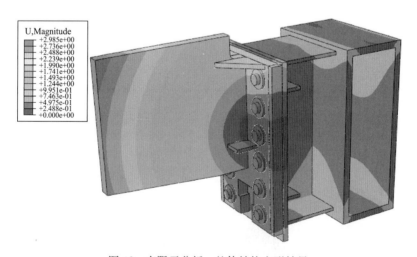

图 42　有限元分析：整体结构变形结果

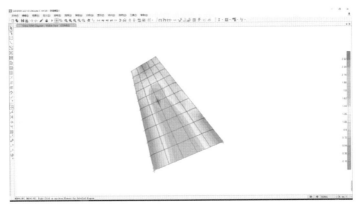

图 43　冲击荷载下地板玻璃计算分析

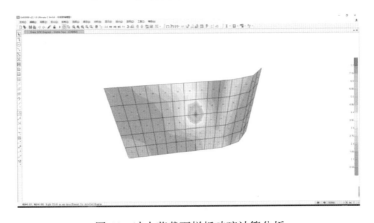

图 44　冲击荷载下栏板玻璃计算分析

2.2.2.2　空中玻璃走廊系统安装

该系统位于 7F 空中连廊位置，采用钢结构玻璃幕墙设计，玻璃厚度较大，单块玻璃质量较大，搭设组合移动架进行钢龙骨的安装，玻璃面板利用龙门架进行吊装，并在骨架上铺设脚手板（底部挂设防坠兜网）进行玻璃面板安装（图 45）。

图 45　安全网搭设示意图

（1）变截面低碳钢悬挑梁安装

悬挑结构装配前，在变截面钢梁后部的底端，连接倒 T 形的钢件，钢件长度为 150mm，焊接在 50mm 厚钢板上，50mm 厚钢板与倒 T 形交接位置设置 T 形开口，T 形开口上部，从主体结构支撑面板伸出两块 15mm 厚纵向布置钢板，两个钢板各自穿上 M16 调节螺栓，通过旋转调节螺栓，可调节悬挑结构的左右位置；T 形开口的下部，从主体结构支撑面板伸出 25mm 厚横向布置钢板，钢板各自穿上 M16 调节螺栓，通过旋转调节螺栓，可调节悬挑结构的上下位置，达到快速调节定位的目的。待调整到满足安装要求的位置，将悬挑结构与主体支撑结构通过螺栓进行连接固定，完成悬挑结构的安装（图 46～图 49）。

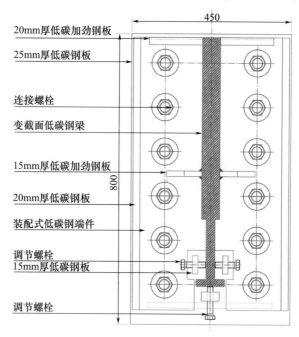

图 46　悬挑梁正视节点

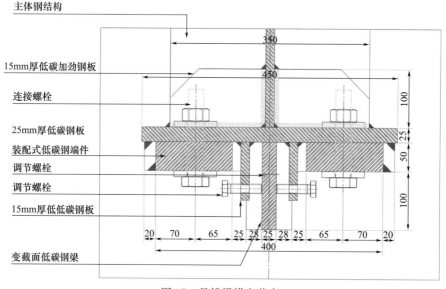

图 47　悬挑梁横向节点

图 48　低碳钢板底座安装

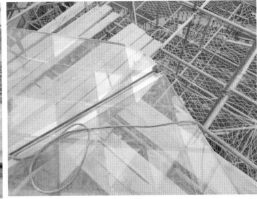

图 49　空中玻璃走廊安装

（2）一体式栏杆安装

首先将一体式连接架与连接座对接，通过 2 个 M20 螺栓进行连接；玻璃槽放置成品三元乙丙 U 型槽胶垫，将玻璃面板放置在胶垫 U 槽上；安装 6mm 厚不锈钢夹板，通过 4 颗 M10 沉头螺钉固定；玻璃上部装配 U 形胶垫，将上部扶手钢板连接，完成栏杆的安装（图 50～图 54）。

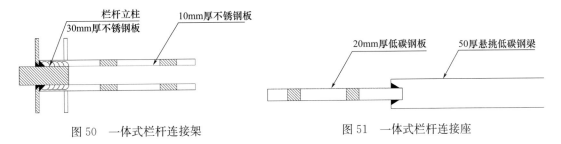

图 50　一体式栏杆连接架　　　　　　　　图 51　一体式栏杆连接座

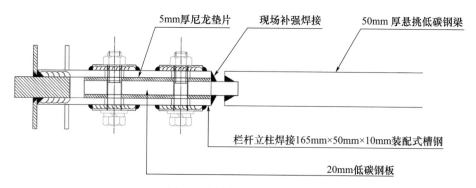

图 52　连接架、连接座组装

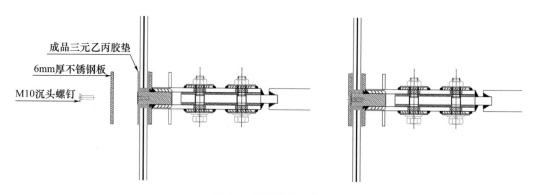

图 53　玻璃栏板安装

图 54　空中玻璃走廊整体实景图

2.2.3　屋面采光顶幕墙

2.2.3.1　屋面采光顶设计

屋顶位置设置 3 个采光顶，分为 1 个单层网壳钢结构玻璃采光顶，2 个平面异形钢结构玻璃采光顶（图 55～图 56）。采光顶为玻璃及铝单板组合，面板采用 10＋12Ar＋8＋1.52PVB＋8mm 中空三银 Low-E 彩釉夹胶玻璃，龙骨采用焊接直角钢龙骨，表面采用防腐底漆＋防火涂料，钢龙骨外侧设置铝合金底座转接调节，排水方式为全隐无组织外排。

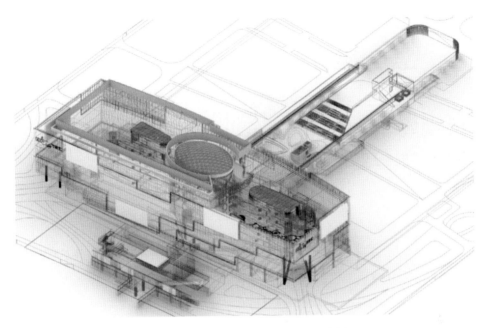

图 55　采光顶幕墙系统分布位置示意图

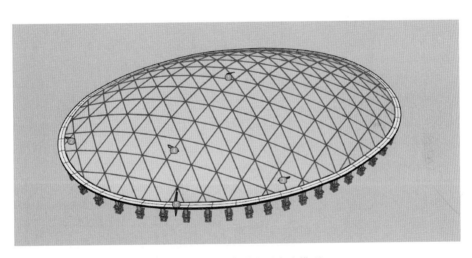

图 56　单层网壳采光顶表皮模型

　　单层网壳采光顶为空间双曲面造型，采用双面铝单板与玻璃间隔布置的形式，钢结构杆件为 150mm×70mm×250mm×10mm 厚热轧梯形钢龙骨；12mm 厚钢板焊接中心件，中心件采用铸钢件，四周采用 150mm×70mm×250mm×10mm 厚热轧梯形钢龙骨，钢件与钢件及龙骨之间采用坡口等强连接。支座钢件与铝合金底座连接，可调节铝合金底座的高低，定位后通过螺钉拧紧固定；支撑辅助型材通过铝合金压块固定在底座上，支撑辅助型材与铝合金边框连接一端设置有球头构造，铝合金边框设置有凹槽构造，球头嵌入凹槽里面，可调节采光顶面板的角度（图 57～图 59）。

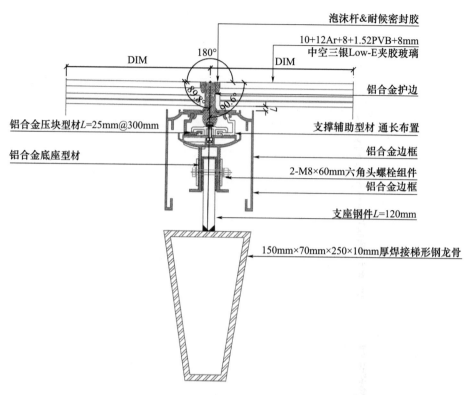

图 57　单层网壳采光顶节点图一

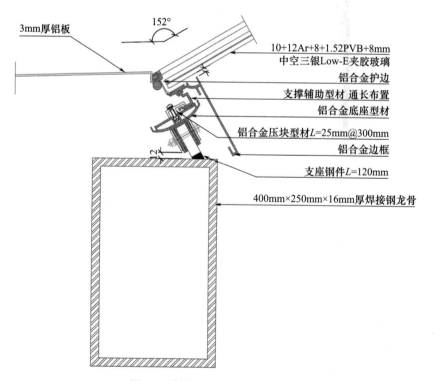

图 58　单层网壳采光顶节点图二

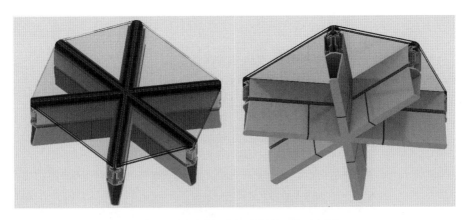

图 59　单层网壳采光顶节点三维示意图

平面异形采光顶面层采用三银 Low-E 玻璃，主、次龙骨杆件均采用 150mm×250mm× 10mm 厚热轧矩形钢龙骨，周圈环梁采用 200mm×250mm×10mm 厚矩形钢管（图 60）。

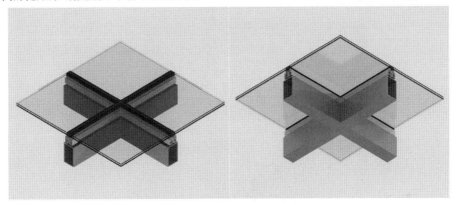

图 60　平面异形采光顶节点三维示意图

2.2.3.2　屋面采光顶安装

（1）建立采光顶钢结构的参数化模型，生成钢构件加工图（图 61～图 62）。本项目单层网壳采光顶钢结构节点采用"铸钢件"形式，铸钢件数量共 141 个，通过铸钢件与杆件进行拼接，有效提高拼装效率，保证安装精度及质量。

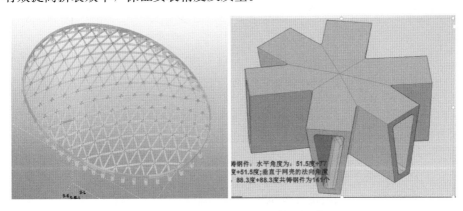

图 61　采光顶参数化模型及铸钢件模型

图 62　单层网壳采光顶铸钢件实景图

（2）采光顶钢立柱定位安装见图 63。

图 63　钢立柱安装

（3）采光顶钢结构钢节点定位安装见图 64～图 65。

图 64　钢节点定位

图 65　钢节点安装

（4）采光顶钢结构连接杆件安装见图 66。

图 66　连接杆件安装

（5）采光顶面层安装见图 67。

图 67　采光顶面板安装完成实景图

2.2.4　下沉广场 UHPC 板幕墙系统

UHPC 板幕墙系统位于下沉广场负一层、负二层位置（图 68～图 69），UHPC 表面为波浪纹，采用干挂形式，接缝位置退缝打胶，龙骨采用钢结构支撑。UHPC 幕墙板采用模块化设计（图 70），工厂预制（图 71），现场安装（图 72），有效提高施工效率。此外，

UHPC 幕墙板具有出色的装饰效果，可以呈现出天然石材的质感，同时可塑性强，通过表面加工成波浪纹的效果，增加了建筑的曲线质感，使建筑外观更加美观大气（图 73）。

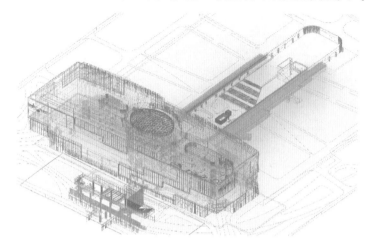

图 68　东下沉广场 UHPC 板分布位置示意图

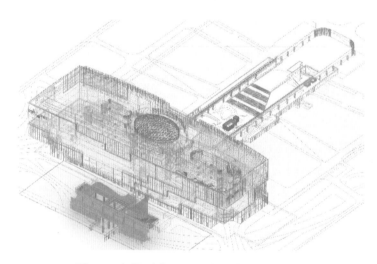

图 69　西下沉广场 UHPC 板分布位置示意图

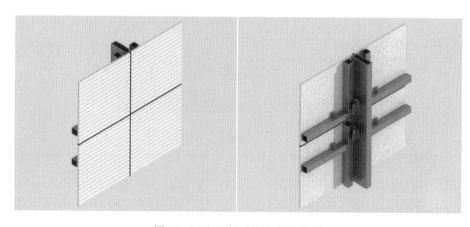

图 70　UHPC 板系统节点效果图

图 71　UHPC 板系统加工厂组装

图 72　UHPC 板系统现场挂装

图 73　下沉广场 UHPC 板完工实景

2.2.5　不锈钢驳接件彩釉玻璃幕墙系统

不锈钢驳接件彩釉玻璃幕墙系统（图 74～图 76）位于二层到檐口位置东、西立面，面板由 15mm 钢化彩釉玻璃构成，采用竖向大板块，玻璃分格高度达 6000mm，玻璃中部采用不锈钢夹具六点支撑形式，顶底入槽固定，主龙骨立柱采用钢方管，表面氟碳涂装。六层局部位置为中空玻璃区域，采用 12Low-E＋12Ar＋12mm 超白钢化中空彩釉玻璃，立柱龙骨为钢铝结合，面板为条纹彩釉图案，通过彩釉图案，给建筑增添色彩和现代感。

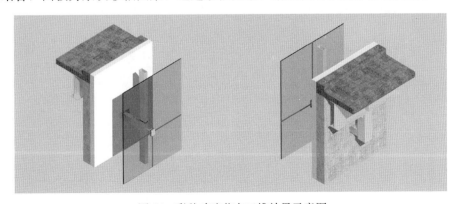

图 74　彩釉玻璃节点三维效果示意图

图 75　彩釉玻璃局部实景图

图 76　彩釉玻璃整体实景图

2.2.6　主入口大跨度玻璃幕墙系统

主入口大跨度玻璃幕墙系统（图 77～图 79）为竖明横隐玻璃幕墙系统，竖向装饰线条宽度 80mm，外包 1.2mm 厚不锈钢板，玻璃面板为 12＋12A＋12mm 超白钢化中空玻璃，首二层钢龙骨通高连续，跨度高达 10m，直角钢氟碳喷涂表面。中部隐框分格，顶底入槽或者明框，钢立柱为竖向受压杆件，外侧采用铝合金压板及扣盖固定玻璃。

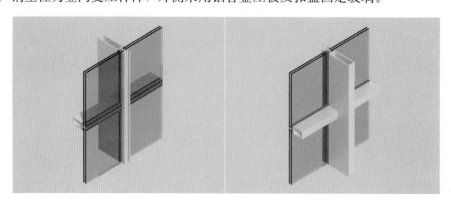

图 77　大跨度玻璃节点三维效果图

图 78　主入口大跨度玻璃实景图

图 79　施工现场实景图

3　BIM 技术应用

　　本项目幕墙系统多，大面采用框架式幕墙＋格栅系统，面板分格多样及格栅角度排布复杂；屋顶主要为双曲面造型的采光顶，面板造型及尺寸多样，设计、施工难度大；空中玻璃走廊为异形玻璃，每一块都不一样。为此，全过程运用 BIM 技术显得尤为重要，通过建立参数化模型，进行平板拟合曲面、输出面板加工图、指导施工等工作，使得项目顺利实施。

3.1　参数化建模

　　利用犀牛＋grasshopper 参数化平台，以幕墙原始表皮为基础，将构件参数的输入数值与模型的设计数值（长度、角度、空间位置关系等）进行关联，并确定各种幕墙构件之间逻辑关系，利用尺寸驱动快速生成 1∶1 幕墙构件 BIM 三维模型（图 80～图 82）。

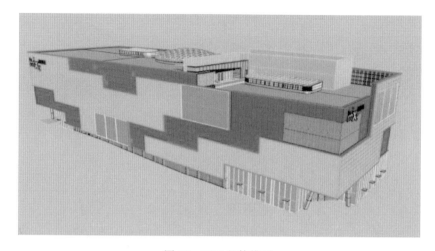

图 80　BIM 整体模型

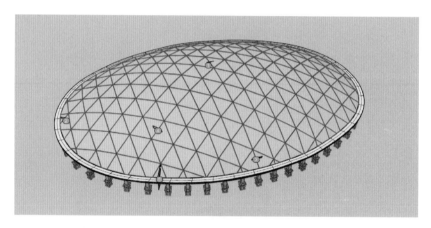

图 81　采光顶模型

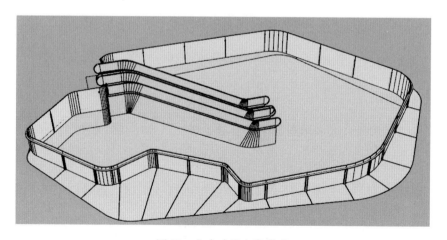

图 82　空中玻璃走廊模型

　　设置平板拟合曲面、面板排版等参数化模块，快速准确表达双曲面幕墙构造，为幕墙提料阶段打下基础（图 83～图 84）。

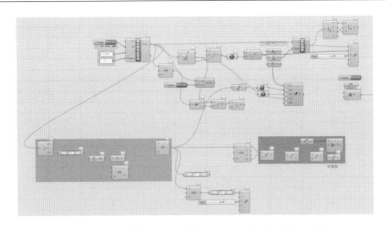

图 83　三角形和四边形平板拟合曲面板块参数化模块

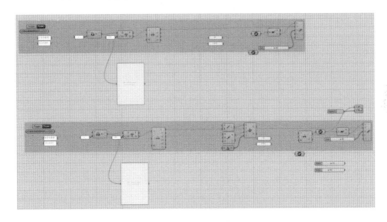

图 84　幕墙面板排版参数化模块

3.2　生成幕墙构件加工图及数据信息导出

BIM 以参数化模型中幕墙构件的构件信息作为数据源，经过逻辑的处理及分析，自动生成零件（幕墙面板，龙骨等）的二维加工图，加工图的生成快速且准确。

BIM 可自动生成提供的材料清单表格，并将所需面板或零件编号、材质、尺寸，图号等加工数据信息自动输入（图 85～图 87），与传统 CAD 加工图的绘制方式相比，大大缩短了设计和加工的时间，同时提高了下料设计的准确度。

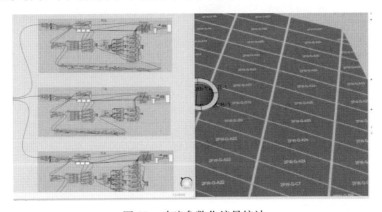

图 85　玻璃参数化编号统计

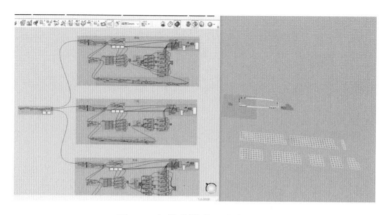

图 86 参数化输出面板加工图

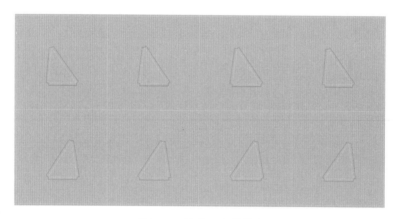

图 87 面板加工图详图

4 结语

西北旺万象汇项目已顺利竣工，成为了海淀科学城北区集购物、时尚休闲、娱乐社交于一体的商业新地标，为周边人群提供高品质的消费体验。项目实施过程中研发了自由角度格栅系统、装配式玻璃走廊系统、BIM 参数化设计等技术，获得两项技术专利：一种格栅片、另一种悬挑走廊结构及装配式玻璃走廊系统。本文通过对自由角度装饰格栅幕墙、Skywalk 空中玻璃走廊、屋顶采光顶幕墙的设计与施工重难点进行分析，为今后类似项目的实施提供了重要的参考价值。

建筑幕墙玻璃影像畸变研究

徐 欣

中建八局装饰工程有限公司 上海 200120

摘 要 本研究通过对玻璃的变形度测试，对比不同玻璃反射影像，连续监测中空玻璃中空层内压、温度，连续监测大气压力、温度，采集大量试验数据，通过对试验数据的分析，建立光学分析模型，推导出玻璃影像畸变三大方程，总结影响玻璃影像畸变的各种因素，并根据推导出的方程解读了建筑玻璃反射影像各种畸变现象的真实原因，得出了一些反常识的结论。提出了玻璃变形度测试新方案，以及控制影像变形的措施方向。希望通过本研究能消解在玻璃影像变形上的困惑，减少在玻璃影像变形上盲目的整改行动。

关键词 玻璃影像；畸变；温度；方程

1 引言

玻璃幕墙以其美观、节能的特性在现代建筑中得到了广泛的应用，现代都市中玻璃幕墙几乎随处可见。然而，我们常常会不经意间发现，玻璃幕墙反射的建筑影像扭曲变形，好端端的建筑却在玻璃幕墙的"眼里"出现难看的影像。对玻璃影像畸变的原因已有大量的分析，然而，既往的分析大多只是定性的描述。本文通过大量的观察测试，并进行试验监测数据的整理，首次建立了光学分析模型，推导出玻璃影像畸变方程，并成功利用推导出的方程解读玻璃影像畸变。

玻璃影像变形，究其原因是玻璃变形引起的，人们也总结出了影响玻璃影像变形的各种因素。然而，由于能引起影像畸变的因素众多，人们往往无法分清引起到底何种因素导致了影像的畸变。为了探寻玻璃影像畸变的真实原因，笔者进行了大量的试验。

2 对钢化造成的变形的研究

建筑幕墙上普遍使用的玻璃是钢化玻璃或半钢化玻璃，钢化是对玻璃原片进行二次热处理的过程。众所周知，玻璃经钢化后会产生变形，《建筑用安全玻璃 第2部分：钢化玻璃》（GB 15763.2—2005）对平面钢化玻璃的弯曲度做了规定，要求弓形弯曲度不应超过 0.3%，波形弯曲度不应超过 0.2%。为了解钢化玻璃的变形程度，我们委托国家建筑工程质量监督检验中心做了以下四项试验，检测依据《建筑用安全玻璃 第2部分：钢化玻璃》（GB 15763.2—2005）进行：

① 将中空玻璃剥离出单玻，进行弯曲度检测；

② 现场检测上墙成品中空钢化玻璃的弯曲度；

③ 在上墙与落地两种情况下进行成品中空钢化玻璃平面弯曲度检测数据对比；

④ 对上墙中空钢化玻璃与剥离后送试验室单片钢化玻璃进行平面弯曲度检测数据对比。以下是试验详细情况。

2.1 中空玻璃剥离面玻送试验室做单片钢化玻璃平面弯曲度检测情况

现场共抽取了 18 块玻璃送试验室做单片钢化玻璃的弯曲度试验，玻璃配置均为 6mm＋12Ar＋6mm＋12Ar＋6mm；测试显示，所有检测的玻璃均合格，其中弓形弯曲度值检测出的数据水平为 0.01%～0.05%，合格标准为 0.3%；波形弯曲度值检测出的数据水平为 0.01%～0.05%，合格标准为 0.2%，检测结果显示远优于国标要求，结果见图 1。

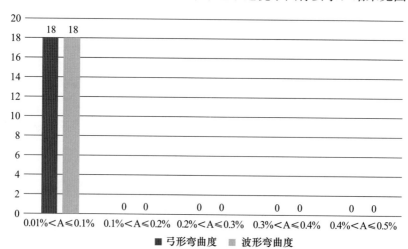

图 1　中空玻璃剥离单片玻璃检测结果

2.2 现场检测上墙中空钢化成品玻璃平面弯曲度检测情况

现场分两批共抽取了 76 块中空钢化成品玻璃进行平面弯曲度检测，玻璃配置与送试验室玻璃的配置相同。两批样品的弓形弯曲度值、波形弯曲度值检测出的数据分布分别见图 2、图 3。检测显示，样品弓形变形增加，波形变形变化不大，表示中空玻璃合片后变形增大了。

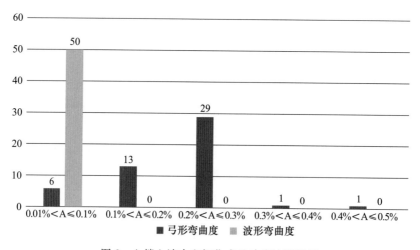

图 2　A 楼上墙中空钢化成品玻璃检测结果

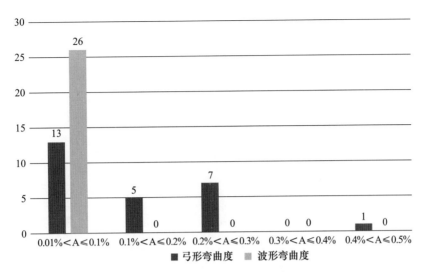

图 3　B 楼上墙中空钢化成品玻璃检测结果

2.3　上墙与落地两种情况下成品中空钢化玻璃平面弯曲度检测数据水平对比分析

现场抽取 18 块中空钢化成品玻璃进行此项对比分析，用于验证施工过程是否对玻璃造成较大的冷弯变形影响。检测的数据分布见图 4 和图 5。

从以上数据分布可以看出，上墙与落地的成品玻璃平面弯曲度数值无明显差异，证明施工过程未对玻璃的平面弯曲度造成明显影响，

2.4　上墙后成品中空钢化玻璃与送试验室单片钢化玻璃平面弯曲度检测数据水平对比分析

现场共抽取了 18 块中空钢化成品玻璃进行此项对比分析，用于验证中空腔体内外气压差对玻璃平面弯曲度造成的影响及导致玻璃影像变形的程度。检测的数据分布见图 6、图 7。

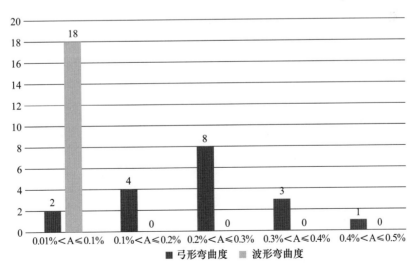

图 4　抽样上墙中空钢化成品玻璃数据分布

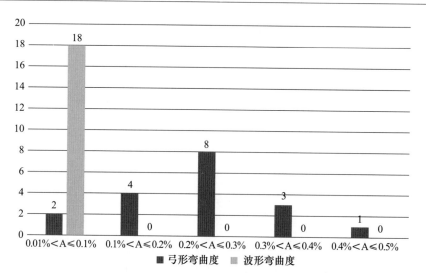

图 5　抽样成品中空钢化玻璃落地检测数据

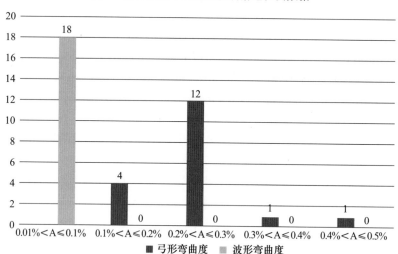

图 6　抽样中空钢化成品玻璃上墙数据分布

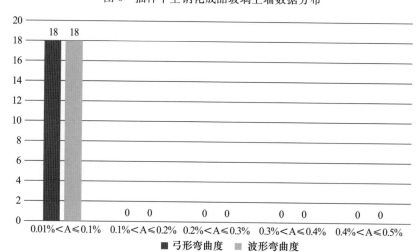

图 7　抽样送试验室单片玻璃数据分布情况

从以上数据分布可以看出，中空钢化成品玻璃的弓形数值要远远大于同一块玻璃剥离出来的单片钢化玻璃的弓形数值，两者完全不在一个数量级上，成品玻璃的弓形数值为单片玻璃数值的 10～20 倍，甚至能够达到 30～40 倍。为进一步印证此项是否为主要原因，我们将剥离出来的单片钢化玻璃重新拉回安装，进行影像效果对比，发现单片玻璃的影像效果远远好于成品玻璃，可见成品钢化中空玻璃的弓形变形会造成反射图影像的严重畸变，详见图 8。

图 8　单片钢化玻璃与成品玻璃影像效果对比图

通过以上数据及相应影像对比，可以看到，造成现场玻璃反射影像严重变形的主要原因，是中空腔体内外气压差致使外片玻璃的弓形弯曲度增大（外凸或者内凹）。中空玻璃是一个密闭的系统，内部压力变化时，压力将会作用于玻璃表面，就会引起玻璃的膨胀或收缩变形。当气压发生变化时，若中空玻璃腔体内气压低于外部大气压，中空玻璃就会出现收缩变形。若中空玻璃腔体内气压高于外部大气压，中空玻璃就会出现膨胀变形，导致现场玻璃形成了所谓凹凸镜式的"哈哈镜"现象，如图 9 所示。根据理想气体方程 $pV=nRT$，当温度变化时，中空玻璃内部体积及压强都会变化，然而，内压的变化不只是温度引起的，后文将进一步说明。

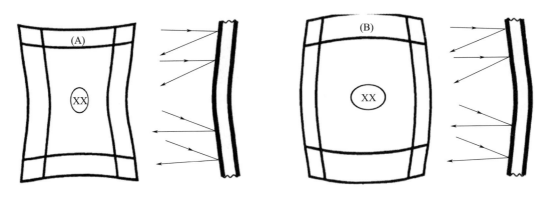

图 9　中空钢化玻璃由于腔体内外气压差导致玻璃外片变形示意图

3 中空玻璃内压与影像变形试验

通过以上试验，我们可以推测，中空玻璃内部压力变化导致了玻璃影像的变化，为进一步探寻压力变化对影像畸变的影响，我们自研"玻璃影像专家系统"，对压力/变形的关系进行了研究。系统包含可远程控制压力的加减压主机和数据记录/控制软件。

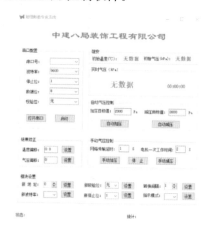

图 10 玻璃影像专家系统

本试验需要从中空层接一导气管，试验时气温较高，当钻开中空玻璃密封胶和间隔条时，分子筛喷涌而出（图 11），显示出中空玻璃空气层存在较大内压。图 12 右上角玻璃已放气，其余三块未放气，放气后影像畸变得到显著改善。

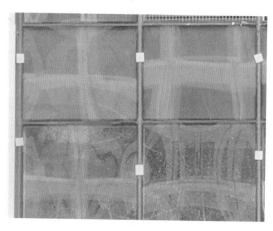

图 11 中空玻璃穿刺试验　　　　　　　图 12 中空玻璃穿刺后影像变形对比试验

试验过程利用"玻璃影像专家系统"远程控制，对中空玻璃中空层进行加减压（图 13 中空玻璃为加压/减压控制曲线），并记录压力数据，同时对玻璃反射影像进行视频记录。试验过程中观察到玻璃影像随气压变化发生明显的变化（图 14）。

值得注意的是，试验项目玻璃配置为 6＋12A＋6＋12A＋6 三玻两腔中空玻璃，由于第三层玻璃的底衬作用，第二层玻璃的反射较为明显，由于加减压过程中第一、二层玻璃同时产生凸凹相反的变形，因此能同时观察到放大和缩小两个影像变化过程。

加压/减压曲线图

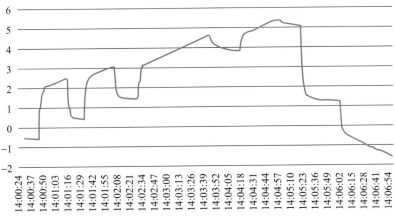

图 13　中空玻璃加压/减压控制曲线

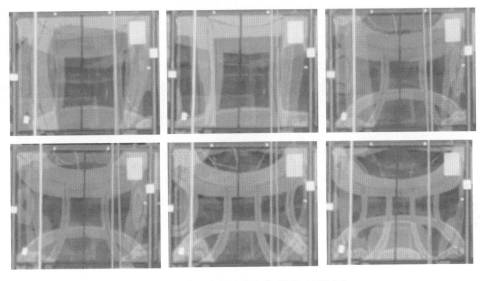

图 14　中空玻璃压力变化-影像变形试验

通常人们只能在玻璃上观察到静态的反射影像，因此无法区分出内外片的各自反射影像，通过试验的视频记录，就能很清楚地观察到放大和缩小的两个影像。

单腔的中空玻璃的内片玻璃反射影像较三玻两腔中空玻璃中间片玻璃反射影像弱，图 15 为两片玻璃组成的中空玻璃，可以看到一个暗淡的"鼓肚"的反射影像。

4　畸变率方程推导

通过以上试验，我们能发现，玻璃的影像变形是由于玻璃的变形引起的。为了进一步探究变形与影像畸变之间的关系，我们建立起光学模型进行分析，如图 16 所示。

图 16 中 OB 为凸面镜，F 点为凸面镜的曲率圆心，镜面高度 H_2，曲面拱高 H，镜面底部距地高度 H_1，A 点为人眼观测点，人眼观测点距离地面 1.8m，距镜面垂直距离 L_1，CHD 为被观察建筑物上的不同位置所连成的直线，建筑物与镜面垂直距离为 L_2，图中 C、

155

H、D 三点在凸面镜中成像点为 K、N、J，光学分析可见直线 CHD 成像后变为曲线 KNJ。但这个曲线变化并非影像畸变的原因，真正的原因是 DC 到 KJ 成像后的伸缩。

图 15　影像变形图

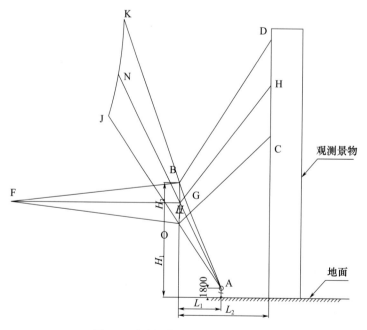

图 16　玻璃影像畸变光学分析模型

（说明：实际模型较为扁长，本图做了变形处理）

由此我们提出玻璃影像畸变第一方程（畸变率方程）：

$$畸变率\ P_x = \left|\, 1 - L_{KJ}/L_{DC} \,\right|$$

其中：$L_{DC} = L_2 * \tan\alpha_3 + H_2 - L_2 * \tan\alpha_1$；

$$L_{KJ} = \sqrt{\left(\frac{\cos\alpha_4}{\cos\alpha_3}L_2 - \left(\frac{L_1}{\cos\alpha_1}\cos\left(\arctan\left(\frac{H_1-1.8}{L_1}\right)\right)\right)\right)^2 + \left(\left(\frac{\cos\alpha_3}{\sin\alpha_4}L_2 + H_2\right) - \left(\frac{L_1}{\cos\alpha_1}\sin\left(\arctan\left(\frac{H_1-1.8}{L_1}\right)\right)\right)\right)^2}\ ;$$

α_1 为底部视线与水平夹角，$\alpha_1 = \arctan\left(\dfrac{H_1-1.8}{L_1}\right) - 4\arctan\ (2H)$；

α_3 为上部视线与水平夹角，$\alpha_3 = \arctan\left(\dfrac{H_1+H_2-1.8}{L_1}\right) + 4\arctan\ (2H)$；

α_4 为上部反射视线与水平夹角，$\alpha_4 = \arctan\left(\dfrac{H_1+H_2-1.8}{L_1}\right)$；

亦即：畸变率 $P_x = \left|\, 1 - L_{KJ}/L_{DC} \,\right| =$

$$\left| 1 - \frac{\sqrt{\left(\frac{\cos\arctan\left(\frac{H_1+H_2-1.8}{L_1}\right)}{\cos\arctan\left(\frac{H_1+H_2-1.8}{L_1}\right)+4\arctan\ (2H)}L_2 - \left(\frac{L_1}{\cos\arctan\left(\frac{H_1-1.8}{L_1}\right)-4\arctan\ (2H)}\cos\left(\arctan\left(\frac{H_1-1.8}{L_1}\right)\right)\right)\right)^2 + \left(\left(\frac{\cos\arctan\left(\frac{H_1+H_2-1.8}{L_1}\right)+4\arctan\ (2H)}{\sin\alpha_4}L_2 + H_2\right) - \left(\frac{L_1}{\cos\arctan\left(\frac{H_1-1.8}{L_1}\right)-4\arctan\ (2H)}\sin\left(\arctan\left(\frac{H_1-1.8}{L_1}\right)\right)\right)\right)^2}}{L_2 * \tan\alpha 3 + H_2 - L_2 * \tan\alpha 1} \right|$$

通过本公式的计算，能够得出一系列曲线，如图 17 所示。

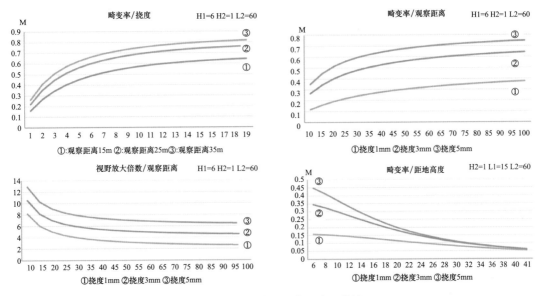

图 17　玻璃影像畸变第一方程曲线

通过曲线显示的趋势我们能发现：

① 镜面挠度增加，畸变率增加，曲线显示在小挠度时，即已产生较大畸变率。

② 观察距离增加，畸变率增加。

③ 镜面高度增加，畸变率减小。

④ 镜面中观察到的景物范围随着观察距离增加而减小，即为放大效果。

以上分析与我们日常观测到的现象一致（图 18）。

图 15 中塔吊影像产生了强烈畸变，对图片像素的测量可得出畸变率约为 45%

观测距离3m

观测距离10m

观测距离25m

图 18　不同观测距离镜面影响的不同

根据畸变率方程计算，镜面底部距地高度 $H_1=6m$，镜面宽度 $H_2=1m$，观察距离 $L_1=25m$，景观距离 $L_2=40m$，玻璃挠度变形 $H=5mm$，代入公式进行计算，得出畸变率为 44%，与观测结果较为一致。这表示此公式能准确地对玻璃影像畸变进行计算。

如果仔细观察，还能够发现一个暗淡的"鼓肚"的反射影像，这是内片玻璃形成了凹面镜造成的。如果是三玻两腔中空玻璃，由于第三层玻璃的底衬作用，第二层玻璃的反射图像更为清晰，如上文图 12 中所显示的那样。这种影像的叠加常常被解释为光的干涉，实际上，光的干涉发生在与光的波长相仿的极微小构造上，我们所观察到的是较宏观的反射影像的叠加，与光的干涉没有关系。

5　温度变化下的温度/挠度方程推导

气温的变化会引起中空玻璃内压的变化，从而造成玻璃的凸凹变形，进而影响玻璃影像畸变。根据理想气体方程 $PV=nRT$，在体积不变的情况下，温度变化会引起内压的显著变化，温度升高 30℃，内压增加约 10kPa，已远远超出一般玻璃幕墙设计风荷载。但实际上，温度上升、气压增加的同时，玻璃会发生变形而减小压力，实际增加的压力会比较小，笔者对大量的试验监测数据分析，得出该结论，图 19～图 21 给出了四种不同规格的玻璃的温度和内部压力的试验监测数据。

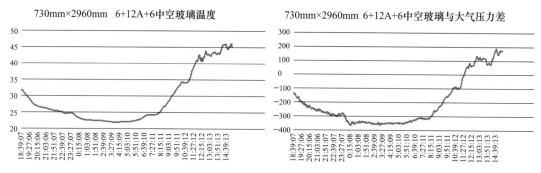

图 19　温度—压力监测数据（730mm×2960mm）

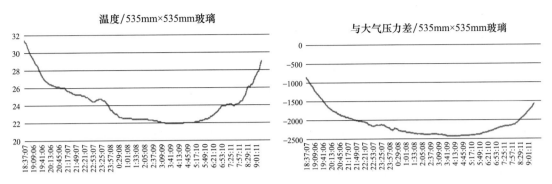

图 20　温度—压力监测数据（535mm×535mm）

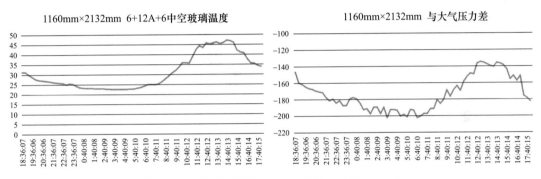

图 21　温度—压力监测数据（1160mm×2132mm）

通过压力挠度计算，可见压力与挠度近似线性关系（图 22）。为了方便分析简化计算，建立压力/挠度变化的线性方程，式中 P 为压力，h 为挠度，k、b 为系数

$$P=k*h+b$$

不同规格的玻璃可回归出不同的 k、b 系数，在温变挠度变化范围内，本方程误差小于 1%。

中空玻璃膨胀后双面都发生变形，在小挠度情况下，以双四棱锥计算膨胀增加的体积具有较高近似度（图 23）。根据理想气体方程 $PV=nRT$ 推导：$\dfrac{P_1V_1}{T_1}=\dfrac{P_2V_2}{T_2}$

初始态取：$P_1=1.01*10^5\mathrm{Pa}$，$V_1=W*H*B$，$T_1=293\mathrm{K}$（室温 20℃）。

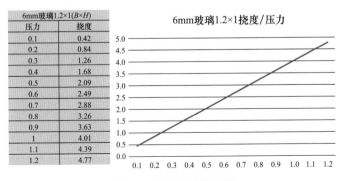

图 22　玻璃变形曲线图

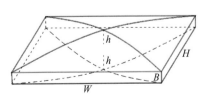

图 23　中空玻璃膨胀示意图

由此我们提出玻璃影像畸变第二方程（温度/挠度方程）：

$$\frac{101000 * W * H * B}{293} = \frac{(101000 + k * h + b) * (W * H * B + 2 * W * H * h / 3000)}{T + 273}$$

通过上面方程的计算，我们得出 1200mm×1000mm、1160mm×2132mm、1500mm×4500mm、730mm×2960mm 和 535mm×535mm 等五种玻璃的温度/挠度变化曲线（图24）。对于较大规格的玻璃，通过此方程得出的某温度变化区间下的挠度与试验监测的中空玻璃内压计算的挠度较为一致，对于较小规格如 535mm×535mm 的中空玻璃，温度变化下内压增加较多，挠度变化的抵消作用显著减小，结构胶的变形需加以考虑，提示在极端情况下玻璃和结构胶的验算需要考虑内压的作用。

通过温度/挠度方程的计算，边长超过 700mm 的玻璃，温度从 20℃升高到 50℃时，温度效应导致的挠度变形小于 2mm，即便是如此小的变形，通过畸变率方程计算显示，畸变率也在 30％左右（图14），影像会发生显著的变化。

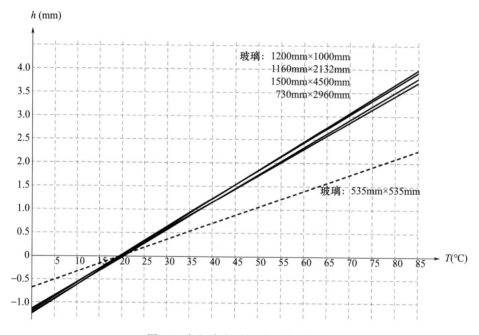

图 24　中空玻璃温度/挠度变化曲线

6　大气压力变化下的压力/挠度方程推导：

不同地理位置和高度的大气压力不一样，大气压与海拔高度的关系是：高度增加，大气压减小；在 3000m 范围内，每升高 10m，大气压减小约 100Pa。气压的大小与海拔高度、大气温度、大气密度等有关，一般随高度升高按指数律递减。气压有日变化和年变化。一年之中，冬季比夏季气压高。一天中，气压有一个最高值、一个最低值，分别出现在 9～10 时和 15～16 时，还有一个次高值和一个次低值，分别出现在 21～22 时和 3～4 时。气压日变化幅度较小，一般为 100～400Pa，并随纬度增高而减小。气压变化与风、天气的好坏等关系密切。图 25 为上海地区连续 48 小时大气压力监测数据，图 26 为北京地区连续 24 小时大气压力监测数据。

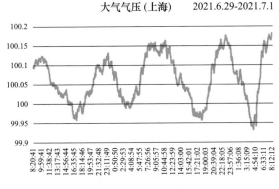

大气气压（上海）　　2021.6.29-2021.7.1

图25　上海地区连续48小时大气压力

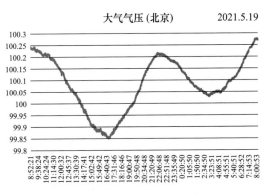

大气气压（北京）　　2021.5.19

图26　北京地区连续24小时大气压力

根据上文压力/挠度方程：$P_内-P_外=k*h+b$，式中 k，b 为不同规格玻璃的系数。

对于中空玻璃而言，外界大气压力变化时，玻璃仍会发生变形，根据理想气体方程可推导出：$P_1V_1=P_内V_2$，初始态取：$P_1=1.01×10^5\text{Pa}$，$V_1=W*H*B$。

由此我们提出玻璃影像畸变第三方程（大气压/挠度方程）：

$$P_外=101000*W*H*B/(W*H*B+2*W*H*h/3000)-k*h-b$$

通过对 1200mm × 1000mm、1160mm × 2132mm、1500mm × 4500mm、730mm × 2960mm 等四种玻璃的计算，结果显示：高度增加 600m，压力降低 6000Pa 时，玻璃变形挠度分别为 1.08、1.12、1.13、1.06mm，远低于一般所想象的对玻璃变形的影响，这是一个重要的分析结果，这也是为什么超高层建筑的玻璃通常并未做特殊处理的原因。然而，当玻璃生产地与安装地海拔高度相差过大时，有必要考虑让中空玻璃与外界压力平衡的措施。

7　两个反常识的发现

（1）小尺寸中空玻璃的影像变形比大尺寸中空玻璃的影像变形大。

通常人们认为较大的中空玻璃变形较大，因而影像变形也会较大。然而，玻璃影像畸变方程二揭示了一个反常识的发现：小尺寸中空玻璃的影像变形比大尺寸中空玻璃的影像变形大。

如图 24 所示，通过玻璃影像第二方程，做出各种不同尺寸的玻璃的温度/挠度变化曲线，可以发现：玻璃尺寸大于一定尺寸，如边长大于 700mm 后，在相同的温差变化下，各种不同尺寸的玻璃的变形绝对值大体相等。由此可以推导出，小尺寸的玻璃有着更大的变形曲率，也就会出现较大的影像变形。这是一个反常识的发现，通常人们认为大玻璃的变形更大，于是玻璃影像变形也就更大。但影响玻璃影像变形程度的关键因素是玻璃表面曲率，而不是绝对变形量。玻璃影像第二方程告诉我们，小玻璃有着更大的曲面变形曲率，因此影像的变形也就更大。此发现可以解释图27、图28中通常看到的，层间玻璃的影像变形较为严重，此现象常为人所迷惑不解。

（2）相邻玻璃反射影像的跃变并非因玻璃阶差引起。

在图 29 和图 30 中，我们可以看到相邻玻璃影像出现"锯齿"状、转折状等影像的跃变，通常人们认为这是玻璃安装时，相邻玻璃表面高度有阶差引起的。但图示建筑的玻璃表面理论上是平直的，实际的安装误差也比较小，通常不会大于 3mm。

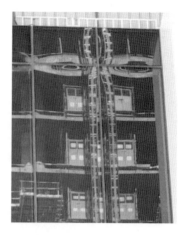

图 27　层间玻璃变形相较严重（一）　　　图 28　层间玻璃变形相较严重（二）

图 29　相邻玻璃影像出现"锯齿"状

图 30　塔吊吊臂影像出现转折状

分析此现象，如图 31 所示，在玻璃影像畸变光学分析模型中放入两块相邻玻璃，可以看到，相邻影像 A、B 的原建筑立面区域 A′、B′并不相邻，由此影像产生"锯齿"状、转折状等跃变现象。

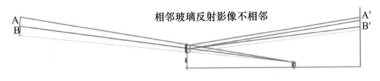

图 31　塔吊吊臂影像出现转折状

放大两块玻璃相邻区域，如图 32 所示，可以看到在相邻两块玻璃的接缝处，两块玻璃表面的法线是两个方向，由此反射光线也是按各自的法线反射到不同的方向，所以影像投射的区域并不相邻。此图很清楚地说明，相邻玻璃反射影像的跃变并非因玻璃阶差引起。

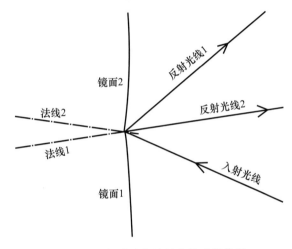

图 32　相邻玻璃接缝处光线反射分析

8　综合分析

玻璃影像的变形不外乎玻璃自身、外界环境、观察方位三方面原因。下面具体分析一下各种因素所造成的影响的程度。

8.1　玻璃自身因素

（1）玻璃钢化后的弓形变形，波形变形：根据国标《建筑用安全玻璃 第 2 部分：钢化玻璃》（GB 15763.2—2005）的规定：弓形变形不超过 3‰，波形变形不超过 2‰。国内玻璃厂家平行于玻璃钢化硅棍方向的波形变形一般都可以控制在国标 2‰的 1/3 以下，即 6mm 钢化玻璃波形变形 0.2mm，比较好的钢化炉可以控制在 0.15mm。实际上，如果钢化弓形度控制 1‰，波形度控制在 0.15mm，再采用宽边进炉措施的话，成品的最终变形与钢化生产的关系并没我们想象的那么大。正如上文图 8 显示的那样，改善玻璃影像畸变主要不在于钢化过程，而在于合成中空后的处理。

（2）三玻两腔中空玻璃：由于第三层玻璃的底衬作用，第二层玻璃的反射较一般中空玻璃更为明显（如图 12、18 之比较），加之凸凹两层玻璃反射的影像相反，并且由成像原理可知两层玻璃反射的是不同位置的影像，两个不同位置不同变形趋势的影像叠加在一起，造成影像更为杂乱（图 12）。

8.2 外界环境因素

（1）环境温度：通过玻璃影像畸变第二方程（温度/挠度方程），可以很方便地知道，对于边长大于 700mm 的 6＋12A＋6 中空玻璃，温度增加 30℃，变形不大于 2mm，玻璃尺寸对变形影响不大，同样是 2mm 变形，更大的玻璃曲率更小，这提示，较大的玻璃在温度变化下影像畸变更小。这就是为什么层间玻璃的影像畸变更为严重，如图 27、28 所示。

（2）地理位置：每日气压变化一般为 100～400Pa，高度增加 600m，气压减小 6000Pa，通过上文气压/挠度方程可知，即便以 6000Pa 计，变形挠度不足 1.2mm，影响较小。然而，当玻璃生产地与安装地海拔高度相差过大时，有必要考虑让中空玻璃与外界压力平衡的措施。

对环境温度和位置高度造成的影响可以一并考虑增加气囊或通气阀调节压力平衡。

（3）安装影响：安装中局部的压紧作用范围小，压紧力过大对局部造成的变形曲率比较大，能造成局部影像的较大变形。而高差的调整如果作用范围较大，则会对玻璃造成冷弯，对影像造成不规则的变形影响。

8.3 观察方位的影响

通过影像第一方程，我们可以得出结论如下：

（1）观察距离增加，畸变率增加，镜面中景物范围随之减小，即为放大效果。

（2）镜面高度增加，畸变率减小。

通过畸变率方程可知，裙楼这种人流较多的较低部位正好是畸变率较高的部位，因此，裙楼立面的设计需要考虑建筑对面景物的影响，可以考虑通过对裙楼玻璃厚度加厚，增加气囊、通气阀调节压力平衡以下更为精细的安装工艺改善畸变率。

9 结语

通过所推导的玻璃影像变形三大方程，我们从数理原理上发现了玻璃影像变形的原因，由此量化各种效应对玻璃变形的影响，并能得出量化的影像畸变率。有了量的比较，我们就能较为方便地分析各种因素的影响程度，并做出相对应的处理方案。在玻璃生成环节，既往的弓形、波形检测仅能检测某一局部的变形，数据采集效率低，没有直观性。由玻璃影像变形第一方程可以得知，玻璃产线上的斑马线检测在距离较近时，无法发现玻璃的变形。在线激光扫描仪器能快速检测整块玻璃不同部位的弓形、波形变形数据，检测结果快速直观。在安装施工环节也能根据玻璃影像畸变方程判定施工对玻璃变形的影响，并对施工标准加以改进，达到建筑表皮设计和施工更加精细化的要求。希望本研究能消解从业者对玻璃影像变形的困惑，减少在玻璃影像变形上盲目地整改行动。

参考文献

[1] 中华人民共和国国家质量监督检验检疫总局，中国国家标准化管理委员会．建筑用安全玻璃 第 2 部分：钢化玻璃：GB 15763.2—2005[S]．北京：中国标准出版社，2005.

超大异形装配式幕墙板块精致建造技术及其应用

花定兴　李满祥　蔡广剑　方建鹏　罗俊杰

深圳市三鑫科技发展有限公司　深圳　518057

摘　要　针对超高层建筑复杂异形幕墙，采用超大装配式板块精致建造技术，将复杂问题在工厂高度集成，可有效解决复杂异形幕墙现场安装工期长、精度差、防水难等问题。本文从超大超重幕墙板块加工运输、水平转运、垂直吊装几个方面叙述超大板块的一体化施工技术，可提高幕墙高效施工，降低安全风险，压缩工期。本文以实施工程案例作为借鉴资料，抛砖引玉，给幕墙行业施工技术沉淀添砖加瓦。

关键词　超大异形装配式幕墙板块；精致建造；垂直运输；水平运输

1　工程概况

　　某总部大厦位于城市核心滨海地段，总建筑面积 47.62 万 m²，建筑高 388m。塔楼幕墙由多个空间三角形玻璃板组成，如同一颗颗钻石，在阳光下熠熠生辉，是一座时尚现代化的高层办公大楼。我们通过幕墙深化设计，将多个空间异形三角玻璃互相插接的单元板块设计组合成装配式超大单元板块，板块尺寸宽 10.1m，高 4.5m（图 1），面积 54m²，质量 5.6t。超大、超重、质量要求高是本项目的最大特点（图 2），给工厂加工、板块运输、现场安装带来巨大挑战。

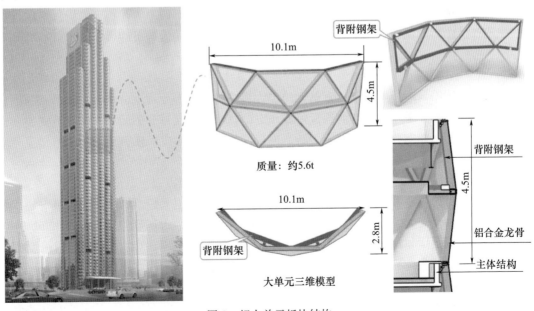

图 1　超大单元板块结构

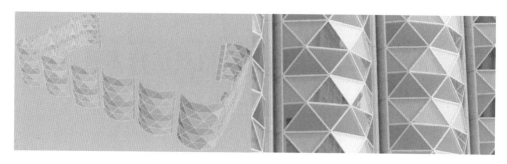

图 2　大厦效果及超大板块示意图

2　项目施工难点

2.1　幕墙板块超大且重

2.1.1　吊装难度高

单个板块面积达 $54m^2$、重达 5.6t，有的甚至重达 8.4t，如此大且重的幕墙板块，对吊装设备的要求极高，需要大型的、起重能力强的吊装设备，并且在吊装过程中要保证板块的平稳、精准就位。例如，在吊装过程中，需要精确控制吊机的起吊速度、翻转角度等，吊装过程需抗风，稍有偏差就可能导致板块碰撞到建筑主体或其他已安装的部分，造成损坏。

2.1.2　运输困难

超大超重的幕墙板块在运输过程中也面临挑战。从加工厂到施工现场的运输，需要特殊的运输车辆和固定装置，以确保这个特殊的空间异形板块在运输过程中不会发生晃动、变形或损坏。同时，道路条件、运输通道的宽度和高度等都需要满足各种相关审批要求。

2.2　幕墙造型复杂

2.2.1　深化设计精度要求高

塔楼的玻璃幕墙由多个曲面三角形单元组成，这种复杂的几何形状对设计的精度要求非常高。设计人员需要精确计算每个三角形单元的尺寸、角度、曲率等参数，以确保幕墙板块能够完美拼接，形成流畅的曲面效果。任何一个单元的尺寸偏差都可能影响整个幕墙的外观和性能。

2.2.2　施工定位复杂

在施工过程中，对于曲面三角形单元的定位和安装也是一个难点。由于每个单元的形状和角度都不同，需要采用高精度的测量仪器和定位技术，确保每个单元都能够准确安装在设计位置上。并且，在安装过程中需要不断地进行调整和校正，以保证幕墙的整体平整度和垂直度。

2.3　抗风措施挑战大

大厦地处海边，超大的幕墙板块在吊装过程中受兜风面积大影响，常规的抗风措施，如揽风绳等无法满足要求。因此，需要采用特殊的抗风设计，如将 V 柱板块作为抗风轨道，将大板块的抗风支撑和背附钢架与 V 柱板块的中立柱连接起来，这增加了施工的难度和复杂性，对施工工艺和技术要求较高。

2.4　施工环境复杂

幕墙施工属于高空作业，而大厦高度达 388m，高空作业的风险更大。施工人员需要在高空中进行幕墙板块的安装、调整和固定等工作，对施工人员的安全保障措施要求极高。

2.5 与其他施工工序交叉多

在建筑施工过程中，幕墙施工需要与主体结构施工、机电安装等其他施工工序相互配合。由于该项目的施工工期紧张，各工序之间的交叉作业频繁，这增加了施工的协调和管理难度。例如，在主体结构施工过程中需要预留好幕墙的安装位置和预埋件，避免出现位置偏差或遗漏等问题。

2.6 精度控制要求严格

由于幕墙板块的形状复杂且尺寸较大，要保证六个空间三角形玻璃交汇一点，板块之间的拼接精度要求非常高。如果拼接处的间隙过大或不均匀，不仅会影响幕墙的外观质量，还可能导致雨水渗漏、空气渗透等问题，影响幕墙的性能。因此，在施工过程中需要严格控制板块的加工精度和安装精度，确保板块之间的拼接紧密、平整。

2.7 三维可调及结构安全保障

为了保证幕墙的结构安全和外观效果，需要采用永久性背附钢架及铝合金铸造件系统设计，实现三维可调。这对施工过程中的安装精度和调整技术提出了更高的要求，需要施工人员具备丰富的经验和精湛的技术。

3 精致建造方案

3.1 设置背附钢架

施工时以一层为一个大单元，在楼层间设置永久性背附钢架来支撑单元面板及铝合金龙骨，大板块均设置永久连接的背附钢架提升板块刚度。大单元内部的铝合金龙骨交汇连接点采用定制铝合金铸造件进行连接，保证连接部位强度，有利于控制单元加工精度。背附钢架与主体结构进行顶挂设计三维可调连接，有利于调整板块安装精度，吸收主体结构误差。背附钢架跟大板块一起加工、运输和安装，最终隐藏在楼板和吊顶之间。背附钢架如图 3 所示。

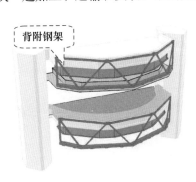
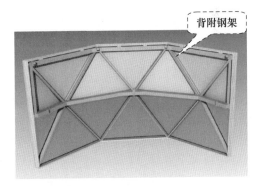

图 3　背附钢架示意图

3.2 利用胎架整体组装

大单元在工厂加工组装。把现场单元高空拼接安装的大量工作转移到工厂进行，有利于保证单元外观品质，使得室内外六角拼接节点处的拼缝一致，工厂拼接能达到较好的室内外拼缝效果，提升项目外观品质。工厂设置专用的组装胎架，辅助大板块单元的组装工作，利用胎架辅助铝合金龙骨的拼接定位，控制组装精度。大板块定制胎架在板块组装和运输中使用，板块进场翻身后、吊装前进行拆除。组装结构如图 4 所示。

图 4 胎架和工厂组框示意图

3.3 大板块施工方案

大板块施工流程如图 5 所示。

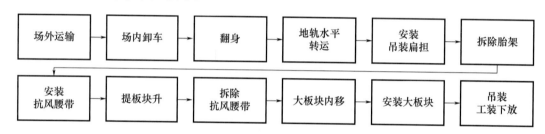

图 5 大板块施工流程

3.4 场外运输

大板块宽 4.5m，属于超宽板块，采用 13m 运输车进行运输，每车运输 1 块大板块，运输全程采用大板块胎架进行有效保护（图 6）。大板块尺寸超宽，只能在夜间利用大型货车进行材料的运输，避开车流高峰，且需提前向交通运输相关部门申请通行证。

图 6 大板块运输方案

3.5 场内卸车

由于项目场地狭小，幕墙施工必须高效使用每一处可作业区域。与总包协调确认现场场地可满足大板块的工作需求。在建筑东南角及西侧设置临时卸车场与材料翻身场地，用于大板块现场的周转和翻身。大板块均由汽车吊进行卸车和翻身，然后由塔吊进行就位。考虑大板块和胎架总质量为 8.3t，我们使用 50t 汽车吊对大板块进行卸车和翻身，同地面限位工装固定连接，避免板块翻身过程出现滑动（图 7）。

图 7　大板块翻身示意图

3.6　地轨水平转运

由于南面位置场地狭小，大板块运输车辆无法直接驶入，且作为主体钢结构作业工具，汽车吊没有作业位置，大板块水平转运需采用地面轨道进行。轨道采用 20 号工字钢，宽度 3m，水平转运过程操作便捷、安全可靠，满足大板块的水平运输要求，实现了超大板块的现场水平转运。安装完成后，胎架沿地面轨道水平转运至汽车吊位置，利用汽车吊吊装实现超大板块胎架的存放和返厂（图 8）。

图 8　地轨水平转运示意图

3.7　垂直吊装方案

大板块的尺寸为 10.1m 宽×4.5m 高，质量为 5.6t。面积大、质量大是单个板块的主要特点。垂直吊装时，先安装在大板块两侧的结构柱位置板块立柱作为防风轨道，再通过 20t

卷扬机垂直吊装幕墙超大板块。卷扬机垂直分布在 24F/45F/60F 三个楼层，为减轻楼板负担，吊装悬臂梁端采用两组斜拉直径 30mm 的钢丝绳与主体钢柱连接固定（图 9～图 11）。

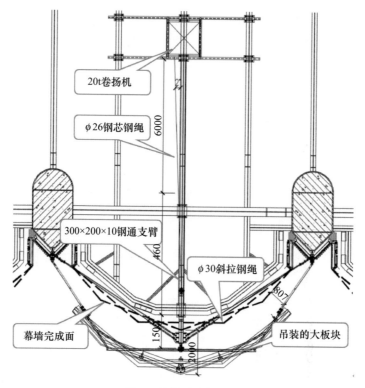

图 9　吊装平面布置图

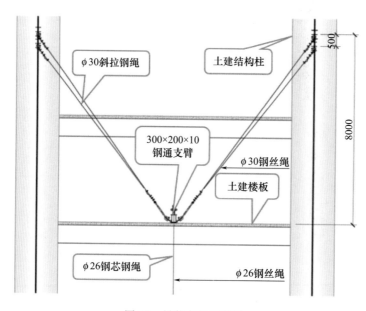

图 10　吊装布置前视图

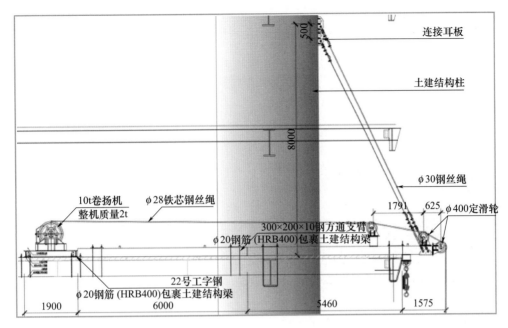

图 11　吊装布置剖面图

大板块安装之前，两侧 V 型柱板块需要先安装完成，其中，立柱作为大板块吊装提升的轨道，以维持大板块的吊装过程中抗风摇摆晃动。V 型柱板块的中立柱使用插芯对齐，避免由于板块安装误差造成轨道过多偏移，保持大板块提升的顺滑（图 12）。

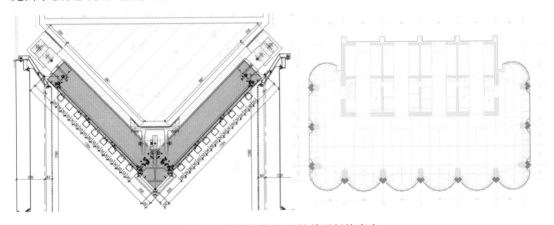

图 12　结构柱位置 V 柱单元板块事宜

大板块使用 20t 卷扬机提升时，外侧使用钢方通焊接成型的抗风撑杆腰带作为抗风措施。抗风撑杆两端与 V 柱轨道使用滑动小车连接，中间与大板块两侧的背附钢架绑扎连接，使大板块吊装时不被吹动而损坏或产生安全隐患（图 13）。

超大板块垂直提升系统由单元板块、两道铝合金工字铝滑动轨道、滑轮组（图 14）及抗风撑杆腰带组成。大单元板块通过主体结构柱两侧反坎梁上的钢连接件进行顶挂连接。以大单元板块两侧的 V 型板块中立柱作为滑动轨道，抗风撑杆腰带一端与大板块进行抱式连接，另一端通过滑轮组与竖向滑动轨道连接。抗风系统将大板块的风荷载通过抗风撑杆腰带及滑轮组传递给竖向滑动轨道，再通过 V 型板块的三个挂接支点传递到土建结构柱上，解决了超大板块垂直提升过程兜风摆动问题。整个系统安装固定方式简单，经现场大面积安装验证，是安全可靠的。

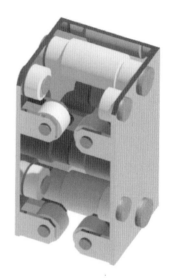

图 13　大板块抗风撑杆腰带　　　　　　　图 14　轨道滑轮组

3.8　测量放线采用三维扫描和放样机器人

随着三维激光扫描技术的不断普及和深化，目前的三维激光扫描设备已经可以在多个施工的环节持续使用，在工程施工过程中，通过应用三维激光扫描仪，实现无接触的施工测量，基于高精度、高密度的点云，开放应用于施工各个管理过程，助力施工项目提质增效（图 15）。

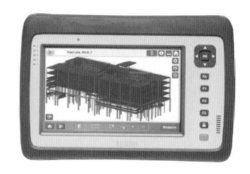

图 15　新型 BIM 放样机器人三维扫描

目前新项目引进 BIM 放样机器人，利用其快速、精准、操作简单、测量员需求少的优势，将模型中的测量数据直接转变为现场精确定位点，且操作过程可视化，初步取得了良好的成果。

3.9　板块吊装采用定制吊装工装

本项目针对各种板块，使用定制吊装扁担、抗风撑杆腰带（图 16）和板块吊点设计方案，使板块吊点位于其重心上，保证板块吊运时姿态平稳，顶横梁保持水平，抗风撑杆腰带两侧的小车与轨道滑行顺畅，达到顺利吊装的目的。

图 16 独特的吊装扁担和抗风撑杆腰带

3.10 板块挂接安装

由于本项目板块质量非常大，其安装调节非常困难。因此，板块挂接时使用两个手动葫芦，葫芦一端挂在板块两侧的吊点上，另一端挂在主体结构上。板块大致就位后，利用手动葫芦来进行微调，最终完成固定安装（图 17）。

图 17 工人利用手动葫芦对板块进行调节

4 结语

近年来，各种超高层建筑、造型复杂建筑日益增多，建筑外围护幕墙由传统的小尺寸矩形板块发展成空间异形单元板块。若采用传统的幕墙设计，空间异形幕墙板块由众多异形小板块现场高空拼接，存在现场安装工期长、拼接处美观性、防水性能及其品质无法保证。在本超大板块幕墙项目中，我们将众多小板块在工厂合并组框为装配式大板块，将复杂工作前置于工厂制作，有效地实现了异形建筑幕墙的精致建造。模块化幕墙大单元板块装配式施工方案适用于单曲、任意曲面或直线边界的空间异形幕墙形式，可有效提高施工效率，提升幕墙整体防水性能，保证项目品质。幕墙超大板块施工方案的落地实施，保证了超大超重板块施工过程的安全可靠，推动了建筑外围护幕墙的高质量发展，创造了幕墙世界级水平的装配式板块的施工纪录。

参考文献

[1] 中华人民共和国国家质量监督检验检疫总局，中国国家标准化管理委员会．建筑幕墙 GB/T 21086—2007[S]．北京：中国建筑工业出版社，2008．

[2] 中华人民共和国建设部．玻璃幕墙工程技术规范 JGJ 102—2003[S]．北京：中国建筑工业出版社，2003．

复杂建筑表皮中数字化技术的应用研究

牟永来　周博雅　冷云峰

上海市建筑装饰工程集团有限公司　上海　200072

摘　要　在现代建筑中，自由曲面类复杂建筑表皮项目越来越多，规模越来越大。由于自由曲面曲率变化的无规律性，传统平面和弧形的建造经验不再适用复杂建筑表皮，设计和施工面临诸多挑战，如非线性的动态变化、多样化的复杂特征以及高效的信息管理和协调需求。数字化技术在这种背景下显得尤为重要，它们能够极大地提升设计精度、施工效率，并优化建筑性能。

关键词　复杂建筑表皮；数字化技术；应用

Abstract　In modern architecture，there are more and more complex building skin projects with free-form surfaces，and the scale is getting larger and larger. Due to the irregularity of curvature changes in free-form surfaces，traditional flat and curved construction experience is no longer applicable to complex building surfaces. Design and construction face many challenges，such as nonlinear dynamic changes，diverse complex features，and efficient information management and coordination requirements. Digital technology is particularly important in this context，as it can greatly improve design accuracy，construction efficiency，and optimize building performance.

Keywords　complex building surface；digital technology；application

1　引言

建筑表皮是指建筑外部的围护结构，包括墙面、屋顶和其他覆盖物。它不仅是建筑的外观，也是连接室内与室外环境的重要界面。我司在近年来的工程实践中完成了多个复杂建筑表皮项目，以数字化设计、生产、管理为核心支撑，为特异形幕墙、复杂表皮提供一站式解决方案。

2　数字化技术应用

2.1　数字化设计

在现代建筑设计中，建筑师需要通过数字化设计手段来完成复杂建筑表皮设计。

2.1.1　几何分形与涌现生成

在复杂建筑表皮的设计过程中，几何分形和涌现生成是两个重要的设计理念。几何分形通过自相似的几何图案，创造出复杂的美感和结构性质。涌现生成则是通过局部规则，逐步演化出整体的复杂形态。

在我司完成的某大型体育活动场馆的外立面设计中，建筑设计师通过几何分形和涌现生成理念，创造出富有动感且复杂的建筑表皮。这种设计不仅能增强建筑的视觉冲击力，还能优化其空气动力学性能，减少风荷载（图 1）。

图 1　某大型体育活动场馆外立面

2.1.2　参数化与信息化

参数化设计允许设计师通过定义变量和约束条件，生成多种设计方案，并可以根据参数调整进行优化。信息化技术则通过数据交换和共享，实现各专业的协同工作，提高设计和施工效率。在我司完成的嘉兴某大型公共建筑异形建筑表皮的设计和施工过程中，建筑设计师通过参数化设计，可以精确地定义每个构件的位置和形状。

2.2　建筑信息模型（BIM）

BIM 技术通过创建详细的三维模型，将建筑的所有方面整合到一个统一的系统中，支持从设计到施工再到运维的全生命周期管理。BIM 技术的核心优势在于其高度的可视化和协调能力，它能够显著减少传统二维图纸中的冲突和误解，提高工作效率和工程质量。BIM 提供了可视化的思路，将以往线条式的构件形成一种三维的立体实物图形，展示在人们的面前。

可视化的结果不仅可以用效果图展示、生成报表，更重要的是，项目设计、建造、运营过程中的沟通、讨论、决策都在可视化的状态下进行。BIM 的协调性服务可以帮助处理各专业间的碰撞问题，由于建筑、结构、幕墙施工图纸是不同人员绘制在各自的专业图纸上的，特别是对于异形建筑，在真正施工过程中，可能在幕墙位置正好有结构设计的梁等构件阻碍，像这样碰撞问题的协调解决，如果不借助 BIM 技术就只能在问题出现之后再进行解决。BIM 建筑信息模型可在建筑物建造前期，对各专业的碰撞问题进行协调，生成并提供协调数据。模拟性并不是只能模拟设计出建筑物的模型，还可以模拟不能够在真实世界中进行操作的事物。

在设计阶段，BIM 可以对设计上需要进行模拟的内容进行模拟实验，如节能模拟、日照模拟、排水模拟、热能传导模拟等；在招投标和施工阶段可以进行 4D 模拟（三维模型加项目的发展时间），也就是根据施工的组织设计模拟实际施工，从而确定合理的施工方案来指导施工，同时还可以进行 5D 模拟（基于 4D 模型加造价控制），从而实现成本控制。BIM 模型不仅能绘制常规的建筑设计图纸及构件加工的图纸，还能通过对建筑物进行可视化展示、协调、模拟、优化，并出具各专业图纸及深化图纸，使工程表达更加详细。

我司承建的嘉兴某大型公共活动场馆项目的外墙工程中，BIM 技术在异形建筑表皮设计和施工中发挥了重要作用。BIM 技术允许建筑师创建精确的三维建筑模型，包括曲面和复杂的几何形状。这些模型可以准确地反映建筑的实际外观和结构，为雨水排导路径的模拟提供了基础。BIM 技术提供了直观的可视化展示功能，使建筑师能够清晰地看到雨水在建筑曲面上的流动情况。BIM 模型的实时更新功能允许建筑师在设计过程中随时修改建筑曲面的设计，并立即看到这些修改对雨水排导路径的影响（图 2）。

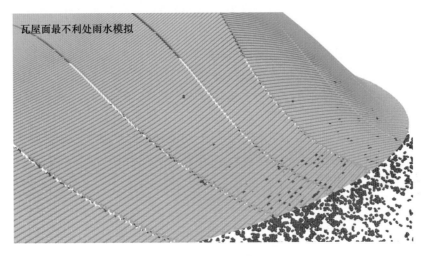

瓦屋面最不利处雨水模拟

图 2　雨水模拟模型

2.3　自由曲面表皮有理化分析

由于自由曲面表皮曲率变化的无规律性，传统平面和弧形的建造经验不再适用，这一技术特点使建造难度加大，项目虽投入较多的人力、时间、资金，建成效果却不尽如人意。针对这一问题，我司抓住自由曲面的曲率变化在于"顺滑"而不在于"精度"这一本质诉求，对自由曲面表皮曲率进行有理化分析，形成可实施的设计模型。在嘉兴某大型公共活动场馆项目中，我司采用陶瓦次檩条冷弯成型工艺，依托三维扫描数字仿真及正向纠偏技术，完美实现了整个建筑立面的曲面衔接，达到浑然天成的效果。

在某些项目中，建筑师设计的异形建筑表皮往往因其形状复杂，无法杜绝双曲板的存在，甚至无法降低双曲板的面积占比率。为了将双曲板简化成单曲板，目前采用的方式多是在幕墙板块分割好后对单块双曲板进行优化处理，但是该处理方式只能在一定精度范围内将双曲板优化成单曲板，优化效果有限，且优化后的单曲板块与原双曲板会存在一定偏差，与相邻板块间存在一定程度的缝隙，影响建筑效果。为保证立面成型效果，自由曲面幕墙优化设计方法是可在幕墙板块分割前对建筑曲面进行有理化处理，提高曲面质量，然后将优化后的曲面直接分割成单曲面板块，从而实现用单曲面板块拟合双曲面建筑表皮的目的，不仅降低了幕墙板块加工难度和幕墙造价，同时也消除了板块间的翘曲缝隙，保证了建筑效果，具有较高的实用价值。

2.4　参数化批量下单技术

通过参数驱动修改曲面面板的形状，在视觉误差允许的情况下，通过用单曲面代替双曲面、用平板代替单曲，尽量生成标准规格、形状简单的幕墙，同时综合考虑建造成本、施工难易、物理性能、美观（如需考虑板材规格的供应情况、数控机床加工参数以计算面板规格最大尺寸），逐步优化并达到美观和经济的平衡。三维 BIM 软件之所以能够进行面板优化，除了利用了其优异的参数化建模能力，还利用了软件的实时数据提取能力。本着降低成本、缩短工期的要求，在不影响装饰效果的基础上，就需要进行曲面深入分析，然后运用拟合曲面方式达到满意效果。

在下单方面，由于异形幕墙面板加工图绘制复杂，幕墙尺寸主要标注的是分格尺寸，而对于幕墙面板下单尺寸则需要扣除胶缝宽度，因此需根据对应的幕墙节点，对幕墙大面、转角及开启不同位置设置不同的扣缝值。对于不同扣缝值交叉组合的项目，如无有效的校核方式，扣缝中的错误不容易被发现，从而导致下单错误、材料损失。而且对于空间异形项目，幕墙面板规格往往都不相同，对于幕墙面板规格多的项目，如果还是通过传统输入表格的方法，光料单页数可能就达到几十页纸，数据链庞大不利于数据传输。在下游生产部门，往往需要再根据纸质版料单表格进行二次手工输入进加工设备，数据量大、时间紧的项目也存在输入错误的情况。因此，如果靠传统方式，数据在多方传递过程中容易造成丢失及错误。针对上述难点，我司通过自定义参数化程序，将空间上的净尺寸加工模型，分别进行面板编号、面板加工边长标注及现场安装方向标记，并将空间面板进行拍平，得到 1∶1 的净尺寸加工模型（图 3）。

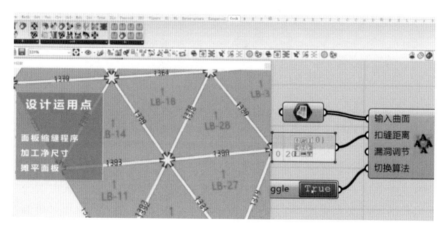

图 3　我司采用数字化技术批量下单

在我司承建的某大型公共项目中，屋面金属板分格大部分为三角形，而三角形面板的加工，其原材料多为矩形板材。异形幕墙面板如按外接矩形进行裁板，损耗率高。特殊三角形幕墙面板如无有效排版，按矩形板裁切时，损耗率则达 50%，材料成本高。因此，该项目通过我司自主研发的拍平展开算法，提交 1∶1 加工模型，能有效提高原材料的套裁率，降低幕墙施工材料成本。对于幕墙面板下单的方式，我司通过 BIM 模型生成 1∶1 加工净尺寸图，同时包含幕墙面板套材排版、加工编号及安装方向等因素，下游生产部门根据电子版 1∶1 尺寸图套材裁板，裁剪出的边角料，尝试套另一种规格面板，从而节约材料成本。通过 BIM 参数化自定义扣缝程序、参数调节面板扣缝数值，不仅工作效率高，而且可以实时利用三维模型直观、方便地检查、校核扣缝模型，保证扣缝准确率。通过 BIM 自定义程序将空间上的面板进行摊平，再将摊平的平面图下发为电子版 1∶1 尺寸图，生产部门可以通过电子版直接进行数控加工，保证下单准确率。通过电子版 1∶1 尺寸图结合标准加工图方式，准确表达加工单的加工信息，简化了数据传输过程。

传统面板的加工方式常用标准加工图＋EXCEL 表格的表述方式，每块面板都是独立的一串数据，是一个独立的个体，类似鱼缸里的金鱼不知道、见不到海洋里面的同类，没法判断自身的高矮胖瘦，方格矩阵的表达方式也有类似缺陷。为提高项目的下单准确率，我司采用区块链接的加工图表达方式，给加工的面板指定统一的排列方向，这样有"不合群的"可以一眼直观判断，追求数据 100％准确率，运用的范围也更广。

2.5 智能精准测量技术

三维激光扫描仪是一种先进的测量工具，其通过发射激光并接收反射回来的光信号，从而实现对目标物体的三维坐标、形状、尺寸等信息的快速、精准测量。其特点包括非接触式测量、高精度测量、快速扫描速度、全面数据覆盖、实时数据处理、兼容性和扩展性等。

在我司承建的某大型公共建筑项目中，采用三维激光扫描仪获取现场主体结构的点位数据，将其导入 Rhino 模型中，并根据实际情况对整体模型中与理论偏差较大的部位进行修正，实现了依据现场结构数据在模型上完成外表皮修正与下单（图 4）。

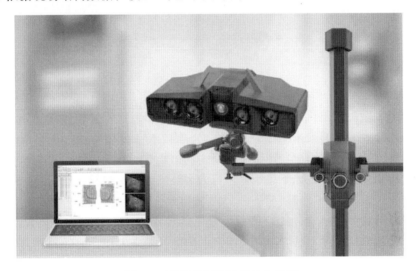

图 4　三维激光扫描数据导入模型

幕墙定位放线阶段，可借助 Grasshopper 和 Rhino 系统导出来的模型坐标点及编号图，导入现场全站仪中，测得现场三维坐标点。

3　结语

综上所述，数字化技术在复杂建筑表皮的设计和施工中发挥着至关重要的作用，这些技术的应用不仅提升了建筑的美学价值，还增强了其功能性，使其在面对复杂环境和多样化需求时更具适应能力和竞争力。数字化技术的应用不仅可以大大提高工程实践中复杂建筑表皮的设计和施工的效率，而且有利于优化建筑的整体性能。在未来的研究和实践中，我司将继续深化和发展这些技术，进一步推动建筑行业的数字化转型和可持续发展。

构件式幕墙的装配化施工技术

刘晓烽　涂　铿　闭思廉

深圳中航幕墙工程有限公司　广东深圳　518129

摘　要　装配化是幕墙行业发展的必然趋势，但构件式幕墙因为低成本的优势仍有巨大的市场。将构件式幕墙进行装配式改造，不仅保留了构件式幕墙经济性好的特点，也继承了单元式幕墙质量稳定、施工效率高的优势。本文从构造设计、加工工艺、施工方法和施工机械四个方面，展示一种构件式幕墙装配化的施工技术路线。

关键词　构件式幕墙；装配化；一体化支座；区段施工法；移动式轨道吊机

1　引言

近年来，建筑工业化成为新的发展方向，住建部也在"十四五"建筑业发展规划中重点提到了要大力发展装配式建筑，单元式幕墙的市场占比显著提高。但对于建筑高度 100m 左右的建筑，应用单元式幕墙带来的优势并不明显，因为施工吊装设施利用率偏低，措施成本较高。这就给构件式幕墙的继续使用带来了稳定的市场空间，不过构件式幕墙存在的施工质量和效率等问题仍然无解，在当下建筑业下行的大环境中，这些问题给建设方带来的困扰显得越发突出。

我们很早就开始关注"构件式幕墙单元化"的技术研究，早期主要是为了解决石材线条、铝板造型等特殊构件施工难度大和效率低的问题，后来发现，构件式幕墙单元化过程不仅是结构层面的改进，还深刻影响其生产、施工组织方式，派生出新的施工方法及施工机械。如今，我们已从"构件式幕墙单元化"的 1.0 版本迭代到"构件式幕墙的装配化施工技术"的 2.0 版本，并为客户创造了价值。

2　构件式幕墙的装配化思路

"构件式幕墙单元化"的原理非常简单，即在不改变构件式幕墙基本构造的前提下，通过定位、约束，将构件式幕墙的零件在地面拼装成单元，然后整体安装。在这种思路的指导下，各种线条、造型类特殊构件都可以很容易地"单元化"，如图 1 的铝板飘檐、图 2 的铝板造型。

在构件式幕墙单元化获得成功后，我们开始把视野拓展到其加工工艺、施工方法以及施工机械等方向，并对这项技术进行了系统化整理，初步形成了构件式幕墙的装配化思路：通过单元划分，满足现场拼装和吊装的要求；通过解决构件式幕墙在上墙前零件的定位和约束问题，使拼装质量满足安装需求；通过采取辅助措施，确保拼装单元在起吊和安装过程能够保持形位精度及承受安装荷载；通过采取"区段施工"的方法降低对施工设施等条件的要求。

图 1 铝板飘檐

图 2 铝板造型

2.1 幕墙单元的划分

"幕墙单元划分"主要指以合适的方式对幕墙进行单元划分，满足现场单元拼装和吊装的要求。就单元划分原则来说，一般采用以下几种方法：

（1）以幕墙的造型元素划分单元。这类幕墙通常规律地分布着装饰线条或造型元素，可以简单地以线条或造型元素将整面幕墙划分为合适的单元（图 3）。在这种做法中，由于线条本身的构造与幕墙的构造相对独立，所以单元化的工作就相对简单。一般来说，线条单元和幕墙单元可以维持各自的构造做法，自行形成独立的单元。工作重点是解决一体化支座的设计问题，确保两种不同的单元板块能够保持准确的空间位置，并且其连接方式需便于吊装作业。

图 3 带有规律造型的幕墙立面

（2）以复杂造型整体吊装为原则划分单元。这类应用场景主要是针对幕墙上复杂的造型元素，解决其现场拼装复杂、施工难度大的问题。具体操作时，会把立面上难度大的工序放到地面实施，同时兼顾现场的吊装条件，将一个复杂造型分解成数个可拼装的单元。这一类单元化改造重点是分解单元的规模，在允许的范围内尽可能减少拼接次数（图 4）。

图 4 铝板飘檐单元划分

（3）以提高幕墙施工效率为原则划分单元。这类应用场景通常为分格较为零碎、现场作业工作量较大的常规幕墙。这类幕墙在划分单元时就非常灵活，可以采用"连续单元化"，即所有面板均归纳到各自单元中，但会导致单元拼接处幕墙龙骨需要采取"半单元附框构造"或类似单元幕墙的分体龙骨插接构造。还有一种做法是间隔单元化，即把一部分面板排除在单元外，与之相关的横向龙骨也不纳入单元，在其相邻单元吊装后再安装间隔处的横向龙骨和面板。

所谓"半单元附框构造"其实就是利用"附框单元"来解决相邻两个主单元之间空位的镶嵌问题，两个主单元之间空出一个分格，在主单元安装到位后，"附框单元"再固定于左右两个主单元的龙骨上（图 5）。由于"附框单元"只负责将面板材料集成在一起，其质量较轻，安装方便，当其固定到两个主单元上后，便可利用主单元龙骨进行承载。这种做法非常适合窗扇与立柱平齐的幕墙构造，其单元化改造可轻松实现。除此之外，在分片整体吊装的幕墙和吊顶系统中也有较广泛的应用。

模仿单元式幕墙横竖龙骨插接的做法一般不建议采用，主要是因为这种做法会导致材料成本增加，并且一旦采用插接构造，将丧失板块无次序自由安装的优势，对施工组织不利。但插接做法对于单元划分来说自由度大，是一种简单易行的单元化改造方案。这两种方法均有优缺点，主要看项目需求。

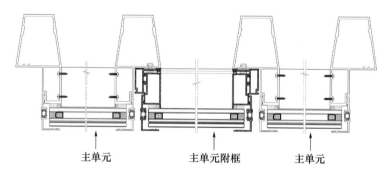

图 5 半单元附框构造（副框单元）

2.2 装配化改造的工艺措施

构件式幕墙装配化首先面对的是加工组装问题。由于装配单元在工厂或现场地面完成，所以有机会使用各类辅助定位夹具来提高组装精度和效率。尤其是对于较为复杂的造型，可使用专用的胎具将龙骨和面板一次性准确定位，极大地提高了组装精度和效率（图 6）。

图 6 现场组装胎模

涉及单元体与主体结构有多个连接点，且部分连接点被板块遮蔽的情况，需要设置辅助的定位及导向构造，使吊装单元在不可视部位的连接点能够顺利地连接到主体结构上。这一点非常重要，它是具有多分格的幕墙单元板块能否顺利吊装的重点。

还有一个需要关注的问题是，不同于常规的单元式幕墙，构件式幕墙横向龙骨一般截面较小，导致其组框后整体平面内刚度偏低。如果不加大截面尺寸，通常需要进行局部加强。一般通过在非可视区域设置支撑来提高单元的平面内刚度。此外，吊装方案必须考虑到施工顺序、受力方式及受力部位等因素的影响，并进行模拟计算，采用合适的吊点和吊具，避免吊装时单元体变形。

2.3　构件幕墙的装配化施工方法

常规单元式幕墙板块之间横向、竖向均采用插接构造，因此单元板块必须按顺序安装，安装完一个楼层单元板块，并完成水槽闭水试验后，再安装下一层单元板块。但对于经过单元化改造的幕墙系统来说，由于其防水的原理与单元式幕墙不同，不需要严格按顺序施工，对作业面的条件要求不高，可多点同时展开施工，这对提高施工速度有很大的帮助。

基于这一特点，我们发现最适合的施工方式是按"区段施工"，这一施工方法是基于流水作业的原理：在一个施工段内沿横向划分为若干个流水段，施工时每个流水段内的板块自下而上全部吊装完成后再进行下一个流水段作业；已完成吊装作业的流水段即可展开室外侧的打胶密封和室内侧的防火封堵。这样吊装、打胶、防火封堵作业就可以形成流水作业，不会因垂直方向的交叉施工产生阻碍。

这样做的好处非常多，首先是每个流水段的横向作业面宽度较小，可以较为自由地安排施工区域；其次是每个流水段的幕墙板块品种少、批量大，便于材料集中采购、加工；三是吊装作业位置集中，水平运输距离短，施工效率高；最后是幕墙外侧打胶密封，采用流水作业方式可以大幅减少吊篮架设数量和周转次数，有效降低措施成本。

2.4　适用于装配化构件式幕墙的一种施工机械

幕墙单元板块板常用吊装设施包括环形轨道吊机、移动式单臂吊、汽车吊等。其中，环形轨道吊机是最常用的施工设施，可用于装配化幕墙吊装。但由于轨道吊设施包含支架、支臂及轨道等较多材料及构件，成本较高，搭设周期相对较长，安装拆除安全风险也比较大。这对于幕墙高度在 100m 以下的装配化构件式幕墙来说不太划算。

对于装配化的构件式幕墙，由于不需要横向依次施工，可以不采用环形轨道吊机。事实上我们在很多项目中都使用了移动式单臂吊机和吊篮配合进行施工，但移动式单臂吊机也存在吊装覆盖范围小的缺点，即便在很小的流水段内也需要不断移动吊机位置，施工效率低。

通过对各种吊装设施优缺点的分析研究，我们开发了一种移动式轨道吊机。在移动式单臂吊的基础上增设了一段水平轨道，并在轨道下方安装了电动葫芦，从某种意义上来说实现了轨道吊的功能。导轨长度在 8m 左右，电动葫芦有效行走距离 7.5m，吊装覆盖范围较大，挪动一次可吊装 6 列幕墙板块。吊机的整体宽度也差不多和建筑柱距模数匹配，移动次数为整数，最大限度发挥设备作用。除此之外，它集成了卷扬机，可直接从地面起吊，通过空中换钩由电动葫芦完成吊装工作。由于减少了转运环节，大幅提高了施工效率。

移动式轨道吊机主体采用了模块化组装方式，分为底盘、支臂、吊装系统及轨道四大部分（图7、图8）。底盘由钢方通焊接而成，下部安装 2 排共 6 台搬运坦克轮以方便移动。在搬运轮前后分别设置活动支撑脚，吊车移动到位后，放下支撑脚并调节高度，把力传递到屋面。支臂由钢通焊接成的钢桁架组成，吊装系统由卷扬机、前吊臂和拉杆组成。前吊臂使用销钉固定在车身前部并可转动，在吊机需要转移到下一个工位时方便收起。轨道采用导轨钢，下部安装 1 台电动葫芦，用于吊装板块。

图 7　移动式轨道吊实机图片

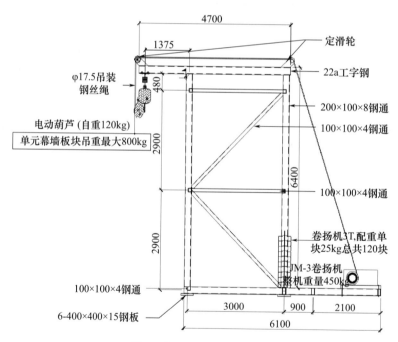

图 8　移动式轨道吊构造图

3　实施案例介绍

3.1　"构件式幕墙装配化 1.0 版"案例

我们在 2019 年实施的一个项目采用了构件式幕墙单元化改造方案，该项目总建筑面积 14.33 万 m²，有四栋塔楼，幕墙高度 106m。项目分为两个标段，每个标段都有两个塔楼和一个连体裙楼。

该项目主要幕墙系统为玻璃幕墙与石材幕墙的组合体，横、竖向的石材线条分格宽度为800mm，玻璃的分格宽度为1150mm，自然形成了玻璃单元和石材单元，再加上隐藏在石材线条背后的开启单元，就构成了该系统的全部要素。

在原设计方案中，石材线条是由三块石材拼接而成的，拼接质量要求非常高。石材线条与玻璃部分是独立的两套系统，各自分别连接固定在主体结构上（图9）。

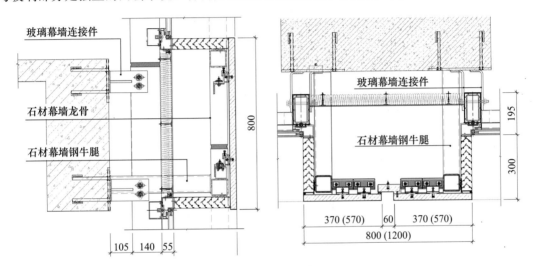

图 9   原设计方案

装配化改造的一个核心思路就是简化面板安装难度。我们将石材面板在胎模上预先铺好，然后再将钢构架放到胎模上。在重力作用下，连接码件自动贴合在石材面板的背面，无须干预自动完成调平工作，只需要简单地锁紧相关调节螺栓，即可完成石材面板的组装。将整个石材单元从胎模中取出来即为成品状态，马上可以进行安装，大大提高了安装精度和施工效率。

另外一个重点是"复合钢牛腿"的构造设计（图10），这个连接件保证了玻璃单元和石材单元一次挂接就可以准确就位，使没有插接关系的构件式幕墙单元具备了单元幕墙相同的挂接特性。而这一技术特点则奠定了我们构件式幕墙装配化技术2.0版本主要技术路线的基础。

这个项目实施时，我们比另一标段的施工单位晚进场3个月，但最终领先1个月完成了施工任务。更为重要的是，幕墙安装精度及观感远好于常规构件式幕墙，获得了业主的高度评价。该项目获得了国优奖项。

3.2 "构件式幕墙装配化2.0版"案例

在构件式幕墙单元化技术成熟后，我们发现由于在构件式幕墙单元化技术路线中，如果单元板块之间无插接关系，不需要严格按横向依次施工。这一技术特点导致"区段施工"施工方法的出现，从而大幅提升了幕墙的施工速度。在此基础上我们又进一步对现有幕墙施工机械进行了改进，开发了一种与该种施工方法配套的"移动式轨道吊机"。对这些创新点归纳整理后，形成了"构件式幕墙装配化施工技术"，将构件式幕墙装配化升级到了2.0版本。

2024年，我们将2.0版本的"构件式幕墙装配化施工技术"应用到了一个新项目，该

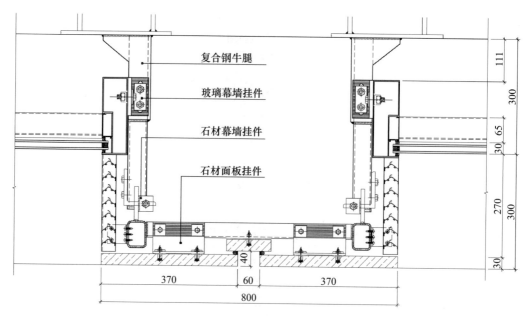

图 10　装配化改造方案

项目 1 和 2 栋建筑外立面主要由玻璃幕墙和石材幕墙组成，其中玻璃分格宽度 1100mm，石材宽度分格 900mm。原设计方案为构件式幕墙，玻璃幕墙采用铝合金龙骨，石材幕墙采用钢龙骨（图 11）。

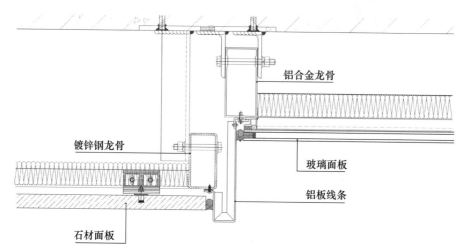

图 11　原方案幕墙构造

　　承接项目后，我们向业主提出了装配化的深化设计方案，并以节约 3 个月工期的承诺获得了业主青睐。根据立面特点，将幕墙划分为玻璃单元和石材单元，两种单元完全独立且没有插接关系，通过一体化支座定位并固定在建筑主体结构上。单元板块之间仍采用打胶密封的方式，在板块吊装完成后利用吊篮完成注胶密封作业（图 12）。

　　该项目两栋楼合计约有 3200 个板块，均在加工厂生产。现场采用了"区段施工"的施工方式，利用"移动式轨道吊机"完成从板块垂直运输、水平就位直至吊装完成的全部工作。由于构件式幕墙装配单元的安装工序较单元幕墙少，吊装速度较单元式幕墙要快很多（图13）。"移动式轨道吊机"移位不耽误有效施工时间，垂直运输用揽风索的锚固点事先做好，每次移位只要半个小时。原计划60天内完成全部板块的吊装，实际上只用了30天，就完成了除施工电梯口外所有板块的吊装工作，速度之快超出了我们自己的预期。

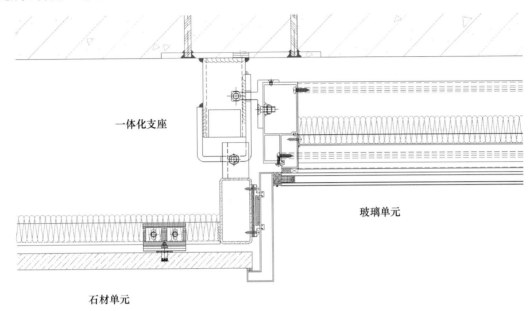

一体化支座

玻璃单元

石材单元

图12　装配化改造方案

图13　项目施工现场

4　结语

从幕墙行业的发展趋势看，装配式将是主流方向。但受限于成本影响，在相当长一段时间内，100m以下的建筑仍会以构件式幕墙为主。构件式幕墙装配化就是在这种应用场景下响应建筑工业化的一种有益创新。事实上，对于构件幕墙单元化尝试早就开始了，并有了很多成功的案例。我们认为，构件式幕墙装配化发展不宜照搬单元式幕墙的既有模式，仍需针对构件式幕墙的特点发展这项技术，使其不至于偏离构件式幕墙构造简单、材料成本低、施工灵活的特性。我们为此做了一些的探索，并经过实际工程检验，证明这条技术路线不仅走得通，而且还有很大的潜力可挖。受能力和眼界所限，我们现有的技术成果还很不完善，将这些心得体会予以展示，是希望能对幕墙装配化、工业化发展提供一点助力。

参考文献

[1] 闭思廉，刘晓烽. 构件式幕墙的装配式技术改造在工程中的应用[A]. 杜继予. 现代建筑门窗幕墙技术与应用[C]. 北京：中国建材工业出版社，2022.

作者简介

刘晓烽（Liu Xiaofeng），男，1972 年 1 月生，高级工程师，研究方向：幕墙设计及施工；工作单位：深圳中航幕墙工程有限公司；地址：深圳市龙华区星河 WORLD 二期 E 栋 2207；邮编：518129；联系电话：13603077305；E-mail：389652549@qq.com。

涂铿（Tu Keng），男，1975 年 11 月生，高级工程师，研究方向：幕墙设计及施工；工作单位：深圳中航幕墙工程有限公司；地址：深圳市龙华区星河 WORLD 二期 E 栋 2207；邮编：518129；联系电话：13632786019；E-mail：caticmq@163.com。

闭思廉（Bi Silian），男，1963 年 9 月生，教授级高级工程师，研究方向：幕墙设计及施工；工作单位：深圳中航幕墙工程有限公司；地址：深圳市龙华区星河 WORLD 二期 E 栋 2207；邮编：518129；联系电话：13902981231；E-mail：2335407678@qq.com。

家装门窗密封胶的应用特点与应用

周 平 蒋金博 汪 洋 高 洋

广州白云科技股份有限公司 广东广州 510540

摘 要 本文介绍了家装门窗的应用特点及发展趋势，分析了家装门窗密封胶的重要作用，总结了家装门窗密封胶的应用特点，即在满足基本的防水密封性能之外，还应满足装饰性、环保性、节能性和易用性等性能要求。同时，本文对于家装门窗密封胶的选择也提出了相关的建议，希望可以为广大读者在家装门窗密封胶的选用提供参考。

关键词 家装门窗；密封胶；选用

Abstract This article introduces the application characteristics and development trends of home decoration doors and windows，analyzes the important role of home decoration doors and windows sealant，and summarizes the application characteristics of home decoration doors and windows sealant. In addition to meeting the basic waterproof sealing performance，it should also meet the requirements of decoration，environmental protection，energy saving，and usability. At the same time，relevant suggestions have been put forward for the selection of home decoration doors and windows sealant，hoping to provide reference for readers in the selection of home decoration doors and windows sealant.

Keywords home decoration doors and windows；sealant；selection

1 引言

当前，我国经济发展进入了高质量发展的新时代。我国建筑门窗行业的高端化发展趋势也愈加明显。因此，建筑门窗的功能，远不止解决房屋的挡风、遮雨、保温以及采光等基本的功能性问题，还应达到高性能标准的要求，即还需要考虑门窗上墙后的水密性、气密性、抗风压、机械力学强度、隔热、隔声、防盗、遮阳、耐候性、操作手感、自动化等一系列重要的使用性能和门窗功能。

2 家装门窗的应用特点及发展趋势

家装门窗在我国建筑门窗行业一直占据着半壁江山。随着生活水平的提高，人们对于住宅质量和居住体验有了更高的要求，因此对于家装门窗也提出了更高的需求。高端家装门窗产品已经受到广大消费者、装修公司的推荐，同时消费者个性化的需求和对门窗认知的提升也促进了高端家装门窗产品需求总量的高速增长。

家装门窗的特点主要包括装饰性、环保性、节能性等方面。这些特点使得门窗在家装中不仅具有实用功能，还能提升整体美观和居住舒适度。家装门窗密封胶在选用时，也需要满足家装门窗这些性能特点的要求。

首先，家装门窗的装饰性非常重要。门窗作为室内、外空间的过渡元素，其外观设计和材质可以与建筑整体风格相协调，为室内增添层次感和美感。不同的门窗材质如铝合金、实木、塑钢等，都能提供不同的视觉效果，满足不同的装修风格需求。即使是同一种材质，不同的表面处理工艺也会带来不同的效果。例如，瓷泳铝型材以其表面光泽柔和、颜色多样，外观视觉效果更好，能有效减少光污染，耐腐蚀性能优异等性能特点，成为高端消费者的新宠。家装门窗密封胶需要与这些不同的材料黏接良好，才能让密封胶发挥其应有的效果。

其次，家装门窗的设计会更加突出外观，更加倾向于采用满足用户效果需求的设计，例如，最近非常流行的窄边框门窗，其特点是边框宽度较窄，设计简约，能够增大采光面积，使空间显得更加宽敞和明亮。这种设计风格通常与现代极简风格相匹配，通过简练的线条和纯粹的色彩呈现出高级的质感。这对于密封胶也提出了更高的要求，比如说要求密封胶在更小的尺寸满足防水密封的效果。

其次，环保性是家装门窗的重要特点。家装门窗的环保性主要取决于其选择的材料和制造工艺。家装门窗采用高质量、可回收的环保材料制造，如铝合金、木材、密封胶等，可以减少资源浪费。否则，不仅会影响门窗的性能和耐用性，增加能源消耗，对环境造成负面影响，还有可能对家庭成员的健康造成不可逆转的恶劣影响。因此，家装门窗所用的密封胶应通过严格的环保检测，确保在使用过程中不会释放有害气体，保障室内空气质量，保护家庭成员的健康和舒适度。

再次，家装门窗制造工艺需要按照国家标准的规定进行，符合环保的要求。在设计和制造过程中，可以根据用户的需求和环境特点量身定制，因此可以大大提高门窗的使用效率，从而减少不必要的能源浪费和环境污染。

再次，节能性也是家装门窗的重要特点。以夏热冬冷地区为例，有相关数据表明，住宅建筑围护部件中门窗的能耗约占住宅建筑围护结构总能耗的 45%。优质的家装门窗一般采用高质量的密封胶，获得优秀的密封性能，再配合断桥铝型材和中空 Low-E 玻璃等材料的设计和使用，提升门窗的保温隔热性能，减少能源消耗。例如，对于寒冷地区，家装门窗可以采用节能玻璃，防止热量流失和阳光照射，从而减少室内冷暖气和空调的使用，进而减少能源消耗和环境污染。

最后，得益于高品质的材料和工艺，优质的门窗采用一般具有较长的使用寿命，从另一个层面实现节能的作用。参考国家标准《住宅性能评定标准》（GB/T 50362—2022）的规定，门窗的设计工作年限包含"不低于 20 年"、"不低于 25 年"和"不低于 30 年"3 个指标。市面上一般的门窗密封胶无法满足这么久的工作年限的要求，选择优质的门窗密封胶则可以助力门窗达到设计的工作年限。

3 家装门窗密封胶的作用及应用特点

家装门窗不仅具有实用功能，还对居住环境整体美观性和舒适度的提升起着至关重要的作用。家装门窗用密封胶应在满足家装门窗的实际需求基础之上，根据家装门窗的特点进行选用。也就是说，家装门窗密封胶在满足防水、密封等基本的产品性能之上，对于密封胶的外观、环保、节能和易用性等方面的性能还有更高的要求。

3.1 家装门窗密封胶的作用

门窗密封胶主要用于门窗内外墙接缝、窗框与玻璃接缝的密封（图1）。其中，窗框与玻璃接缝的密封一般是采用三角形截面胶缝，内外墙接缝密封则可以采用矩形截面胶缝，也可以采用三角形截面胶缝。

图1　家装门窗密封胶应用部位示意图

窗框与玻璃接缝的密封胶的尺寸，可以参照《铝合金门窗工程技术规范》（JGJ 214—2010）中第5.3.2条的规定，根据所用玻璃的不同，密封胶的装配尺寸从3～7mm不等。窄边框门窗的胶缝则相对较窄，或者设计成不易察觉的形式。

内外墙接缝密封，具体而言，是指用密封胶填补窗框与洞口之间的接缝。在家装门窗领域，由于我国建筑标准并未规定门窗洞口尺寸，所以国内每个客户门窗洞口尺寸都不一样。当门窗尺寸与洞口尺寸存在一定偏差时，一般会依靠密封胶来弥补这部分偏差带来的影响。

门窗内外墙接缝密封胶缝的尺寸可以参照《铝合金门窗工程技术规范》（JGJ 214—2010）中第7.3.5条的规定，即"采用矩形截面胶缝，密封胶有效厚度应大于6mm，采用三角形截面胶缝时，密封胶截面宽度应大于8mm。"

3.2 家装门窗密封胶的应用特点

3.2.1 满足防水密封等基本性能的要求

防水密封是家装门窗密封胶最基本的性能要求之一。从耐老化性能（使用寿命）考虑，国内家装门窗密封胶主要是硅酮类产品，其他种类占比非常少。家装门窗密封胶应符合相关标准的规定，以达到防水密封等基本性能的要求。门窗密封胶相关的标准主要有《硅酮和改性硅酮建筑密封胶》（GB/T 14683—2017）、《混凝土接缝用建筑密封胶》（JC/T 881—2017）、《建筑窗用弹性密封胶》（JC/T 485—2007）等。三个标准都分别对密封胶的产品分类、技术要求、试验方法和检验规则等作了详细说明与规定，对密封胶理化性能（表干时间、挤出性、适用期、弹性恢复率、拉伸模量、质量损失率等）提出了相应指标要求和检测方法。

《硅酮和改性硅酮建筑密封胶》（GB/T 14683—2017）和《混凝土接缝用建筑密封胶》（JC/T 881—2017）中的分级方法和要求均参照了《建筑结构接缝产品密封材料的分类和要求》（ISO 11600），《硅酮和改性硅酮建筑密封胶》（GB/T 14683—2017）根据位移能力分为20 级、25 级、35 级、50 级，JC/T 881—2017 根据位移能力分为 50 级、35 级、25 级、20级、12.5 级。JC/T 485—2007 参考了日本标准《建筑材料》（JIS A 5758：2004）和《建筑密封材料试验方法》（JIS A 1439：2004），目前国内应用很少。

在《铝合金门窗》（GB/T 8478—2020）第 5.1.5 条"密封及弹性材料"中明确规定："门窗玻璃镶嵌、杆件连接密封和附件装配所用密封胶宜采用 GB/T 14683 中规定的 Gw 类产品；门窗和洞口安装所用密封胶应符合 GB/T 14683 中 F 类规定或 JC/T 881 规定。"

《硅酮和改性硅酮建筑密封胶》（GB/T 14683—2017）中将硅酮建筑密封胶按用途分为三类：分别是 F 类、Gn 类和 Gw 类。这三类产品中，Gw 类要求最为严格，指标中明确规定，不允许添加烷烃增塑剂。Gn 类和 F 类则没有相关的限制。因此，家装门窗密封胶可以参考《铝合金门窗》（GB/T 8478—2020）的要求，选择要求更为严格的 Gw 类产品。

3.2.2 满足装饰性的要求

装饰性是家装门窗密封胶的重要特点。家装门窗密封胶应用中，如果胶缝表面出现颗粒、结皮、气孔或表面不平整等现象，可以认为密封胶外观不良，将影响门窗的装饰性。正常情况下，密封胶外观为均匀、细腻的膏状物，无不易分散的明显颗粒及结皮，可以用刮板法（图 2）检测密封胶的外观是否良好。

图 2　刮板法检测密封胶外观

密封胶出现外观不良的情况，有可能是密封胶自身质量的问题，也有可能是施工过程中操作不当导致的。密封胶施工过程中，如果修整时间过长、反复或多次修整也会导致胶缝表面产生颗粒、结皮及气孔的情况。因此，家装门窗所用密封胶应外观良好，同时操作工人的施工工艺应纯熟高超。

3.2.3 满足环保的要求

家装门窗密封胶主要以硅酮类为主，有可能会有少量的家装门窗用户选用其他类型的产品。值得注意的是，有些密封胶会释放对人体有害的物质，比如甲醛（致癌物）、苯及苯系物（致癌物）、异氰酸酯类（有毒物，严重危害人体器官）等。因此，家装门窗密封胶对于门窗的环保性能起着重要的作用。

当前，我国对室内装饰装修用密封胶的有害物质限量要求非常明确，相关的国家标准常用的有《室内装饰装修材料胶粘剂中有害物质限量》（GB 18583—2008）、《建筑胶粘剂有害物质限量》（GB 30982—2014）和《胶粘剂挥发性有机化合物限量》（GB 33372—2020）。

目前，这三份标准是并行使用的。这三个标准将胶粘剂分为溶剂型、水基型和本体型三大类，并对各类胶粘剂中有害物质限量分别做出了规定。《室内装饰装修材料胶粘剂中有害物质限量》（GB 18583—2008）中仅对总挥发性有机物的限量值做出了规定。《建筑胶粘剂有害物质限量》（GB 30982—2014）对本体型胶粘剂中增加了甲苯二异氰酸酯、苯及苯系物的规定，同时对各种胶粘剂的总挥发性有机物的限量指标规定得更加具体、严格；而《胶粘剂挥发性有机化合物限量》（GB 33372—2020）则是对各种类型胶粘剂在不同应用领域的挥发性有机物限量做了明确的规定。

家装门窗密封胶中常用的硅酮密封胶和改性聚醚密封胶，从密封胶属性而言，这两者均属于本体型胶粘剂，但这是基于以上密封胶正常的配方的前提。实际情况中，为了降低成本，部分厂家会在硅酮密封胶中填充烷烃增塑剂，或者在改性聚醚密封胶中添加其他小分子低挥发性物质，导致市面上有相当部分产品已经不符合上述标准对于有害物质限量的规定。

用户在选择门窗密封胶产品时，应查看相关的检测报告，确认所选的密封胶符合上述标准本体型胶粘剂的要求，且密封胶产品总挥发性有机物（TVOC）含量越低，其环保性能越优秀。

硅酮密封胶本身还可以根据释放出的小分子物质，细分为脱醇型、脱酮肟型等类型。所谓的脱醇型密封胶，是指固化时释放的小分子物质为甲醇、乙醇（俗称酒精）等醇类小分子的密封胶；而脱酮肟型密封胶，固化时释放的小分子物质一般为丁酮肟等酮肟类小分子。

相对于醇类小分子，酮肟类物质对人体更有危害性已经各方研究证实。德国联邦职业安全与健康研究所的一项针对丁酮肟的物质评价结果表明，吸入丁酮肟的鼠类充分验证了丁酮肟对动物的致癌性，确认丁酮肟与良性或恶性肿瘤急剧增长率相关。

2021 年 4 月，欧盟委员会提议在 REACH 法规（EC）No 1907/2006 附录 XVII 的附件 2、附件 4 和附件 6 中增加生殖毒性（CMR）物质。根据 REACH 法规附录 XVII 第 28、29 和 30 项，禁止向市场投放和使用被归类为致癌、致生殖细胞基因突变或具有生殖毒性（CMR）的第 1A 类或第 1B 类、且被列入附录 XVII 的附件 1 至附件 6 的物质。这条法规已于 2022 年 3 月 1 日生效，查看附件 2 即"第 28 项 - 致癌物质：第 1B 类"，可以看到 2-丁酮肟赫然在列，见表 1。

表 1　REACH 法规附录 XVII 附件 2（第 28 项—致癌物质：第 1B 类）

物质	索引号	EC 号	CAS 号	提议生效日期
碳化硅纤维（直径<3μm，长度>5μm，长宽比≥3：1）	014-048-00-5	206-991-8	409-21-2 308076-74-6	2022 年 3 月 1 日
二苯并（a，l）芘	601-092-00-0	205-886-4	191-30-0	2022 年 3 月 1 日
四氟乙烯	602-110-00-X	204-126-9	116-14-3	待定
1，4-二氧六环	603-024-00-5	204-661-8	123-91-1	待定
间双（2，3-环氧丙基）苯	603-065-00-9	202-987-5	101-90-6	2022 年 3 月 1 日

续表

物质	索引号	EC 号	CAS 号	提议生效日期
3-环氧乙基-7-氧杂二环[4，1，0]庚烷	603-066-00-4	203-437-7	106-87-6	待定
2，2-双（溴甲基）-1，3-丙二醇	603-240-00-X	221-967-7	3296-90-0	2022 年 3 月 1 日
N-羟甲基甘氨酸钠［N-羟甲基甘氨酸钠释放的甲醛］	607-746-00-1	274-357-8	70161-44-3	2022 年 3 月 1 日
2-丁酮肟	616-014-00-0	202-496-6	96-29-7	2022 年 3 月 1 日
N-羟甲基丙烯酰胺［NMA］	616-230-00-5	213-103-2	924-42-5	2022 年 3 月 1 日

因此，室内装饰装修工程项目宜选用绿色环保的脱醇型密封胶产品。硅烷改性聚醚胶（MS 胶）用于室内装饰装修接缝密封时，也具备优异的环保性能，但耐久性不如硅酮胶，尤其是受到太阳光照射的位置。这些应用场景推荐优先选择硅酮胶。

3.2.4 满足节能的要求

家装门窗的密封性能直接影响门窗的节能效果，而密封胶对于门窗的密封性能则起到至关重要的作用。高质量的密封胶能够确保门窗达到完美的密封效果，防止空气渗透，减少热量的散失和冷空气的侵入，减少资源浪费，达到节能的目的。

优质的门窗密封胶可以拥有较长的使用寿命，部分厂家的密封胶产品可以与铝型材、玻璃一样，提供 25 年的质保。这可以让密封胶在门窗的整个服役寿命中，提供稳定的、优秀的性能，减少中间修理、更换的频次，减少材料、人力资源的浪费，从更高的层面实现节能的作用。

3.2.5 满足施工性能的要求

密封胶是一个半成品，施工是家装门窗密封胶中重要的一环。如果使用不当，即使再好的密封胶也有可能出现问题。家装门窗密封胶的施工性能要求主要体现在：①拥有较高的挤出性，同时拥有较高的触变性，不易坍塌，便于施工；②固化速度快，满足家装门窗的使用需求。

值得注意的是，施工性能需要与密封胶的整体性能综合考虑。部分厂家为了获得较好的施工性能，不惜牺牲密封的防水密封、节能、环保、耐候等性能，这是非常不可取的。

4 家装门窗密封胶的选择

4.1 选择信誉好、服务好的品牌产品

产品品牌的选择建议关注产品质量稳定性、服务水平等。产品质量稳定性主要与生产工艺、生产控制和质量控制有关。因此，建议选择生产工艺成熟、自动化程度高、生产控制和质量控制严格的密封胶生产厂家。这种厂家生产的产品质量高，性能优异，能提供优于普通产品的耐久性能和使用年限。

同时，这种生产厂家还会有比较好的服务水平和能力，对于用胶过程中碰到的各种问题均能提供比较合适的解决方案。服务水平高，服务能力强，可以为家装门窗用胶的过程提供保驾护航。

4.2 不选用充油密封胶

由于市场价格竞争激烈，部分生产企业为尽可能降低硅酮密封胶的配方成本，可能会往密封胶中添加烷烃类增塑剂。最常见的烷烃增塑剂是矿物油（俗称白油、白矿油），是从轻质润滑油中深度精制的或化学合成的一种几乎没颜色的油品，主要为饱和的环烷烃与链烷烃混合物，其化学结构与有机硅材料的有明显不同。

有研究表明：添加白油的密封胶热老化后的硬度增加非常明显，最大强度伸长率下降明显；热老化后的冷拉—热压后粘接性、定伸粘接性出现破坏；在 5000h 紫外老化过程中最大强度伸长率下降明显，并在 3500h 出现完全脱胶的情况。填充白油将严重影响硅酮密封胶的耐老化性能，在长期应用过程中会有很大的质量隐患。大量的实际工程案例表明，填充白油的密封胶极易出现中空玻璃流油、粘接性差、开裂、硬化、粉化等情况，有些使用廉价"充油"密封胶的工地，甚至不到半年就可见到明显的密封胶开裂。并且，充油量越多，上述情况出现的速度越快，程度越深。

前文《硅酮和改性硅酮建筑密封胶》（GB/T 14683—2017）标准介绍中已提到，考虑到烷烃增塑剂对于门窗密封胶耐久性造成的严重不良影响，《硅酮和改性硅酮建筑密封胶》（GB/T 14683—2017）中规定了"热失重≤8%"和"烷烃增塑剂不得检出"。但这两项规定主要针对 Gw 类，而门窗上常用的 F 类则没有这两方面的要求，Gn 类则仅有"热失重≤8%"的要求，而没有"烷烃增塑剂不得检出"的要求。

市面上有相当部分的产品只满足 Gn 类或 F 类的要求而不满足 Gw 类的要求，还有部分产品采用了《建筑窗用弹性密封胶》（JC/T 485）的标准。采用《硅酮和改性硅酮建筑密封胶》（GB/T 14683—2017）中 Gw 类的产品不填充烷烃增塑剂，采用 Gn 类的产品可能少量填充烷烃增塑剂，而采用《建筑窗用弹性密封胶》（JC/T 485）标准的产品往往是无法满足《硅酮和改性硅酮建筑密封胶》（GB/T 14683—2017）的要求，产品中填充了大量的烷烃增塑剂。根据近年来笔者所在的实验室对市面上门窗用硅酮密封胶产品收集测试的结果来看，有 90% 以上的样品填充了烷烃增塑剂。因此，如前文所述，建议大家在选用门窗密封胶时选择符合《硅酮和改性硅酮建筑密封胶》（GB/T 14683—2017）中 Gw 类规定的硅酮密封胶产品。

5 结语

家装门窗密封胶在整个门窗的制造成本中所占的比例较低，却对家装门窗的质量和使用寿命有着很大的影响。因此，家装门窗密封胶的正确选用是一个十分重要的课题。

最后，对于家装门窗密封胶的正确选用，向广大读者提供两点建议：①选好胶：选择品质有保证、绿色环保的家装门窗密封胶；②用好胶：正确设计、正确施工，施工过程严格做好质量控制。希望读者在选择高质量家装门窗密封胶产品的同时，也把它使用好，让密封胶最大限度发挥其作用。

参考文献

[1] 朱晓喜，徐军，毛晓东．浅谈高性能门窗系统研发关键技术[J]．新型建筑材料，2017，44(06)：125-126，137.

[2] 金文．"定制化"时代门窗行业的发展方向[J]．中国建筑金属结构，2020(01)：14-21.

［3］ 余泉和．铝及铝合金瓷泳的优势分析［C］//中国有色金属加工工业协会，上海期货交易所，湖州市吴兴区人民政府．2021 年中国铝加工产业年度大会暨中国（湖州）铝加工绿色智造高峰论坛论文集（下册）．天津开发区艾隆化工科技有限公司，2021：6.

［4］ 柳笛．夏热冬冷地区住宅建筑窗户节能技术措施研究［J］．建筑与文化，2020（06）：80-81.

［5］ GB/T 50362—2022．住宅性能评定标准［S］.

［6］ JGJ 214—2010．铝合金门窗工程技术规范 ［S］.

［7］ 张水明，江锡标，刘煌萍．浅谈门窗设计软件在家装门窗中的发展趋势［C］//中国有色金属加工工业协会，邹平市人民政府．2019 年中国铝加工产业年度大会暨中国（邹平）铝加工产业发展高峰论坛论文集．广东广铝铝型材有限公司，2019：5.

［8］ 中华人民共和国国家质量监督检验检疫总局，中国国家标准委员会．硅酮和改性硅酮建筑密封胶：GB/T 14683—2017［S］．北京：中国标准出版社，2017.

［9］ 中华人民共和国工业和信息化部．混凝土接缝用建筑密封胶：JC/T 881—2017［S］．北京：中国建材工业出版社，2018.

［10］ 中华人民共和国国家发展改革委．建筑窗用弹性密封胶：JC/T 485—2007［S］．北京：中国建材工业出版社，2007.

［11］ 国家市场监督管理局，国家标准化管理委员会．铝合金门窗：GB/T 8478—2020［S］．北京：中国标准出版社，2020.

［12］ 中华人民共和国国家质量监督检验检疫总局，中国国家标准委员会．室内装饰装修材料胶粘剂中有害物质限量：GB 18583—2008［S］．北京：中国标准出版社，2009.

［13］ 中华人民共和国国家质量监督检验检疫总局，中国国家标准委员会．建筑胶粘剂有害物质限量：GB 30982—2014［S］．北京：中国标准出版社，2015.

［14］ 国家市场监督管理局，国家标准化管理委员会．胶粘剂挥发性有机化合物限量：GB 33372—2020［S］．北京：中国标准出版社，2020.

［15］ 周平，邝淼，蒋金博，等．填充白油对硅酮密封胶老化性能影响分析［J］；合成材料老化与应用，2017（S1）：33-37，46.

［16］ 周平，蒋金博，张冠琦，等．服役 20 年幕墙粘结及密封材料状况调查研究［J］．合成材料老化与应用，2017，46（S1）：59-63.

［17］ 庞达诚，周平，汪洋，等．服役 25 年硅酮密封胶状况调研及分析［J］．合成材料老化与应用，2023，52（04）：99-103.

作者简介

周平（Zhou Ping），男，1988 年 7 月生，工程师，研究方向：建筑密封胶应用研究；工作单位：广州白云科技股份有限公司；地址：广东省广州市白云区广州民营科技园云安路 1 号；邮编：510540；联系电话：020-37312902；E-mail：zhouping@china-baiyun.com。

建筑幕墙在民宿建筑中的应用

姜　涛　高胜坤　王婉馨　陈志顺　姜　辉　姜清海

乘方开方建设科技（武汉）有限公司　湖北武汉　430081

摘　要　建筑幕墙一般应用于现代城市商业体、酒店、办公楼等高层建筑，民宿建筑上使用较少。近些年随着民宿行业的快速发展，民宿建筑开始朝着个性化、舒适化、豪华化、高服务化的方向发展，民宿建筑的升级换代迫在眉睫。将各种幕墙形式应用在民宿建筑中，可以显著提高民宿建筑的档次和竞争力，符合现代民宿建筑的发展方向，也为建筑幕墙的应用拓宽了领域。

关键词　建筑幕墙；民宿；双层幕墙

Abstract　While generally used in high-rise buildings such as modern commercial complexes, hotels, and office buildings in the urban area, architectural curtain walls are less applied in rural buildings. However, in recent years, homestay buildings, especially in rurual areas, have begun to develop along with the rapid development of the homestay industry. They aim to be more personalized, comfortable, luxurious, and of high service. Thus, the upgrading of homestay buildings are imminent. In order to be better in line with this development trend, integrating various curtain wall forms in the design of homestay buildings is indispensible, significantly improving their class and competitiveness.

Keywords　curtain wall；homestay；double-skin curtain wall

1　引言

　　民宿在国内经过多年的发展，已具备一定规模，且随着旅游市场火爆，民宿行业还在快速发展。早期民宿的经营，大都是以家庭副业的方式进行，随着民宿行业的快速发展，民宿商业价值越来越大，其经营方式逐渐转换为家庭主业经营，进而吸引到专业投资公司规模化经营。随着竞争的加剧，民宿建筑也逐渐摆脱农村自建民房的低端形式，开始朝着个性化、舒适化、豪华化、高服务化的方向发展。普通民宿建筑以砖瓦结构和玻璃窗为主，设计风格偏重乡村风。而建筑幕墙以其大气的外观效果、优异的采光性能和热工性能，成为现代城市商业体、酒店、办公楼等高层建筑的标准配置，若将各种幕墙形式应用在民宿建筑中，则可以显著提高民宿建筑的档次和竞争力，更符合现代民宿建筑的发展方向。

2　民宿幕墙的设计原则

　　幕墙主要用于高层、超高层建筑，因此规范对幕墙结构的安全性要求是很严格的，民宿建筑普遍层数少，高度较低，但民宿建筑上的幕墙仍应严格遵照幕墙规范进行设计，不能随意降低设计标准，民宿幕墙设计原则如下：

2.1 安全性

不管哪种类型的建筑，设计时安全性必须放在第一位。建筑的安全性包括选择适当的结构体系、材料和施工方法，以确保建筑物能够承受各种外部荷载和环境条件的影响。由于民宿建筑的高度较低，民宿幕墙严格按建筑幕墙的各项规范进行设计，则安全性是可以保证的。

2.2 美观性

好的建筑一定是美的建筑，追求美是人类的内在需求，美学是建筑设计中不可或缺的一个方面。一个成功的建筑不仅要满足功能需求，还要具有艺术性和审美价值。设计师通过选择合适的建筑风格、材料和色彩，以及精心设计的细节，来创造出富有表现力和吸引力的建筑作品。

2.3 经济实用性

建筑设计需考虑建筑的建造和使用成本，不宜过分追求某一方面的表达而忽视了实际的使用需求。

2.4 可持续性

可持续性是现代建筑设计的重要原则之一。设计师们致力于通过使用各种手段，减少建筑对环境的影响，并提高建筑的资源利用效率。可持续性不仅有助于保护环境，还可以降低建筑的运营成本，提高使用者的舒适度。

3 项目概况及总体设计

本文将结合某民宿项目的实例来详细介绍建筑幕墙在民宿设计上的具体应用。

3.1 项目概况

项目名称：北京市延庆区八达岭长城某民宿项目，如图 1 所示；

项目地点：北京市延庆区八达岭镇；

建筑工程等级：四级；

建筑使用性质：居住；

设计使用年限：25 年；

建筑总高度：9.558m；

建筑层数：地上 2 层；

建筑层高：3.3m；

建筑总面积：459.21m²；

结构类型：砖混结构；

基础型式：条形基础；

场地类比：Ⅱ类；

抗震设防烈度：8 度；

结构抗震等级：三级；

建筑抗震类别：标准设防类；

防雷级别：三类；

图 1　项目效果图

3.2　采光设计

本项目在民宿建筑上引入了大量玻璃幕墙元素，借助玻璃的通透性，大幅提高了建筑的采光性能。具体来说：

(1) 每个房间都设计有大的落地玻璃窗，窗户宽度为 3m 或 3.6m，高度为 2.65m；

(2) 二层东侧的接待室东立面设计有一幅大尺寸玻璃幕墙，尺寸为 6005mm×2650mm；

(3) 大堂入口为双层玻璃幕墙；

(4) 大堂屋顶设计有全玻璃采光顶；

(5) 大堂北面设计有一幅 3000mm×1200mm 的高窗；

(6) 卫生间均设计有 800mm×600mm 的高窗；

(7) 二层走廊设计有一块 6020mm×1150mm 的玻璃地板；

(8) 大堂悬浮楼梯、大堂空中小岛、南侧露台及临边的护栏均为夹层玻璃栏板。

3.3　节能设计

本项目地处北方，节能设计是重点，尤其是建筑的保温性能要求较高。

(1) 外墙保温做法：墙体外侧铺贴 80mm 厚挤塑保温板；

(2) 屋面保温做法：屋面保温为 150mm 厚保温层；

(3) 砌体空斗墙内填充膨胀珍珠岩，提高墙体保温性能；

(4) 所有窗户与结构接口处均采用保温岩棉填充严实；

(5) 大堂入口采用双层呼吸式玻璃幕墙，热工性能优异；

(6) 大堂屋顶采光顶上方设计有可移动式遮阳板；

(7) 面对庭院的东、南两个立面走廊最外侧设计有高性能的折叠门窗，在冬季时打开折叠门窗将走廊封闭，增强建筑的保温性能；其他季节折叠门窗保持开启，使建筑具有良好的通风和采光性能；

(8) 南侧屋面阁楼的坡屋面上方安装光伏板，结合家庭绿电储能系统，利用太阳能解决部分用电需求，降低建筑的能耗。

3.4　防雷设计

本项目位于山区，本建筑周围较空旷，且高于周围其他建筑，需设计独立的防雷系统。防雷系统具体做法为：

（1）接闪器：利用女儿墙钢栏杆及坡屋顶的铝板做接闪器，屋顶全部连通；

（2）凡突出屋面的所有金属构件、金属栏杆、金属屋面、金属屋架等均与接闪器不少于两点可靠焊接；

（3）引下线分别设置在构造柱及框架柱的最外角钢筋上，间距按轴线 7800mm；作为引下线的钢筋除了绑扎外，还要焊接，须双面焊接，焊接长度不小于 $6d$（72mm），与女儿墙上的埋件也要焊接；

（4）引下线在地基圈梁上，要与圈梁最外侧的底部钢筋全部焊接连通，形成焊接闭合的防雷网；

（5）防雷接地：引下线与圈梁外侧底部钢筋全部焊接后，每处引下线位置都要设置一个接地桩。接地桩采用 $50×50×5$ 的镀锌角钢，对应引下线位置避开地基垫层混凝土，就近打入地面以下不小于 2.0m。接地桩与地基圈梁上的避雷钢筋用 $\varnothing12$ 的钢筋焊接连通，双面焊接焊缝长度不小于 $6d$（72mm），接地完成后才能回填土和捣一层地面垫层混凝土；

（6）接地桩角钢打入地下土层后，角钢周围 400mm×400mm 范围要用盐水浇透再填土，增强导电性能。

3.5　预埋件设计

本项目不同于普通的民宿建筑，需给幕墙安装预埋铁件。预埋件设计需满足土建和幕墙相关规范，随土建结构施工时预埋。

4　民宿幕墙的具体实施方案

4.1　玻璃幕墙的应用

玻璃幕墙外观漂亮，通透性好，是一种重要的幕墙形式，本项目采用幕墙窗替代民宿上常用的普通断热铝窗。与普通断热铝窗相比，幕墙窗有以下优点：

（1）铝型材壁厚更厚：《铝合金门窗》（GB/T 8478—2020）对窗户铝型材壁厚的要求为：外窗不应小于 1.8mm，内窗不应小于 1.4mm；《玻璃幕墙工程技术规范》（JGJ 102—2003）要求当幕墙横梁跨度不大于 1.2m 时，铝合金型材截面主要受力部位的厚度不应小于 2.0mm；当横梁跨度大于 1.2m 时，其截面主要受力部位的厚度不应小于 2.5mm；幕墙立柱铝型材截面开口部位的厚度不应小于 3.0mm，闭口部位的厚度不应小于 2.5mm。可知，幕墙窗比普通窗采用的铝型材壁厚更厚，外截面尺寸相同时，承载力更高。

（2）玻璃配置高：普通窗采用的玻璃一般为 5+9A+5mm 厚或 6+12A+6mm 厚的单腔中空钢化玻璃，热工性能一般。幕墙窗根据使用地区的气候特征，可采用厚度更厚的单腔中空玻璃，也可采用双腔或多腔的中空钢化玻璃，热工性能优异。

（3）安装方式更可靠：普通窗一般采用钢连接片与结构连接，连接强度较低，抗震性能差。而幕墙窗采用不低于 6mm 厚的钢角码与结构上的预埋件连接，连接强度高且抗震性能好。

幕墙窗安装详图如图 2～图 4 所示。

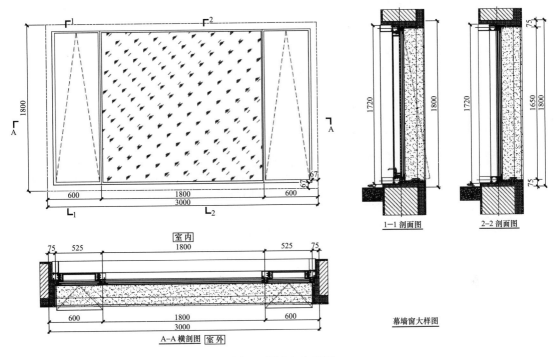

图 2　幕墙窗大样图

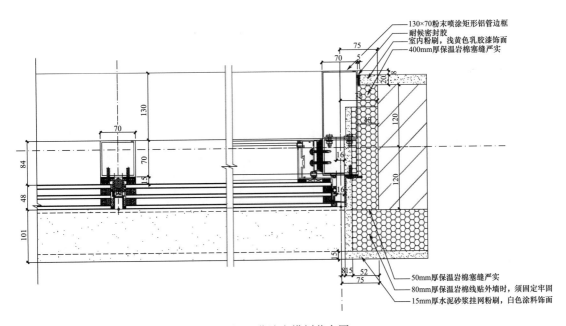

图 3　幕墙窗横剖节点图

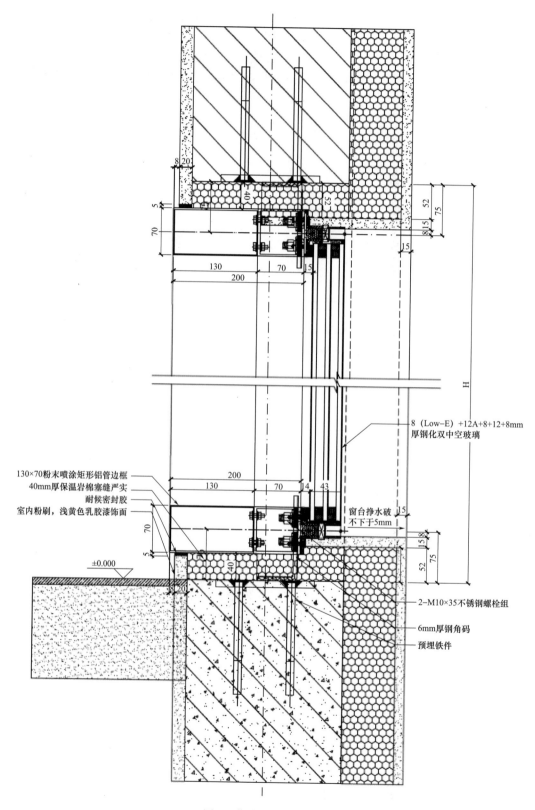

图4　幕墙窗竖剖节点图

4.2 大尺寸玻璃幕墙的应用

得益于玻璃幕墙的优异性能，本项目二层接待室的东立面设计了一幅大尺寸的玻璃幕墙，分格尺寸为 6005mm×2650mm，外观效果非常大气，从室内透过无遮挡的大玻璃可以欣赏室外的美丽风景，如图 5 所示。

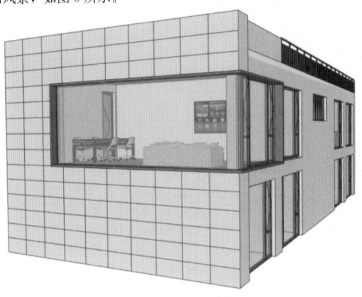

图 5　大尺寸玻璃幕墙效果图

4.3 双层玻璃幕墙的应用

双层幕墙又称热通道幕墙、呼吸式幕墙、通风式幕墙、节能幕墙等，是高端的幕墙产品。双层幕墙由内外两层立面构造组成，两层立面中间形成一个室内外之间的空气缓冲层通道，在不同的季节通过控制进风口和出风口的启闭，使双层幕墙处于不同的工作模式，从而达到通风和节能的目的。

本项目大堂入口处采用双层玻璃幕墙，效果图如图 6 所示，立面图如图 7 所示，大幅提高了本项目档次。双层幕墙的进风口在外层幕墙底部，为敞开设计，采用铝合金百叶装饰；出风口在内层幕墙顶部，可控制启闭。

图 6　双层玻璃幕墙效果图

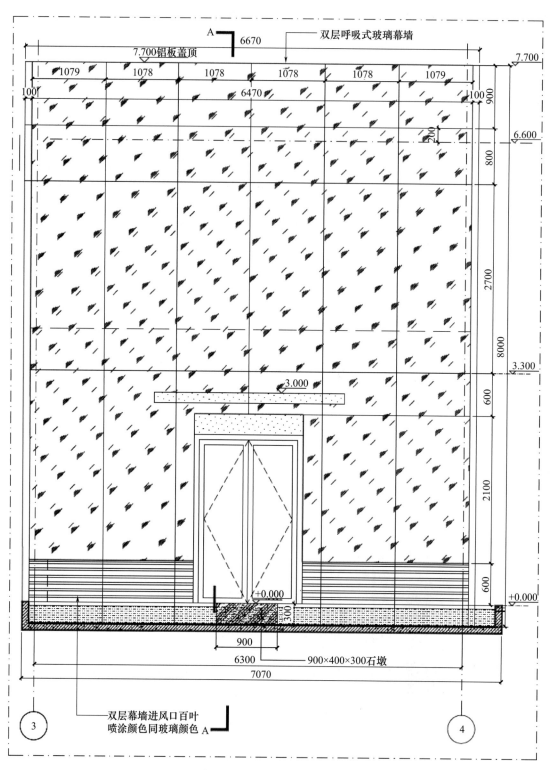

图 7　双层玻璃幕墙立面图

　　如图8、图9所示，在夏季，出风口打开，通道内的空气吸收热量后上升，从出风口排出；同时，室外温度较低的新鲜空气从进风口进入通道，双层幕墙如同在呼吸，使通道内的空气降温，进而起到降低室内温度的作用。

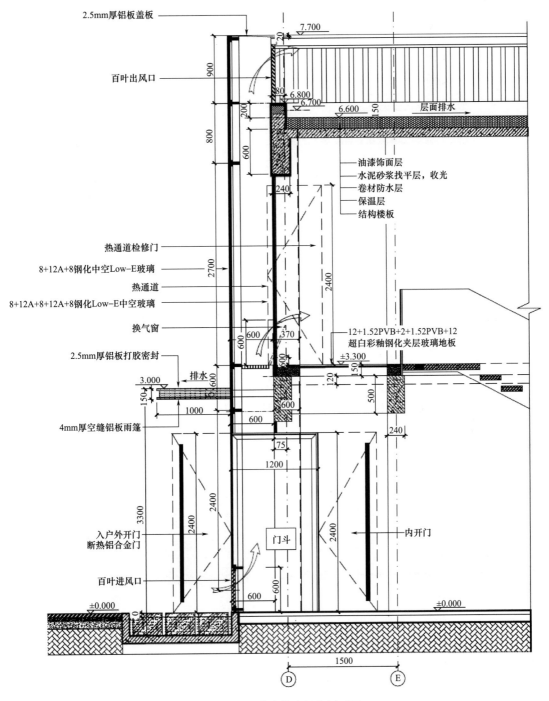

图8　双层玻璃幕墙竖直剖面图

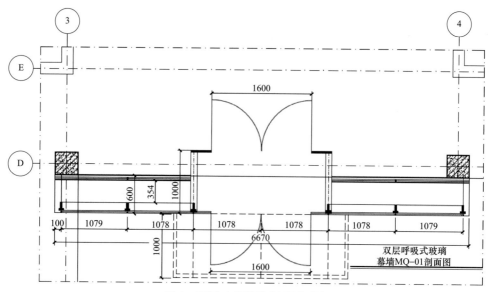

图 9　双层玻璃幕墙水平剖面图

在冬季，关闭出风口，通道内的空气在阳光照射下升温并保留在通道内，可以减少室内的热量损失从而提高室内温度。

4.4　石材幕墙的应用

石材幕墙外观大气、庄重，加之石材不同于人造材料的天然属性和质感，很受设计师青睐，越来越多的别墅建筑外立面已大面积采用石材幕墙。

本项目东立面采用空缝干挂石材幕墙，如图 10 所示，无密封胶可避免胶缝吸附灰尘，石材幕墙能长期保持外表面干净、整洁，减少清洗次数。此立面石材的庄重感与大尺寸玻璃幕墙的轻盈感虚实结合，对比强烈。石材幕墙厚度为 130mm，石材面板选用 25mm 厚白麻花岗岩，立柱采用 $50 \times 50 \times 5$ 镀锌钢方管，横梁采用 $L65 \times 35 \times 5$ 银白氧化角铝。石材幕墙竖向留 2mm 空缝，横向留 5mm 空缝，横梁角铝在横向空缝处外露，起到装饰的作用。

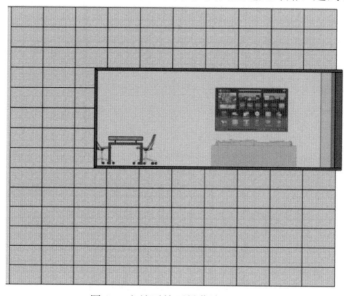

图 10　空缝干挂石材幕墙立面图

以下图 11、图 12 为干挂空缝石材幕墙的标准节点。

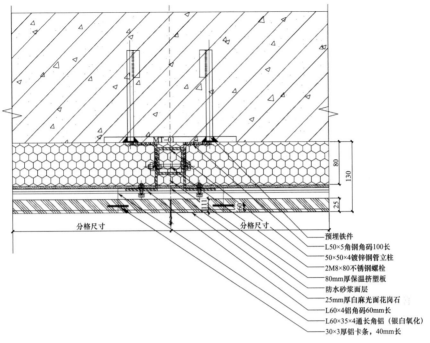

图 11 空缝干挂石材幕墙横剖标准节点

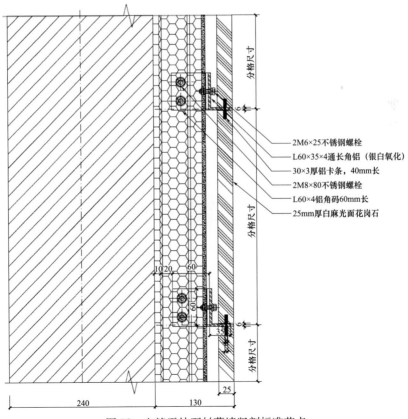

图 12 空缝干挂石材幕墙竖剖标准节点

4.5 金属板幕墙的应用

金属板幕墙的种类较多，常用的金属板有铝单板、铝塑板、蜂窝铝板、不锈钢板等，业主可根据自身喜好和工程预算自由选择。

金属板幕墙有以下主要优点：①适应性强，能用于各种造型复杂的建筑；②室外用金属板表面一般采用氟碳喷涂，面板色彩丰富，且能做仿石材、仿木纹等效果，选择丰富；③金属板经久耐用，不褪色；④防水效果好。

本工程立面上未大面积采用金属板，如图 13 所示，仅层间设计有两道 300mm×70mm 的 2.5mm 厚铝单板装饰带，如图 14 及图 15 所示，双层幕墙上的入口门顶部采用 2.5mm 厚铝单板雨棚，庭院的凉亭悬浮铝板上表面采用 2.5mm 厚铝单板，下表面采用 4mm 厚空缝铝单板。

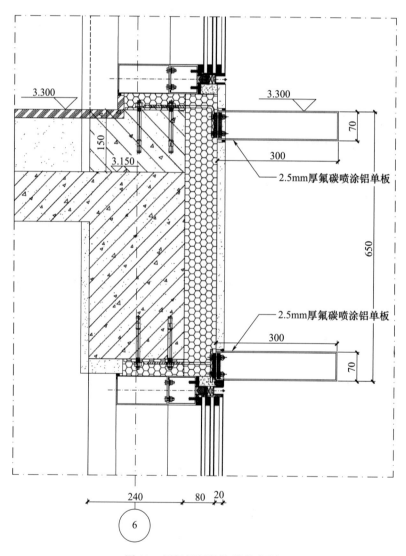

图 13　层间铝板装饰带节点图

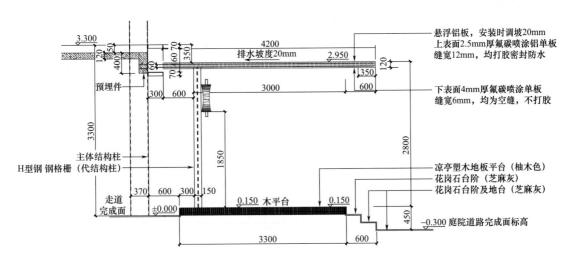

图 14　悬浮铝板凉亭剖面图

图 15　铝板幕墙效果图

4.6　玻璃地板的应用

本项目二层走廊的地面设计有一块 6020mm×1150mm 尺寸的玻璃地板，如图 16～图 18 所示。玻璃采用 10 彩釉+1.52PVB+10+1.52PVB+10mm 超白彩釉钢化三夹层玻璃，人行走在上面仿佛置身于景区的玻璃栈道上。玻璃地板上的彩釉图案可定制。

4.7　玻璃采光顶的应用

如图 19、图 20 所示，本项目大堂屋顶设计有玻璃采光顶，为增强采光顶的通透性，采光顶采用玻璃面板+玻璃肋的全玻璃结构。采光顶玻璃面积为 4.3m×3.4m=14.62m²，玻璃四周采用 250mm 宽 2.5mm 厚氟碳喷涂铝单板包边。采光顶玻璃面板采用 8（Low-E）+12A+8+1.52PVB+8mm 钢化中空夹层玻璃，单块玻璃分格尺寸为 1071mm×1693mm。玻璃肋采用 12+1.52PVB+12+1.52PVB+12mm 超白钢化三夹层玻璃，玻璃肋跨度为

3400mm，两端高度 400mm，中心高度为 450mm。施工时先在结构洞口侧面安装钢槽，玻璃肋安装在两侧的钢槽中，再在玻璃肋顶部安装玻璃面板。

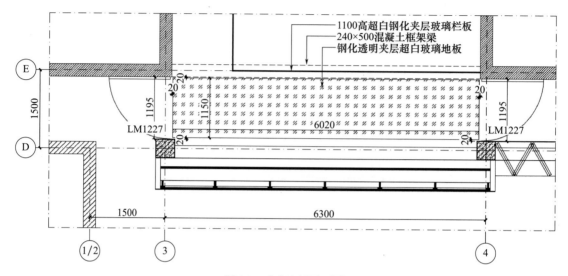

图 16　玻璃地板平面图

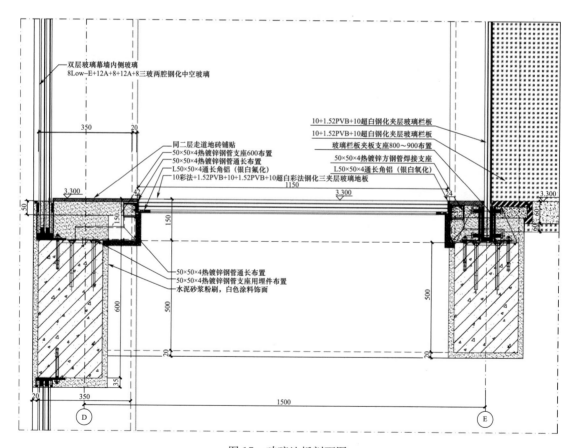

图 17　玻璃地板剖面图

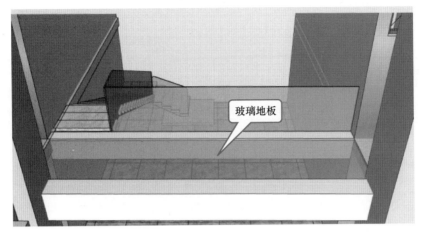

图 18　玻璃地板效果图

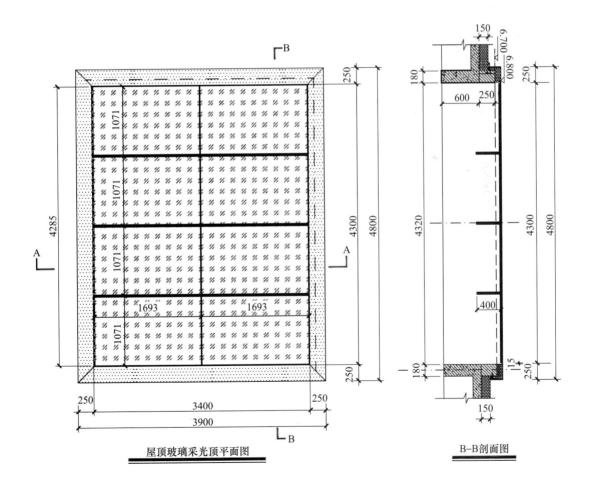

屋顶玻璃采光顶平面图

B-B剖面图

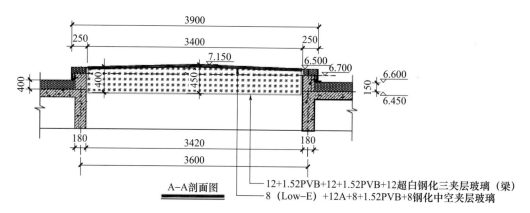

A-A剖面图

12+1.52PVB+12+1.52PVB+12超白钢化三夹层玻璃（梁）
8（Low-E）+12A+8+1.52PVB+8钢化中空夹层玻璃

图 19　玻璃采光顶大样图

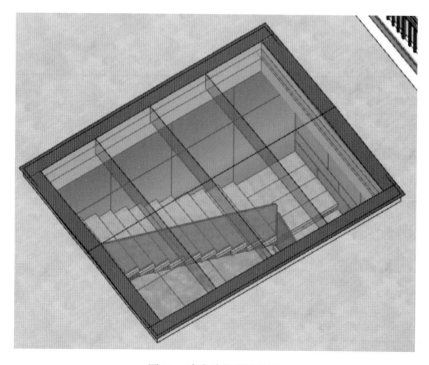

图 20　玻璃采光顶效果图

4.8　电动遮阳板的应用

为提高建筑的节能性能，本项目在屋顶玻璃采光顶上方设计了电动遮阳板，遮阳板材料选用梭形截面的铝型材，如图 21 所示。遮阳板底部距玻璃采光顶最高点 30mm。遮阳板长度方向沿南北方向布置，根据阳光照射方向的不同，遮阳板自身可电动旋转叶片角度，以达到最佳的遮阳效果。遮阳板为可移动式设计，在炎热的夏季，遮阳板正常工作；在其他季节，需通过采光顶加强采光，则将遮阳板平移至采光顶旁边，采光顶完全无遮挡，如图 22、图 23 所示。

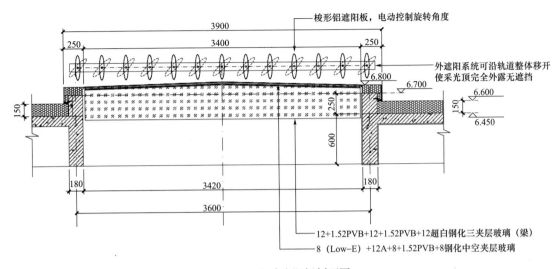

图 21 电动遮阳板剖面图

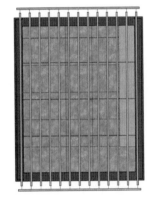

图 22 电动遮阳板正常工作形态

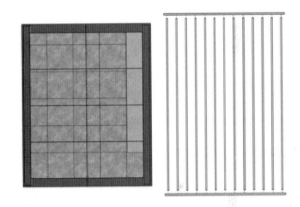

图 23 电动遮阳板移开时形态

5 结语

本文以某民宿项目实例详细介绍了建筑幕墙在民宿建筑中的具体应用，打破了幕墙只适用于城市高层建筑的常规思路。独栋民宿建筑一般建筑面积较小，虽然无法大面积使用幕墙，但仍可通过精心设计将各种幕墙型式巧妙组合在一起，应用于民宿的外装饰上，设计出优秀的民宿建筑。如局部的双层幕墙的设计，即使在城市很多高端酒店的幕墙上都没有选择使用。幕墙在民宿建筑上的应用，不仅使民宿在功能性、美观性上大幅提升，更重要的是提高了民宿建筑的档次和市场竞争力。希望本文能对高端民宿建筑的外装饰设计起到抛砖引玉的作用，促进民宿建筑更好、更快发展，同时也为当前建筑幕墙市场大幅萎缩提供一条新的应用尝试途径。

参考文献

[1] 中华人民共和国国家质量监督检验检疫总局，中国国家标准化管理委员会. 建筑幕墙术语：GB/T 34327—2017[S]. 北京：中国标准出版社，2017.

［2］　中华人民共和国建设部 . 玻璃幕墙工程技术规范：JGJ 102—2003［S］. 北京：中国建筑工业出版社，2004.

［3］　中华人民共和国建设部 . 金属与石材幕墙工程技术规范：JGJ 133—2001［S］. 北京：中国建筑工业出版社，2004.

幕墙 BIM 技术在深圳国际交流中心的应用

周　海

深圳香蜜湖国际交流中心发展有限公司　广东深圳　518034

摘　要　随着 BIM 技术的不断发展，BIM 各类线上应用趋于成熟，现如今，BIM 技术的普及与落实到线下实际施工中显得迫切且尤为重要。本文主要通过 BIM（建筑信息模型）技术中的物料追踪和 AR 技术，运用实践论证方式，展示 BIM 技术线下应用的实用性及其不足，为 BIM 技术开展线下应用和后期完善方向提供思路。

关键词　BIM（建筑信息模型）技术；Revit；Rhino；幕墙施工；BIM＋AR 技术；物料追踪；深圳国际交流中心

1　引言

深圳国际交流中心项目位于深圳市福田区香蜜湖畔，项目定位于"世界眼光、中国气派、岭南风格、深圳特色"，旨在将其打造成"国际高度、世界一流"的政务会客厅、产业会客厅、市民会客厅（图 1）。

图 1　会议中心效果图

本工程总用地面积 63922.48m²，总建筑面积 215291.78m²，最大层数地上 6 层，地下 2 层，建筑总高度 44.76m。根据《深圳市人民政府办公厅关于印发加快推进建筑信息模型（BIM）技术应用的实施意见（试行）的通知》（深府办函〔2021〕103 号）的规定，2022 年 1 月 1 日起，新建（立项、核准备案）市区政府投资和国有资金投资建设项目、市区重大项目、重点片区工程项目全面实施 BIM 技术应用。

本建筑主要 BIM 技术应用点为六项，分别是：①表皮驱动、结构模型整合；②分区分系统 BIM 深化设计施工图协助；③标准区实体模型 Rhino&Revit；专业碰撞协调；④三维点云扫描，结构偏差校核；⑤Rhino 细化交接收口，模型化提料生产加工；⑥智能建造应用，智慧管理平台、物料追踪、AR 应用。本文意在指出一线施工现场 BIM 技术应用的真实情况，物料追踪、BIM＋AR 应用的实用性及其在实际运用过程中所暴露出来的不足和相关见解，为 BIM（建筑信息模型）技术现场应用发展及推广提供参考依据。

2 模型简介

主要利用 Rhino 软件建立模型（图 2、图 3）。

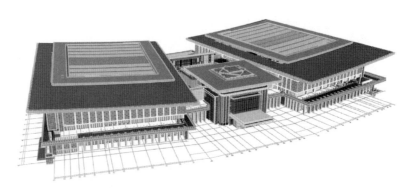

图 2 整体表皮模型

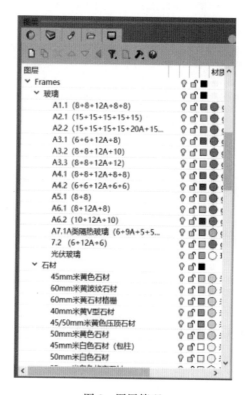

图 3 图层管理

基于 Rhinoinside 和三鑫科技自编插件程序，建立幕墙专业 Rhino 与 Revit 平台 BIM 模型流通标准，通过 Grasshopper 强大的异形参数化建模能力，以及高度自由的建模方式，有效弥补 Revit 平台对于复杂异形构造模型建立的精准度，实现互通互导（图 4～图 6）。

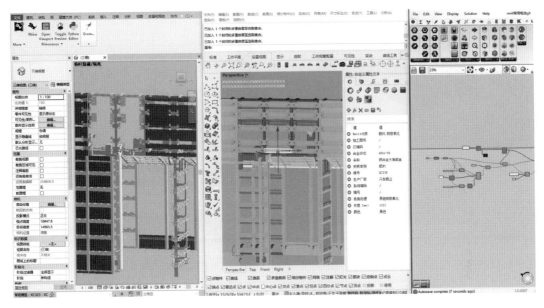

图 4　Rhino&Revit 属性信息匹配

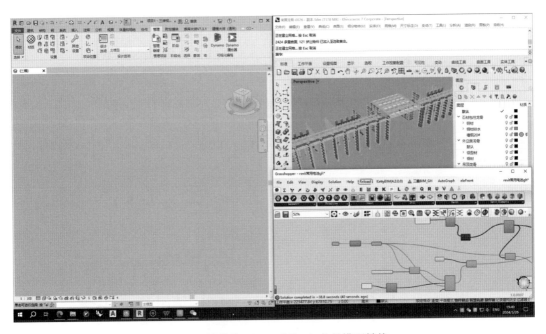

图 5　石材幕墙 Rhino 到 Revit 龙骨模型转换

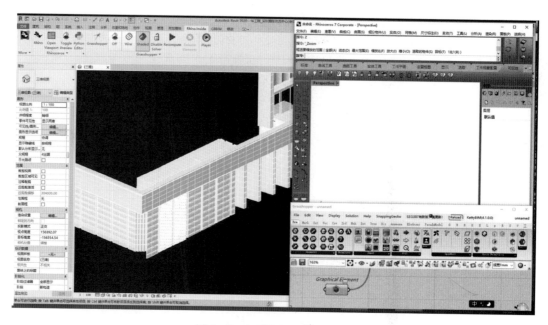

图 6　Revit 到 Rhino 模型转换

通过 Rhino 参数化表皮建立和分析能力，轻量化快速区分 18 个幕墙系统和近 50 种复杂材料类型分布，通过分部图层管理，面板材料分布一目了然；还原建筑空间定位、材料区分，确认分格及交接，确认完成面（图 7～图 11）。

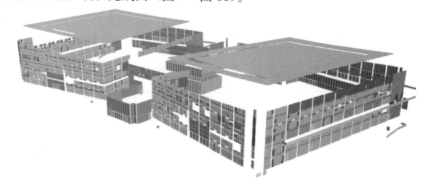

图 7　玻璃类分布

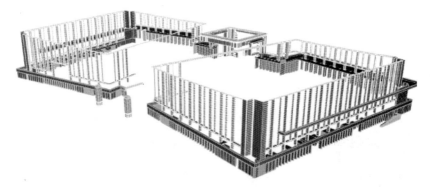

图 8　石材类分布

图 9　窗花类分布

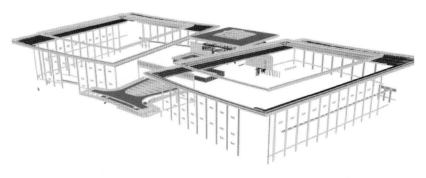

图 10　铝板类分布

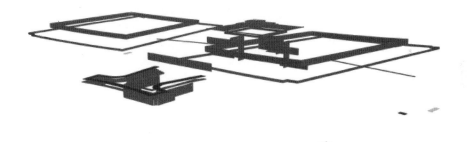

图 11　格栅类分布

3　应用软件简述

　　基于 BIM 技术的协同管理平台，将 Revit 或 Rhino 模型及相关施工、质量、安全管理信息等导入协同管理平台，从设计出图，生产加工、材料进场、施工安装到验收交付进行全过程管控，主要操作模块包括 BIM 模型、GIS 管理、资料、协调管理、质量管理、安全管理、计划管理、表单管理、设计管理、物料追踪、监理管理，基于平台模型对工程的各参与方（项目部、劳务、工厂等）进行统一协调，通过统筹管理及资源共享，以达到最终目标直至项目交付（图 12、图 13）。

图 12　协调管理平台模型主界面

图 13　立面幕墙建筑信息模型

4　现场应用分析

4.1　BIM＋AR 技术

本项目进行可视化交底验收，针对项目中复杂安装区域，通过 AR 技术，对施工区域进行完成效果可视化交底，龙骨、面板安装完成后，分别对其完工成果与模型进行定位匹配，辅助验收（图 14、图 15）。

优点：可直观明了地展示幕墙安装工序工艺，在构件未安装之前，运用 AR 技术将模型附着在现场主体结构上，在未开工前直接展示后期安装位置及安装效果；相较传统平面电子图而言更加通俗易懂，简洁明了；在现场交底中，对被交底人识图综合素质要求大大降低，可直观用模型参照构件来进行交底；在安装中，现场安装人员可用 BIM＋AR 技术在施工现场对安装位置进行核对，有结构偏差位置直接暴露。

缺点：模型维护人工成本高，现场突发状况，如构件加工有误，主体结构偏差，模型更改缓慢，不利于工期建设。

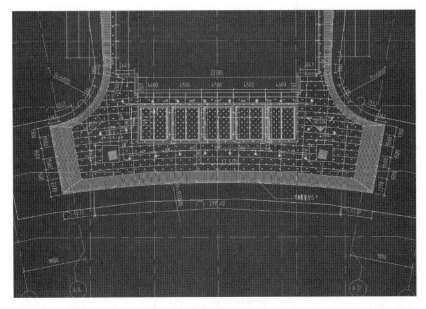

图 14   传统平面电子图纸

图 15   BIM＋AR 技术模型展示图纸

在验收中，验收人可以直接使用 BIM＋AR 技术，对已经安装部位进行模型重叠验收，构件安装偏差部位一目了然，相较传统图纸现场使用卷尺、角尺逐个丈量，逐个核对，极大节省了人力物力和时间精力（图 16）。

4.2   BIM 三维模型施工指导

通过三维模型对比，确认现场实际安装工序流程及所需安装构件，安装后复核安装效果，针对复杂且繁琐的工序工艺（图 17）。

优点：相较传统的平面图纸现场交底而言更加通俗易懂，且有效减少安装交底流程人，

图 16 BIM＋AR 技术辅助验收

从以往的交底流程（总工、技术员、施工员、劳务班组长、工人）到现如今高效交底流程（技术员、工人），有效缩短了交底对接时间；技术员直接对一线安装人员进行交底，施工尺寸更加精确，施工效果更加完美。在安装过程中，通过 BIM 三维模型对施工安装进行指导，从传统的"看图纸、分析大样图、分析材料材质、核对安装部位、确认安装构件、开始施工"的流程，到如今通过三维模型直接确定什么位置安装什么构件，工作流程通俗易懂，完成了"现场指导文言文"到"现场指导白话文"的转变。

缺点：细部构件尺寸复核困难，上传模型尺寸细化会导致模型内存过大，导致现场操作设备无法打开模型。

图 17 安装效果现场复核

4.3 物料追踪

基于 BIM 技术的协同管理平台，通过 BIM（建筑信息模型），对现场所有材料（螺栓、连接件、精制钢、铝龙骨、玻璃、铝板、窗户、石材、格栅等）进行管理，每个构件从下单、生产、进场、安装到验收的全过程监控、全过程管理（图18）。

优点：每个构件从下单、生产、进场、安装到验收全过程的信息都可追溯，无论是纸质资料还是影像资料，做到全过程质量的严格把控；此模型为开发性模型，项目中各级单位，各个岗位，每个人，均可实时查看模型内部信息，做到资源整合，资源共享，有效提高项目各参与方协调配合度。

缺点：模型更新人力消耗大，需要每个环节派专人更新进展。

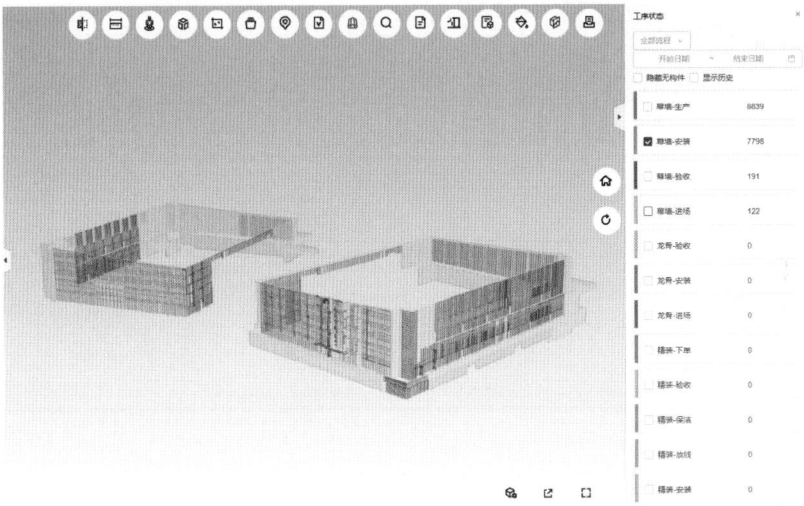

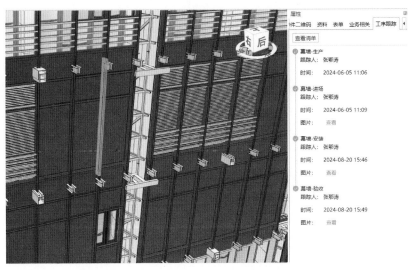

图 18　物料追踪阶段性完成效果

拿龙骨举例，从生产加工、进场验收、现场安装到验收合格，可追溯到每一个环节材料进场状况，现场一线管理人员可实时查看工序材料情况，便于安排后续施工作业，形成流水（图19）。

图 19　构件信息追溯

（1）材料进场信息追溯时，点击单根龙骨构件可直接查看此龙骨何时进场举牌验收并了解到相关影像资料（图20）。亦可查看龙骨详细构造信息，了解其编号及尺寸便于后续测量放线，施工安装（图21）。

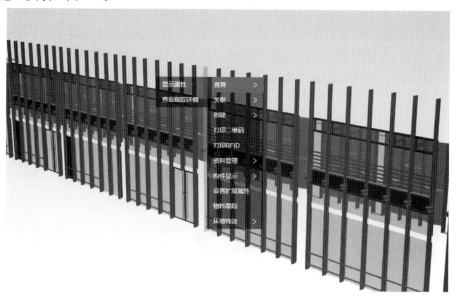

图20　龙骨物料信息追踪

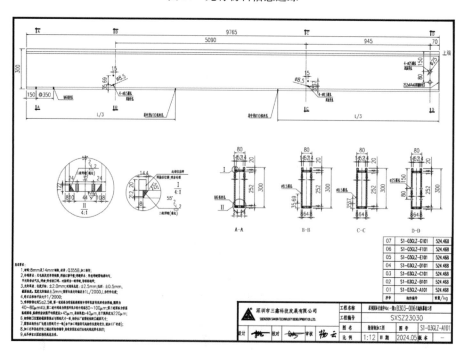

图21　构件中所附龙骨下单图

（2）生产加工物料追踪，可直接查看龙骨在工厂的加工情况（图22），使现场人员足不出户，不需要远赴工厂即可远程监督生产，包括业主、监理、总包也可实时监督，把控品质；有效增加了材料到货的验收合格率。

图 22 龙骨加工影像资料

（3）进场验收物料追踪（图 23），龙骨何时进场，进场验收情况如何，都可供各方随时随地线上查阅。

图 23 物料追踪进场验收影像资料

（4）施工安装物料追踪，既可追溯到安装时现场情况影像资料，又可为后续安装人员提供指导意义，大大降低安装出错率，提高安装效率（图 24）。

图 24　物料追踪现场安装影像资料

　　（5）龙骨验收物料追踪，可为后期各方审查隐蔽验收资料提供依据；安装效果可供参考（图 25）。

图 25　物料追踪龙骨验收影像资料

5　结语

　　近年来，随着 BIM 技术的不断发展，现阶段国内 BIM 技术已基本满足现场应用，在勘察设计、生产加工阶段应用较广，在施工安装现场却未得到长期有效的应用。一是受传统建造习惯的影响，传统参照平面图纸按图施工的做法已深入人心，一时间难以广泛应用，推广新型 BIM 技术将是一场持久攻坚战；二是一线人员普遍还未接触过 BIM 技术，且 BIM 技术在现场实际应用推广时所暴露出来的短板较多，在 BIM 技术上所投入的时间精力财力与其所带来的价值不成正比，不仅技术上需要迭代更新，现场人员也需要迭代更替，且从学校起开始灌输 BIM 理念，才能使现场 BIM 技术广泛应用。只有真正做到从小到大每个项目都使用 BIM 技术，才能暴露短板，查漏补缺，最终实现并带来其真正的价值。

本项目是 BIM 在施工安装现场应用较好的项目之一，作为现场一线人员，看到了 BIM 技术未来的无限可能，切实为一线工作带来了许多便利，节省了大量时间精力，切实落实并应用好 BIM 技术，对传统建造将会是巨大的进步。

参考文献

[1] 中华人民共和国住房和城乡建设部. 建筑信息模型应用统一标准：GB/T 51212—2016[S]. 北京：中国建筑工业出版社.

幕墙工程中各类材料抗台风能力分析

胡世高　　魏林涛

中建装饰绿创科技有限公司　　湖北武汉　　430065

摘　要　风荷载是幕墙结构的主要外部作用，沿海地区台风频繁，幕墙在台风中破损的事件时有发生，沿海地区幕墙项目要特别注意。本文依据 2024 年在海南登陆的"摩羯"台风对海口某项目破坏情况为背景，首先分析了台风对幕墙的破坏形式，然后通过数据对比，分析了幕墙各部分材料抗台风能力，分析表明，幕墙按照现行荷载规范设计能够抵抗绝大部分台风的作用，最后总结一些影响和提高幕墙抗台风能力的措施。

关键词　抗风设计；破坏形式；台风等级；预防措施

Abstract　Wind load is the main external function on curtain wall structure. There is a high probability that a typhoon will appear in coastal areas. So the damage of curtain wall by typhoon often occur，curtain wall projects in coastal areas should be given attention. Based on the damage to a project in Haikou caused by Typhoon "Yagi" which landed in Hainan. First，we analysis the damage forms of curtain wall in a typhoon，then analysis the ability of curtain wall material to resist typhoons. Next，we analysis result shows that the curtain wall can resist most of the action of typhoon. Finally，we summarized some measures to improve the ability of curtain wall to resist typhoon.

Keywords　wind resistance design；failure modes；typhoon classification；preventive measure

1　引言

台风对建筑幕墙的影响如下：

（1）玻璃面板被台风卷起的碎石击碎。裙楼和较低楼层玻璃破损较多，主楼高处反而没什么问题。从图 1 可以看到，玻璃面板破碎落到地面上，而边框位置玻璃碎渣因为有结构胶作用粘结在框上。

（2）金属面板被卷起的碎石或玻璃碎渣砸出凹坑，吊顶板被撕裂，连接螺钉被剪断（图 2）。金属板在超强台风作用下，由于面板刚度不足，受力形式由面外弯曲变成面内张拉，张拉力要远远大于面板局部承压力和连接螺钉抗剪承载力，面板和螺钉很容易被撕裂和剪断。

（3）地面堆放未安装上墙的单元板块和玻璃板块被吹倒和击碎。如图 3 所示，面板堆放固定不牢，台风来临时将固定措施掀翻，面板没有覆盖被卷起的碎石击碎。

（4）其他例如龙骨破坏、预埋件脱落、开启扇和玻璃面板整体脱落的情况，现场较少见。

图 1　玻璃面板破坏形式

图 2　金属板破坏形式

图 3　未安装材料破坏形式

2　台风风速和荷载规范风速转换

《建筑结构荷载规范》（GB 50009—2012）定义基本风速为"按当地空旷平坦地面上（B类地貌）10m 高度处 10min 平均的风速观测数据，经概率统计得出 50 年一遇最大值确定的风速"。

台风根据风速可以分为三类：台风（32.7～41.4m/s）、强台风（41.5～50.9m/s）、超强台风（≥51m/s），登陆时是从海面吹来的，其地貌相当于荷载规范中的 A 类地貌；而风速时距则采用的是 2min 时距。所以，"台风登陆时的最大风速"指的是 A 类地貌条件下 2min 平均最大风速。

可见，荷载规范的"基本风速"和"台风登陆时的最大风速"还不能直接比较，二者之间需要换算，具体换算步骤如下。

第一步，需要将 2min 平均最大风速换算为 10min 平均最大风速。根据世界气象组织的指南，对于登陆台风，大致可按下式换算：

$$V_{10min}=0.945V_{2min}$$

第二步，需要将 A 类地貌下 10m 高风速转换为 B 类地貌 10m 高度。荷载规范给出的 A 类地貌 10m 高度的风压高度变化系数为 1.28，对应的风速换算系数为 $\sqrt{1.28}=1.13$，因此有：

$$V_B=V_A/1.13$$

这样，我们就可以将"台风登陆时的最大风速"换算为 B 类地貌 10m 高度的 10min 平均最大风速了。

以 2024 年第 11 号台风"摩羯"为例，9 月 6 日它在海南登陆时，中心附近最大风速为 60m/s。换算为 10min 平均最大风速：

$$V_{10min}=0.945V_{2min}=0.945×60=56.7m/s$$

再换算到 B 类地貌：

$$V_B=V_A/1.13=56.7/1.13=50.2m/s$$

将基本风速运用伯努利方程计算得到基本风压：

$$W_0=V_B^2/1600=50.2^2/1600=1.58kPa$$

以 2024 年第 13 号台风"贝碧嘉"为例，9 月 16 日它在上海登陆时，中心附近最大风速为 38m/s。换算为 10min 平均最大风速：

$$V_{10min}=0.945V_{2min}=0.945×38=35.91m/s$$

再换算到 B 类地貌：

$$V_B=V_A/1.13=35.91/1.13=31.77m/s$$

将基本风速运用伯努利方程计算得到基本风压：

$$W_0=V_B^2/1600=31.77^2/1600=0.63kPa$$

而能够抵抗多少级的台风，只需要计算基本风速对应到的"台风登陆时的最大风速"是多少就可以了。举例来说，海南海口的基本风压为 0.75kPa，按此标准设计的建筑，可以抵御最大风速 34.6m/s（指标准地貌下 10min 平均）的风速作用，即 12 级风；也可以抵御登陆时最大风速 41.4m/s（指 A 类地貌 2min 平均）的台风作用，即 13 级台风。湖北武汉的基本风压为 0.35kPa，按此标准设计的建筑，可以抵御最大风速 23.66m/s（指标准地貌下 10min 平均）的风速作用，即 9 级风；也可以抵御登陆时最大风速 28.29m/s（指 A 类地貌 2min 平均）的台风作用，即 11 级台风。

当风速超过了计算结果对应的风速等级，建筑也未必发生破坏。因为在承载能力极限状态设计时，风荷载还需要乘上 1.5 的分项系数，材料还有一定的安全储备系数。下面通过具体数据分析玻璃幕墙中各类材料抗台风能力。

3 幕墙面板类材料极限抗台风能力分析

3.1 玻璃面板抗台风能力分析

根据玻璃幕墙规范条文说明，结合我国国情，玻璃面板整体安全系数 K 取 2.5，对海口地区而言，考虑玻璃面板安全系数，按照现行规范设计能够抵抗的基本风压为 $0.75 \times 2.5 = 1.875$kPa，对应荷载规范（标准地貌下 10min 平均）风速为 54.77m/s，即 16 级风；也可以抵御登陆时最大风速 65.5m/s（A 类地貌 2min 平均）的台风作用，即 18 级台风。

3.2 铝板幕墙抗台风能力分析

铝板幕墙常见的材质 3003-H14 为例，强度设计值 89MPa，其屈服强度为 115MPa。以铝板保持弹性工作状态不发生屈服为判断依据，此时铝板总安全系数为 $115/89 \times 1.5 = 1.94$。对海口地区而言，面板能够抵抗的基本风压为 $0.75 \times 1.94 = 1.46$kPa，对应荷载规范（标准地貌下 10min 平均）风速为 48.33m/s，即 15 级风；对应台风最大风速 57.79m/s，即 17 级。

3.3 石材面板抗台风能力分析

以花岗岩为例进行分析，材料分项系数 2.15，考虑风荷载分项系数 1.5，则花岗岩石材总的安全系数 K 为 3.225。对海口地区而言（表1），石材面板能够抵抗的基本风压为 $0.75 \times 3.225 = 2.419$kPa，对应荷载规范（标准地貌下 10min 平均）风速为 62.21m/s，即 18 级风；对应台风最大风速 74.39m/s，即 18 级。

表 1   海口地区不同材质面板抗风能力分析

材质	风速（m/s）	风级	台风风速（m/s）	台风等级
玻璃	54.77	16	65.5	18
铝板	48.33	15	57.79	17
石材	62.21	48	74.39	18

同理可以得到上海地区各类面材的抗台风能力（表2）。

表 2   上海地区不同材质面板抗风能力分析

材质	风速（m/s）	风级	台风风速（m/s）	台风等级
玻璃	46.90	15	56.10	17
铝板	41.32	13	49.41	15
石材	53.26	16	63.69	18

脆性材料由于在设计过程中取的安全系数更高，所以在抵抗台风方面具备更大的潜力，从表1和表2可知，按照荷载规范设计，在海口地区大部分幕墙面板都能抵抗 17 级以上台风，上海地区大部分幕墙面板都能抵抗 15 级以上台风。

4   幕墙龙骨类材料极限抗台风能力分析

4.1 钢材和不锈钢材抗台风能力分析

表3为不同材质钢材、不锈钢材抗台风能力分析。幕墙工程中常用的钢材为 Q235B/Q355B，不锈钢为 304/316，以常见的钢材 Q235B（$t \leqslant 16$mm）为例，强度设计值 215MPa，屈服强度为 235MPa。钢材保持弹性工作不发生屈服为判断依据，此时总安全系数为 $235/215 \times 1.5 = 1.64$。对海口地区而言，钢材能够抵抗的基本风压为 $0.75 \times 1.64 = 1.23$kPa，对应荷载规范（标准地貌下 10min 平均）风速为 44.36m/s，即 14 级风；对应台风最大风速 53.04m/s，即 16 级。

表 3　不同材质钢材、不锈钢材抗台风能力分析

材质	风速（m/s）	风级	台风风速（m/s）	台风等级
Q235B	44.36	14	53.04	16
Q335B	45.78	14	54.74	16
304/316	45.52	14	54.43	16

4.2　铝合金型材抗台风能力分析

表 4 为不同材质铝合金型材抗台风能力分析。常见的铝合金型材有 6061 系列和 6063 系列，以 6063-T6 为例，强度设计值 150MPa，其屈服强度为 180MPa。型材总安全系数为 $180/150 \times 1.5 = 1.8$。对海口地区而言，型材能够抵抗的基本风压为 $0.75 \times 1.8 = 1.35$kPa，对应荷载规范（标准地貌下 10min 平均）风速为 46.48m/s，即 15 级风；对应台风最大风速 57.79m/s，即 17 级。

表 4　不同材质铝合金型抗台风能力分析

材质	风速（m/s）	风级	台风风速（m/s）	台风等级
6063-T5	46.90	15	56.08	16
6063-T6	46.48	15	55.57	16
6061-T6	46.48	15	55.57	16

4.3　拉杆和拉索抗台风能力分析

表 5 为拉杆、抗索抗台风能力分析。以幕墙用不锈钢拉杆为例，其抗拉强度设计值为屈服强度除以 1.4，考虑风荷载分项系数 1.5，则拉杆总安全系数为 $1.4 \times 1.5 = 2.1$。同理根据索结构规程对拉索整体安全系数为 $2 \times 1.5 = 3$。

表 5　拉杆、拉索抗台风能力分析

材质	风速（m/s）	风级	台风风速（m/s）	台风等级
拉杆	50.2	15	60.03	17
拉索	60	17	71.7	18

5　幕墙连接系统极限抗台风能力分析

表 6 为连接系统抗风能力分析。

5.1　结构胶抗台风能力分析

现行国家标准规定，硅酮结构密封胶的拉伸强度值不低于 0.6N/mm^2。结构胶强度设计值取为 0.2N/mm^2，此时材料分项系数为 3.0。考虑风荷载分项系数 1.5，则结构胶总安全系数为 4.5。

对海口地区而言，结构胶能够抵抗的基本风压为 $0.75 \times 4.5 = 3.38$kPa，对应荷载规范（标准地貌下 10min 平均）风速为 73.54m/s，即 18 级风；对应台风最大风速 87.94m/s，即 18 级。

5.2　不锈钢螺栓抗台风能力分析

以 A2-70 不锈钢螺栓为例，强度设计值为 325MPa，其屈服强度为 450MPa，以螺栓正

常工作状态不屈服为判断依据，此时螺栓总安全系数为 450/325×1.5＝2.08。同理对 5.8 级普通螺栓，屈服强度为 400MPa，强度设计值为 210MPa，此时螺栓整体安全系数为 400/210×1.5＝2.8。

对海口地区而言，A2-70 不锈钢螺栓能够抵抗的基本风压为 0.75×2.08＝1.56kPa，对应荷载规范（标准地貌下 10min 平均）风速为 49.96m/s，即 15 级风；对应台风最大风速 59.74m/s，即 17 级。

5.3 焊缝抗台风能力分析

以 Q235B 角焊缝为例，选用 E43 焊条，根据钢结构设计标准，焊缝强度设计值为焊缝金属抗拉强度的 38%，考虑风荷载分项系数采用 1.5，则焊缝总安全系数为 1/0.38×1.5＝3.95。同理对 Q355B 钢材，选用 E43 焊条焊缝强度设计值为焊缝金属抗拉强度的 41%，考虑风荷载分项系数采焊缝总的安全系数为 1/0.41×1.5＝3.66。

对海口地区而言，Q235B 角焊缝能够抵抗的基本风压为 0.75×3.95＝2.96kPa，对应荷载规范（标准地貌下 10min 平均）风速为 68.82m/s，即 18 级风；对应台风最大风速 82.29m/s，即 18 级。

表 6 连接系统抗风能力分析

材质	风速（m/s）	风级	台风风速（m/s）	台风等级
结构胶	73.54	18	87.94	18
A2/A4-70 螺栓	46.48	15	57.79	17
5.8 级普通螺栓	57.97	17	69.31	18
Q235B 焊缝	68.82	18	82.29	18
Q355B 焊缝	66.27	48	79.24	18

6 幕墙埋件抗台风能力分析

表 7 为埋件系统抗风能力分析。

6.1 预埋件抗台风能力分析

预埋件计算公式中 HRB400 级钢筋，屈服强度 360MPa，锚筋面积计算中采用强度设计值 300MPa。可以近似认为材料分项系数为 1.2，考虑风荷载分项系数预埋件总安全系数为 180/150×1.5＝1.8。对海口地区而言，螺栓能够抵抗的基本风压为 0.75×1.8＝1.35kPa，对应荷载规范（标准地貌下 10min 平均）风速为 46.48m/s，即 15 级风；对应台风最大风速 57.79m/s，即 17 级。

6.2 后置埋件抗台风能力分析

根据混凝土后锚固规程可得，在后锚固系统的各项计算中，锚栓钢材的受拉受剪破坏承载力分项系数最小为 1.2，考虑风荷载分项系数后置埋件总安全系数为 180/150×1.5＝1.8。对海口地区而言，后置埋件能够抵抗的基本风压为 0.75×1.8＝1.35kPa，对应荷载规范（标准地貌下 10min 平均）风速为 46.48m/s，即 15 级风；对应台风最大风速 57.79m/s，即 17 级。

表 7　埋件系统抗风能力分析

材质	风速（m/s）	风级	台风风速（m/s）	台风等级
预埋件	46.48	15	55.57	16
后置埋件	46.48	15	55.57	16

7　幕墙抗台风能力影响因素

从前面分析数据可知，按照现行荷载规范设计，即使面板、杆件、连接系统的利用率接近 100％，在正常条件下幕墙各部分杆件的安全应该不会有问题，但是为什么按照正常规范设计的建筑幕墙在强台风作用下还会出现不正常破坏呢？主要有以下 4 点原因。

（1）复杂建筑群风荷载远超规范。由于建筑群之间狭窄间隙引起"穿堂风"效应，建筑表面造型异常突变引起风荷载体变化，对于复杂建筑局部位置，风荷载值往往存在风洞实验报告值比理论计算值大很多的情况，这也间接说明，此处在台风荷载作用下幕墙承受的台风等级要远远高于外界报道的台风等级。

（2）建筑工程材料负公差严重。以冷弯空心钢管为例，根据规范要求当壁厚小于等于 10mm 时，允许偏差为 0.1 倍壁厚，例如，设计使用 120mm×60mm×4mm 钢管，按照规范，现场到货尺寸为 120mm×60mm×3.6mm 即可满足规范要求，但是后者截面特性抵抗矩只有前者的 91％，甚至很多材料负公差都超过了规范值，这对抗风能力也有一定影响。

（3）应力集中现象对材料强度有影响。在幕墙工程中存在大量的开缺、开洞现象，计算过程中我们往往忽略这些开洞位置应力集中影响，例如，存在圆孔的板条在两端拉伸时，孔边产生的最大应力约为截面上平均应力的 3 倍。这种应力集中现象对钢材等塑性材料而言，由于塑性变形应力重分布，应力集中现象逐渐消失。但对于玻璃、石材等脆性材料而言，一旦应力集中后的应力超过材料极限强度，就会发生破坏。

（4）现场施工情况的折减。幕墙劳务工人技术水平参差不齐，现场施工工艺在标准施工工艺的基础上存在一定的折扣，例如铝板打钉间距、焊缝焊高远小于设计值，这些都间接降低了幕墙系统的抗风能力。

8　结语

提高幕墙抗台风能力可采取如下措施：（1）幕墙设计过程中对风荷载较大的位置（檐口位置、连廊吊顶位置、建筑表面外轮廓突变位置）预留一定的余量，提高整体的安全储备；（2）对于一些容易发生台风破坏的位置，在幕墙设计过程中要增加一些附加构造措施，如开启扇的防坠绳、金属屋面的抗风夹；（3）材料进厂严格按照规范验收，对偏差超过规范的材料，现场验收人员要同设计人员沟通确认是降级使用还是退场处理；（4）对于位于底层的幕墙采取一些临时保护措施如柔性织物覆盖，防止面板被飞溅的碎石击碎；（5）提高现场管理人员和劳务工人的技术水平，严格按图纸施工。

参考文献

[1] 中华人民共和国建设部. 玻璃幕墙工程技术规范　JGJ 102—2003[S]. 北京：中国建筑工业出版社，2004.

[2] 中华人民共和国建设部. 金属与石材幕墙工程技术规范　JGJ 133—2001[S]. 北京：中国建筑工业出

版社，2004.

［3］ 中华人民共和国住房与城乡建设部.建筑结构荷载规范　GB 50009—2012［S］.北京：中国建筑工业出版社，2012.

［4］ 中华人民共和国住房与城乡建设部.混凝土结构后锚固设计规程　JGJ 145—2013［S］.北京：中国建筑工业出版社，2013.

［5］ 中华人民共和国住房与城乡建设部.钢结构设计标准　GB 50017—2017［S］.北京：中国建筑工业出版社，2018.

［6］ 中华人民共和国住房与城乡建设部.索结构技术规程　JGJ 257—2012［S］.北京：中国建筑工业出版社，2012.

作者简介

胡世高（Hu Shigao），1987 年 8 月出生，男，湖北武汉，高级工程师，硕士，国家注册一级建造师，主要从事各种幕墙结构研究；E-mail：604034711@qq.com；联系电话：15926349909。

幕墙结构安全基本要求

黄庆文

广东世纪达建设集团有限公司　广东广州　510000

摘　要　为分析幕墙结构安全要求，作者运用现有建筑安全理论，对常见幕墙结构安全要求进行梳理，提出了系统的方法，结论将为幕墙安全规定提供参考。

关键词　建筑安全原则；幕墙结构设计工作年限；幕墙结构安全要求

1　引言

按照《民用建筑通用规范》（GB 55031）的规定，幕墙作为建筑部件，应遵循建筑建设安全原则，应根据其在建筑物中的位置作用和受力状态确定设计及构造做法，结构应能承受在施工和使用期间可能出现的各种作用，具有相应的适应能力与抵抗能力。幕墙结构设计应规定建筑幕墙结构的设计使用年限，宜不小于 50 年，不得小于 25 年。幕墙结构的设计基准期应为 50 年。

本文对幕墙结构安全的安全等级、可靠度水平、设计工作年限等要素进行分析，明确了以上几个概念。

2　幕墙结构安全等级及设计工作年限

2.1　幕墙结构安全等级

幕墙结构是建筑幕墙中能承受作用并具有适度刚度的，由各连接部件有机组合而成的系统。幕墙结构构件是幕墙结构在物理上可以区分出的部件。幕墙结构体系是幕墙结构中所有构件及其共同工作的方式。幕墙结构模型是用于幕墙结构分析及设计的理想化幕墙结构体系。

幕墙结构设计时，应根据结构破坏可能产生的后果，即危及生命、造成经济损失、对社会或环境产生影响等的严重性，采用不同的安全等级。安全等级统一划分为一级、二级、三级共三个等级，大型公共建筑等重要结构列为一级，大量的一般结构列入二级，小型或临时性储存建筑等次要结构列为三级。设计文件中应明确幕墙结构的安全等级。

同一建筑结构中的各种结构构件一般与整体结构采用相同的安全等级，可根据具体结构构件的重要程度和经济效果进行适当调整。

2.2　设计工作年限

幕墙结构的设计工作年限是设计规定的幕墙结构或幕墙结构构件不需大修即可按照预定目标使用的年限。

永久作用是在设计工作年限内始终存在且其量值变化与平均值相比可以忽略不计的作

用，和变化是单调的且其趋于某个限值的作用。

可变作用是在设计工作年限内其量值随时间变化，且其变化与平均值相比不可以忽略不计的作用。可变作用可分为使用时推力、施工荷载、风荷载、雪荷载、撞击荷载、地震作用、温度作用。

偶然作用是在设计工作年限内不一定出现，而一旦出现其量值很大且持续期很短的作用。

当界定幕墙为易于替换的结构构件时，幕墙结构的设计工作年限为 25 年；当界定幕墙为普通房屋和构筑物的结构构件时，幕墙结构的设计工作年限为 50 年；当界定幕墙为标志性建筑和特别重要的建筑结构时，幕墙结构的设计工作年限为 100 年。

当建筑设计有特殊规定时，幕墙结构的设计工作年限按照规定确定且不得小于 25 年。

幕墙结构设计应评估环境影响。当幕墙所处的环境对其耐久性有较大影响时，应根据不同的环境类别采用相应的构造设计、防护要求、加工水平、施工措施、验收标准等，应在设计工作年限内定期检修及维护，不影响安全和正常使用。

3 结构安全分析

3.1 结构设计及结构分析原则和结构模型

幕墙结构应按围护结构设计。幕墙结构设计应考虑永久荷载、风荷载、地震作用和施工、清洗、维护荷载。大跨度空间结构和预应力结构应考虑温度作用。可分别计算施工阶段和正常使用阶段的作用效应。与水平面夹角小于 75° 的建筑幕墙还应考虑雪荷载、活荷载、积灰荷载。幕墙结构设计的基准期为 50 年。

幕墙结构应满足承载能力极限状态、正常使用极限状态、耐久性极限状态的要求。主体结构应能够承受幕墙传递的荷载和作用。连接件与主体结构的锚固承载力设计值应大于连接件本身的承载力设计值。幕墙连接件应有足够的承载能力和刚度。必要时幕墙结构设计与主体结构设计会同校核主体结构与幕墙结构的相互影响。异形空间结构及索结构应考虑主体结构和幕墙支承结构的协同作用。

幕墙结构分析是确定结构上作用效应的过程和方法，可采用结构计算、结构模型试验、原型试验（如幕墙抗风压性能试验）等方法。

幕墙结构分析的精度应能满足结构设计要求，必要时宜进行试验验证（如点支式玻璃幕墙点支承装置及玻璃孔边应力分析）。

幕墙结构分析宜考虑环境对幕墙结构的材料力学性能的影响（如湿度对结构胶）。对幕墙结构的环境影响可根据材料特点，按其抗侵蚀性的程度划分等级，设计按等级采取相应构造措施。

建立幕墙结构分析模型一般要对结构原型适当简化，突出考虑决定性因素，忽略次要因素，合理考虑构件及连接的力—变形关系因素。采用的基本假定和计算模型应能够合理描述所考虑的极限状态幕墙结构的作用效应。

3.2 幕墙结构安全规定

3.2.1 幕墙设计应根据建筑类别、使用功能、高度、地理气候、环境、立面效果等确定建筑幕墙形式、立面分格和装置措施，满足功能和性能要求。

3.2.2 建筑幕墙对于建筑所处环境的风荷载、地震及气候特征等因素，应具有相应的适应能力与抵抗能力。在正常使用状态下，建筑幕墙应具有良好的工作性能。抗震设计的建筑幕墙，在多遇地震作用下应能正常使用；在设防烈度地震作用下经一般修复后仍能继续使用；在罕遇地震作用下幕墙支承结构构件不得脱落。

3.2.3 建筑幕墙应采取防坠落和防撞破坏措施。

3.2.4 幕墙结构应根据传力途径对幕墙面板、支承结构、连接与锚固等依次设计和计算，确保幕墙的安全适用。幕墙结构应具有足够的承载能力、刚度、稳定性和相对于主体结构的位移能力。主体结构应能够承受幕墙传递的荷载和作用。幕墙与主体结构的连接应牢固可靠，锚固承载力设计值应大于连接件本身的承载力设计值。

3.2.5 幕墙结构采用以概率理论为基础的极限状态设计方法，用分项系数设计表达式计算，进行承载能力极限状态、正常使用极限状态、耐久性极限状态设计。幕墙结构效应设计值应按各作用组合中最不利取值。幕墙结构承载能力极限状态设计应使幕墙结构的抗力设计值与结构重要性系数的乘积大于等于幕墙结构的作用效应设计值。幕墙结构正常使用极限状态设计应使幕墙结构的挠度值不大于其相应限值。幕墙结构耐久性极限状态设计应使幕墙结构构件出现耐久性极限状态标志或限值的年限大于等于其设计工作年限。

3.2.6 当幕墙跨越主体结构的变形缝时，应在变形缝两侧分别独立设置幕墙支承结构、面板及其连接，相应部位应密封并能适应主体结构的变形。

3.2.7 建筑幕墙的维护及清洁方式，应提供专项设计，满足安全性、耐久性要求。安装维护清洗装置包括擦窗机应选取专用支承结构与主体结构可靠连接，连接方式经结构计算确定。

3.3 安全措施

3.3.1 建筑幕墙加工、施工安装、检测检验、验收、使用维护时均应采取防坠落措施。

3.3.2 玻璃幕墙应采用安全玻璃。幕墙用钢化玻璃应经均质处理。玻璃面板应有防坠落的措施。高度4m以上部位不宜采用全隐框玻璃幕墙，外倾式的斜幕墙不得采用全隐框玻璃幕墙。

3.3.3 幕墙外表面与地面夹角小于75°时应不采用石材面板。

3.3.4 玻璃幕墙开启扇不得采用全隐框构造做法。应根据建筑幕墙结构的设计工作年限确定反复启闭性能，设计工作年限不小于50年时反复启闭次数为不少于5万次，设计工作年限不小于25年时反复启闭次数为不少于2.5万次。

3.3.5 建筑幕墙应采用安全环保节能材料。幕墙材料应根据环境条件对耐久性的影响，采取相应的防护措施。幕墙材料防腐蚀设计应合理确定防腐蚀设计年限，对结构构件应加强防护。钢结构构件防腐蚀设计应符合《钢结构设计标准》（GB 50017—2017）第18.2节的规定。铝合金结构防腐蚀设计应符合《铝合金结构设计规范》（GB 50429—2007）第10.5节的规定。

3.3.6 密封胶必须选用有效期内且通过粘结性和相容性试验的产品。硅酮结构密封胶还应通过剥离粘结性试验和邵氏硬度试验。

3.3.7 楼层外缘无实体墙的玻璃部位应采取防护措施，防护措施按《民用建筑设计统一标准》（GB 50352）的规定设计。

3.4 构造设计

3.4.1 建筑幕墙的构造设计须符合结构设计计算分析模型的假定，应满足安全美观的原则。

幕墙结构与主体结构间的连接构造应牢固可靠且能适应主体结构和幕墙间的相互变形。

3.4.2 幕墙结构构件的连接应有可靠的防松、防脱和防滑措施，应进行节点结构分析。

3.4.3 构件式幕墙上、下立柱的连接应满足荷载及作用传递及适应层间变形。

3.4.4 构件式幕墙横梁及立柱截面应经结构计算确定尺寸。

3.4.5 幕墙立柱采用钢铝组合型材时，铝型材与钢型材之间应有防腐隔离措施并连接牢固。

3.4.6 幕墙结构构件与主体结构的连接应经结构计算确定，幕墙结构构件与主体混凝土结构应通过预埋件连接。幕墙结构构件与主体钢结构应通过转接件连接，宜在主体钢结构加工厂安装转接件。

3.4.7 幕墙密封胶的位移能力应符合设计要求，宽度和厚度应满足结构计算要求。

3.4.8 转角、弧面、异形单元板块和悬挑尺寸较大的单元板块，横梁与立柱的连接不宜单独采用螺钉承受荷载，可增加刚度较大的连接构件，经计算确定。

3.5 支承结构设计

3.5.1 幕墙结构采用以概率理论为基础的极限状态设计方法。变形较大的幕墙结构作用效应计算时应考虑几何非线性影响。对于复杂结构及大跨度结构，应考虑结构的稳定性。

3.5.2 构件式幕墙横梁与立柱的连接应能承受垂直于幕墙平面的水平力、幕墙平面内的垂直力及绕横梁水平轴的扭转力。螺栓、螺钉、铆钉与型材连接时尚应验算型材本体的抗剪、局部承压的连接强度。

3.5.3 构件式幕墙横梁与立柱采用角码连接时，角码应能承受横梁的剪力。

3.5.4 幕墙立柱宜采用上端悬挂方式。立柱下端支承时，应作压弯构件设计。承受轴压力和弯矩作用的立柱应验算整体稳定，按《铝合金结构设计规范》（GB 50429）和《钢结构设计标准》（GB 50017）的规定验算。梁柱双向滑动连接、销钉连接不能作为立柱的侧向约束。

3.5.5 承受轴压力和弯矩作用的立柱，长细比 λ 不宜大于150。

3.5.6 幕墙立柱作用效应计算时应按实际受力状况考虑最不利组合。斜幕墙立柱应考虑倾斜角度的影响。在建筑物平面转角或突变处，应对立柱截面最小抵抗矩和最小惯性矩方向作补充验算和校核。带装饰构件或遮阳部件的立柱考虑附加作用。

3.5.7 单元式幕墙结构计算应根据传力途径，依次复核各板块及连接的承载能力和刚度，应能满足运输、吊装和使用要求。板块与主体结构的连接不应对板块产生初始应力。对吊装孔部位应专门计算设计。复核顶横梁与立柱连接、单元板块与主体结构连接时，应计入相邻上单元板块传递的作用。

3.5.8 单元式幕墙结构采用对接式组合构件时，对接处横梁与立柱应分别按其所承受作用计算。

3.5.9 大型、弧面及其他异形单元板块的连接结构设计应采用有限元方法计算分析，可设置板内支撑系统加强整体刚度。

3.5.10 全玻幕墙的玻璃结构构件设计应按结构计算确定玻璃规格及连接方式；对于可能遭受偶然作用的主要结构玻璃构件，尚应进行开裂后剩余承载能力设计。高度在12m以上全玻璃幕墙的玻璃肋应进行平面外稳定验算，转角处应验算整体稳定。

3.5.11 点支式玻璃幕墙支承结构设计不计玻璃面板刚度的影响。点支承玻璃幕墙的支承结构体系采用玻璃结构时应采用空间结构有限元分析方法，必要时采用结构试验验证计算。

3.5.12 幕墙用索结构在任何荷载作用下均应保持受拉状态。幕墙索结构计算应考虑几何非线性影响。幕墙索结构与主体结构的连接应能适应主体结构的位移，主体结构应能承受幕墙索结构的支座反力。索结构挠度限值应会同主体结构设计共同确定。

3.6 面板及其连接设计

3.6.1 幕墙面板及其连接设计应满足建筑设计要求，应满足承载能力极限状态、正常使用极限状态、耐久性极限状态设计的要求，应具有足够的承载能力、刚度、稳定性。

3.6.2 面板厚度应经承载能力和刚度计算确定。不规则平面尺寸及弯曲异形面板应按几何非线性有限元方法计算。面板受各种荷载和作用应按相关标准的规定组合，最大应力设计值不超过面板强度设计值。面板挠度值不大于最大限值。

3.6.3 面板及其连接设计应满足拆卸时不损坏其相邻部位构件和结构的要求。

3.6.4 明框玻璃面板应通过定位承托胶垫将玻璃质量传递给支承构件。超大板块应采用非线性有限元方法分析计算确定相关配合尺寸。

3.6.5 隐框或横隐竖明框玻璃面板的承托件及其支承连接应验算强度和挠度。每块面板不少于两个承托件，承托件应同时承接组成面板的所有玻璃，承托件可用铝合金或不锈钢材料。

3.6.6 隐框幕墙玻璃面板，其周边应以结构密封胶与副框粘结，并用压块将副框固定至支承框架上。硅酮结构密封胶的粘接宽度和粘接厚度经计算确定。

3.6.7 幕墙中空玻璃的硅酮结构密封胶应能承受外侧面板传递的荷载和作用，有效宽度经计算确定。

3.6.8 点支承装置设计应能适应玻璃面板在支承点处的转动变形及所传递的荷载或作用。

3.6.9 金属面板连接用螺栓、螺钉和铆钉应经计算确定。

3.6.10 石材面板应选用花岗石，石材面板应作六面防护处理。弯曲强度最小值应经法定检测机构检测确定且不应小于 8.0MPa。磨光面板厚度应不小于 25mm，火烧石板厚度取计算厚度加 3mm；高层建筑及临街建筑，花岗石面板厚度应不小于 30mm。

3.6.11 建筑设计水平吊顶、外倾斜幕墙选用石材效果时，应采用仿石金属板。

3.6.12 石材面板应有防坠落设计。板块的连接和支承不应采用钢销、T 形连接件、蝴蝶码和角形倾斜连接件。

3.7 开启扇设计

3.7.1 幕墙开启扇应根据建筑设计要求选型和设置，应满足性能设计要求，开启扇结构及其与幕墙结构的连接应具有足够的承载能力和刚度，按计算确定相关构件规格尺寸，设计应符合相应建筑门窗产品标准及工程规范的规定。

3.7.2 幕墙开启扇应采取防脱落措施。幕墙开启扇不得采用全隐框构造，至少两对边采用明框构造。

3.7.3 开启扇面积应不大于 $1.8m^2$，开启间距宜不大于 300mm，应设置安全限位装置。

3.7.4 幕墙开启扇应合理配置五金件，五金件应符合《建筑门窗五金件 通用要求》（JG/T 212）的规定，满足性能、安装、维护、更换要求。采用自动启闭方式时，应设置安全锁闭装置。

3.7.5 开启扇采用上悬挂式连接时，应有可靠的防滑和防脱落措施，应验算被悬挂的上横梁及连接的承载能力和刚度。

3.7.6 开启扇采用不锈钢滑撑时，其设计应符合《建筑门窗五金件 滑撑》（JG/T 127）的规定，应设置限位撑档。

3.7.7 开启扇面积大于 $1.0m^2$ 时，应采用多点锁闭器。锁点规格数量应根据计算确定。

3.7.8 连接开启扇的幕墙型材局部壁厚应不小于螺钉公称直径。

4 结语

幕墙结构安全应考虑建筑要求，对幕墙面板、支承结构、连接件与锚固件等依次设计和结构分析计算及构造处理，确保幕墙的安全适用。

作者简介

黄庆文（Huang Qingwen），建筑结构设计教授级高工，中国建筑金属结构协会铝门窗幕墙分会专家，中国建筑装饰协会专家，中国建筑装饰协会幕墙工程分会专家，全国幕墙门窗标准化技术委员会委员，广东世纪达建设集团有限公司总工程师。

幕墙设计考虑幕墙施工工艺的必要性

张利坤 李云龙 王玉朔 张 洋

珠海市晶艺玻璃工程有限公司华北设计院 北京 100162

摘 要 随着我国经济的快速发展，幕墙作为建筑外维护结构，其差异性越来越大，充分体现了幕墙工程的丰富性和多样性。一些幕墙工程和以往新建幕墙项目的差别十分明显，如果设计不能充分考虑幕墙施工工艺，采用惯性思维进行幕墙设计，会导致幕墙在施工时困难重重。本文通过对幕墙设计和幕墙施工工艺的对照指出，幕墙设计应充分考虑施工的必要性。

关键词 装配式；施工工艺

1 引言

随着我国经济的快速发展，幕墙行业也迎来很多变化。幕墙的种类越来越丰富，幕墙的施工方法和施工机具也有很大的改善。幕墙工程中既有建筑改造工程比例逐渐加大，有些幕墙体系和新建幕墙存在一定区别，而幕墙的施工方法也有一些变化。幕墙设计人员应该充分考虑幕墙的特性，找到符合幕墙特点的施工工艺，避免出现幕墙设计和施工工艺脱节的现象。同时，幕墙设计人员应该从项目全寿命周期考虑，包括幕墙的材料选择、材料加工、组装、安装、使用和后期维护工作，而不只是考虑幕墙材料的使用率等个别因素。从设计方案初始阶段，设计人员就应充分考虑幕墙构造特点以及幕墙的施工工艺问题，对幕墙的全寿命周期给予合理把握。

在实际工作中，有时候碰到一些特殊的幕墙工程，由于设计师没有充分考虑幕墙施工工艺，导致幕墙工程在实施过程中难度很大。本文拟初步探讨设计师应充分考虑施工工艺的必要性，给项目的全流程提供合理的设计。

2 常见的几种幕墙施工工艺

幕墙是建筑的维护体系，是给建筑穿上的美丽外衣。幕墙和门窗都是建筑经常使用的外立面形式。幕墙通常是从建筑的外部进行施工，而门窗则可以从建筑内部进行施工。

2.1 构件式幕墙施工工艺

构件式幕墙是安装在主体结构外，通过幕墙竖向立柱、横向龙骨组成网格，再铺设面板和装饰线条的一种幕墙构造。这种幕墙构造需要施工人员从建筑外侧进行施工。早年一些幕墙工程会采用脚手架作为施工措施，而现在则大部分会采用吊篮的施工方式。近些年也出现了自升施工平台等更加方便的施工方法，如图 1 所示。

图1　自升降施工作业平台

2.2　单元式幕墙施工工艺

单元式幕墙是在工厂组装好，到现场直接安装的一种幕墙形式。单元式幕墙装配化程度高，装配质量好。其安装方式通常采用自制吊装设备进行，比如采用移动小吊车或者环形轨道进行安装，如图2所示。有些单元式幕墙的外侧设置了比较大的装饰条或者其他构件，无法和单元幕墙板块一起同时吊装，需要二次安装。这时需要在屋面或者环轨上架设吊篮，让施工人员在幕墙外侧进行施工。

图2　单元幕墙施工用环形轨道

2.3　半单元幕墙施工工艺

半单元幕墙是一种介于单元和框架之间的幕墙构造形式，先安装幕墙的主立柱，然后将幕墙板块从室外直接吊装。这种工艺取消了幕墙横梁的安装，因此，幕墙施工也可以从室内完成。

2.4 吊顶金属幕墙施工工艺

该工艺通过高空作业车将施工人员举升至相应位置，施工人员从外部安装，高空作业车目前应用十分广泛，可以针对很多类型的幕墙进行施工，如图 3 所示。

图 3　高空作业车施工

3　幕墙施工工艺的发展

随着幕墙行业的不断发展，幕墙技术在不断更新，幕墙施工的方法和手段也越来越多，呈现出以下变化：

（1）施工机具的种类多，能力强，各种高空作业车、大型吊车、楼面旋转吊车、环形轨道、大型移动升降作业平台等设备，极大地方便了施工。

（2）施工的人工成本越来越高，人工成本在幕墙造价中占比越来越高。幕墙施工过程对施工机械的依赖程度越来越高，通过对施工机械的大量使用，提高施工人员效率。比如，电动工具的使用已经非常普及，提高了工人的装配速度；有些环形轨道采用电刷，可以随意在环形轨道内行走，大大提高了工作效率。

（3）安全要求越来越高。幕墙施工过程的安全要求越来越高，施工人员在施工过程中，必须做好安全防护。安全分级管控要求越来越详细。

（4）施工组织要求越来越详细。幕墙施工组织设计的内容越来越详细，幕墙施工过程中的很多施工内容都需要单独编制方案。当幕墙高度超过 50m，属于超危大工程范围，还需要进行危大专项论证。

（5）特殊的幕墙越来越多。一些幕墙已经不单纯是建筑功能齐全的建筑维护体系，和传统意义的幕墙差别很大。有些特殊幕墙的设计，只是为了满足造型、泛光的建筑要求。

（6）幕墙造型越来越复杂。为了突出建筑特性，曲面幕墙、双曲面幕墙、斜面幕墙、大悬挑幕墙等幕墙形式越来越多。

针对幕墙发展变化，幕墙设计也应该多考虑施工因素的影响，大致可以从以下几个方面进行考虑：

（1）幕墙体系选择：不同幕墙体系对幕墙施工工艺要求不同，应根据项目情况选择合适的幕墙体系。比如，楼层不高、造型方正的幕墙适合采用构件式幕墙，超高层规整的建筑幕墙应首选单元式幕墙。

（2）幕墙装配率的选择：从设计考虑，应该尽量选择装配率高的体系，这样可以减少施工现场的作业。工厂的加工、组装条件、工人素质、产品质量是明显优于现场的，其加工和装配效率也明显优于现场。

（3）幕墙施工方法和施工机械的考虑：尽量采用常规施工机具，减少特殊施工机具的使用，比如，采用吊篮这种使用方便的工具，减少大规格高空作业车等机械的使用。

（4）考虑施工人员操作方便：尽量让施工人员在比较安全的位置完成施工作业，比如，窗系统或者单元幕墙系统都可以让施工人员在建筑室内完成施工作业，避免施工人员处于室外进行施工作业。

（5）考虑施工人员的操作空间：要有预留足够的空间，不能过于狭小。

4　设计未能充分考虑施工的情况

4.1　某吊顶幕墙工程

该工程是既有建筑改造项目，高度 60m。建筑顶部是一个悬挑结构，需要在悬挑钢结构下设置铝板和玻璃吊顶，并且设置泛光照明系统。由于建筑物本身功能完整，所以幕墙体系只是装饰功能，没有采光、保温、防水等性能要求。

幕墙设计采用常规铝板幕墙和玻璃幕墙构造，施工人员需要举升到 60m 的高空从外侧进行安装，并且打胶密封。幕墙施工组织设计考虑到施工难度，在高处搭设临时悬挑钢平台作为施工平台，待施工完成后再将钢平台拆除。随后再使用高空作业平台车，补充钢平台支撑结构预留下幕墙空隙。

由于施工操作平台需要大量钢材，焊接和拼装成本较高，使用后只能拆除。而且，施工平台拆除后，还需要配合高空车等措施，因此，幕墙施工措施费用远超投标时候的措施费用。此外，项目完工后的灯光和幕墙的维护也会十分困难。

4.2　某立面穿孔铝板幕墙工程

该工程是既有建筑改造，原建筑是一个圆筒形构筑物，高度 50m 左右，没有建筑功能要求。改造工程是在构筑外增设穿孔铝板幕墙为装饰，并且增加泛光照明。增加的穿孔铝板幕墙面为扭转双曲面，通过三角形铝板拟合。混凝土构筑物外每 3m 左右高搭设一层钢平台，然后在钢平台外搭设竖向穿孔铝板幕墙龙骨。

幕墙施工图的设计采用常规穿孔铝板幕墙的设计思路，从外侧固定，基本节点见图 4。此设计方案需要施工人员到外侧施工。因此，施工组织设计主要是解决如何让施工人员可以沿着扭转的幕墙面移动的问题。最终，施工单位采用了斜拉导轨的吊篮作为主要施工机具，配合高空作业车作为辅助施工机具。这种施工方式成本较高，施工进度较慢。

其实，该幕墙和常规铝板幕墙存在很大差别。首先，该铝板幕墙是纯装饰目的，没有防水、保温等性能要求。采用穿孔铝板，铝板之间不必打胶密封。扭曲的铝板幕墙面和主体结

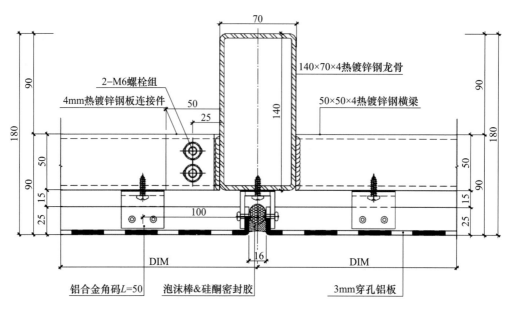

图 4　穿孔铝板幕墙节点示意

构之间已经有主体钢结构搭设的平台作为铝板幕墙的支撑结构，此空间的尺度完全可以满足施工人员进行操作。因此，可以考虑利用这个钢平台作为施工人员的施工平台，设计时采用内侧安装铝板幕墙的方式，将大大降低幕墙施工的难度，且给后续灯光维护提供便利条件。我们根据原设计构造，初步构思了一个吊顶铝板幕墙内侧安装的方案，手绘图示意如图 5 所示。本工程未按照内装方式实施。

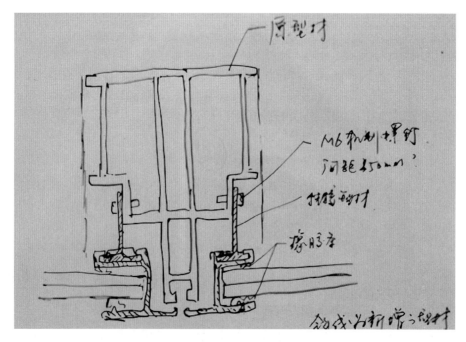

图 5　玻璃吊顶幕墙手绘示意图

以上两个工程都存在设计阶段没有充分考虑项目的特殊性，而按照常规幕墙设计惯性去设计的误区，给幕墙施工和幕墙维护都带来一定困难。其实，以上两个工程都不是传统的幕墙构造，除了幕墙的抗风压性能和变形性能之外，其他包括雨水渗透性能、保温性能、隔声性能等都没有要求。设计人员如果考虑一种内侧安装的构造，就能简化施工措施，提高施工效率。

5 设计考虑施工的案例

5.1 延边塔旋转餐厅的外立面幕墙

延边塔是一座超高层观光塔，是一个既有建筑幕墙改造工程。建筑位于延边帽儿山风景区，现场不利于大型机械进出。延边塔的观光层有两层，位于建筑标高163m的位置，双曲面花瓣铝板造型从观光层上一直延伸到观光层下部。观光层改造后效果如图6所示。

图6 延边塔观光层效果图

原建筑观光层采用带型窗，本次改造调整为构件式玻璃幕墙，幕墙设计的观光层玻璃幕墙基本节点如图7所示。

根据幕墙施工图，施工人员必须到幕墙外侧进行安装工作，这给项目施工带来较大困难。通过和设计单位及甲方沟通，施工深化设计，将此位置调整为内装式构件幕墙，得到了设计单位和甲方的认可。这种内装幕墙构造施工时，先安装幕墙主龙骨，然后在室内安装幕墙玻璃，简化了施工工艺，而且为后续幕墙使用中的玻璃更换提供了便利条件。调整后的幕墙施工图在模型中放样，拟合了安装顺序和构造，确保其可以实施。内安装幕墙节点三维示意图如图8所示。

5.2 延边塔高空铝板花瓣造型

延边塔的观光层外侧新增一个铝板花瓣造型，铝板造型固定在主体结构上，和主体结构的关系比较复杂。原设计图给出了造型截面的基本做法，如图9所示。由于花瓣铝板造型复杂，且铝板造型和主体结构的距离较大，成型和空间定位的难度较大。

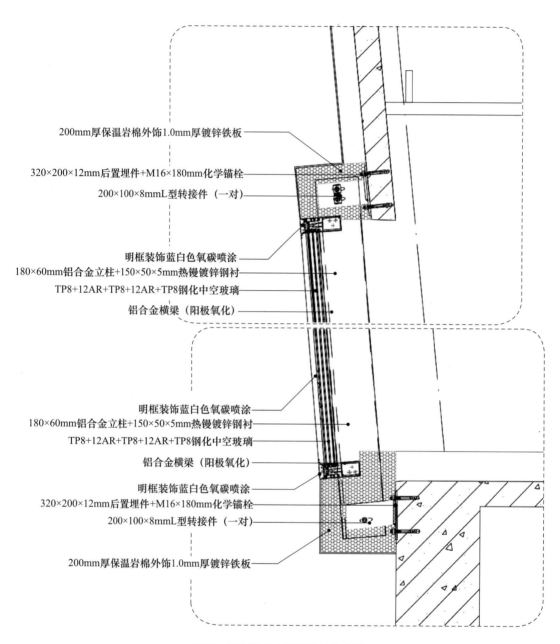

200mm厚保温岩棉外饰1.0mm厚镀锌铁板

320×200×12mm后置埋件+M16×180mm化学锚栓

200×100×8mmL型转接件（一对）

明框装饰蓝白色氧碳喷涂
180×60mm铝合金立柱+150×50×5mm热镀锌钢衬
TP8+12AR+TP8+12AR+TP8钢化中空玻璃
铝合金横梁（阳极氧化）

明框装饰蓝白色氧碳喷涂
180×60mm铝合金立柱+150×50×5mm热镀锌钢衬
TP8+12AR+TP8+12AR+TP8钢化中空玻璃
铝合金横梁（阳极氧化）
明框装饰蓝白色氧碳喷涂
320×200×12mm后置埋件+M16×180mm化学锚栓
200×100×8mmL型转接件（一对）

200mm厚保温岩棉外饰1.0mm厚镀锌铁板

图 7　延边塔观光层原设计节点图

　　通过和幕墙设计单位沟通，我们先将整个铝板花瓣整体重新建模，对铝板面进行曲面优化，而且在建模过程中调整了造型和主体结构之间的距离，避免出现过大的悬挑支撑。整个造型采用大截面的圆钢管造型，方便加工，优化后的整体模型如图 10 所示。

　　整个铝板造型的尺寸较大，如果采用先吊焊接钢结构后安装铝板的方式，则施工难度较大。于是，深化设计将整个铝板花瓣分解成 64 个独立的单元，8 种独立单元，每种单元用不同颜色表达，如图 11 所示。

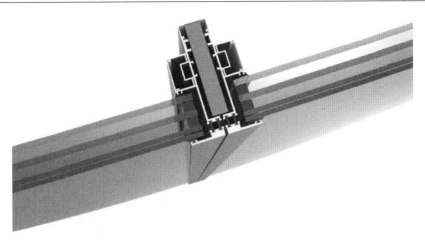

图 8　内安装幕墙节点三维示意图

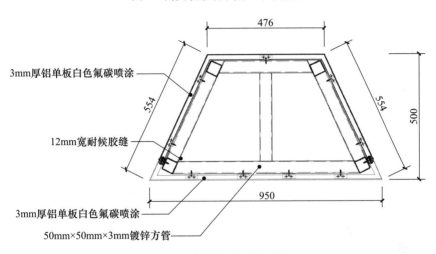

3mm厚铝单板白色氟碳喷涂

12mm宽耐候胶缝

3mm厚铝单板白色氟碳喷涂

50mm×50mm×3mm镀锌方管

图 9　花瓣铝板水平剖面图

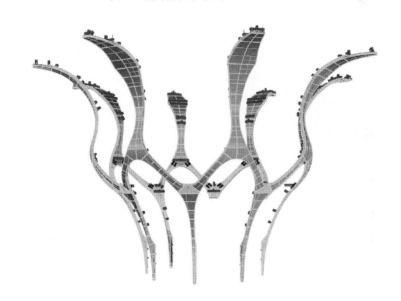

图 10　花瓣铝板整体模型图

图 11　花瓣铝板深化设计

　　每个铝板单元包括支撑的圆形钢结构和外侧的铝板装饰，都在工厂进行加工组装，运到工地后，每个单元体独立挂接。这样可以更好地保证铝板造型的加工和组装精确。铝板单元的挂接和单元对接节点三维示意图如图 12 所示。

图 12　花瓣铝板分块模型图

5.3 海口免税城铝板吊顶

该工程位于海口市，是目前亚洲最大的单体免税城。该建筑由法国 VP 建筑事务所设计，中国建筑设计研究院有限公司完成施工图设计，我司负责外立面幕墙和屋面的设计工作。该项目的金属外檐尺寸很大，通过主体钢结构悬挑形成基本外形。建筑师在铝板吊顶内设计了大量泛光灯。铝板檐口现场照片如图 13 所示。

图 13　铝板檐口照片

如果采用铝板从外侧固定的方式，则施工比较困难，而且项目泛光灯具维护困难。考虑到吊顶上部主体钢结构的空间较大，我们在设计时将铝板吊顶板块增加附框，和吊顶龙骨在内侧进行连接固定，这样虽然在材料上增加了用量，但方便了施工和维护。其基本节点如图 14 所示。

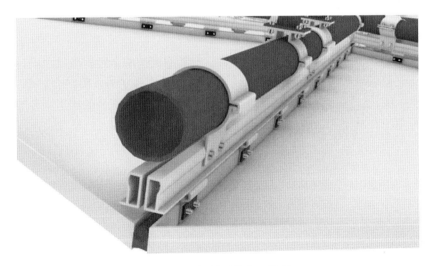

图 14　铝板吊顶节点三维图

泛光灯具预先安装在铝板板块中，施工人员在吊顶钢结构内侧搭设施工马道，从吊顶内侧安装铝板板块，再将灯具电源连接。施工马道在施工完成后保留，方便以后进行吊顶铝板和灯光的维护工作。主体钢结构檐口内设置的马道如图 15 所示。

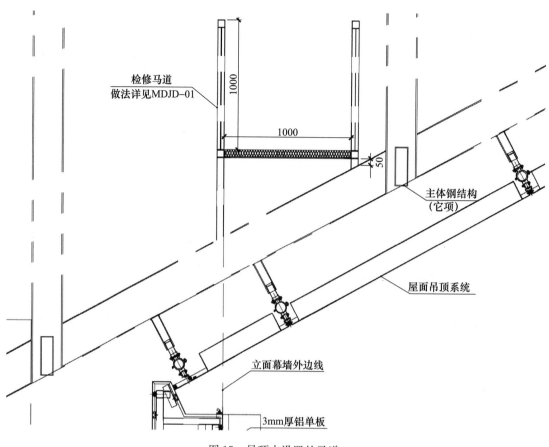

图 15　吊顶内设置的马道

6　结语

幕墙设计应该是幕墙的材料、加工、组装、安装到维护的全过程设计。设计人员应全面考虑幕墙施工、幕墙维护遇到的问题。幕墙设计工作不是孤立的，要结合各部门、各专业，包括材料的生产工艺、加工工艺、幕墙组件的组装工艺和幕墙安装的施工工艺等。从项目整体出发，为幕墙工程的生产、施工、维护提供合理方向。

参考文献

[1]　中华人民共和国建设部 . 建筑幕墙：GB/T 21086—2007[S]. 北京：中国标准出版社，2008.
[2]　北京城建科技促进会 . 建筑幕墙施工安全技术标准：T/UCST 002—2018[S]. 北京：中国建材工业出版社，2018.

平面转折单元式幕墙系统设计浅析

谭伟业　文　林

深圳市方大建科集团有限公司　广东深圳　518052

摘　要　本文结合深圳中金大厦单元幕墙工程案例，介绍了平面转折单元式幕墙系统的设计重点，特别是针对单元系统构造、单元系统防水、结构连接设计等做了重点介绍，并简单陈述了其龙骨结构的整体受力分析。

关键词　单元幕墙；几字形锯齿；内平开窗；结构分析

1　引言

在当代建筑行业，建筑表皮通过引入更多折线、弧线和不规则线条等几何变化要素，形成立体感和韵律强烈的肌理表皮，不仅可以表现建筑的不同质感，同时也使建筑呈现多样的视觉效果。通过多段折线形成平面转折的幕墙，因其造型美观、层次感强烈，在建筑表皮上的应用越来越多。然而，平面转折幕墙在设计及施工方面均有一定的难度，尤其是平面转折单元式幕墙，需要设计人员对于上述幕墙设计有一些深入的研究。本文结合深圳中金大厦单元幕墙工程案例，针对平面转折单元式幕墙系统的设计进行分析和总结，供广大幕墙工程设计人员参考。

2　工程概述

中金大厦位于深圳南山后海中心区，毗邻科苑大道与海德三道，是企业办公总部大楼，幕墙面积约 3.25 万 m^2，建成后将成为后海中心区的标志性建筑。项目主要由 1 栋 30 层高 153m 的塔楼和 3 层 16.2m 高的裙楼组成。幕墙系统分布主要有塔楼标准单元幕墙、塔楼东北侧索网幕墙、4～5 层竖隐横明框架式幕墙、裙楼玻璃肋全玻幕墙、主入口媒体树双曲玻璃幕墙、裙房采光顶幕墙等（图 1、图 2）。

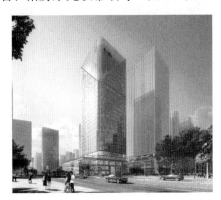

图 1　中金大厦效果图

图 2　中金大厦施工现场照片

本工程外立面体型较为复杂，建筑师以"大树"的设计理念体现在建筑的各个部位，宛如林间光影交错的大堂、树皮般遒劲的塔楼外立面、高木林立的空中大堂、充满未来感的媒体树等，下面笔者主要针对中金大厦塔楼单元幕墙系统的设计要点进行介绍和分析。

3 单元式幕墙系统设计介绍

3.1 单元构造组成

标准单元板块分格尺寸 1800mm（宽）×4500mm（高），横截面呈几字形锯齿状，板块最大厚度尺寸达 650mm，板块质量约 900kg（图 3）。标准单元立面由中横梁划分为 2 块玻璃，其中层间玻璃配置为 8 半钢化＋1.52PVB＋8 半钢化＋12A＋8 钢化夹胶中空超白玻璃，大面玻璃配置为 8 半钢化＋1.52PVB＋8 半钢化＋12A＋10 钢化夹胶中空超白玻璃，玻璃带悬挑夹层渐变尺寸的飞边设计，上下左右板块玻璃飞边斜向均相反，整体呈现交错布置的美感（图 4、图 5）。飞边玻璃需要考虑除膜工艺，玻璃侧边外包装饰封边板，装饰封边板在横梁扣盖位置局部加宽，用于遮挡扣盖端部，呈现出设计的精致感（图 6）。

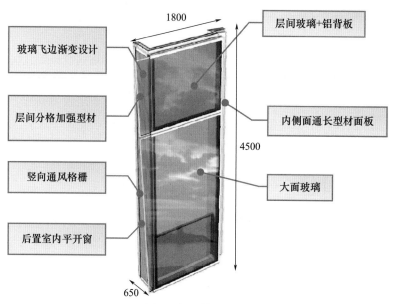

图 3 标准单元尺寸

图 4 锯齿单元局部效果图

图 5 锯齿单元现场照片

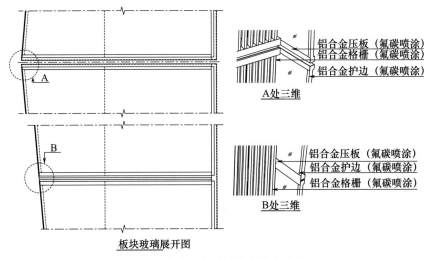

A处三维
- 铝合金压板（氟碳喷涂）
- 铝合金格栅（氟碳喷涂）
- 铝合金护边（氟碳喷涂）

B处三维
- 铝合金压板（氟碳喷涂）
- 铝合金护边（氟碳喷涂）
- 铝合金格栅（氟碳喷涂）

板块玻璃展开图

图6　玻璃飞边型材封边构造做法

锯齿板块侧面凹槽一侧为竖向通风格栅，内平开窗隐藏于竖向通风格栅后方室内侧，除平开窗外其余位置为加强型材；凹槽另一侧为铝合金型材面板，上面设有通长线槽用于隐藏灯光走线。标准单元水平横剖节点做法如图7和图8所示，垂直竖剖节点做法如图9～图12所示。

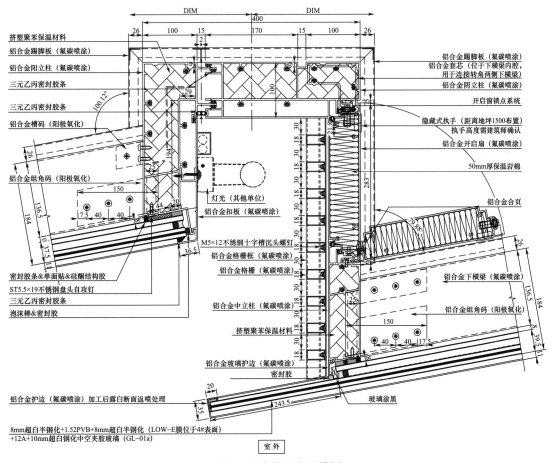

图7　开启位置水平横剖

255

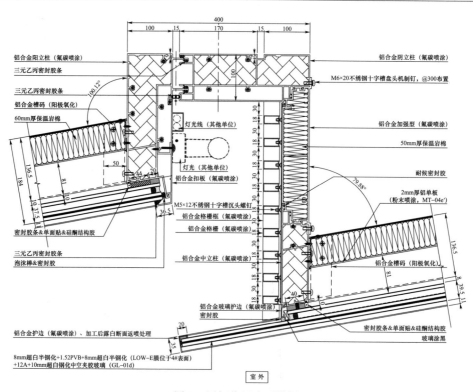

铝合金阳立柱（氟碳喷涂）
三元乙丙密封胶条
三元乙丙密封胶条
铝合金槽码（阳极氧化）
60mm厚保温岩棉

灯光线（其他单位）
灯光（其他单位）
铝合金扣板（氟碳喷涂）

M5×12不锈钢十字槽沉头螺钉
铝合金格栅框（氟碳喷涂）
铝合金格栅（氟碳喷涂）
密封胶条&单面贴&硅酮结构胶
三元乙丙密封胶条
泡沫棒&密封胶
铝合金中立柱（氟碳喷涂）

铝合金玻璃护边（氟碳喷涂）
密封胶

铝合金护边（氟碳喷涂）、加工后露白断面返喷处理

8mm超白半钢化+1.52PVB+8mm超白半钢化（LOW-E膜位于4#表面）
+12A+10mm超白钢化中空夹胶玻璃（GL-01d）

铝合金阳立柱（氟碳喷涂）
M6×20不锈钢十字槽盘头机制钉，@300布置
铝合金加强型（氟碳喷涂）
50mm厚保温岩棉
耐候密封胶
2mm厚铝单板（粉末喷涂，MT-04e'）
铝合金槽码（阳极氧化）
密封胶条&单面贴&硅酮结构胶
玻璃涂黑

室外

图8　层间位置水平横剖

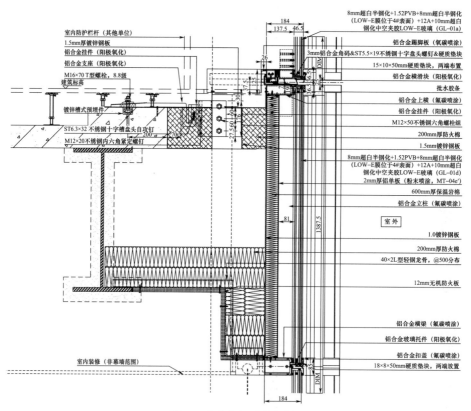

室内防护栏杆（其他单位）
1.5mm厚镀锌钢板
铝合金挂件（阳极氧化）
铝合金支座（阳极氧化）
M16×70 T型螺栓，8.8级
建筑标高
镀锌槽式预埋件
ST6.3×32不锈钢十字槽盘头自攻钉
M12×20不锈钢内六角紧定螺钉

室内装修（非幕墙范围）

8mm超白半钢化+1.52PVB+8mm超白半钢化
（LOW-E膜位于4#表面）+12A+10mm超白
钢化中空夹胶LOW-E玻璃（GL-01a）
铝合金踢脚板（氟碳喷涂）
3mm铝合金角码&ST5.5×19不锈钢十字槽盘头螺钉&硬质垫块
15×10×50mm硬质垫块，两端布置
铝合金横滑块（阳极氧化）
批水胶条
铝合金上横（氟碳喷涂）
铝合金挂件（阳极氧化）
M12×50不锈钢六角螺栓组
200mm厚防火棉
1.5mm镀锌钢板
8mm超白半钢化+1.52PVB+8mm超白半钢化
（LOW-E膜位于4#表面）+12A+10mm超白
钢化中空夹胶LOW-E玻璃（GL-01d）
2mm厚铝单板（粉末喷涂，MT-04e'）
600mm厚保温岩棉
铝合金立柱（氟碳喷涂）

室外

1.0镀锌钢板
200mm厚防火棉
40×2L型轻钢龙骨，@500分布
12mm无机防火板

铝合金横梁（氟碳喷涂）
铝合金玻璃托件（阳极氧化）
铝合金扣盖（氟碳喷涂）
18×8×50mm硬质垫块，两端放置

图9　玻璃位置垂直竖剖

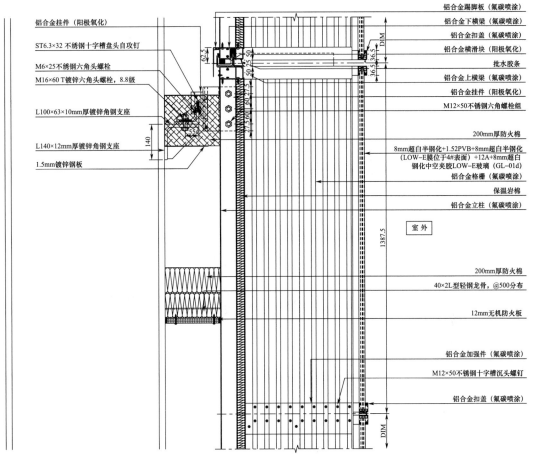

铝合金踢脚板（氟碳喷涂）
铝合金上横梁（氟碳喷涂）
铝合金扣盖（氟碳喷涂）
铝合金横滑块（阳极氧化）
批水胶条
铝合金上横梁（氟碳喷涂）
铝合金挂件（阳极氧化）
M12×50不锈钢六角螺栓组
200mm厚防火棉
8mm超白半钢化+1.52PVB+8mm超白半钢化
（LOW-E膜位于4#表面）+12A+8mm超白
钢化中空夹胶LOW-E玻璃（GL-01d）
铝合金格栅（氟碳喷涂）
保温岩棉
铝合金立柱（氟碳喷涂）
室外
200mm厚防火棉
40×2L型轻钢龙骨，@500分布
12mm无机防火板
铝合金加强件（氟碳喷涂）
M12×50不锈钢十字槽沉头螺钉
铝合金扣盖（氟碳喷涂）

铝合金挂件（阳极氧化）
ST6.3×32不锈钢十字槽盘头自攻钉
M6×25不锈钢六角头螺栓
M16×60 T镀锌六角头螺栓，8.8级
L100×63×10mm厚镀锌角钢支座
L140×12mm厚镀锌角钢支座
1.5mm镀锌钢板

图 10　凹槽正面位置垂直竖剖

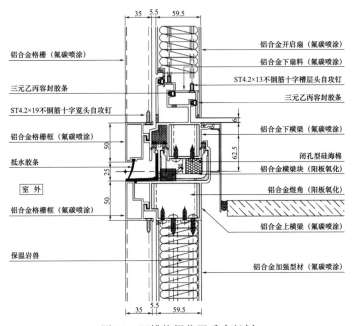

铝合金开启扇（氟碳喷涂）
铝合金下扇料（氟碳喷涂）
ST4.2×13不锈钢十字槽层头自攻钉
三元乙丙容封胶条
铝合金下横梁（氟碳喷涂）
闭孔型硅海棉
铝合金横梁块（阳极氧化）
铝合金煜角（阳极氧化）
铝合金上横梁（氟碳喷涂）
铝合金加强型材（氟碳喷涂）

铝合金格栅（氟碳喷涂）
三元乙丙容封胶条
ST4.2×19不钢筋十字览头自攻钉
铝合金格栅框（氟碳喷涂）
抵水胶条
室外
铝合金格栅框（氟碳喷涂）
保温岩兽

图 11　凹槽格栅位置垂直竖剖

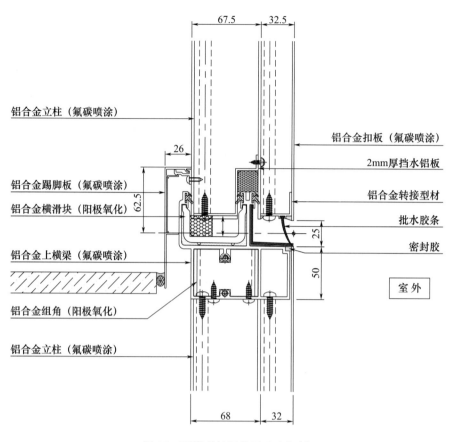

图 12　凹槽型材板位置垂直竖剖

3.2　通风格栅及内平开窗设计

本项目单元通风为隐藏式内平开窗，置于凹槽一侧通风格栅后方，从而保持了立面的整体性和简洁。通风格栅为 18mm 宽矩形截面，净间距 30mm 竖向布置。为提高格栅的安装精度和质量，格栅做成组件形式，待内侧立柱横梁间拼缝防水处理好后再进行成栅挂装，在中横梁位置通过卡件固定，同时起到防跳脱作用（图 13、图 14）。在开启扇范围内调整卡件位置，避开人正常视线范围，同时降低卡件高度，在格栅防晃动和减少开窗后对视野影响中取得最佳平衡。

内平开窗原设计为铝板平开窗，为提高开启扇的整体平整度和加工精度，避免室内出现不同基材间喷涂的色差问题，深化设计调整为铝型材开启扇。窗五金及执手均进行隐藏式设计，整体简洁美观。开启扇采用硬度较小的复合发泡胶条，转角位置采用成品转角胶膜，保证平整度同时提高防水性能。为了减少窗框和幕墙龙骨间拼接缝，把窗框与单元横梁及立柱均合并成一个整体模，同时下框位置室外侧挡水板高度加高，加大下框位置的排水槽腔体，下横梁与格栅框挂接位置预留排水长孔，提高开启扇系统整体防排水性能（图 15）。

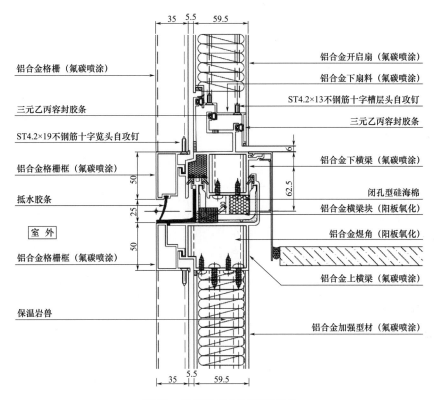

图 13　通风格栅上下连接节点

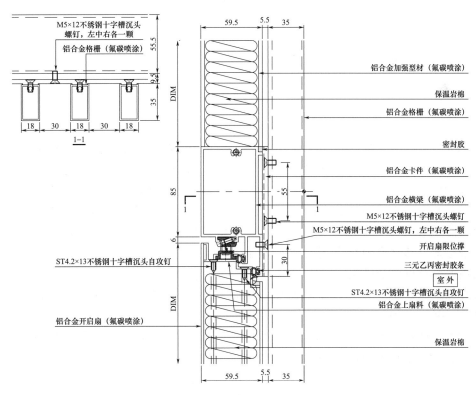

图 14　通风格栅中部连接节点

259

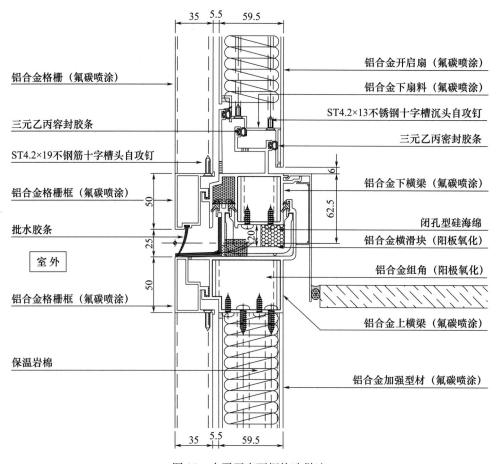

图 15　内平开窗下框构造做法

3.3　单元连接设计

3.3.1　单元抗侧连接设计

单元体横截面为几字形锯齿状，整体龙骨由单元公母立柱、转角处中立柱以及上下插接横梁和中横梁组成（图 16），由于锯齿板块凹槽位置存在进深，板块平面内（抗侧移）的稳定性尤其需要重点考虑。常规的设计思路会考虑增加横杆斜撑组成稳定的三角形，考虑到本项目主体结构板亦为锯齿状设计，同时背板仅在玻璃面板后方设置，如果采用横杆斜撑进行设计，会存在斜撑外露，同时对于现场板块安装也会存在一定的影响。本项目深化设计过程中创新性地提出了抗侧加强型材的设计方案，加强型材位于凹槽一侧层间分格位置，满分格通长布置，其与单元母立柱及转角立柱进行互穿的强连接设计，同时加强型材与板块挂件进行了连接，整体刚度大且力的传递更加直接，另外加强型材可兼做面板作用，通过加工铣缺预留和骨架间打胶凹口，保证防水线贯通，此设计可谓一举多得（图 17、图 18）。

考虑到凹槽位置母立柱截面较宽，板块挂件设计时采取了增加斜撑板件的结构，加强了立柱在支座位置的侧向支撑，加大立柱自身的抗扭转性能。

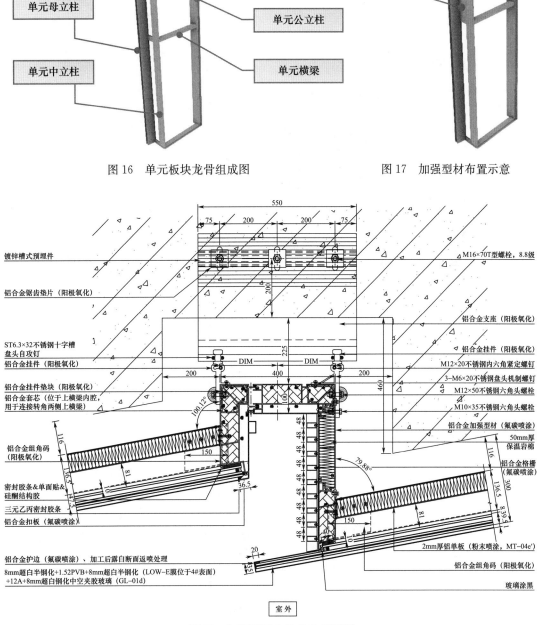

图 16　单元板块龙骨组成图　　　　　图 17　加强型材布置示意

图 18　加强型材在挂件位置横剖

3.3.2　单元立柱横梁连接设计

本项目几字形锯齿单元横梁与立柱间存在多种角度的变化，设计时，一方面，为了提高板块连接的刚度和稳定性，保证锯齿板块转角处不形成几何可动，另一方面，为了组装过程中能精准定位，控制角度的准确性，单元板块上下横梁与板块立柱间采取了型材组角紧密配合连接的方式，组角与立柱间采用螺钉限位。这种设计不仅单元板块本身连接的可靠性得到了保证，使得上下层板块立柱间传递剪力更直接，同时可以有效保证不同角度板块组装的高精度。上横梁与立柱组角连接详见图 19、图 20，下横梁与立柱组角连接详见图 21、图 22。

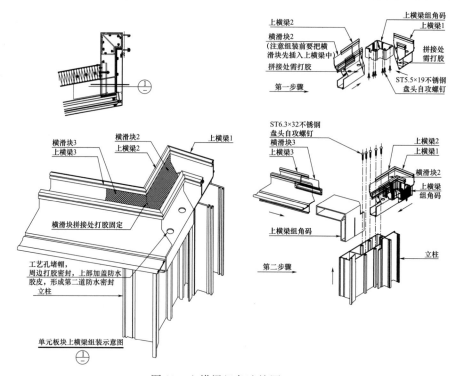

图 19　上横梁组角连接图（一）

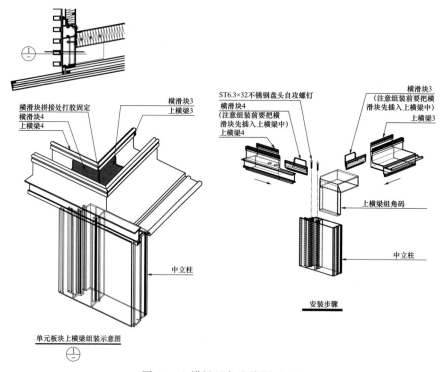

图 20　上横梁组角连接图（二）

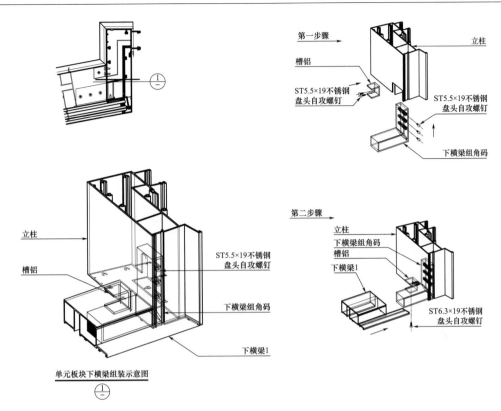

单元板块下横梁组装示意图

图 21　下横梁组角连接图（一）

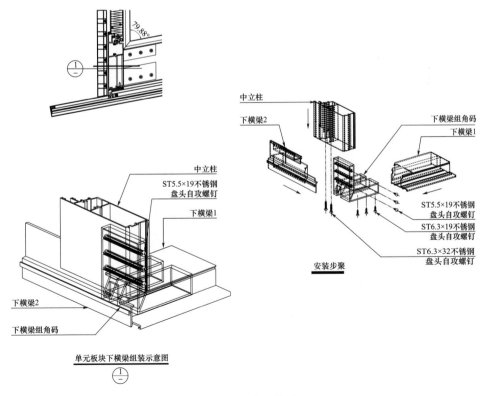

单元板块下横梁组装示意图

图 22　下横梁组角连接图（二）

单元上下横梁在凹槽转角处为多段拼接设计。为了保证连接位置的可靠，确保几字形锯齿板块在加工组装、吊装的过程都不会发生拼缝开裂导致漏水问题，同时防止锯齿板块在运输过程中发生"劈叉"现象导致拼接缝开裂，设计时在横梁转角拼接位置设置了型材插芯组角（图 23、图 24），同时在下横梁底部以及上横梁室内侧不可视部位设置不锈钢连接片进行了加强。

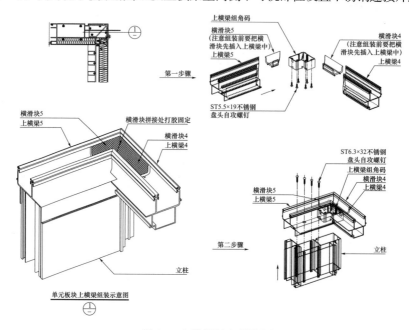

图 23　上横梁转角拼接图

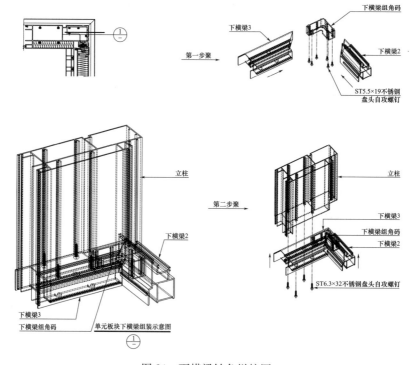

图 24　下横梁转角拼接图

3.4 板块防排水设计

常规单元板块多采用内排水设计，本项目在深化设计过程中经过了充分调研和对比，基于以下几方面的考虑，采用了外排水的方式。首先，单元板块上横梁存在多段拼接的情况，若采用内排水，拼缝位置即便打了榫口胶，因无法目视检查内部打胶质量，存在很大漏水隐患；其次，内排水拼缝处的榫口胶一旦在运输或者吊装过程中发生开裂现象，由于位于内腔，现场无法处理；最后，上横梁为"几"字形拼接，多道转折绕道，内排水无法保证排水的通畅。

单元板块采用外排水方案，可以目视检查排水孔是否开设到位，同时排水直接，可以保证顺畅。上横梁拼缝处防水密封处理效果好，拼缝位置先打胶密封，外侧加盖胶皮周圈打胶，设置 2 道密封防水（图 25、图 26）。本工程采用外排水，经过了性能测试验证，整体水密性能达到规范中分级指标的最高级别 5 级（图 27）。

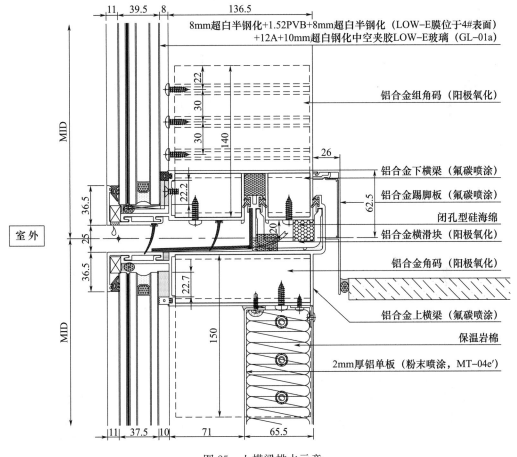

图 25 上横梁排水示意

3.5 龙骨结构分析计算

板块为几字形锯齿单元构造，龙骨通过建模整体分析，建立三层模型，模型中龙骨采用型材实际截面，同时考虑凹槽层间加强型材的作用（图 28、图 29）。与常规平板板块单面受荷不同，锯齿板块风荷载应考虑不同方向的组合作用（图 30～图 33），经分析龙骨结构整体受力安全可靠，龙骨变形满足规范要求。相对于按简支梁模型计算龙骨变形，模型中整体变形结果更小，侧面验证了锯齿构造板块的平面外变形控制比平板板块更有利。

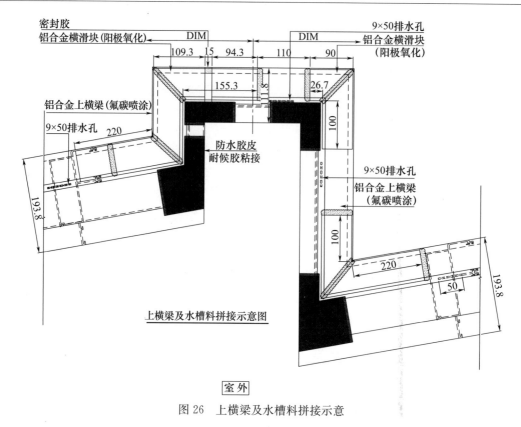

上横梁及水槽料拼接示意图

室外

图 26　上横梁及水槽料拼接示意

板块上横梁位置排水路径三维图

室外

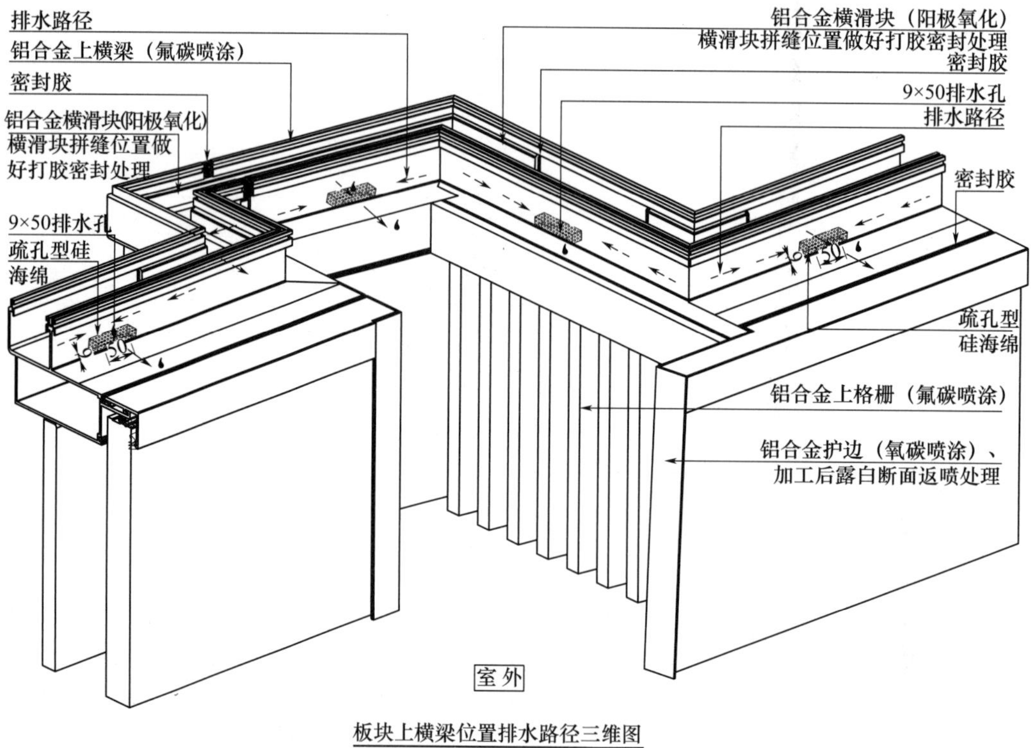

图 27　板块上横梁排水路径

模型建立

图 28　整体计算模型

通过插入点，得到时正确的立柱关系

图 29　模型插入点调整

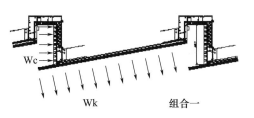

图 30　风荷载组合情况（一）

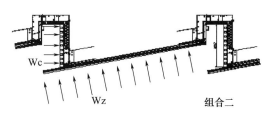

图 31　风荷载组合情况（二）

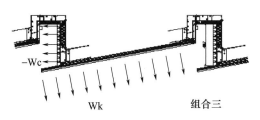

图 32　风荷载组合情况（三）

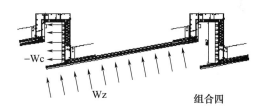

图 33　风荷载组合情况（四）

4　结语

　　现代建筑随着社会发展和人们审美的不断提升，建筑造型的求新求异给建筑幕墙带来了很大的挑战和机遇。中金大厦作为全球化企业的总部办公大楼，建成后将屹立在城市森林中，向世人展示作为全球一流金融企业的信赖感、成长力和为社会做贡献的姿态。本文所介绍的设计内容，是我们整个设计团队在设计和实践中的一点经验总结，可为今后这类幕墙工程提供设计参考与借鉴。

参考文献

［1］ 中华人民共和国建设部 . 建筑幕墙：GB/T 21086—2007［S］. 北京：中国标准出版社，2008.

［2］ 中华人民共和国建设部 . 玻璃幕墙工程技术规范：JGJ 102—2003［S］. 北京：中国建筑工业出版社，2004.

［3］ 中华人民共和国住房和城乡建设部 . 建筑结构荷载规范：GB 50009—2012［S］. 北京：中国建筑工业出版社，2013.

［4］ 广东省住房和城乡建设厅 . 广东省建筑结构荷载规范：DBJ 15-101—2014［S］. 北京：中国城市出版社，2014.

浅谈 HPC 复合新型墙板在幕墙中的应用

罗荣华　罗　坤

中国建筑设计研究院有限公司　北京　100044

摘　要　随着时代的发展，建筑幕墙产品类型日新月异，新型产品层出不穷，在这种时代背景下，一种新型高强度的混凝土制品幕墙孕育而生，它打破了常规幕墙的外墙保温传统，与建筑外墙保温体系相结合，组合成一种新型自带保温的幕墙新体系——复合新型高性能混凝土幕墙。本文通过项目案例，对这种复合新型高性能混凝土幕墙在幕墙设计中应注意的基本细节、连接体系及受力体系进行简要阐述。

关键词　高性能混凝土（HPC）、超高性能混凝土（UHPC）、背负钢架；玻璃幕墙；框支承；点支承；建筑品质；HPC 复合新型幕墙

1　引言

　　本文通过工程案例，简要阐述高性能混凝土（HPC）在幕墙工程中的应用。中国人民大学新校区—西区学部楼幕墙工程主要有复合新型高性能混凝土幕墙（以下简称"HPC 复合新型幕墙"）、矩阵型洞窗、框支承明框玻璃幕墙、菱形夹具点支撑玻璃幕墙、金字塔玻璃采光顶等幕墙，主要以 HPC 复合新型高性能混凝土幕墙为主，占整个项目幕墙的 80% 左右。

　　本文通过该案例，简要阐述 HPC 复合新型幕墙设计过程及要点，并且结合已完工的江苏园博园孔山矿片区—崖壁剧院工程，讲述 HPC 复合新型幕墙的应用心得。（图 1～图 3）

图 1　未来花园—崖壁剧院完工照片

作为复合新型幕墙体系，HPC 复合新型幕墙完美适应了当下的建筑节能要求，能够满足建筑节能功能需要。HPC 板可单层使用，也可以复合使用，当单层使用时，保温岩棉可与 HPC 板粘贴，通过热镀锌钢板和背负钢架一起复合使用。当复合使用时，保温岩棉夹在内、外页板之间，复合产品最小厚度可做到 160mm 左右，建筑整体热工可达 0.43W/（m² · K）以下。

HPC 复合新型幕墙作为建筑幕墙的新成员，可满足《建筑设计防火规范》（GB 50016）及保温、节能等相关规范要求。

HPC 复合新型幕墙的生产制作完全满足工业化生产标准的要求。产品生产、制作等工艺均在工厂完成，工地现场主要是组织吊装、安装等工艺。在某种程度上，此产品的生产工艺、产品品质、外观特征保证了建筑本身的品质和质量，同时也提升了建筑的艺术品质。

图 2　竣工照片

图 3　鸟瞰效果图

在工程实际应用中，用于建筑幕墙的高性能混泥土制品主要有高性能混凝土制品和超高性能混凝土制品，HPC 和 UHPC 是高强度的混凝土制品。在常规的工程应用中，混凝土制品的开裂是无法避免的，而 HPC 和 UHPC 对较普通混凝土来说，其韧性、抗裂性能及抗压强度等均有大幅度提升，并且在一些特殊的环境里也有优良的结构稳定性。HPC 复合新型幕墙既有普通幕墙的基本功能，即建筑的美观性，幕墙的安全性，水密性、气密性、保温性、隔声性、抗震性等性能，也有其独特的外观艺术性。在生产施工方面，HPC 复合新型幕墙全方位地实现了工业化生产。HPC 复合新型幕墙产品均在工厂生产、加工、组装，有效的提升了建筑幕墙产品的质量，增强了建筑产品的品质，同时也为建筑幕墙行业发展提供了新的发展方向。

2 项目工程概况

中国人民大学通州新校区位于北京市通州区潞城镇，北京城市副中心核心区域，毗邻北京行政办公区，四至范围为东至春明西街、南至运河东大街、西至前北营街、北至兆善大街。中国人民大学通州新校区—西区学部楼（以下简称"本项目"）位于北京市通州新城地块内，地处新校园区西入口北侧，毗邻副中心行政办公区，东临畅合西路（35 米城市次干路），南临明德街（35 米城市支路），北侧为绿地，总建设用地面积约 19880.805m²。新校区学部楼共划分为新闻学院楼、艺术学院楼、未来传播创新中心。整个学部楼是新校区的重要的空间节点，是一座集教学、研究、办公于一体的综合型学部楼（图 4、图 5）。

图 4　鸟瞰效果图

新校区学部楼幕墙总面积约 4 万 m²，幕墙主要有 HPC 复合新型幕墙、HPC 单板幕墙、金属铝板幕墙、金字塔玻璃采光天窗、夹板点式玻璃幕墙、锈蚀耐候钢栏板、矩阵型洞窗、铝拉板网幕墙等（图 6）。新校区学部楼主要以 HPC 复合新型幕墙、HPC 单板幕墙为主，约占整个建筑幕墙的 80%。

图 5　艺术学院竣工照片

图 6　新闻学院竣工照片

3　高性能混凝土的组成及原理

高性能混凝土是由水、高标号白色硅酸盐水泥、精制石英砂、耐碱玻璃纤维、减缩剂（高效减水剂、塑化剂、缓凝剂、早强剂、防锈剂等）、膨胀剂、配以适量钢筋、不锈钢丝网片等材料，以紧密堆积理论设计配合比的混合细骨料产品（图7）。其中玻璃纤维、减缩剂、膨胀剂对产品的工作性能、力学性能、体积稳定性影响较大。主要涵盖如下情况：

（1）对于高性能混凝土的工作性能，玻璃纤维、减缩剂、膨胀剂的使用会导致高性能混凝土流动性降低，并且流动性随着掺量的增加而降低。

（2）对于高性能混凝土的力学性能和开裂性能，玻璃纤维可以提高抗压强度和抗折强度，并均随着掺量的增加而增大。减缩剂和膨胀剂的使用，会引起其抗压强度和抗折强度出现适当减小，并且减缩剂和膨胀剂的掺量越多，抗压强度和抗折强度减小的越明显。

（3）对于高性能混凝土的体积稳定性，减缩剂和膨胀剂的使用对其体积收缩现象也有抑制作用。对于力学性能，其抗压强度、劈裂抗拉强度均随着掺量的增加而增大。对于热工性能，玻璃纤维会是的降低导热系数，提高保温性能。

（4）对于高性能混凝土的抗裂性及强度，增加玻璃纤维的掺量，无疑是最好的技术措施，综合考虑高性能混凝土的性价比，可适当配以少量的钢筋和不锈钢丝网片，也可提升高性能混凝土的抗裂性及强度。

图 7　现场产品照片

4　HPC 复合新型幕墙设计原则

HPC 复合新型幕墙作为建筑幕墙新成员，其设计原则和方法，遵循《金属与石材幕墙工程技术规范》（JGJ 133）和《玻璃幕墙工程技术规范》（JGJ 102）等规范的相关原则和规定，主要设计原则如下：

（1）HPC 复合新型幕墙结构应进行承载能力极限状态和正常使用极限状态设计。HPC 复合新型幕墙的结构设计使用年限不应少于 25 年；大跨度钢结构支承体系和预埋件的设计使用年限宜按主体结构的设计使用年限确定。

（2）非抗震设计的 HPC 复合新型幕墙，应计算重力荷载和风荷载效应；抗震设计的 HPC 复合新型幕墙，应计算重力荷载、风荷载和地震作用效应。

当温度作用不可忽略时，高性能混凝土幕墙结构设计应考虑温度效应影响。

（3）HPC 复合新型幕墙结构在施工阶段和正常使用阶段的作用可按弹性方法分别计算，并按规范规定的要求进行作用组合。HPC 复合新型幕墙结构应按最不利作用组合进行设计。

（4）HPC 复合新型幕墙结构构件应按下列规定验算承载力和挠度：

1. 无地震作用组合时，承载力应符合下式要求：

$$\gamma_0 S \leqslant R$$

2. 有地震作用组合时，承载力应符合下式要求：

$$S_E \leqslant R/\gamma_{RE}$$

式中：S——荷载按基本组合的效应设计值；

S_E——地震作用和其他荷载按基本组合的效应设计值；

R——构件抗力设计值；

γ_0——结构构件重要性系数，应取不小于 1.0；

γ_{RE}——结构构件承载力抗震调整系数，应取 1.0。

3. 挠度应符合下式要求：

$$d_f \leqslant d_{f,lim}$$

式中：d_f——作用标准值引起的石笼幕墙构件挠度值；

$d_{f,lim}$——构件挠度限值。

4. 双向受弯杆件，两个方向的挠度应分别符合本条第 3 款的规定。

（5）当 HPC 复合新型幕墙相对于结构挂点有偏心时，结构挂点设计时应考虑重力荷载偏心产生的不利影响。

（6）结构构件的受拉承载力应按净截面计算；受压承载力应按有效净截面计算；稳定性应按有效截面计算。构件的变形和稳定系数可按毛截面计算。

（7）采用螺栓连接、挂接或插接的 HPC 复合新型幕墙构件，应采取可靠的防松动、防滑移、防脱离措施。

（8）除上述规定外，HPC 复合新型幕墙的金属支承结构及面板设计应符合现行国家标准《钢结构设计标准》（GB 50017）、《冷弯薄壁型钢结构技术规范》（GB 50018）和《铝合金结构设计规范》（GB 50429）的有关规定。

图 8 现场施工照片

5 本项目的 HPC 复合新型幕墙设计

中国人民大学通州新校区幕墙主要以 HPC 复合新型幕墙为主，约占本项目幕墙整体数量的 80％。HPC 复合新型幕墙采用内外 HPC 页板复合而成。内外 HPC 页板通过不锈钢空间网格片一体浇筑，内外页板厚度不小于 30mm，中间复合层为不小于 100mm 厚、密度不小于 120kg/m³ 的保温岩棉，总厚度不小于 160mm。四周各端部采用不小于 60mm 厚 A 级聚苯颗粒或聚氨酯等保温材料密封封堵，内外墙板边部采用带尼龙断热的钢桁架连接，中间间距每 500mm 布置加强肋板、面积不大于 0.5m²，采用带断热的钢筋网片进行内外面板一体浇筑连接（图 9、图 10）。

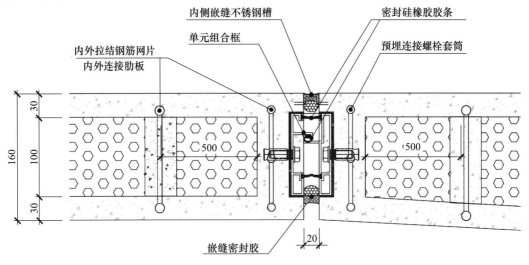

图 9　图纸节点

图 10　现场产品照片

　　HPC 复合新型幕墙产品预制时，将连接埋件、连接奥氏体不锈钢螺栓套筒一起浇筑，确保有可靠连接。HPC 复合新型幕墙单元板块之间通过铝合金单元框组合、硅橡胶条密封，胶条通过单元框插接形成等压空腔。幕墙受力体系可采用挂接或坐立受力体系均可。挂接或坐立受力端应通过转接牛腿与主体结构连接，同时满足三维调节，设置防滑、防脱落措施。

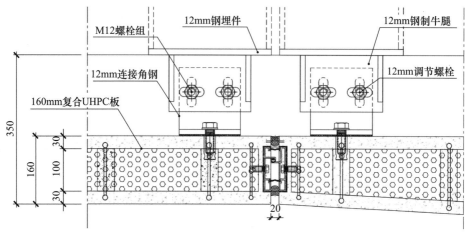

图 11　图纸节点

图 12　现场施工照片

　　HPC 复合新型幕墙单元板块室内分格缝隙可采用铝合金、聚氨酯型材或不锈钢 U 槽嵌缝，或通过碳纤维网格布粘接（图 13）。最终方式可由室内设计和甲方要求共同选择。

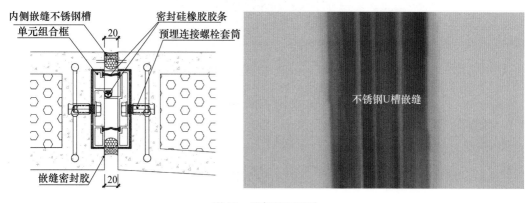

图 13　现场施工照片

6　HPC 复合新型幕墙层间设计

HPC 复合新型幕墙层间设计遵循《金属与石材幕墙工程技术规范》（JGJ 133）、《玻璃幕墙工程技术规范》（JGJ 102）及《建筑设计防火规范》（GB 50016）等规范的相关规定和原则：

（1）幕墙板块与主体结构的连接形式采用单支挂接设计，同时满足三维调节。

（2）幕墙层间防火槛墙高度要求：室内有喷淋，防火高度不小于 800mm，室内无喷淋，防火高度不小于 1200mm。

（3）上下板块之间应留有不小于 20mm 的伸缩变形的缝隙，单元板块接缝采用通长铝合金型材插接，左右板块采用长度不小于 400mm 的铝合金插芯连接，插芯与单元型材应紧密配合，通过硅橡胶条密封。

（4）幕墙防火采用 1.5mm 厚热镀锌钢板支托、防火岩棉厚度不小于 200mm、2 道或通高填充。防火极限满足建筑设计要求。镀锌钢板与楼层板间缝隙，采用防火密封胶密封。各层水平防火层连续、不间断。

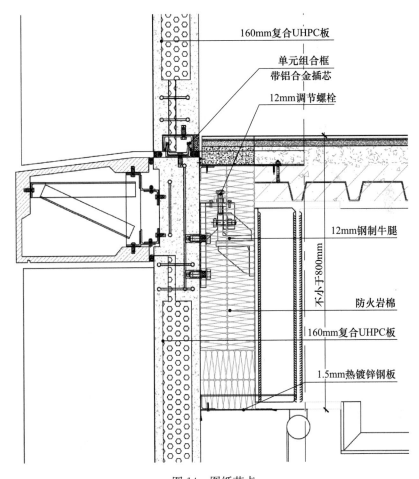

图 14　图纸节点

7 HPC复合新型幕墙抗震设计

根据建筑设计抗震规范要求，本项目按8度（0.2g）抗震设防设计。HPC复合新型幕墙的面板与主体的挂件采用防脱、防滑设计措施。抗震设防的基本原则遵循"三个水准"为抗震设防目标：

第一水准：当遭受低于本地区抗震设防烈度的多遇地震影响时，一般不受损坏或不需修理可继续使用。

第二水准：当遭受相当于本地区的抗震设防烈度的地震影响时，可能损坏经一般修理或不需修理仍可继续使用。

第三水准：当遭遇高于本地区抗震设防烈度预估的罕遇地震影响时，不致于倒塌或发生危险及生命的严重破坏。

通过根据中国人民大学新校区西区学部楼幕墙工程项目实体预制外挂板抗震性能试验检测，该工程抗震设计满足规范相关要求。抗震试验标准节点如下（图15～图18）：

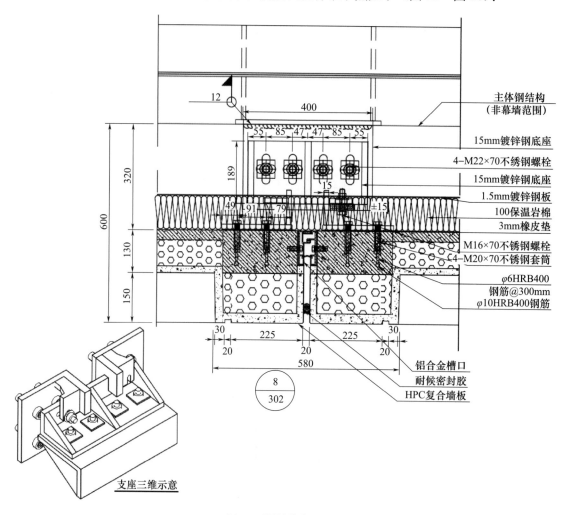

图15 图纸节点（一）

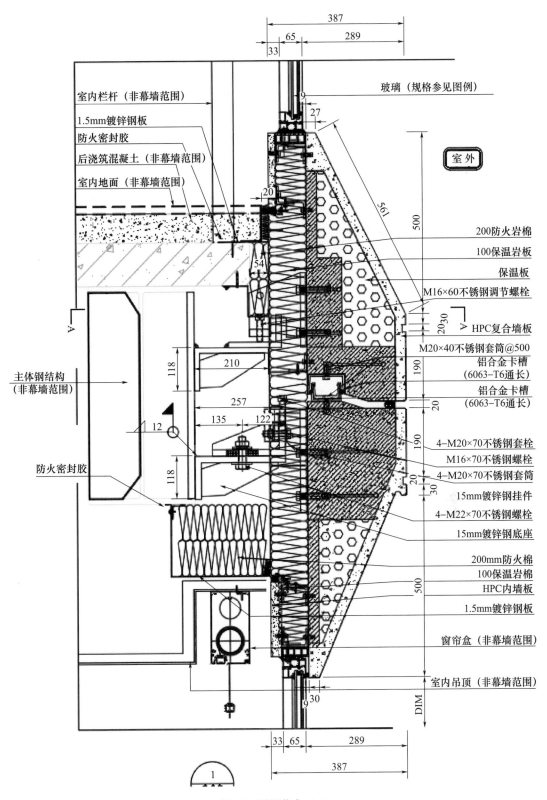

室内栏杆（非幕墙范围）
1.5mm镀锌钢板
防火密封胶
后浇筑混凝土（非幕墙范围）
室内地面（非幕墙范围）

主体钢结构
（非幕墙范围）

防火密封胶

玻璃（规格参见图例）

室外

200防火岩棉
100保温岩板
保温板
M16×60不锈钢调节螺栓
HPC复合墙板
M20×40不锈钢套筒@500
铝合金卡槽
（6063-T6通长）
铝合金卡槽
（6063-T6通长）
4-M20×70不锈钢套栓
M16×70不锈钢螺栓
4-M20×70不锈钢套筒
15mm镀锌钢挂件
4-M22×70不锈钢螺栓
15mm镀锌钢底座
200mm防火棉
100保温岩棉
HPC内墙板
1.5mm镀锌钢板
窗帘盒（非幕墙范围）
室内吊顶（非幕墙范围）

图 16　图纸节点（二）

2.2 试验试件

本次试验模型为总共6块预制外挂墙板，安装在一个二层钢结构框架上，并将钢结构框架锚固在振动台台面上进行地震模拟加载。钢结构框架平面尺寸为5000mm×3500mm，总高度5000mm。其中2块试件：1/4为本报告测试对象（下图红框内对象），其余试件为案例一的测试对象，试件如图2.3所示。

图 2.3 试件布置示意图

对应于本报告（案例一）的预制外挂墙板共两种类型，其中2块（上图中2#与3#）采用 PC+UHPC 体系，另外2块（上图中5#与6#）采用 UHPC 一体板体系。总体试件照片如下所示。

图 2.4 试件整体照片 1

同济大学土木工程防灾国家重点实验室 3

图 2.5 试件整体照片 2

3 试验设计

3.1 加载波形

经过与甲方沟通，为模拟多类场地条件，选取了三条典型地震记录作为振动台试验输入地震激励。

（1）El Centro 地震波：为1940年5月18日美国 Imperial Valley 地震记录，当地场地土属Ⅱ～Ⅲ类。本次试验选用了其东西向分量，加速度峰值调整后(0.1g)的时程曲线与反应谱如图3.1所示。

图3.1 调整峰值0.1g 的 El Centro 波时程曲线及反应谱

同济大学土木工程防灾国家重点实验室 6

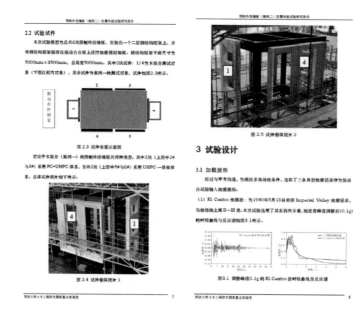

图 17　试验报告（一）

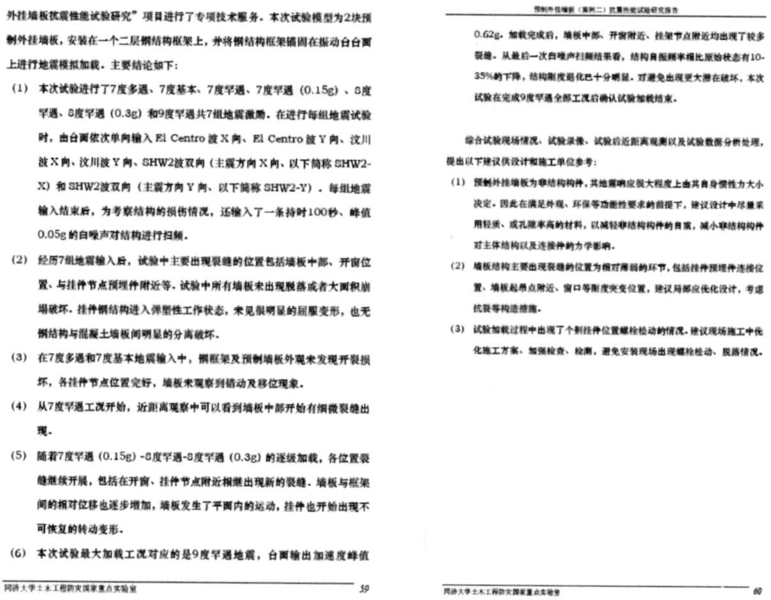

外挂墙板抗震性能试验研究”项目进行了专项技术服务。本次试验模型为2块预制外挂墙板，安装在一个二层钢结构框架上，并将钢结构框架锚固在振动台台面上进行地震模拟加载。主要结论如下：

（1） 本次试验进行了7度多遇、7度基本、7度罕遇、7度罕遇（0.15g）、8度罕遇、8度罕遇（0.3g）和9度罕遇共7组地震激励。在进行每组地震试验时，由台面依次单向输入 El Centro 波 X 向、El Centro 波 Y 向、汶川波 X 向、汶川波 Y 向、SHW2波双向（主震方向 X 向、以下简称 SHW2-X）和 SHW2波双向（主震方向 Y 向、以下简称 SHW2-Y）。每组地震输入结束后，为考察结构的损伤情况，还输入了一条持时100秒、峰值0.05g 的白噪声对结构进行扫频。

（2） 经历7组地震输入后，试验中主要出现裂缝的位置包括墙板中部、开窗位置、与挂件节点预埋件附近等。试验中所有墙板未出现脱落或者大面积崩塌破坏。挂件钢结构进入弹塑性工作状态，未见很明显的屈服变形，也无钢结构与混凝土墙板间明显的分离破坏。

（3） 在7度多遇和7度基本地震输入中，钢框架及预制墙板外观未发现开裂损坏，各挂件节点位置完好，墙板未观察到错动及移位现象。

（4） 从7度罕遇工况开始，近距离观察中可以看到墙板中部开始有细微裂缝出现。

（5） 随着7度罕遇（0.15g）-8度罕遇-8度罕遇（0.3g）的逐级加载，各位置裂缝继续开展，包括在开窗、挂件节点附近相继出现新的裂缝。墙板与框架间的相对位移也逐步增加，墙板发生了平面内的运动，挂件也开始出现不可恢复的转动变形。

（6） 本次试验最大加载工况对应的是9度罕遇地震，台面输出加速度峰值

同济大学土木工程防灾国家重点实验室 59

0.62g。加载完成后，墙板中部、开窗附近、挂架节点附近均出现了较多裂缝。从最后一次白噪声扫频结果看，结构自振频率相比原始状态有10-35%的下降，结构刚度退化已十分明显。对避免出现更大潜在破坏，本次试验在完成9度罕遇全部工况后确认试验加载结束。

综合试验现场情况、试验录像、试验后近距离观测以及试验数据分析处理，提出以下建议供设计和施工单位参考：

（1） 预制外挂墙板为非结构构件，其地震响应很大程度上由其自身惯性力大小决定。因此在满足外观、环保等功能性要求的前提下，建议设计中尽量采用轻质、或孔隙率高的材料，以减轻非结构构件的自重，减小非结构构件对主体结构以及连接件的力学影响。

（2） 墙板结构主要出现裂缝的位置为相对薄弱的环节，包括挂件预埋件连接位置、墙板起吊点附近、窗口等刚度突变位置，建议局部应优化设计，考虑抗裂等构造措施。

（3） 试验加载过程中出现了个别挂件位置螺栓松动的情况。建议现场施工中优化施工方案、加强检查、检测，避免安装现场出现螺栓松动、脱落情况。

同济大学土木工程防灾国家重点实验室 60

图 18　试验报告（二）

8　结语

中国人民大学通州新校区学部楼幕墙工程地面粗糙度为 B 类，建筑幕墙设计使用年限为 25 年，抗震设防烈度按 8 度（0.2g），建筑高度为 28.150m。建筑标准层高为 4.4m。裙楼标准层高 5.1m。通过有限元力学分析，幕墙满足本项目的设计要求，并在幕墙施工前进行幕墙性能检测，HPC 复合新型幕墙各项性能，满足设计要求（图 19）。

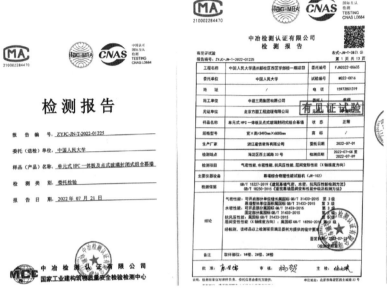

图 19　检测报告

本工程幕墙防火等级为二级，极限防火时效不低于 1h。防火岩棉的密度为 140kg/m³，防火层间防火岩棉厚度为 100mm。层间防火层采用双道防火措施。防火密封胶密封。

依据建筑设计要求，外墙非透明幕墙整体传热系数不大于 0.45W/（m²·K）。新型复合型高性能混凝土幕墙为非透明幕墙，内、外页板厚度为 30mm，中间复合 100mm 厚密度 120kg/m³ 的保温岩棉，端部为 50mm 厚聚苯 A 级保温颗粒封堵，通过软件计算，幕墙整体 K 值小于 0.45W/（m²·K），满足建筑设计要求。

参考文献

[1] 中华人民共和国建设部. 玻璃幕墙工程技术规范：JGJ 102—2003[S]. 北京：中国建筑工业出版社，2004.

[2] 中华人民共和国住房和城乡建设部. 建筑门窗幕墙用钢化玻璃：JG/T 455—2014[S]. 北京：中国标准出版社，2015.

[3] 中华人民共和国住房和城乡建设部. 建筑玻璃应用技术规程：JGJ 113—2015[S]. 北京：中国建筑工业出版社，2016.

[4] 中华人民共和国建设部. 建筑幕墙：GB/T 21086—2007[S]. 北京：中国标准出版社，2008.

[5] 中华人民共和国建设部. 铝合金结构设计规范：GB 50429—2007[S]. 北京：中国计划出版社，2008.

[6] 中华人民共和国住房和城乡建设部. 玻璃幕墙光热性能：GB/T 18091—2015[S]. 北京：中国标准出版社，2016.

[7] 中华人民共和国住房和城乡建设部. 建筑结构荷载规范：GB 50009—2012[S]. 北京：中国建筑工业出版社，2012.

[8] 中华人民共和国住房和城乡建设部. 建筑物防雷设计规范：GB 50057—2010[S]. 北京：中国计划出版社，2011.

[9] 中华人民共和国住房和城乡建设部. 建筑设计防火规范(2018 年版)：GB 50016—2014[S]. 北京：中国计划出版社，2015.

[10] 中华人民共和国住房和城乡建设部. 公共建筑节能设计标准：GB 50189—2015[S]. 北京：中国建筑工业出版社，2015.

[11] 中华人民共和国住房和城乡建设部. 民用建筑热工设计规范：GB 50176—2016[S]. 北京：中国建筑工业出版社，2017.

[12] 中华人民共和国住房和城乡建设部. 钢结构设计规范：GB 50017—2017[S]. 北京：中国建筑工业出版社，2018.

[13] 中华人民共和国住房和城乡建设部. 严寒和寒冷地区居住建筑节能设计标准：JGJ 26—2018[S]. 北京：中国建筑工业出版社，2019.

[14] 中华人民共和国住房和城乡建设部. 夏热冬冷地区居住建筑节能设计标：JGJ 134—2010[S]. 北京：中国建筑工业出版社，2010.

[15] 中华人民共和国住房和城乡建设部. 夏热冬暖地区居住建筑节能设计标准：JGJ 75—2012[S]. 北京：中国建筑工业出版社，2013.

[16] 中华人民共和国建设部. 金属与石材幕墙工程技术规范：JGJ 133—2001[S]. 北京：中国建筑工业出版社，2004.

浅谈快速装配式内平开下悬五金系统的设计与应用

叶秀挺　　倪昔良

兴三星云科技股份有限公司　　浙江海宁　　314415

摘　要　门窗五金根据门窗的开启方式分类，形成不同的五金系统：（1）提升推拉门窗五金系统，（2）推拉门五金系统，（3）平开门五金系统，（4）折叠门五金系统，（5）内平开窗五金系统，（6）内平开下悬（简称内开内倒）五金系统，（7）外开窗五金系统，（8）外开窗纱一体五金系统，（9）内开内倒窗五金系统，（10）推拉窗五金系统等。

内开内倒五金系统是一种可以向室内竖直方向开启90°，也可以向室内沿水平方向向下开启小角度透气的窗户。这种设计在欧洲广泛使用，区别于美式窗和外开窗。内开内倒窗通过操作窗扇的执手手柄，带动五金件传动器的相应移动，使窗扇能向室内平开或向内悬挂窗扇通风。

实际使用中，无论从抗风压、水密性、气密性等性能还是从环保方面，内开内倒窗五金系统都有其优越性，随着五金件不断的优化，市面上出现了一种具有安装快、测量快、连接快和传动快特点的快速装配式内开内倒五金系统。

关键词　五金系统；抗风压；水密性；气密性；安装快；测量快；连接快；传动快

Abstract　Door and window hardware is classified according to the opening methods of doors and windows，forming different hardware systems：(1) Lift-sliding door and window hardware system；(2) Sliding door hardware system；(3) Hinged door hardware system；(4) Folding door hardware system；(5) Inside-casement window hardware system；(6) Tilt-turn window hardware system；(7) Outside-casement window hardware system；(8) Outside-casement window with integrated screen hardware system；(9) Tilt-and-turn window hardware system；(10) Sliding window hardware system.

The tilt-and-turn window hardware system is a kind of window that can be opened vertically 90 degrees towards the interior or can be opened downward at a small angle in the horizontal direction towards the interior for ventilation. This design is widely used in Europe and is different from American-style windows and outward-opening windows. In the tilt-and-turn window，by operating the handle of the window sash，the corresponding movement of the hardware actuator is driven，so that the window sash can be opened flat towards the interior or hung inward for ventilation.

In actual use，whether in terms of performance such as wind resistance, water tightness, air tightness or in terms of environmental protection, the tilt-and-turn window hardware system has its superiority. With the continuous optimization of hardware parts, which are becoming more and more perfect，a quick-assembly tilt-and-turn window hardware system with the characteristics of fast installation，fast measurement，fast connection and fast transmission has emerged on the market.

Keywords hardware system ; wind-pressure resistance; water tightness; air tightness; fast installation，fast measurement；fast connection；fast transmission.

1　引言

快速装配式内开内倒五金系统设计有如下要求。

1.1　材料质量

为提升耐腐蚀性能，内开内倒五金系统通常采用优质的 304 和双相不锈钢，以及经过特殊处理的 YZAlSi12 铝合金和 YZAl4Cu1 锌合金等耐腐蚀材料。这些材料具有出色的抗腐蚀能力，能够在潮湿、多盐等恶劣环境中保持较好的性能。

1.2　设计合理性

产品设计需符合人体工程学原理，操作方便、舒适，同时考虑安全性和可靠性。例如，手柄形状、尺寸、开合角度、力度都应经过反复测试和验证，确保用户在使用过程中能够轻松操作，无安全隐患。

1.3　制造工艺精度

五金系统的制造工艺需达到高精度要求，包括零件加工精度、装配精度等。生产过程中应采用先进加工设备和精密检测仪器，对每个零件进行严格检测和控制，确保制造精度达到标准要求。

1.4　性能稳定性

检测内开内倒门窗五金配件是否设计合理，主要需在各种恶劣环境下保持稳定性能，主要包括抗风压性能、水密性、启闭力、反复启闭性能，高温、低温、潮湿、盐雾等环境测试以及开合次数、承载能力等机械性能测试，以确保在各种环境下都能保持良好性能，具有较高可靠性和稳定性。

（1）抗风压性：需要计算出工程所在地的风荷载标准值，然后确定门窗的抗风压性能。

（2）水密性：需要根据工程所在地气象部门多年统计的风雨交加的最不利情况，确定门窗的雨水渗透性能，使门窗不渗水。

（3）气密性：从节能防尘方面考虑，确定好门窗的渗透性能，即门窗的气密性。

（4）盐雾测试：为了评估五金系统的耐腐蚀性能，通常会进行盐雾测试。盐雾测试是一种人造气氛的加速抗腐蚀评估方法，通过模拟海洋等恶劣环境中的盐雾腐蚀情况，来检测五金系统在长时间暴露下的耐腐蚀性能。经过严格的盐雾测试，优质的内开内倒五金系统能够在较长时间内保持良好状态，证明其卓越的耐腐蚀性能。

1.5　灵活性与适配性

五金系统需具备灵活的开启方式，如 90°和 180°开启幅度通用，以适应不同场景需求。同时，需适配不同尺寸和质量的窗扇，确保使用过程中的稳定性和安全性。

1.6　快速装配设计

随着市场需求的不断变化，快速装配式内开内倒五金系统逐渐成为主流。这类系统需具备安装快、测量快、连接快和传动快的特点，以提高安装效率和用户体验。

1.7　经济方面

　　快速装配式列内开内倒五金系统的设计在满足了性能的需求和美观的需求之后，需要尽可能使生产成本最小化。在门窗五金配件的设计中，主要的成本来源于铝合金材料、锌合金材料和不锈钢材料等原材料价格。由于生产五金原材料的价格不断上涨，各门窗五金企业的生产成本不断加大，所以当前最主要的问题就是如何通过设计的革新和工艺的升级和材料的旋转降低成本，满足市场需求。图 1 为内开内倒窗户示意图。

图 1　内开内倒窗户

1.7.1　成本控制

　　（1）材料选择：在满足性能要求的前提下，选择性价比高的材料。例如，采用经过特殊处理的铝合金或不锈钢，既保证了五金系统的耐腐蚀性和强度，又控制了成本。

　　（2）制造工艺：优化制造工艺，提高生产效率，降低生产成本。通过采用先进的生产设备和工艺，减少材料浪费和人工成本，从而降低整体制造成本。

1.7.2 性价比优化

（1）功能集成：将多种功能集成于一套五金系统中，减少额外配件的购买和安装成本。例如，快速装配式列内开内倒窗通常集成了防盗、隔声、隔热等多种功能，提高了窗户的整体性价比。

（2）易于安装与维护：设计易于安装和维护的五金系统，降低用户的安装和维护成本。快速装配式设计使得安装过程更加简便快捷，减少了安装费用和时间成本；同时，简单的维护操作也降低了用户的后期维护成本。

（3）适配性广：设计具有广泛适配性的五金系统，使其能够适配不同尺寸、不同材质的窗户。这样可以满足不同用户的需求，提高产品的市场竞争力，从而在经济上获得更多收益。

1.7.3 可持续性

考虑五金系统的可持续性，选择可回收、可再利用的材料，降低对环境的影响。这不仅可以提升企业的社会责任感，还可以在一定程度上降低材料成本，因为回收材料通常比新材料更便宜。

综上所述，快速装配式列内开内倒在经济方面的设计要求主要包括成本控制、性价比优化以及可持续性。通过合理设计，可以在保证产品性能的同时，降低生产成本和用户的使用成本，提高产品的市场竞争力。

2 内开内倒五金系统目前存在的问题

内开内倒五金系统作为现代建筑中常见的窗户五金配件，虽然具有多种优点，但在实际应用中也存在一些问题。以下是对这些问题的详细阐述。

2.1 密封性问题

现有的内开内倒五金系统在密封性方面存在一些挑战，尤其是上铰链角部的密封问题，这可能导致漏风和渗水现象，影响窗户的保温和防水性能。为了解决这个问题，一些五金品牌尝试通过添加小转角器来弥补缝隙，但这种方法不仅成本较高，而且密封效果并不理想。

2.2 执手与传动器问题

如果执手结构不好或传动器存在问题，用户可能会发现，门窗执手握起来不舒服，还容易晃动。这不仅影响使用体验，还可能降低窗户的安全性和稳定性。

2.3 铰链等连接支撑部件品质不佳

铰链等连接支撑部件的品质直接影响窗户的启闭灵活性、密封性和防盗性。如果品质不佳，可能导致窗户启闭困难，密封性和防盗性也不理想。

2.4 长期使用与维护成本

内开内倒窗的设计使得整个窗的重点都压在下面的五金配件上，长期操作可能会减少使用寿命，且二次维护起来费用比较高。

2.5 市场价格与实用性

内开内倒窗在市场上的价格通常较高，而且在某些需要光线和通风的地方，由于开启角度的限制，可能无法满足更大的开启需求，从而影响光线和通风效果。

2.6 安装与调试难度

传统的内开内倒窗在安装和调试过程中相对麻烦，需要精密计算和多次调试。这增加了安装成本和时间成本。不过，一些优化的五金系统，如快速装配式内开内倒窗五金系统已经在这方面进行了改进，提高了安装效率和操作体验。

综上所述，内开内倒五金系统存在的问题主要包括密封性问题、执手与传动器问题、铰链等连接支撑部件品质不佳、长期使用与维护成本、市场价格与实用性以及安装与调试难度等。针对这些问题，用户在选择和使用内开内倒五金系统时，应充分考虑自身需求和预算，选择品质可靠、性价比高的产品，并定期进行维护和保养以延长使用寿命。

3 快速装配式内开内倒五金系统的优点

快速装配式内开内倒五金系统作为一种新型的窗户五金配件，以其独特的快速装配式设计和便捷的操作方式，受到了广大用户的青睐。图2为快速装配式内开内倒组装效果图。以下是该五金系统的主要优点：

3.1 快速安装

快速装配式内开内倒五金系统最大的特点之一就是安装快捷。摒弃了传统的铝杆安装方式，以"嵌入式"安装取代"穿插式"安装，传动杆直接外放嵌扣，无需在传动杆上精准打孔，只要简单的卷尺测量，将铝杆以外放的方式"嵌入"到合适位置，以螺丝打穿，将传动杆与五金件进行固定。传动杆授权专利号为2023208155630，新产品系列的安装无需专业工人与测量仪器，也可简单高效完成。图3为快速装配式铝杆的安装方法。

3.2 测量便捷

在安装前，快速装配式系统通常提供了便捷的测量工具或方法，使得用户能够轻松准确地测量窗户尺寸，确保五金系统能够完美适配窗户，避免了因尺寸不符而导致的安装问题。

3.3 连接稳固

快速装配式内开内倒五金系统采用了先进的连接技术，如隐藏式合页、高强度连接件等，确保了五金系统与窗户之间的稳固连接，即使在恶劣的天气条件下，如强风、暴雨等，也能保持窗户的稳定性和安全性。

3.4 传动顺畅

快速装配式统的传动机构设计合理，传动顺畅且噪声低。用户在使用过程中可以轻松操作窗户的开启和关闭，无需费力即可实现窗户的平稳运动。

3.5 适应性强

快速装配式内开内倒五金系统具有较强的适应性，可以适配不同尺寸、不同材质的窗户。同时，该系统还支持多种开启方式，如内开、内倒等，满足了用户多样化的使用需求。

3.6 易于维护

快速装配式统的设计和结构相对简单，使得用户在使用过程中能够轻松进行维护和保养。例如，清洁、润滑传动部件等简单操作即可延长五金系统的使用寿命。

综上所述，快速装配式内开内倒五金系统以其快速安装、测量便捷、连接稳固、传动顺畅、适应性强以及易于维护等特点，为用户提供了更加便捷、安全、舒适的窗户使用体验。

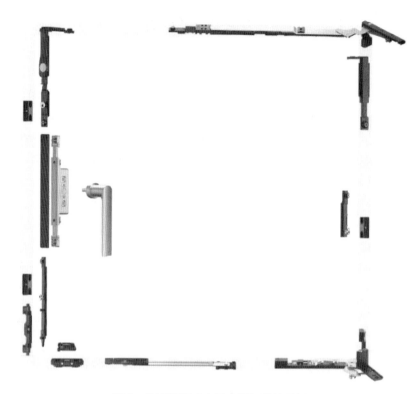

图 2 快速装配式内开内倒组装效果图

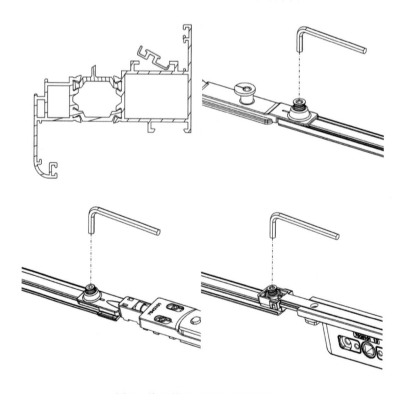

图 3 快速装配式铝杆的安装方法

4 快速装配式内开内倒五金系统安装使用及维护

快速装配式内开内倒窗和普通内开内倒一样，都是通过操作窗扇的执手手柄，带动五金件传动器的相应移动，使窗扇能向室内平开或向室内倾倒开启一定角度通风换气。本公司的JNPX700系统欧标内平开下悬五金系统，就属于快速装配式内开内倒五金系统范畴。其安装步骤如下：

（1）上合页安装：将上合页装入窗户扇型材的 C 槽内，快速装配式上合页带有塑料定位件，当定位件与扇型材贴合时，再将上合页上的两颗内六角紧定螺钉拧紧从而使合页固定在窗户扇型材上（图 4、图 5）。

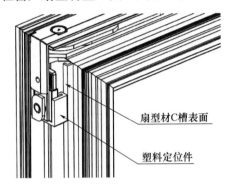

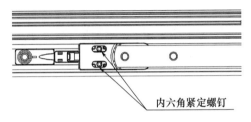

图 4 塑料定位件安装示意图   图 5 内六角螺钉拧紧位置图

（2）下合页安装：将下合页装入窗户扇型材的 C 槽内，快速装配式下合页带有塑料定位件，当定位件与扇型材贴合时，用电枪打紧自攻自转螺钉，用内六角扳手拧紧内六角螺钉使下合页固定在窗扇上边。

（3）执手锁盒的安装：根据锁盒（专利号：2023224400034）与执手（专利号：2023225183665）的尺寸将扇型材提前开好孔和槽，再将锁盒与执手安装上，最后打紧螺钉（图 6）。

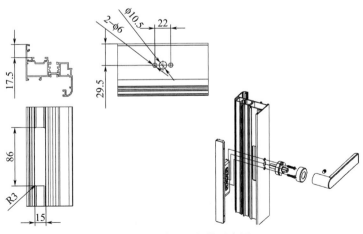

图 6 执手锁盒安装示意图

（4）窗扇安装：将安装在扇型材的上下合页打开至一定的角度，然后套入框型材，再将上下合页上的固定和内六角螺钉打紧使其固定在框型材上。

（5）整套快速装配式内开内倒五金系统的安装示意图如图 7 所示。

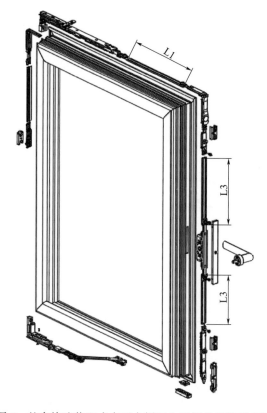

图 7　整套快速装配式内开内倒五金系统的安装示意图

（6）安装好整套的快速装配式内开内倒五金系统后，可根据实际情况调节上下合页以达到最理想的状态，如图 8、图 9 所示。

KDSH23——180°上合页

前后密封调节±1mm

左右滑动调节±3mm

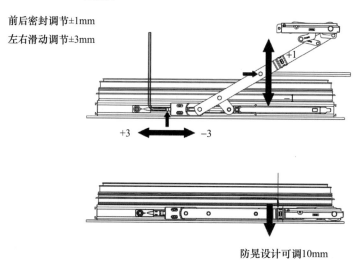

防晃设计可调10mm

图 8　上合页调节图

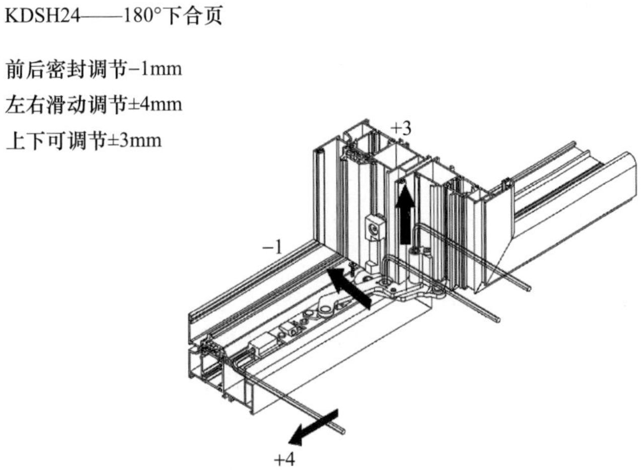

KDSH24——180°下合页

前后密封调节−1mm
左右滑动调节±4mm
上下可调节±3mm

+3

−1

+4

图 9　下合页调节图

（7）本公司 JNPX700 系统欧标内开下悬窗系统就属于快速装配式内开内倒五金系统的范畴，它适合的窗户型材尺寸和承重如图 10 所示。

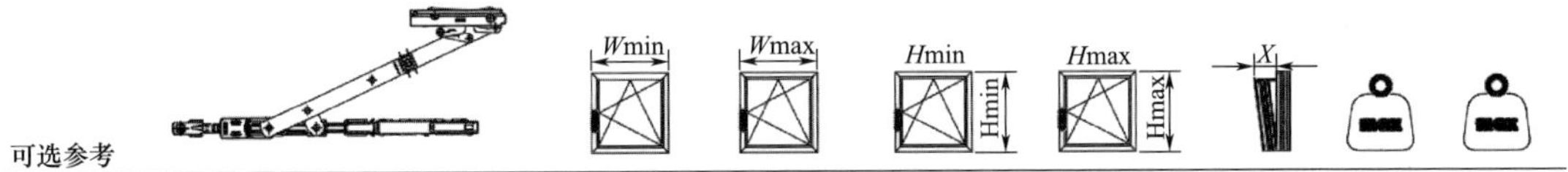

可选参考		Wmin	Wmax	Hmin	Hmax	X		
产品型号	上合页型号	最小扇宽 （mm）	最大扇宽 （mm）	最小扇高 （mm）	最大扇高 （mm）	内倒尺寸 （mm）	承重 （kg）	承重 （kg）
JNPX700欧标内平开 下悬窗系统	KDSH23H	500	100	650	1800	12	110 开启90°	80 开启180°

图 10　适合的型材尺寸

（8）使用：通过旋转窗子的把手，可以带动窗子内部的连动五金机构，使窗处于锁紧（把手垂直向下）、平开（把手水平）、内倒（把手垂直向上）的不同位置。

（9）维护：窗扇和窗框上所有可操作的五金部件都需要经常润滑（至少每年一次），来确保五金件使用过程中的顺畅以及防止过早的磨损。

①　传动部分需要经常润滑来避免不必要的磨损。

②　固定用的螺丝还需要进行定期的检查，发现有螺丝松动或是螺丝帽已经破损的情况，要及时拧紧或是更换新的螺丝。

③　请使用从专门的经销商处购买的非酸性、不含树脂的润滑油或油脂。

④　所有损坏的五金部件都要及时更换，特别是铰链部分起支撑作用的五金部件。

5　快速装配式内开内倒五金系统未来的发展趋势

快速装配式内开内倒五金系统未来的发展趋势可能会呈现以下特点。

5.1　智能化与自动化

随着物联网（IoT）和智能制造的快速发展，工具智能化将成为五金工具及配件行业的主要趋势。智能五金产品，如智能锁、智能照明等正逐步普及，为消费者提供更加便捷、安全的生活体验。快速装配式内开内倒五金系统也有望融入智能化元素，例如，通过无线连接实现远程控制，实时监测使用状态，甚至提供故障预警等，从而提升工作效率和用户体验。

5.2　环保与可持续发展

环保意识的提高促使五金工具及配件行业更加注重可持续发展。制造商正在探索使用可再生材料和环保工艺，以降低生产过程中的碳足迹。快速装配式内开内倒五金系统作为其中的一部分，也将朝着绿色、环保的方向发展。例如，采用可降解塑料或回收金属来生产五金配件，减少对环境的影响。

5.3　个性化与定制化

随着消费者需求的多样化和个性化，五金配件的定制化生产成为一种新的趋势。快速装配式内开内倒五金系统也可以提供定制化服务，以满足不同消费者的特定需求。例如，通过个性化设计服务，消费者可以参与到产品设计中来，实现产品的个性化定制。

5.4　技术创新与升级

技术创新是推动五金配件行业供给增加的重要因素。随着科技的不断进步，新型合金材料、复合材料的应用将提高产品的抗腐蚀性和耐磨性；先进的热处理、表面处理等工艺则能提高产品的使用寿命和耐久性。快速装配式内开内倒五金系统也需要不断进行技术创新和升级，以提高产品的性能和品质。

综上所述，快速装配式内开内倒五金系统未来的发展趋势将呈现智能化、环保化、个性化和技术创新等特点。这些趋势将推动行业的整体发展，并满足消费者的不断变化需求。

6　结语

快速装配式内开内倒五金系统作为一种新型的门窗五金系统，具有独特的优势和广泛的应用前景。其创新的设计和卓越的性能使其成为现代建筑领域的理想选择。随着技术的不断进步和市场的不断发展，快速装配式器内开内倒五金系统将继续发挥重要作用，为人们的生活带来更多的便利和舒适。

参考文献

[1] 国家市场监督管理总局，国家标准化管理委员会. 铝合金门窗：GB/T 8478—2020[S]. 北京：中国标准出版社，2020.

[2] 中华人民共和国国家质量监督检验检疫总局中国国家标准化管理委员会. 建筑窗用内平开下悬五金系统：GB/T 24601—2009[S]. 北京：中国标准出版社，2010.

[3] 中华人民共和国国家质量监督检验检疫总局中国国家标准化管理委员会. 建筑门窗五金件 通用要求：GB/T 32223—2015[S]. 北京：中国标准出版社，2016.

作者简介

叶秀挺（Ye Xiuting），男，1982 年 12 月 07 日，中级工程师，研发方向：门窗五金。工作单位：兴三星云科技股份有限公司；地址：浙江海宁；邮编：314415；联系电话：18057376997；E-mail：yext@zj. cnsxsy. com。

倪昔良（Ni Xiliang），男，1998 年 8 月 27 日，助理工程师，研发方向：门窗五金；工作单位：兴三星云科技股份有限公司；地址：浙江海宁；邮编：314415；联系电话：15024340297；E-mail：nixiliang@zj. cnsxsy. com。

星光璀璨——钻石切面玻璃建筑表皮建造技艺

牟永来[1]　李书健[2]

1　上海市建筑装饰工程集团有限公司　上海　200072

2　华东建筑设计研究院有限公司　上海　200011

摘　要　建筑师对建筑形体的追求永无止境，西岸会展中心作为西岸地区的门户，以"世界的会客厅"为建筑定位，采用钻石切面的玻璃幕墙，表达星光璀璨的建筑艺术效果。建筑整体为钢结构，大跨度设计，由 8 根直棱、74 根斜棱与 7 根水平方向的转折线对建筑形体进行切割，形成了 135 个钻石切面。项目设计中以 BIM 为基本工具，结合灯光设计，对细部构造进行多方案比选及反复论证，确保整体钻石效果的实现。

关键词　玻璃；钻石；BIM；大跨度

Abstract　Architects'pursuit of architectural form is endless. As the gateway to the West Coast region，the West Coast Convention and Exhibition Center is positioned as the " living room of the world" and uses diamond cut glass curtain walls to express the dazzling architectural art effect. The overall structure of the building is a steel structure with a large-span design. It is cut by 8 straight edges，74 diagonal edges，and 7 horizontal turning lines to form 135 diamond facets. In project design，BIM is used as the basic tool，combined with lighting design，to compare and repeatedly demonstrate multiple schemes for detailed structures，ensuring the realization of the overall diamond effect.

Keywords　glass；diamonds；BIM；large-span

1　引言

上海西岸位于徐汇滨江地区，是上海"十二五"规划的六大功能区之一，是上海中心城区最具公共活力的滨水新城区。该区域汇集了西岸传媒港、上海梦中心、油罐艺术中心、西岸美术馆等知名建筑。西岸会展中心位于西岸核心地区，建筑面积 77350m²，幕墙面积约 3 万 m²，建成之后，将成为上海标志性的文化艺术空间之一，与著名的陆家嘴天际线竞相媲美（图 1）。

作为世界艺术博览会展馆，项目建成后将全年承办多种会议、展览，打造核心区的历史人文科技交汇点，成为西岸的一颗璀璨明珠。

图 1　项目所在位置及整体鸟瞰

2　项目概述

西岸会展中心建筑高度 49.7m，共 7 层，整体为钻石造型，外立面为均为玻璃幕墙（图 2）。内部主体结构为中心支撑钢框架结构，项目容积率 2.00，建筑密度 53.65%，绿地率 10.10%，结构安全等级为 1 级。项目主入口在北侧，北侧区域延伸到东西两侧，内部为大空间，南侧为后勤区域。

图 2　项目透视图

根据项目表皮所在位置及系统类型，将建筑表皮系统划分如下（图 3、表 1）：

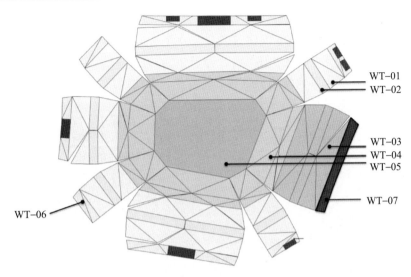

图 3　幕墙系统分布图

表 1　系统概述

系统	系统名称	所在位置
WT-01	利用主体水平钢梁支撑的横明竖隐玻璃幕墙系统	东西北立面，2~6层（4层除外）
WT-02	横龙骨竖杆玻璃幕墙系统-腰棱位置	东西北立面4层腰棱位置
WT-03	后勤区域阴影盒玻璃幕墙系统	南立面后勤位置
WT-04	开放式屋顶塔冠幕墙系统	屋顶半开放位置
WT-05	屋面太阳能光伏板系统	屋面位置
WT-06	首层玻璃幕墙系统	各立面首层位置
WT-07	入口门厅系统	入口门厅位置

3　建筑形体分析

为了表达建筑整体钻石造型的设计理念，建筑形体由三角形切面和四边形切面组成，经过分析，建筑共有 135 个切面，切面布置方式如表 2 所示。

表 2　建筑切面布置方式

	切面数量	所在位置	切面形状
1	22	1层	三角形、四边形
2	24	2、3层	三角形
3	12	4层（VIP）	矩形
4	24	5、6层	三角形
5	24	7层（开放屋面）	三角形
6	20	ROOF（开放屋面）	三角形
7	9	光伏屋面	三角形、四边形

基于建筑形体的复杂造型，为了更好地确定幕墙系统及分格的划分，本项目以 BIM 为工具，对建筑形体进行参数化分析，主要进行了以下参数的分析。

3.1 板块倾角分析

根据规范要求，表皮倾斜角度以建筑表皮与水平方向的夹角 75° 为界，小于 75° 的为采光顶，大于等于 75° 且小于 90° 的为斜幕墙，等于 90° 的为直幕墙。本项目只有位于腰棱位置的 WT-02 系统为直幕墙，其余均为斜幕墙和采光顶。板块倾角示意图如图 4 所示。

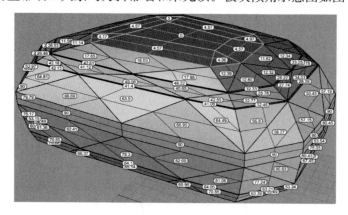

图 4　板块倾角示意图

针对不同位置板块倾角统计如图 5 所示。

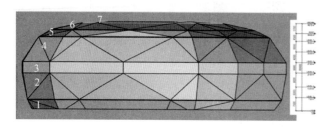

序号	与水平面夹角范围（°）
1	52.49～70.88
2	75.03～82.72
3	90
4	52.97～66.95
5	26.64～49.08
6	11.14～17.65
7	0～4.97

图 5　倾角范围统计图

最终将建筑表皮分类如下（图 6）：

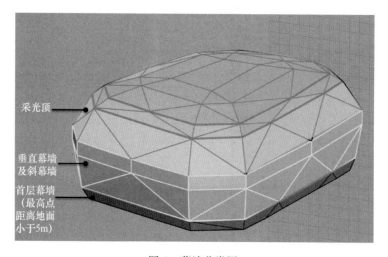

图 6　幕墙分类图

3.2 切面间夹角分析

除屋顶光伏区域外，建筑由8根直棱、74根斜棱与7根水平方向的转折线共同组成了建筑的钻石造型。棱线表示面的转折，转折的夹角不同，对应的型材开模角度均不同。在模型中对棱进行编号，如图7、图8所示。

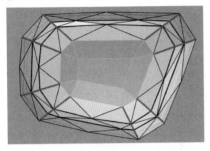

图7 棱分布图

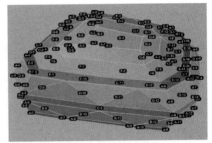

图8 棱编号图

高度方向逐层对棱进行编号和分析，最终统计结果为：斜棱：157.7°～179.3°。直棱：123.7°～172.9°。

4 幕墙分格及典型幕墙系统解析

4.1 分格的划分

为符合《采光顶与金属屋面技术规程》（JGJ 255—2012）第3.4.6条"玻璃面板面积不宜大于2.5m²"，及上海地标《建筑幕墙工程技术规范》（DG/TJ 08-56—2019）第18.2.10条"采光顶或雨篷所采用的玻璃板块，单块面积不宜大于2.5m²，不应大于3m²，长边边长不宜大于2m"的规定，根据BIM对幕墙板块倾斜角度分析，发现有超过一半的幕墙表皮属于采光顶的范围，主要范围为首层大玻璃及大玻璃上边一条及腰棱以上部位。因为整个建筑形体为异形，分格划分需要兼顾美观性及面积控制的要求。通过BIM参数化设计，对幕墙分格进行划分，分格参数包含幕墙边长、面积、倾斜角度等信息，为整个幕墙分格的控制提供了参数依据（图9）。

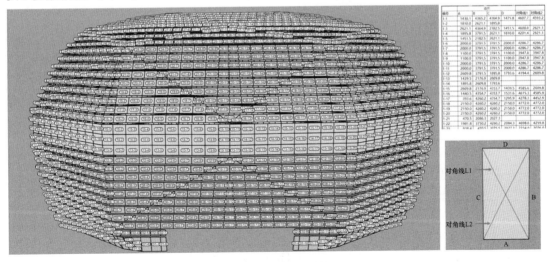

图9 板块编号及参数化

4.2 幕墙构造设计

因为本项目的特殊造型及大跨度的受力模式，很难采用普通的幕墙龙骨系统实现。最终选择了由主体结构完成整体钢架，除首层、VIP 部位外，其余位置幕墙分格背后均有主体钢龙骨，主体钢龙骨模型如图 10 所示。

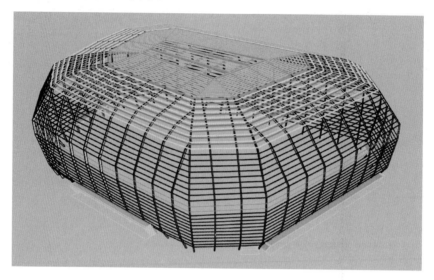

图 10　主体钢龙骨布置图

4.2.1 标准部位做法

标准部位节点如图 11 所示。

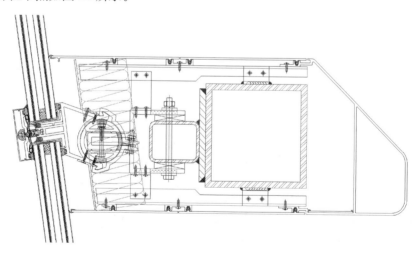

图 11　标准节点

该系统设计以 200×200 的主体结构为生根点，考虑了主体结构可能产生的误差，通过转接件及抱箍设计，能够实现三维六向调节。

切面交接部位为直棱或斜棱，不同位置棱的角度不同，且不同棱组合到一起的情况很多，依据 BIM 分析的棱角度进行型材的开模设计，同时对典型部位多棱交接的部位，进行交接情况的分析和归类，根据不同交接情况，考虑棱的不同生根方式（图 12）。

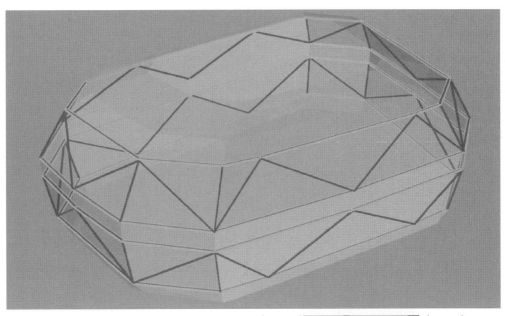

生根点棱的数量	交接节点示意	所在位置	生根方式
1根棱		直棱	转接件生根到水平钢梁上（通过钢转接件转接）
2根棱		两斜棱交汇，在内倾的下口及外倾的上口	两个棱通过两个转接件独立生根，生根到水平钢梁上。（通过钢转接件转接）
		两斜棱交汇，在内倾的上口及外倾的下口	两根斜棱，一通一断，通的棱生根到水平钢梁，斜的棱生根到通的棱的侧边
3根棱		一根直棱与两根斜棱交汇，内倾的下口	三根龙骨各自独立生根到水平钢梁上。
		一根直棱与两根斜棱交汇，内倾的下口	一根直棱与一根斜棱各自独立生根到水平钢梁上。另一根斜棱生根到直棱的侧边
		一根直棱与两根斜棱交汇，内倾的上口及外倾的上口及下口	直棱生根到水平钢梁上，左右的斜棱生根到直棱的两侧

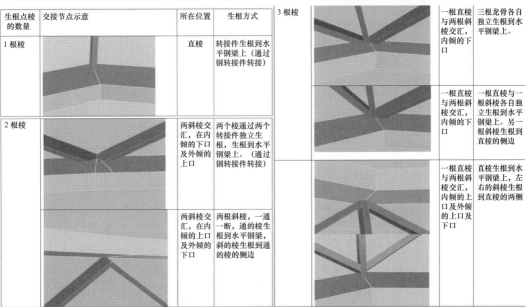

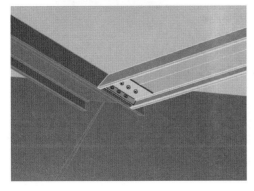

图 12　棱的归类及构造深化

4.2.2 腰棱部位做法

在腰棱部位，为了实现 VIP 部位极致通透的效果，幕墙系统采用了横龙骨竖杆设计，横龙骨采用高精钢，用于承受玻璃传递的风荷载，竖向设置不锈钢拉杆，用于承受重力（图 13）。

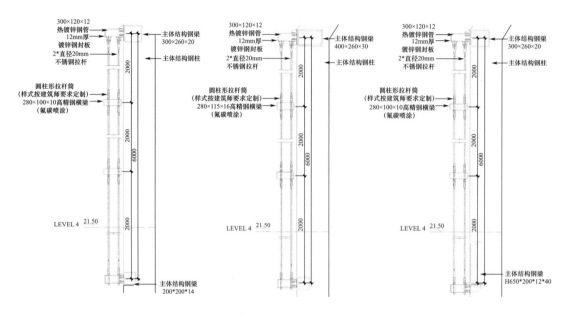

图 13 大跨度拉杆系统

拉杆在每根高精钢横梁的部位断开，在高精钢中预先连接带螺纹的套杆，每段拉杆上下设置套筒，通过套筒与螺杆的进出实现螺杆的安装（图 14）。

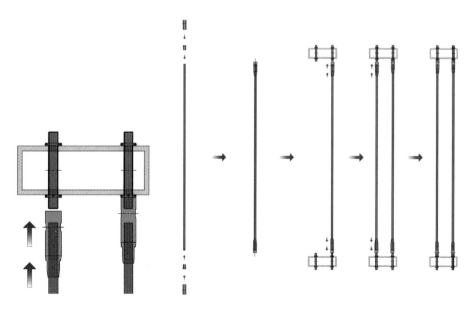

图 14 拉杆的安装

玻璃安装在前边，与拉杆存在重力偏心，会产生偏心扭矩，不锈钢拉杆本身为柔性构件，只能受拉不能受压。为了避免拉杆因为偏心扭矩产生受压的情况，在早期方案中考虑过设置一定的预应力，分析显示，因为上下主体钢龙骨太弱，无法承受该预应力，该方案不成立。后续方案考虑用玻璃及高精钢的重力产生的拉力去抵抗重力偏心产生的扭矩，最终经过计算，在各种工况下，拉杆均为拉应力状态，不会出现压应力，满足受力要求（图15）。

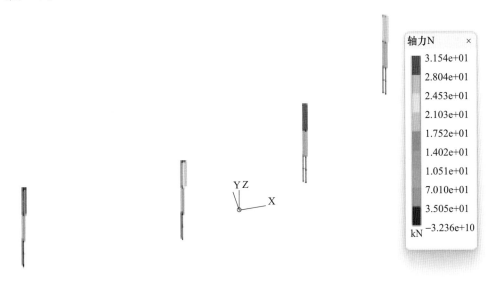

图 15　拉杆的应力分析

最下方的一根拉杆不受力，为装饰拉杆，拉杆底部设置可自由伸缩的套筒，最大可实现正负 40mm 的变形。实际拉杆变形最大 21.96mm，目前构造能够满足最大变形（图 16）。

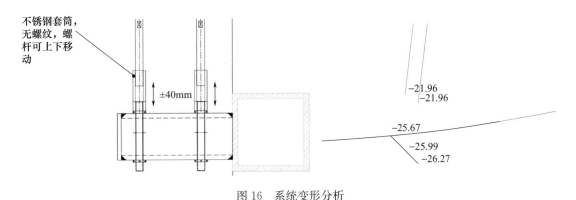

图 16　系统变形分析

4.2.3　首层玻璃幕墙做法

首层玻璃与水平面夹角小于 75°，玻璃面积超过 9m²，为超大玻璃。该玻璃整体外倾斜。为了避免超大玻璃自爆产生伤害，通过在室外设置景观，避免人员进入玻璃下方。在系统设计过程中，考虑过带玻璃肋的全玻璃幕墙、对边支撑的橱窗幕墙等做法。因为玻璃整体外倾，采用玻璃肋全玻璃幕墙，会让结构胶长期受力，有安全隐患；对边支撑的橱窗类玻璃做法需要对玻璃进行加厚，而且玻璃与水平面的夹角小于 75°，玻璃需要承受长期荷载，且玻璃加厚之后，玻璃自身的强度会降低，形成恶性循环，无法满足受力需求。最终方案选择了高精钢系统作为幕墙竖向龙骨，上下入槽的四边固定方式。竖向高精钢充分利用了玻璃的厚度空间，尽可能在视觉上弱化立柱。在折线部位，立柱在工厂一体加工成型，避免现场焊接。

4.2.4　开放式屋面做法

开放式屋面位置做法与标准版为类似，板块之间预留缝隙，用于排水。

5　幕墙结构安全性分析

本项目为整体为钻石造型，大部分玻璃为内倾或外倾，相比立面幕墙，倾斜幕墙有更大的破坏及脱落风险，本项目考虑了以下加强措施。

5.1　玻璃的选择

为了避免玻璃自爆脱落，玻璃内外均采用了夹胶玻璃，且夹胶片采用了 SGP 胶片，SGP 胶片相比 PVB 胶片，在玻璃破碎后有更高的残余强度，足以支撑玻璃，避免玻璃脱落。

5.2　玻璃的防坠落措施

玻璃上下设置护边及防坠落钢丝绳，钢丝绳经过受力计算，足以承受玻璃坠落时候产生的拉力。

5.3　加厚压板及螺栓设计

考虑到玻璃外倾会对压板及螺栓产生长期荷载，在设计中对压板及螺栓进行加厚加大处理，预留足够的安全余量，保证极端情况下幕墙的安全性。

5.4　计算参数的考虑

5.4.1　玻璃按照长期荷载考虑强度

根据上海幕墙地标《建筑幕墙工程技术规范》（DG/TJ 08-56—2019）3.2.1，钢化玻璃短期荷载强度设计值是长期荷载强度设计值的 2 倍，如 5～12mm 钢化玻璃，中部强度，短期荷载为 84N/mm^2，长期荷载为 42N/mm^2。本项目整体为内倾或外倾，重力会产生垂直玻璃的长期荷载，钢化玻璃应按照长期荷载考虑强度。

5.4.2　SGP 膜的剪切模量取值

SGP 剪切模量受温度影响较大，本项目按照 50℃进行取值。

5.4.3　考虑一块玻璃破损情况下的强度校核

为了避免一块玻璃自爆引起整块玻璃的破坏，在玻璃计算中考虑了一块玻璃破损情况下残余玻璃强度满足要求，大大提高了项目的整体安全系数。

5.4.4　数字风洞模拟

考虑到项目整体为钻石造型，结构荷载规范中没有完全匹配的风荷载取值依据，为了避免风荷载取值偏小的情况，本项目进行了数字风洞模拟，且在计算中风荷载取值按照规范及数字风洞模拟中不利的值进行计算（图 17）。

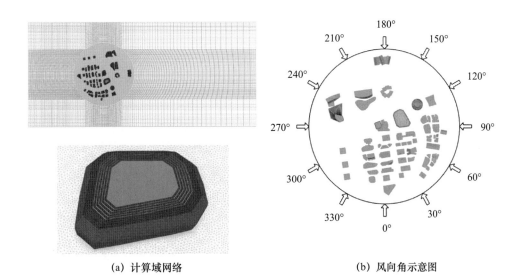

(a) 计算域网络　　　　　　　　　　(b) 风向角示意图

图 17　数字风洞模拟

6　幕墙的美观性——玻璃的颜色及玻璃平整度控制

作为钻石切面的玻璃盒子，要想实现类似钻石晶莹剔透的效果，玻璃颜色、反射率、透光率、玻璃平整度等因素都至关重要。为了提高幕墙的镜面效果，幕墙玻璃选用了 15％ 的反射率玻璃。在玻璃颜色选择方面，通过样板对不同参数的玻璃进行比选（图18）。

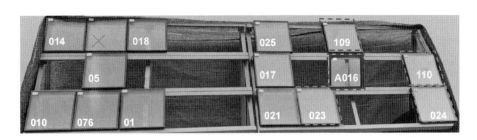

图 18　玻璃的比选

本项目周围有高层建筑物，在特定的角度下，高层建筑会反射到本项目建筑立面。高层建筑的竖向线条在投射到建筑表面上会产生变形，这个是钢化玻璃的本质决定的。钢化玻璃在加工过程中会产生弓形变形或者波形变形，国家规范对弓形变形和波形变形均有严格的限制。考虑到本项目为倾斜玻璃，在重力的作用下，玻璃会产生变形，加大钢化玻璃的弓形或者波形缺陷，所以本项目玻璃进行了从严要求，对于弓形变形，最大弓形值要求小于等于 0.15％（规范值为小于等于 0.3％）；对于波形变形，最大波形测量值要求小于 0.1mm（规范值为小于等于 0.2％）。

7　光伏建筑一体化

光伏作为重要的节能降碳措施，越来越多地应用在建筑中，光伏在建筑中的应用有 BAPV 和 BIPV 两种形式。

BAPV 为"后安装型"建筑太阳能光伏，光伏材料仅用于发电，不承担建筑防水、遮阳等建筑功能，可在已有建筑上安装，一般安装于屋顶部位。

BIPV 为光伏建筑一体化，光伏系统与建筑同时设计、同时施工、同时投入使用。它作为建筑的一部分，既用于发电，又能够替代部分建筑立面的材料。

本项目整体为钻石造型，为了保证完整的钻石效果，屋顶部位采用了半开放式设计，平顶部位采用了碲化镉薄膜电池玻璃替代普通的钢化玻璃，玻璃安装方式采用了标准的幕墙系统做法，保证了建筑第五立面的效果（图 19）。

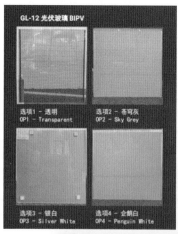

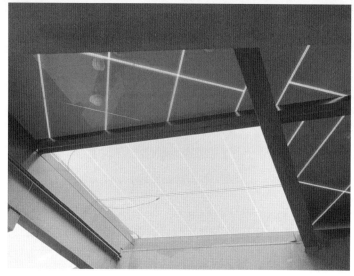

图 19　样板针对不同光伏玻璃的比选

8　清洗方案

根据以往工程经验，倾斜的建筑表皮相比立面的建筑表皮更容易脏，原因是倾斜朝上的面容易积灰，在下雨的时候，积灰会变成泥水流下，最终污染整个建筑立面。虽然本项目在细节设计上考虑了减少污染的措施，但无法改变因为建筑形体而造成的易脏的根本特性。所以考虑清洗措施就显得尤为重要。

本项目整体为钻石效果，且要保证完整的钻石造型，在屋顶设置传统的擦窗机不太现实，且传统的擦窗机很难满足清洗需求。考虑到建筑的高度、形体等特性，以腰棱为界面，腰棱以下玻璃高度不高，且整体外倾，适合地面设备进行清洗，最终选择蜘蛛车进行清洗。腰棱以上部位，蜘蛛车无法达到，且玻璃倾斜向上，有利于蜘蛛人清洗，最终选择在屋顶设置蜘蛛人用安全生根点，可以连接安全绳和工作绳，保证擦窗的方案。

9 关于规范的思考

随着三维软件在建筑行业的普及，异形建筑越来越多，作为幕墙中最重要的玻璃幕墙，也开始出现了越来越多的异形设计。新事物的产生往往依赖于技术的进步，幕墙行业从上世纪出现到现在，已经取得了长足的进步，以玻璃为例，超大玻璃、双曲玻璃、多层中空玻璃、多层夹胶玻璃、真空玻璃、中置遮阳玻璃等新产品层出不穷。在异形幕墙的落地过程中，会受到很多规范的限制，以本项目为例，为了达到通透的建筑效果，建筑师倾向于玻璃板块适当加大，在项目设计过程中，为了突破规范中不应超过 $3m^2$ 的要求，在设计中考虑了采用 SGP 玻璃、设置防脱链、考虑一块玻璃破损等加强措施，最终还是因为规范原因无法通过评审。超过 $3m^2$ 的案例并不是没有，如升级之后的浦东苹果店（图 20），玻璃筒直径 9.75m，顶部共有 13 块玻璃，平均一块玻璃面积为 $5.75m^2$。

图 20 浦东苹果店

上海图书馆东馆（图 21）玻璃倾角为 $66.753m^2$，幕墙尺寸为 4.2m 宽，1.55m 高，玻璃面积为 $6.5m^2$。项目 2021 年完成至今，未出现安全问题。

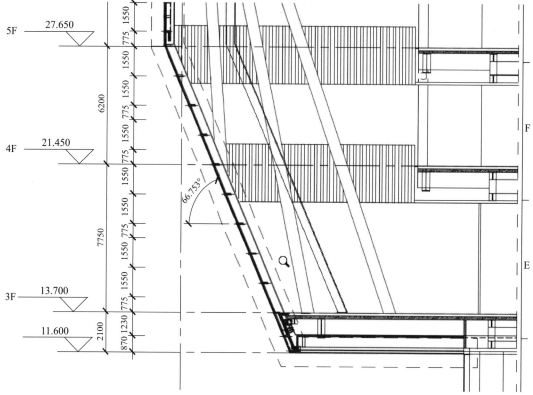

图 21 上海图书馆东馆

　　基于以上分析，为了满足日益丰富的建筑形体，在保证安全的前提下，建议更加灵活地执行规范，通过技术论证等途径，为突破规范的项目提供可行的方向。

10　结语

　　西岸会展中心幕墙从 2022 年开始论证，2024 年开始施工，预计 2025 年完工。其整体钻石造型的建筑形体将融入西岸整体建筑群，助力西岸地区成为"上海 2035"城市总体规划中高品质中央活动区核心功能的重要承载区。

作者简介

牟永来（Mu Yonglai），男，1968 年 9 月生，职称、研究方向：中国建筑金属结构协会铝门窗幕墙委员会专家、上海建委科技委会幕墙结构评审专家；工作单位：上海市建筑装饰工程集团有限公司；地址：上海市静安区汶水路 210 号；邮编：200072；E-mail：1477329048@qq.com。

李书健（Li Shujian），男，1984 年 5 月生，职称、研究方向：高级职称、一级建造师、中国建筑装饰协会科学技术奖专家、华东院幕墙工程咨询设计研究二所所长；工作单位：华东建筑设计研究院有限公司；地址：上海市黄浦区中山南路 1799 号；邮编：200011；E-mail：376150207@qq.com。

虚实相间——建筑花格效果的实现

牟永来[1]　李书健[2]

1　上海市建筑装饰工程集团有限公司　上海　200072

2　华东建筑设计研究院有限公司　上海　200011

摘　要　建筑作为城市的组成元素，立面的复杂多变是丰富城市景观、提高城市美感的重要措施。其中，虚实结合是提高建筑立面丰满度的重要手段。玻璃因为半透明的视觉效果，一直在虚实相间中承担"虚"的角色。随着近些年建筑技术的发展，花格因为自身镂空的效果和有别于玻璃的通透感，越来越多地出现在建筑立面中。花格没有特定的效果，也不必是特定的材料，任何建筑材料都可以通过镂空处理来呈现虚的建筑效果。花格的使用需要设计师不断开拓思路，对连接构造和组合方式进行创新，为新型建筑立面效果的呈现提供更多可能。

关键词　花格；虚实；材料；构造

1　引言

整个建筑的发展史也是建筑材料的发展史，建筑立面材料从古代的木、瓦、砖到现代的玻璃、石材、铝板等，材料越来越多样化，材料的连接方式和能够实现的形态也越来越多。建筑表皮作为建筑的皮肤，已经从二维平面向三维立体发展，从单层表皮向多层表皮发展。原来单层表皮需要满足防水、保温等多种属性，到了多层表皮，可以将属性分解，从而产生了不需要防水及保温的表皮。花格就是装饰作用或遮阳作用的表皮。

2　花格的历史

我国的古建筑在美学方面一直具有自己独特的属性，有很多设计元素被现代设计师追捧，花格就是其中重要的元素。相信到过故宫的游客都会被故宫的花窗所吸引，故宫不同房间的花窗纹样并不相同，不同的纹样往往代表了房间主人的不同等级（图1）。如三交六椀菱花用于太和殿，地位最高，双交四椀菱花用于景仁宫，正方格用于咸福宫，斜方格用于慈宁宫花园中的临溪亭，轱辘钱用于养心殿，万字纹用于御花园等，不同的花格纹理代表了不同的寓意。

除了类似故宫的宫殿类建筑，以苏州园林为代表的民间建筑在花窗的应用方面也有自己的特点（图2）。苏州园林的花窗形状有方形、圆形、八角形、葫芦形、如意形、菱形等，其中的纹样有海棠纹、回纹、云纹、龟背纹、冰裂纹等。漏景是苏州园林中一种常见的形式，花窗的设计使园林的风景若隐若现，能够激发人游玩探索的欲望。

(a) 万字纹   (b) 三交六椀菱花   (c) 斜方格

图 1 故宫花窗纹样

图 2 怡园花窗

3 用于幕墙中的花格

幕墙是现代技术发展的结晶，用于幕墙中的花格不再是古代的木或者石，而是采用现代工艺加工和安装的新材料。幕墙中的花格往往并非单纯的装饰作用，建筑师会结合通风需要、遮阳需要、检修需要等，将立面功能与整体立面效果相结合，实现建筑立面效果的统一。

能够实现花格效果的材料很多，包括铝合金、不锈钢等金属材料及石材、陶砖、UHPC等。花格的加工方式包括镂刻、编织、组合等。

4 金属类花格

金属因为其强度高、易加工的特点，相比其他材料更容易实现花格的效果，金属类花格根据材料及加工工艺，有以下类型。

4.1 金属板镂刻

金属板的加工有多种方式，对于比较简单的穿孔做法，可以采用冲孔来实现，冲孔是采用冲孔机进行加工，适用于孔大小一致的圆孔板。对于比较复杂、板厚比较厚、金属板比较硬的情况，冲孔很难满足要求，一般采用激光切割的穿孔方式。激光切割相比冲孔，加工速度低，但加工的版面更加平整，且能够实现更加复杂的造型。

冲孔和激光切割是针对二维图案的加工方式，对于需要立体造型的镂空图案，需要采用雕刻机进行加工。为了实现更加立体的效果，采用雕刻工艺实现的镂空铝板往往采用加厚的铝板，如10mm厚铝板（图3）。

图3　浮雕铝板

4.2　型材或钢材拼接

对于断面均相同的花格造型，可以考虑采用铝合金型材作为花格的断面，通过型材之间的拼接，实现复杂的纹理效果（图4）。

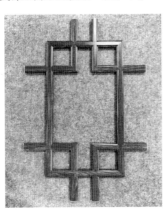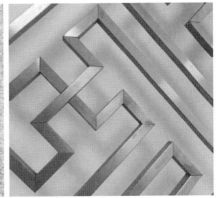

图4　型材拼接花格

钢材相比铝合金型材，因为其强度更高，更容易焊接，以实现花格的效果。如尹山湖文体中心的外立面整体采用钢材进行拼接（图5）。

图 5　尹山湖文体中心

4.3　金属板拉伸

拉伸网是金属筛网的行业中一个品种，又称钢板网、冲剪网，是金属板经冲剪、拉伸而成的具有菱形或方形孔眼的板状网。金属拉伸网由钢板、铝板、不锈钢板等制成，具有许多优点和特点，使其成为一种可行的建筑材料。冲压网的孔洞大小、图案，可以根据需要进行加工设计。

金属拉伸网（图6）以金属薄板为原料经过机械切缝、拉伸、压平等工序而成，其中，数控冲床是比较常见的冲剪方式。

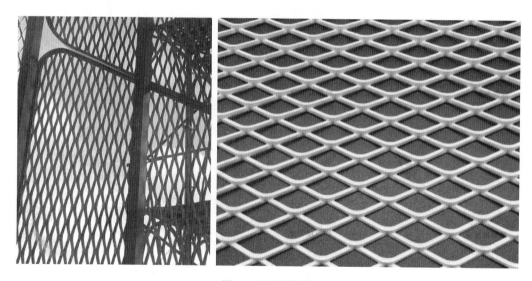

图 6　金属拉伸网

4.4　金属线编织

该类花格是以金属丝材、线材等通过机器编织而成的金属编织网、金属网帘。金属线的编织方式很多，基础原理为将经线和纬线相互交错或勾连，通过穿插、缠绕、打结等方法组织起来。将基础原理进行延伸，可以发展出很多编织方式，同时也会形成不同的编织效果（图7）。

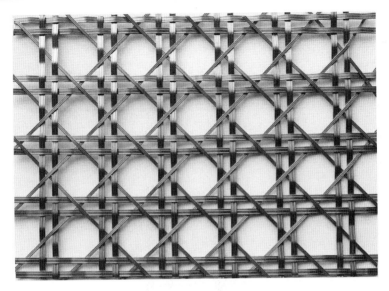

图 7　金属线编织网

4.5　风铃幕墙

风铃幕墙（图 8）是将金属片通过不锈钢拉索串联起来，让金属片能够在空中随风飘舞。风铃的飘动有两种方式，水平方向飘动和绕着竖向轴旋转。为了突出风铃的效果，往往选用亮面金属，如亮面不锈钢、阳极氧化铝板、铜板等。风铃之间可以相互搭接，也可以间距布置。风铃片的形状有矩形、菱形、圆形等。风铃幕墙有很大的可玩性，材质、形状、连接方式、布置方式等均可以进行定制化设计。

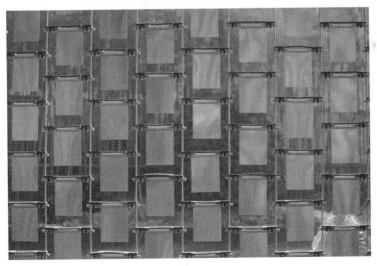

图 8　风铃幕墙

4.6　组合式花格

苏州艺术中心外立面为典型的组合式花格幕墙（图 9），通过将特定形状的铝板片组合起来，形成具有立体空间效果的金属花格效果。该效果的实现看似复杂，实际是通过特定的模块进行组合，加工和安装相对简单。

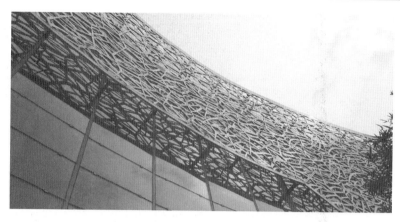

图 9　苏州艺术中心

5　石材花格

在石材幕墙中，为了实现特定的装饰效果或对通风口等部位进行隐藏，会通过设计镂空的石材效果实现美观性及通风需求。如在观音圣坛项目中，连廊顶部设置了镂空石材效果。镂空石材是石雕工艺的一种，具有悠久的历史。根据镂空效果大小的不同，有在石材本身进行镂空雕刻及通过不同石材的拼接组合实现大的镂空效果两种方式。

5.1　石材的镂空雕刻

石材作为具有悠久历史的建筑材料，很早就被应用在了建筑中，为了实现建筑中的虚实结合或与园林风景等的结合，石材很早就有镂空雕刻的传统。石雕工艺是极具艺术性的工艺，是有别于绘画的立体三维工艺，具体到镂空雕刻，也并不是简单地凿除一部分石材，而是将艺术创作融入雕刻技艺，实现立体空间效果的艺术表现形式（图 10）。

图 10　雕花石材

5.2 组合式石材镂空效果

组合式石材镂空效果是将不同的石材板块拼接出建筑立面的镂空效果，相比石雕工艺，组合式石材能够实现整个立面尺度上的镂空效果。组合式石材因为是通过石材板块的拼接实现的，能够实现的镂空效果相比镂空石雕工艺会更加简单。如四川大剧院外立面石材（图11）采用黄金麻石材加工组合而成，模拟篆体字的效果，每个字的尺寸在1590mm×1590mm，石材厚度为50mm，单个字的质量为350kg。

图11　四川大剧院

北京电力科技馆采用了类似的表现形式，在石材面上形成了大小、位置各异的镂空效果（图12）。

图12　北京电力科技馆

镂空石材图案比较随意，为了保证竖向龙骨的贯通，需对镂空图案排版进行调整，避免竖向龙骨外露。为了保证原有镂空图案的无序性和建筑设计意图，幕墙横梁采用分段设计，配合L形托板与背栓进行结合。

6　UHPC 花格

UHPC（超高性能混凝土）是一种具有超高强度、超强耐久性、孔隙率低、耐侵蚀性强的特殊混凝土，UHPC 基体的超高强度通过配方不同比例加入耐碱玻璃纤维、聚乙烯醇纤维、钢纤维进一步得到增强和增韧，它几乎可以做出任意造型，从平面到镂空再到曲面等各种异形均可制作。

基于 UHPC 的超强特性，其在镂空效果的实现方面具有更大的优势。UHPC 材料因为其超高强度的属性，可以取消龙骨，让 UHPC 材料自身受力，对于需要内外均可视的镂空效果更加有利。如深业上城 A 区外走廊采用了 UHPC 材料作为格栅（图 13），格栅充分利用了 UHPC 的材料特性，整体造型为"拧麻花"样式，内外均可视，营造了不一样的视觉效果。UHPC 格栅采用单元化设计，每个单元尺寸为 2833mm×1640mm，共2300 个单元，超一万平方米。格栅单元在工厂进行加工，现场通过螺栓连接到 T 型钢上。

图 13　深业上城连廊

有别于深业上城的格栅效果，上音歌剧院外立面也采用了 UHPC 来实现（图 14），其效果模拟了砖砌的镂空图案。光线通过镂空墙面与玻璃幕墙在室内产生透明与不透明的过渡，营造出不同的空间效果。这种镂空的手法也是中国传统建筑元素"窗棂"的体现，虚实对比使立面更为丰富，旁边的两个立面上，UHPC 挂板像舞台幕布一样打开，既和歌剧厅的建筑性质相呼应，又给大家带来无限遐想，吸引公众探索幕后的室内空间。

悦·艺术馆项目以 UHPC 板和高反射镀膜玻璃作为主材料，对于二层以上的空间建筑师以 UHPC 镂空板作为二次立面，为室内空间望向罐体的视线增添一层触媒，令观看的动作更丰富且更具生趣（图 15）。

图 14　上音歌剧院

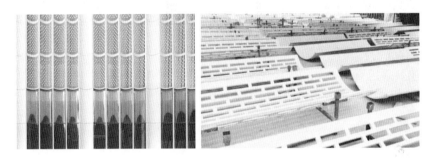

图 15　悦·艺术馆

7　陶砖

　　砖最早作为砌墙的主要材料，素有"秦砖汉瓦"的说法。实际上，砖的起源远远早于秦朝，早在 5000 年前的仰韶文化蓝田新街遗址就发现了中国最早的砖。陶砖是一种采用优质黏土、紫砂陶土及其他原料配比后，经过高温烧制而成的建筑材料。与传统的陶土砖相比，陶砖在质感、色泽、实用性等方面有所改进，具有更细腻的质感、更稳定的色泽、更优美的线条和更强的实用性。陶砖能够耐受极端的温度变化，包括耐高温和抗严寒，同时具有良好的耐腐蚀性和抗冲刷性，这些特性使得陶砖在建筑装饰中非常受欢迎。陶砖做法存在穿钢筋拉杆、干挂、嵌挂、PC 反打做法、拉索吊挂等。

　　无锡锡宝行的外部形象结合现代材料与（传统）建造工艺，选择粉白空斗砖墙的砌筑肌理（图 16）。围护体系采用双层表皮，外侧白陶砖镂空墙参考江南空斗墙的技艺，采用宜兴现代工艺制成的灰白色陶砖，采用干挂体系叠挂。一、二、三层采用三种不同密度的镂空比例，以满足由下至上各层空间由于不同功能带来的开敞性要求。立面肌理变化丰富，为室内营造多层次的光影变化。

图 16　无锡锡宝行

　　上海老船厂采用直径 8mm 的不锈钢索将陶砖进行吊挂，形成了镂空的陶砖立面效果（图 17）。

图 17　上海老船厂

8 花格幕墙的技术难点

花格幕墙以镂空为其主要特点，通常花格幕墙作为双层幕墙表皮的外层幕墙出现，内外均可视，主要技术难点如下。

8.1 美观性的保证

花格幕墙因为其内外均可视的特性，对美观性要求很高。传统的非透明幕墙主要表皮关系为"幕墙面板＋幕墙龙骨＋内侧墙体"，只有外侧幕墙可视，龙骨及连接构件隐藏于幕墙表皮与内侧墙体之间不可视，其系统构造更加容易实现。花格幕墙因为其内外侧均可视，则要求幕墙构造需作为可视构造做法进行考虑。

8.2 幕墙系统的定制化设计

镂空幕墙系统往往需要进行定制化设计。镂空幕墙系统往往作为项目的点睛之笔出现，是整个建筑表皮设计的灵魂，表皮构造需要贴合建筑师的设计理念，综合考虑外饰效果、内饰效果、灯光效果等多种效果，结合建筑材料的特性，进行创造性设计。如上海老船厂陶砖幕墙参考了拉索玻璃幕墙的做法体系，利用不锈钢拉索来吊挂陶砖。

8.3 防水设计

镂空幕墙本身通常没有防水需求，镂空幕墙通常作为建筑表皮的一部分，与非镂空幕墙相互结合，实现建筑表皮虚实结合的设计理念。非镂空幕墙有防水功能，镂空幕墙没有防水功能，两者相互结合的部位是项目的重点和难点，需要用防水线的设计理念，确保整体防水的连续性。

8.4 构造安全性

镂空幕墙构造受力比较复杂，从风荷载考虑，镂空部位幕墙内外均受到风荷载的影响，风荷载的体型系数通常不能按照荷载规范进行取值。从构造上讲，为了保证镂空幕墙内外的效果，龙骨布置及幕墙面板连接方式会受到很大的限制，通常会在保证美观性前提的基础上进行幕墙体系的设计，该体系相比传统幕墙系统，因为没有大规模应用案例，其可靠性需更加关注。

镂空幕墙一般会作为双层幕墙表皮的外层幕墙，其生根点通常通过悬挑杆件进行连接，在转角等部位悬挑长度会很大，考虑到镂空幕墙的自重及风荷载等综合影响，其对内侧的幕墙龙骨或者主体结构会产生较大的反力，因此在悬挑构件构造设计安全性上应预留足够的安全冗余度。

8.5 材料自身的削弱

很多镂空效果是通过对原本是面层的材料进行雕刻或者切割等加工来实现的。雕刻或者切割会削弱材料自身的强度，雕刻不同的图案，材料最不利的点是不同的，有的时候需要进行整体建模计算才能确定最不利的位置，这对幕墙设计及计算提出了很高的要求，容易因为疏漏产生安全隐患。

9 未来花格幕墙技术展望

花格幕墙的产生有着悠久的历史，是建筑技术发展的必然产物，随着建筑技术的不断进步，花格幕墙也会随之进步。

9.1 新型镂空材料及技术的出现

新材料的出现受到人类整体科技的影响，很多技术是跨行业的，新技术会因为成本的降低下沉到新的行业，碰撞出不同的火花。以 3D 打印技术为例，3D 打印适合立体复杂造型的产品的实现，镂空幕墙本身就是立体复杂的立面造型。受限于目前材料的加工技术，很多建筑师的设计构想会因为技术或者成本原因而无法实现。如果 3D 打印技术最终成熟到技术和成本均可以接受，势必会产生更多的新型镂空材料。

9.2 与光伏技术的结合

目前的光伏建筑一体化，主要是将光伏材料替代传统的铝板、石材等非透明材料，因为光伏技术的限制，目前还没有应用在穿孔板或者镂空雕刻板上的技术。相信在将来会出现更加灵活的光伏技术产品。

9.3 智能花格体系

作为智能建筑未来发展的一部分，花格幕墙作为建筑具有装饰或者遮阳作用的建筑表皮，未来也会随着智能建筑的发展逐步向智能化方向发展。

如果将建筑比喻为一个有生命的人，花格幕墙作为这个人的衣服或者装饰，花格本身应该具备适应建筑需求而进行自我调整的能力，如根据不同季节、不同形态的变化，控制阳光的进入、控制通风的大小等，同时可以通过形态变化，改变外立面效果。

10 结语

建筑花格作为建筑表皮的重要表现形式，对于丰富建筑立面效果有着重要的作用。建筑花格的实现需要综合考虑材料品种、加工工艺、系统构造、安装措施、维护等多种因素，需要从建筑方案阶段开始进行考虑，方案建筑师、结构师、幕墙设计师等各方合作，共同确保建筑花格完美效果的实现。

作者简介

牟永来（Mu Yonglai），男，1968 年 9 月生，高级职称，中国建筑金属结构协会铝门窗幕墙委员会专家、上海建委科技委幕墙结构安全评审专家；工作单位：上海市建筑装饰工程集团有限公司；地址：上海市静安区汶水路 210 号；邮编：200072；E-mail：1477329048@qq.com。

李书健（Li Shujian），男，1984 年 5 月生，高级职称，一级建造师，中国建筑装饰协会科学技术奖专家、华东院幕墙工程咨询设计研究二所所长；工作单位：华东建筑设计研究院有限公司；地址：上海市黄浦区中山南路 1799 号；邮编：200011；E-mail：376150207@qq.com。

创新思维下的特异型幕墙设计应用

吴可娟　张金太　朱　力　杨礼山

1　广州格雷特建筑幕墙技术有限公司　广东广州　511340

2　西安中央文化商务区控股有限公司　陕西西安　710061

摘　要　本研究通过西安华润生命之树项目，探讨了特异型幕墙设计的创新思维及其在设计与实施过程中的应用。面对超大板块运输组装、结构空间局限、多专业交叉复杂空间定位、拼接位置毫米级偏差控制和温度变形释放等挑战，项目团队采用了竖向断缝与叠合拼缝技术、环梁与背负钢架的转换、BIM 技术的空间切分原则、高精度定位板和温度变形设计等创新方法，成功解决了设计难题，确保了项目的顺利实施和高质量完成。生命之树项目不仅展示了特异型幕墙设计的独特魅力与艺术价值，还通过其精湛工艺和卓越性能成为西安的新地标。研究结果证明了创新思维在特异型幕墙设计中的重要性，并为后续类似项目提供了宝贵经验。未来，随着建筑行业的发展和人们对建筑美学与功能性的更高要求，特异型幕墙设计将有更广阔的发展前景。

关键词　特异型项目；空间分配；参数化设计；叠合拼缝；空间定位转换；多专业交叉；高精度定位

1　引言

随着现代建筑技术的不断进步，特异型幕墙设计已经成为展现城市风貌和提升建筑品质的重要手段。特异型幕墙设计在建筑行业中的重要性不容忽视，它不仅关系到建筑物的外观美感，还涉及建筑的功能性、节能性以及安全性等多个方面。

在西安电视塔与隋唐天坛的古今中轴线交汇之处，致力于打造传承中华文化世界级文商旅综合体的华润置地在西安曲江新为当代西安种下一棵"生命之树"（图 1、图 2）。这将是对古城文化的回溯与探寻，也是东方文化面向世界新的生长。

"生命之树"由英国建筑"鬼才设计"大师托马斯·赫斯维克（Thomas Heatherwick）亲自操刀，他在与中国山水相遇后，为这片土地带来了太多惊喜。

"生命之树"是一场与长安从东到西的遇见。"此项目是西安的一个缩影，一个城中之城，融合了西安优秀的历史、文化与活力"，托马斯·赫斯维克将用一座新的文化地标建筑，一个具有活力的新商业空间，为西安这座城市写下一段新的文化叙事。

本研究的目的是探索基于创新思维的特异型项目幕墙设计在西安华润生命之树项目中的运用。研究目的包括以下几点：首先，通过深入研究创新型的幕墙设计理念和方法，旨在为生命之树项目打造前所未有的幕墙形态，使其外观如艺术品般独特，成为一处引人瞩目的地标。其次，研究旨在通过方案与 BIM 设计和结构设计进行协同推进的螺旋式设计，确保项

图 1　华润西安万象城（CCBD）项目全貌

图 2　生命之树现场实景图

目设计方案的实施落地。再者，本研究强调特异型项目的设计思维和方案对于最终实施的影响，以及如何通过创新设计方法来降低实施难度，提高精度控制。最后，本研究旨在为其他类似项目提供可借鉴的设计方法，打造更多具有艺术性和创新性的精品项目。基于以上研究目的，我们期望能够为其他类似项目提供有效的设计方法和策略，以实现预期的设计效果和功能性能。

2　创新思维在特异型幕墙设计中的应用

2.1　创新思维在幕墙设计中的重要性

生命之树，其树身巍峨高达 57m，由 7 层精心设计的平台构成，象征着丝绸之路穿越的 7 个不同气候带。它不仅重现了丝绸之路上亚欧大陆的异域风情，更通过其延伸的 60 片巨型叶片，展示了植物随季节更迭而变换的生机与色彩。一日之内，四季之景，生命之树以不同的姿态和色彩绽放，彰显了植物生命力的壮丽，呈现了一个充满活力、色彩斑斓的艺术杰作。

本项目中的 60 片叶片，巧妙地构成了 60 个形态各异、大小不一的平台，如图 3 所示。这些叶片由 10 根主干延伸出的树枝所支撑，每一片都致力于完美复现银杏叶片的优雅形态。叶片的外缘设计得极为纤薄，逐渐向树枝中心收缩，由精细的褶皱和叶脉构成。生命之树的中心核心筒内设有观光电梯，而螺旋式上升的旋转楼梯则将各个平台与叶片巧妙地连接起来。此外，通过精心设计的拉力环，每个叶片的楼梯得以稳固地搭建在环上，共同构筑了生命之树的宏伟结构。每个叶片的四周，还特别设计了错落有致的栏杆，象征着生命之树不断向上、向光生长的不屈精神。

本项目在设计过程中融入了众多创新元素，正是这些创新方案的巧妙运用，确保了这件艺术品得以完美呈现，成为令人瞩目的艺术与工程的结合体。

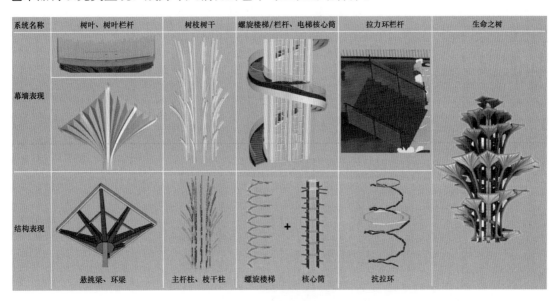

图 3　生命之树的构成

2.2　西安华润生命之树幕墙设计的基本设计理念

本项目由于造型复杂，交叉专业多，空间极限等问题，使得整个项目的设计难度非常大。深化设计过程可概括为：找规律、定规则、分蛋糕、归类别。

找规律：60 个叶片各不相同，空间关系复杂。通过 BIM 团队与 HS 的深入交流，我们找到了表面生成的底层规律，并优化程序，使每片叶片能独立重构。研究发现，叶片平台边缘均为直线，利用此发现设计出规律性的龙骨和支点布置。

定规则：幕墙二次环梁和叶片背负钢架的布置，依据叶片规格与直边关系进行。在异形空间中，直边作为基准简化了支座设计的六维定位为三向定位，降低了施工难度。

分蛋糕：全专业空间极为有限，仅靠幕墙规律和规则不够。我们推广幕墙设计经验，将空间分配给各专业，如同分蛋糕。以基准面为基础，协调各专业空间需求，初步切分后进行特殊化设计。叶片外观变动时，单独调整并确认。

归类别：项目中交叉情况多，但通过梳理分析，我们找出分类规则，简化设计颗粒度。结构和图纸设计均按类别进行，规则输入程序实现参数化设计。所有施工基于模型，图纸为辅助，节点是规则设计基础，图纸正向出图，模型修改同步更新图纸，提高设计效率。

3 设计方案的制定与实施

3.1 难点一：块超大问题和解决方案

本项目采用每三个"V"形面板构成一组叶片，共计8组叶片安装于单一平台，如图4所示。经过精确的尺寸分析，我们发现，最大一组叶片的尺寸达到4340mm宽，最长为15536mm（图5）。鉴于此尺寸无法进行整体运输，我们决定在工地进行组装，并深入探讨了断缝隙的设计方案。

方案一采用横向断缝隙的方法，若超长板块需横向断缝，则所有板块均需增设横向断缝。如图6所示，横向增加断缝将显著影响整体美观。此外，由于叶片均为双曲形状，横向断缝的拼接精度控制极为复杂。考虑到结构空间的限制，异形空间曲面板的安装定位本已颇具挑战，若增加横向断缝，将导致加工和施工难度大幅上升，外观效果难以保证。在样板阶段，我们也尝试了整体叶片与横向分段叶片的对比，进一步验证了横向分缝的难度。

最终，我们采纳了方案二，即将分缝设置在每个"V"形相交的阴角处，即采用竖向断缝，如图7所示。然而，由于每片叶片均为双曲形状，若采用传统对拼方式，将不可避免地出现大小不一的缝隙，影响外观效果的精致度。经过深入研究与设计，我们采用了叠合拼缝技术，将相邻两片叶片的拼缝巧妙地连成一线，有效消除了加工误差对外观的影响。叠合拼缝的理念也被巧妙地应用于本项目的其他细节处理中，使得项目的细节处理达到了近乎完美的境界。最终，每个叶片在工厂内进行预拼装，确认无误后拆解，将每个"V"形面板和背负钢架分别运输至工地，并依据预先对准的孔位进行精确拼装，确保了安装的精度。

图 4　单个平台叶片

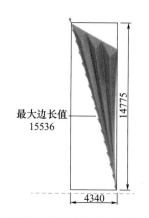

最大边长值
15536

14775

4340

图 5　最大单叶片（mm）

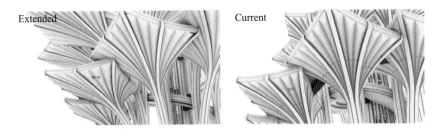

图 6　横向无断缝和有断缝效果对比

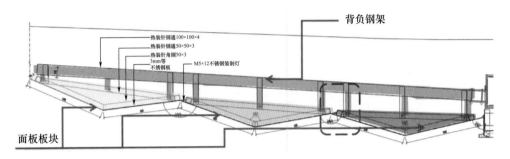

图 7　叶片断缝方式

3.2　难点二：结构空间局限

本项目中钢结构与叶脉的分缝关系如图 8 所示，钢结构中心与树叶中心之间不存在对应关系，同时钢结构的悬臂梁与叶脉分缝亦无对缝关系，导致整体设计的连接体系复杂化。通过全面的形体研究与分析，鉴于每个平台边缘均为直线，故采取与直边平行布置环梁龙与背负钢架的方式确定龙骨和定位点的定位规则，如图 9 所示，实现了复杂空间定位的转换。在特异形项目设计中，点、线、面的空间定位转换以及多维度空间定位的简化思想极为关键。本项目通过环梁与背负钢架的转换，运用码件实现了三维 X/Y/Z 直角坐标系的调节，简化了空间定位中的角度调节，显著降低了施工难度，如图 10 所示。

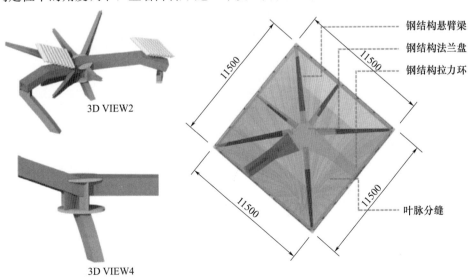

图 8　叶片分缝和结构的关系（mm）

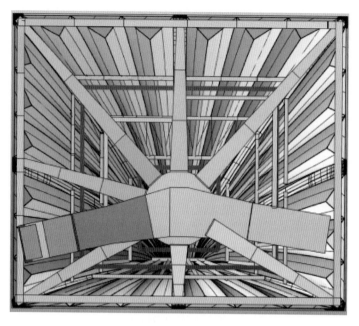

图 9　构造环梁

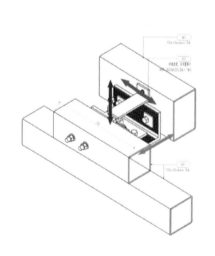

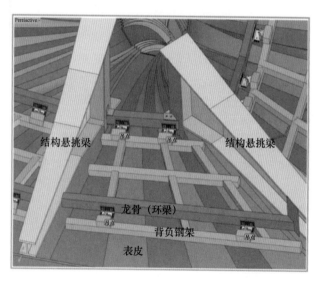

图 10　码件空间定位

3.3　难点三：楼板和叶片空间狭小且多专业交叉

　　生命之树的每个平台上面都种植有不同的绿植，如图 11 所示，所以需要从楼板完成面往下做下沉的树坑，为了保证楼板面和叶片完成面的外观效果，空间已经十分局限，再布置上树坑，就增加了成本和施工难度。此外还水管、电线也要走楼板之下，让原本有限的空间更加捉襟见肘。最后通过制定专业的定位原则和占用空间的原则，如图 11、图 12 所示，让设计可以全面推进。原先树坑是大小无规律的布置，通过幕墙龙骨的校核，让将树坑设置在环梁和背负钢架的横向龙骨之间，不会打断横向龙骨。同时应用 BIM 技术，将各专业的设计空间像切蛋糕一样进行切分，遇到特殊位置再做特殊处理。

图 11　空间定位切分原则设计（一）

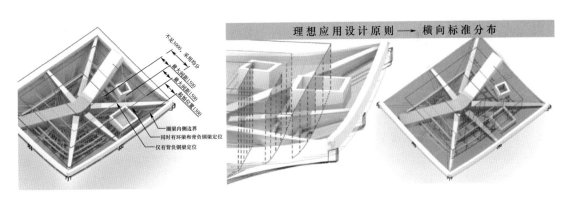

图 12　空间定位切分原则设计（二）

3.4　难点四：拼接位置的毫米级偏差控制

在树叶向树枝干位置的收缩过程中，树枝干上横向断缝随之出现，如图 13 所示，实现毫米级的偏差控制，确保近人尺度的视觉体验显得尤为关键。这种精细的控制不仅提升了整体的美观性，而且对于保持设计的连贯性和整体性至关重要。如图 14 所示，在每个分缝位置采用激光雕刻的高精度定位板进行精准定位，上下板块在同一限位板上限位，从而确保造型的连贯性与定位的精确性。这种技术的应用，使得每个部件的结合都达到了几乎无偏差的效果，极大地增强了产品的整体质感。

图 13　空间定位切分原则设计（三）

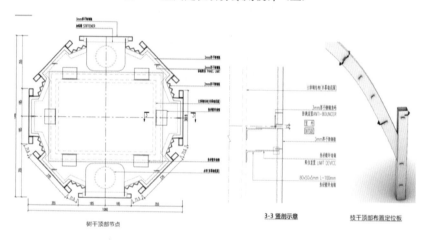

图 14　高精度定位板定位方式

3.5　难点五：温度变形的释放

在本项目中，我们特别选用了不锈钢材质的金属面板，以确保结构的耐久性和强度。同时，整个主体结构是基于钢结构来构建的。考虑到叶片的尺寸巨大，并且在设计上没有设置任何分段缝隙，加之本项目所在地西安地区，具有夏季炎热和冬季寒冷的显著气候特征，因此，我们必须对温度变化可能对结构造成的影响进行深入而周密的考量。如图 15 所示，叶片的设计已经充分考虑了从升温 70℃到降温 50℃这样一个广泛的温度变化区间，并且基于此温度范围进行了精确的温度变形设计。本项目的设计团队巧妙地利用了叶片褶皱形状所固有的刚度特性，将背负钢架精心设置在叶片的中偏上段位置，这样做的目的是在叶片的长度方向上将温度变形的约束点定位在中部，并且在叶片的两端进行释放。通过这种创新的设计方法，我们成功地将所有拼缝的宽度控制在了 15mm 以内，确保了结构的完整性和稳定性。至于叶片宽度方向上的温度变形问题，则通过叶片褶皱的自然形态得以有效地释放和调节，这一点在图 16 中得到了清晰的展示。

温度作用(T+、T-)：
(1)计算基本参数：西安最低气温-9℃，最高气温37℃，假定太阳照射面板最大温度60℃（树叶颜色为暖白色），
面板最大温升考虑T+为60-(-9)=69，保守取70℃；最大温降考虑T-为37-(-9)=46，取50℃
龙骨最大温升考虑T+为37-(-9)=46，保守取50℃；最大温降考虑T-为37-(-9)=46，取50℃

图 15 空间定位切分原则设计（四）

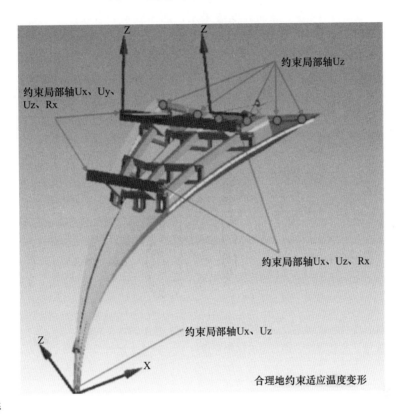

横向温度变形
挠度验算

强度验算

1、横向变形计算

 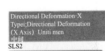

2、横向变形作作下强度计算

最大横向变形 Δdn:w max (2.72mm,1.40mm,2.99mm,3.76mm)=3.76mm

最大变形为3.76mm，满足设计要求

最大应力	σ−σ1+14.77MPa−135.38·MPa
材料设计强度	f_yt=f_a_ss−178·MPa
强度验算	因此（σ<f_yt）= "OK！满足要求"

最大应力为135.38MPa<178MPa，满足设计要求。

图 16 空间定位切分原则设计（五）

4 结语

本研究通过对西安华润生命之树项目中特异型幕墙设计的深入探索与实践，成功地将创新思维应用于项目的设计与实施过程中。在项目的设计阶段，我们面临了诸多挑战，如超大板块的运输与组装、结构空间的局限性、多专业交叉的复杂空间定位、拼接位置的毫米级偏差控制以及温度变形的释放等。然而，通过采用竖向断缝与叠合拼缝技术、环梁与背负钢架的转换、BIM 技术的空间切分原则、高精度定位板以及温度变形设计等创新方法，我们有效地解决了这些难题，确保了项目的顺利实施与高质量完成。

生命之树项目不仅展现了特异型幕墙设计的独特魅力与艺术价值，更通过其精湛的工艺与卓越的性能，成为了西安这座古城的新地标。项目的成功实施，充分证明了创新思维在特异型幕墙设计中的重要性与应用价值，为后续类似项目的设计与实施提供了宝贵的经验与借鉴。

随着建筑行业的不断发展和人们对建筑美学与功能性的要求日益提高，特异型幕墙设计将迎来更加广阔的发展前景。在未来的设计中，我们应继续深化对创新思维的研究与应用，不断探索新的设计理念与方法，以满足市场与社会的多元化需求。

总之，特异型幕墙设计作为展现城市风貌和提升建筑品质的重要手段，其发展前景广阔。我们应紧跟时代步伐，不断创新设计理念与方法，为建筑行业的发展贡献更多的智慧与力量。

参考文献

[1] 朱大力. 建筑表皮材料精细化设计探析[J]. 中国建材科技，2021，30(1)：29，87.
[2] 应俊. 幕墙视角下的复杂异形建筑表皮精细化设计[J]. 建筑规划与设计，2022，2(4)：73-75.

作者简介

吴可娟（Wu Kejuan），女，1984 年生，本科学士，高级工程师；研究方向：特异形幕墙设计、BIM 在幕墙正向设计中的深度应用。

樊保圣（Fan Baosheng），男，1986 年生，硕士研究生，工程师；研究方向：低碳绿色幕墙设计、幕墙门窗节能与结构计算。

林文康（Lin Wenkang），男，1988 年生，本科学士；研究方向：BIM 技术与参数化设计在幕墙正向设计的深度应用。

杨礼山（Yang Lishan），男，1986 年生；研究方向：低碳绿色幕墙设计、特异形幕墙设计。

防火墙建筑消防安全设计及通透性的研究与应用

刘惠芬

鹤山市恒保防火玻璃厂有限公司　广东江门　529700

摘　要　防火墙作为建筑物消防分隔区域、阻止火势蔓延的关键设施，其安全设计及通透性直接影响到建筑物的整体安全性和人员疏散效率。本研究提出了一系列基于防火设计规范、材料选择、系统构造细节等方面的安全设计策略，在有效提升防火墙的防火性能前提下，通过优化设计和使用特定材料，可以显著提升防火墙的通透性，改善建筑内部环境。

关键词　建筑消防；防火墙；防火窗；安全设计；通透性；验收

Abstract　Firewall as a building fire separation area，the key facilities to prevent the fire spread，the safety design and permeability directly affect the overall safety of the building and evacuation efficiency，the study puts forward a series of based on fire design specification，material selection，system structure details safety design strategy，effectively improve the premise of firewall fire performance，through the optimization design and use of specific materials，can significantly improve the permeability of the firewall，improve the building internal environment.

Keywords　building fire protection；firewall；fire window；safety design；permeability；acceptance

1　引言

　　高层建筑的出现不但有效提高了城市用地的利用率，也给城市经济发展、商业繁荣带来了明显的经济效益。建筑透明性及其空间分析在建筑设计、建造、使用等方面都具有重要的意义和作用。通过合理地运用建筑透明性，不仅可以提高建筑的实用性和舒适度，还可以增强人们的视觉体验和心理感受。因此，建筑师和设计师在创作过程中应充分考虑建筑的透明性及其空间分析，以满足人们日益增长的需求和对美好生活的追求。但由于高层建筑体积庞大、功能复杂、人员密集，一旦发生火灾，火灾蔓延迅速，人员疏散和火灾扑救困难，势必造成重大事故。每年消防部门公布的数据，都是一个个沉重的话题。正因为沉重，所以值得我们深思。

　　为了预防建筑火灾，减少火灾危害，保护人身和财产安全，国家制定了《建筑防火通用规范》（GB 55037—2022）。防火墙是防火分区的主要建筑构件，通常防火墙有内防火墙、外防火墙和室外独立墙3种类型，主要是由不燃烧材料构成的，耐火极限不低于3h且直接设置在建筑基础上或相同耐火极限的钢筋混凝土框架上，6.1.3 条款规定，防火墙的耐火极限不应低于 3.00h，甲、乙类厂房和甲、乙、丙类仓库内的防火墙，耐火极限不应低于 4.00h。

2 当前防火墙不通透问题分析

《建筑防火通用规范》（GB 55037—2022）规定，设置防火墙时，由于建设方初期对场所使用性质考虑不足，为了投入方便往往使用纸石膏板、纤维石膏板、难燃胶合板、难燃木材、PVC 板等质量轻、安装方便的不燃性材料或难燃性材料作为墙体隔断，虽然这种材料具有耐火、隔热和装饰作用，但高温时这些材料受热脱水，产生收缩变形，开裂，很容易失去隔火作用，就更无隔热作用。

消防设施的专用场所，如变配电室、柴油发电机房、通风机房、空调机房等，这类场所需要可视性。但是，在火灾时仍需要坚持工作的地方，或在防火设计中设有中庭、采光井、自动扶梯等开口部位的建筑，及地下室采光中需要大量使用透明材料的场所，常常在设计时，只顾及了其透明性而忽视了其防火性。在防火检查中发现，大多数厂家只考虑了采光、轻便、实用、经济的要求，往往采用铝箔玻璃钢复合材料、纸面石膏板等装饰装修材料，而忽视了构件的燃烧性能，导致了隐患的产生，这类材料按建筑内部材料燃烧性能等级分类只达到难燃性 B1 级，这无形之中就降低了一个耐火等级。没有考虑到上述场所的特殊性，当发生火灾时，这些场所极易瞬间瘫痪，发挥不了应有的作用，此外，实体防火墙不透明，无法提供视觉上的连续性，安全但不实用。

3 防火墙建筑消防安全又具通透性的解决方案

3.1 防火玻璃墙的建筑消防安全性

防火玻璃墙是由防火玻璃、镶嵌框架和防火密封材料组成，在一定时间内，满足耐火稳定性、完整性和隔热性要求的非承重隔墙，有国家法定检验机构的检测报告。作为被动防火体系的防火玻璃墙，其主要作用是防止火灾的蔓延及烟气的扩散，通常用于商业中庭分隔、有顶步行街两侧建筑商铺、走道两侧分隔及建筑外墙上下层开口分隔。防火玻璃隔墙的设计须遵循安全性、功能性和美观性的原则。安全性是首要考虑的因素，属于被动防火体系，其主要作用是防止火灾的蔓延，而建筑物火灾蔓延的方式有火焰蔓延、热传导、热对流和热辐射等四种，同时伴随有烟气的蔓延。根据相关规定，建筑物的耐火等级要确保建筑物在火灾中一定时间内不会倒塌，起到减少火灾损失的目的。

防火墙的耐火极限不应低于 3.00h，按照国家现行火灾防护产品建筑耐火构件的性能要求，耐火极限 3.00h 的固定式防火窗可以完美代替防火墙，满足建筑防火设计要求。防火窗是指在一定时间内，连同框架能满足耐火稳定性和耐火完整性要求的窗。在防火间距不足 2 米的建筑物外墙上，或在被防火墙分隔的空间之间，需要采光和通风时，应当采用防火窗。材料应选择具有良好防火性能的钢材和高品质防火玻璃，且应符合国家相关标准的要求。

以上提到的消防设施的专用场所，如变配电室、柴油发电机房、通风机房、空调机房等，和设有中庭、采光井、自动扶梯等开口部位的建筑及地下室采光等场所，首选是防火玻璃墙来做防火分隔，既能满足防火墙的耐火极限要求，又能达到用户需要的可视性或采光效果。防火窗应用在防火墙上工程图如图 1 所示。

图 1　防火窗应用在防火墙上工程图

3.1.1　安全防火设计

在进行玻璃墙（窗）的防火设计时，必须遵循国家相关标准规范，主要包括但不限于《建筑防火通用规范》（GB 55037—2022）、《建筑玻璃应用技术规程》（JGJ 113—2015）、《玻璃防火分隔系统技术规程》（T/CECS 682—2020）、《防火窗》（GB 16809—2008）、《防火玻璃非承重隔墙》（XF 97）等。这些标准规范为玻璃墙（窗）防火设计提供了明确的指导和要求，确保玻璃墙（窗）在火灾条件下能够满足耐火稳定性、耐火完整性和隔热性能的要求。《建筑防火通用规范》（GB 55037）第 6.4.9 条规定：用于防火分隔的防火玻璃墙，耐火性能不应低于所在防火分隔部位的耐火性能要求。防火玻璃墙所在示意图见图 2。

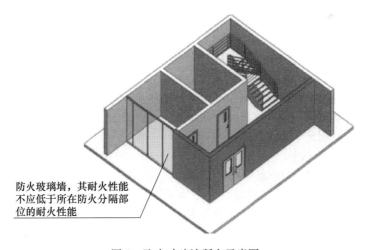

防火玻璃墙，其耐火性能不应低于所在防火分隔部位的耐火性能

图 2　防火玻璃墙所在示意图

3.1.2　防火技术指标

固定 3h 防火窗的应用是完美代替防火墙的设计，根据《防火窗》（GB 16809—2008）的相关规定，耐火极限不应低于 3h 防火墙，完美替代的钢质隔热固定防火窗在完整性和隔热性的耐火性能均要求达到 3h 以上，同时抗风压性能不低于 GB/T 7106 规定的 4 级，可以

达到大于 8 级，气密性能不低于 GB/T 7106 规定的 3 级，可以达到 5 级。3h 防火玻璃墙主要技术参数见表 1。

表 1 3 小时钢质隔热固定防火窗技术参数

耐火性能完整性	A3.00≥3.00h，未丧失完整性
耐火性能隔热性	A3.00≥3.00h，未丧失隔热性；试件背火面平均温升≤140℃，最高温升≤180℃
外观质量	各连接处的连接及零部件安装应牢固、可靠，不得有松动现象；表面应平整、光滑，不应有毛刺、裂纹、压坑及明显的凹凸、孔洞等缺陷；表面涂刷的漆层应厚度均匀，不应有明显的堆漆、漏漆等缺陷
防火玻璃外观质量	应符合 GB 15763.1 的规定
防火玻璃厚度偏差（mm）	应符合 GB 15763.1 的规定
抗风压性能	不低于 GB/T 7106 规定的 4 级
气密性能	不低于 GB/T 7106 规定的 3 级

3.1.3 防火设计材料选用

火灾发生时，一般起火后 20min 内温度达到 800℃左右，起火后 60min 内可达到 900℃。根据建筑对防火玻璃墙的耐火极限要求，选用适当的防火材料是达到功能与经济性统一的基础。

防火玻璃墙是由防火玻璃、镶嵌框架和防火密封材料组成。在防火的同时，还需要具备良好的隔热效果。在火灾发生时，火势会迅速升高温度，如果没有良好的隔热性能，防火玻璃墙可能会迅速破裂，失去其防火作用。

防火玻璃作为防火玻璃墙的主要材料，市场上种类较多，良莠不齐，选择时要综合考虑多个因素，包括防火玻璃的类型、性能、应用场所、防火等级要求以及相关的建筑规范等，并选择知名品牌和质量可靠的产品。耐火完整性不低于相应耐火的非隔热性防火玻璃墙时，应设置自动喷水灭火系统进行保护。非隔热型防火玻璃墙加自动喷水灭火系统运行时会产生水幕，对视觉效果有一定影响；水量需求大，需要单独增加供水系统，同时还需考虑排水设置；又依赖电力和水源，一旦断电或水源不足，系统将无法正常工作。同样作为防火分隔物，相比之下，配置 A 类防火玻璃的防火玻璃墙更加现代和透明，美观度更高，安装更加简便，成本比非隔热型防火玻璃墙加自动喷水灭火系统低。

防火玻璃墙的骨架材料多为铝型材与钢型材，铝材的熔点约为 660℃，而钢材的熔点约为 1500℃。相较于铝合金，钢材的各项性能都较为突出，尤其是防火钢的熔点高和受力性能。在设计防火玻璃墙时，特别是对于面积较大的防火玻璃墙，可以使用钢材结构，为增强其美观性，可以使用铝合金进行装饰，以此保证设计质量。

连接部位的耐火作用是整个系统完整性的基础，连接处的预埋件与链接件均应为防火材料或加防火保护层。在设计整体框架系统时，应科学选择防火耐高温及密封材料，比如钢框架结构与防火密封胶等辅助材料结合使用，其中对辅助材料性能具有一定要求，最好是不燃或难燃材料，比如硅酸钙基的垫块、防火膨胀密封条以及单组分防火密封胶等。

使用高精度钢型材、配置高品质防火玻璃和防火密封材料构成防火玻璃墙系统，或选用铝合金型材做饰面、高精度钢型材做为防火钢系统，配置防火玻璃等材料构成钢铝组合防火玻璃墙，更具美观和防腐功能。通过采用这些材料和结构进行设计，能够保证防火玻璃墙的耐高温性能和高强度性能，以及美观功能。

3.2 防火玻璃墙的通透性

防火玻璃墙在保持安全性的同时，还具有良好的通透性。

（1）光线透过性：防火玻璃墙采用高透光率的玻璃材料，能够允许大量自然光线进入室内，为建筑内部提供充足的采光。自然光线的照射还能够降低室内温度，减少空调等设备的运行负荷，降低能源消耗。

（2）视野开阔性：防火玻璃墙的设计使得室内外空间相互贯通，形成开阔的视野，不仅增强了建筑的美观性，还使得室内空间更具宽敞感和通透性，有助于提高人们的生活品质。

3.3 防火玻璃墙的其他特性

除了安全性和通透性外，防火玻璃墙还具有以下特性：

（1）隔声性：防火玻璃墙采用复合多层防火玻璃为关键材料，本身就起到一定的隔声效果，若设计再填充隔声材料，能够有效隔绝噪声的传播。这使得室内空间更加安静、舒适，适用于各种需要静谧环境的场所。

（2）装饰性：防火玻璃墙可以根据建筑风格和需求进行定制设计，钢质框架也具有多种颜色和纹理可供选择。这使得防火玻璃墙不仅具有实用功能，还能够作为建筑的一部分，提升建筑的整体美感。

（3）环保性：防火玻璃墙在生产和使用过程中注重环保，采用无毒、无害的绿色环保材料和工艺。同时，它还能够提高建筑的整体节能性能，降低能源消耗和碳排放量，符合可持续发展的要求。

4 防火玻璃墙实际应用与挑战

随着对于建筑美学、节能等方面的需求，防火玻璃被用于建筑内外墙装饰，将建筑美学、功能、节能和结构等因素有机地结合，广泛应用于工业与民用建筑的防火隔断区，尤其是在公共建筑中，如酒店、购物中心、学校、机场、展馆等建筑，保障了生命财产安全，是现代高层建筑中不可缺少的防火设施。在有特殊要求的地方，其还能同时承担更多"额外"的职能，譬如采光、隔声、保温乃至防盗的功能。

一系列国家政策法规及行业标准相的出台，对防火玻璃的生产、应用和监管提出了明确要求，为防火玻璃系统产品行业的发展指明了方向，也为行业健康、稳步前行提供了强有力的支持。然而，在防火玻璃系统产品的实际应用过程中，仍存在一些不容忽视的难点和挑战。2019年7月，中央办公厅、国务院办公厅下发《关于深化消防执法改革的意见》，将建筑耐火构件等13类消防产品从强制性认证改为自愿性认证，消防认证制度改革在进一步优化营商环境、落实市场主体责任的同时，给产品的质量及监管也带来了一定的冲击。消防改制后，2021年4月29日修订后的《中华人民共和国消防法》虽未明确住建部门对消防产品的监管职责，但在消防验收阶段，住建部门从建设工程质量安全和消防工程审验质量管理需求方面考虑，要求部分消防产品抽样送检；又因消防产品监管系统存在漏洞，生产、销售环节溯源困难，消防产品各监管部门之间存在沟通不畅、信息不对称等问题，为假冒伪劣产品提供了可乘之机。取消强制性认证后，认证检验市场开放，只要具备条件的均可开展认证、检验，导致市场上出现了更多的认证机构。部分认证机构可能为了追求利润，放宽了对产品的检验标准，其至出现虚假认证的现象。假冒伪劣产品成本低，价格便宜，价格上占据较大优势。消费者对消防产品了解程度有限，难以辨识。

现代建筑设计中常常需要在保证安全的前提下实现美观通透的效果，防火玻璃系统产品的应用需要兼顾二者，在保证安全的同时满足美观要求。未来更需要提高防火玻璃系统产品市场的准入的门槛，促使生产厂商必须努力提高工艺技术水平和产品质量，对增强全社会防范火灾的意识，提高社会公共安全保障水平，具有非常重要的意义。

5 结语

近年来，国内建筑上暴露最多的隐患莫过于防火领域，而建材市场上变化最大的莫过于防火领域，我们有充分的理由相信，随着防火标准、消防验收标准、检测手段的严格以及防火产品技术含量的提升，防火墙上应用防火窗、防火玻璃隔墙等产品，在我国只会向良性方向发展，从根本上杜绝火灾隐患的发生，保证人民的生命财产安全。建筑的通透性不仅是建筑师在设计过程中考虑的因素，更是使人们与环境产生联系，并提供更好使用体验的关键。为了满足人们的需求，创造出一个更加安全、舒适、健康和美好的环境，我们需要遵循一定的设计原则和标准，建筑透明性将会在更多领域得到应用和发展，未来建筑的设计将更加注重与自然环境的协调和可持续发展，通过充分利用光电技术、新型材料和数字化技术等手段，为人们创造出更加宜居、舒适、环保和智能的建筑空间。

参考文献

[1] 中华人民共和国住房和城乡建设部．建筑防火通用规范：GB 55037—2022[S]．北京：中国计划出版社，2023．
[2] 国家市场监督管理总局，国家标准化管理委员会．防火窗：GB 16809[S]．北京：中国标准出版社，2024．

作者简介

刘惠芬（Liu Huifen），1984 年 10 月，女，建筑材料工程师，学士学位，获"广东省五一劳动奖章和江门市先进女职工""匠心永恒优秀科技工作者 100 强""门窗行业先进个人"等称号；负责公司产品研发和工艺改造，管理项目建设和成果转化工作参与专利研发项目多项，发表了《防火玻璃系统技术及应用研究》《关于建筑装饰类钢化玻璃稳定工艺的探讨》《防火玻璃幕墙横梁立柱及系统安装问题的分析应用》等论文；参与《防火玻璃及其门窗幕墙系统建筑构造》国家建筑标准设计参考图的设计编制，正在参与《防火玻璃系统及耐火窗可靠性评定标准》和《建筑用防火玻璃应用技术规程》标准的编写；工作单位：鹤山市恒保防火玻璃厂有限公司；地址：广东省江门市鹤山市桃源镇富民工业区 8 号；邮编：529700；联系方式：13542115539；E-mail：2489935295@qq.com。

主动增强型防火玻璃隔断结构的设计探讨浅析

吕淑清

广东恒保安防科技有限公司　广东江门　529700

摘　要　本文探讨了主动增强型防火玻璃隔断的结构细节设计与优化，及其安全性与可靠性的考虑，与在机房中的应用优势，通过对其防火性能、隔热性能、透明度及美观性的分析，阐述了其在机房防火领域的重要价值。文章展望了防火玻璃隔断的市场前景和发展趋势，强调个性化定制和绿色生产将是行业发展的重要方向。

关键词　防火玻璃隔断；结构；设计：性能

Abstract　This paper discusses the structural design of detail and optimization of the active enhanced fire glass partition，and the consideration of safety and reliability，and the application advantages in the equipment room. Through the analysis of its fire performance，heat insulation performance，transparency and aesthetics，it shows its important value in the field of fire prevention in the equipment room. The article also looks forward to the market prospect and development trend of fire glass partition，emphasizing that personalized customization and green production will be an important direction of the development of the industry.

Keywords　fireproof glass partition；structure；design：performance

1　引言

在各大办公楼宇中，玻璃隔断因具备高透光、敞亮等特点被广泛使用。防火玻璃隔断的研究与应用已成为提升建筑安全性能的重要方向。随着国内对防火安全要求的不断提高，防火玻璃隔断的研究也逐渐深入。《建筑防火通用规范》（GB 55037—2022）整合了建筑设计范围的防火要求，强调了防火玻璃隔断在系统中的关键作用，确保了防火玻璃系统产品在现代建筑中的安全性及重要性。

与国外相比，国内防火玻璃隔断领域的研究虽然起步较晚，但现今的研究已取得一定成果，然而在设计原理、性能评估方法及应用效果等方面仍有待提升。国外在该领域的研究起步较早，技术相对成熟，其在防火玻璃隔断的耐火性能、隔热性能、结构稳定性及智能化控制等方面的研究均达到了较高水平。尤其值得一提的是，国外在防火玻璃隔断的实际工程应用效果评估方面也积累了丰富的经验，这对于我国防火玻璃隔断的研发和应用具有重要的借鉴意义。

防火玻璃隔断的研究和应用将更加注重耐火性能、隔热性能及结构稳定性的提升，同时将加强智能化控制研究，实现防火玻璃隔断的自动监测、预警和响应。这将有助于进一步提高建筑防火安全水平，为人们的生命财产安全提供更为坚实的保障。同时，我们也应积极推动防火玻璃隔断在实际工程中的广泛应用，让科技成果更好地服务于社会大众。

2 研究内容与方向

防火玻璃隔断作为建筑物防火体系的重要组成部分，其性能优劣直接关系到人员的生命安全和财产安全。因此，针对主动增强型防火玻璃隔断结构的设计、性能评估及应用研究显得尤为重要。然而，现有的玻璃隔断防火，其大多依赖于玻璃本身的耐火性能，既要高透、耐高温，又需要安全，防止爆裂危险，这导致隔断的用料成本相对较高，因此本文提出一种新的方案，对主动增强型防火玻璃隔断结构的设计进行探讨。

主动增强型防火玻璃隔断的设计需基于深入的耐火性能、隔热性能及结构稳定性理论分析。在材料选择上，应优先选用经过国家认证的优质耐火材料，如高硼硅防火玻璃、水晶硅新型防火玻璃等，这类材料不仅具有良好的防火性能，还能确保隔断结构的整体稳定性。

随着智能化技术的不断发展，防火玻璃隔断也融入了智能化控制元素。通过集成传感器和控制系统，实现自动感应、远程控制等高级功能。例如，在火灾发生时，隔断可以自动关闭，形成防火分区，防止火势蔓延；同时通过远程控制，管理人员可以迅速做出响应，提高应急管理的效率。

防火玻璃隔断还应注重美观与实用性的结合。通过采用高品质防火玻璃材料，结合精致的金属框架和现代化的装饰元素，防火玻璃隔断不仅能够有效隔离空间，还成为提升空间美感和舒适度的重要装饰元素。

防火玻璃隔断凭借其卓越的防火性能、智能化控制、模块化设计以及美观实用的特点，正逐渐成为现代建筑装饰市场的新宠。随着技术的不断进步和市场需求的持续增长，防火玻璃隔断行业将迎来更加广阔的发展空间和市场机遇。图 1 为常见防火玻璃隔墙系统产品图。

图 1 常见防火玻璃隔墙系统产品

3 结构细节设计与优化

《建筑用安全玻璃 第 1 部分：防火玻璃》（GB 15763.1—2009）就明确要求"试验时所使用的固定框架和安装方式应与实际工程配套使用的相同，并以图纸或其他方法记录固定框架的结构和安装方式"。大量的实验表明，采用不同框架结构型式的防火玻璃框架系统往往会有着不同的耐火极限，这表明防火玻璃与框架有着密不可分的关系。防火框架设计是防火玻璃隔断的基石，应充分考虑框架的坚固耐用性，确保其能够在火灾中支撑防火玻璃并防止其变形或脱落。防火框架应采用符合国家标准的耐火材料制成，同时要考虑其与防火玻璃之间的兼容性，确保二者在火灾发生时能够协同工作，达到最佳防火效果。

连接方式也应充分考虑连接的牢固性和密封性，确保在火灾发生时，防火玻璃与框架之间不会出现缝隙或脱落，还需注意连接材料的耐火性，以确保其在火灾发生时不会失效。

智能化控制线路的布局也是防火玻璃隔断设计中的一个重要环节。在规划智能化控制线路时，应充分考虑其在火灾中的安全性，避免线路在火灾中受损导致控制系统失效。为此，可以采用防火材料对线路进行包裹，以提高其耐火性能。同时，还需合理规划线路的走向和位置，以避免其在火灾中受到外部因素的干扰。

主动增强型防火隔断设计结构主要包括框体（1）、玻璃主体（2）、填料机构以及填料控制模块。其中，框体沿竖立的玻璃主体的外沿设置，用于与楼板或墙板固定，使本结构形成所需的隔断形式；填料机构连通指定的不燃或阻燃性流体的存储单位，且用于控制不燃或阻燃性流体移动；填料控制模块则用于感知火情，并用作根据火情控制填料机构动作。玻璃主体为多层玻璃结构，不燃或阻燃性流体在出现火情时被动向玻璃主体的内腔灌注，以起到增强隔断防火性能的效果。由于此时隔断的防火不只是依赖于玻璃本身，所以可以相对减小对玻璃的要求，以此减小隔断的使用成本。不燃或阻燃性流体可以是水、流质陶土一类，考虑施工难易度和存料空间占用问题，优先为水，即上述填料机构连通至楼宇的供水管道，如消防洒水喷头的供水管路。结构设计如图2所示。

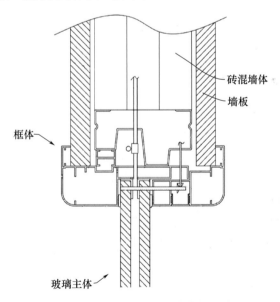

图2 主动增强型防火隔断结构设计

参照图3对应的火警信号反馈系统，填料控制模块包括火灾报警器和控制单元。其中，火灾报警器布设于各个隔断区的吊顶、天花板位置或其他墙体合适位置，以用于及时检测火情，并输出对应的火警信号做反馈。控制单元可以是MCU控制板，其电路连接于火灾报警器和电控阀门，设置如下：若火灾报警器向控制单元发送火警信号，则控制单元控制电控阀门导通管道，即通过水管向玻璃主体中灌水，以增强玻璃隔断的防火性能。温度传感器旨在检测玻璃的温度，因为玻璃主体与卡接槽之间的玻璃胶融化可能导致玻璃歪斜，防火性能骤降。检测测试试件背火面平均温度超过试件表面初试平均温度 140℃，平均温升 63℃，若温度变化速率大于预设的火情场景升温速率阈值，且温度检测值小于预设的密封融化温度阈值，则控制单元根据预设的温度—驱动量关系表对动力单元控制。温度—驱动量关系表即不同温度区间分别匹配一个驱动量的表格，例如，温度检测值为 50～100℃ 时，驱动量为 2cm；温度检测值为 100～200℃ 时，驱动量为 3cm。

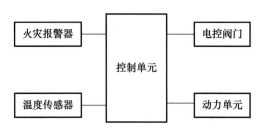

图 3　对应的火警信号反馈系统

　　这些设计要点的合理应用，既有助于提高防火玻璃隔断的防火性能，又节约了成本，联动性更强，确保人员在火灾中的安全疏散。

4　安全性与可靠性考虑

　　在分析防火玻璃隔断的市场应用时，应首先确保这些产品满足严格的安全与性能标准。防火性能是至关重要的考量因素，防火玻璃隔断必须通过国家防火建筑材料质量监督检验中心等权威机构的认证，以确保其防火等级符合国家标准，产品质量有保证。对防火玻璃隔断进行抗冲击、抗风压等性能测试，能够全面评估其在实际应用中的安全性能，确保其在各种极端条件下的稳定与安全。

4.1　耐火性能测试方法及标准

　　通过模拟火灾环境，对防火玻璃隔断在特定温度和时间下的耐火性能进行标准测试。测试过程中，严格监控温度上升速率和持续时间，同时观察玻璃隔断的完整性、隔热性和稳定性。只有通过这一严格测试，才能确保防火玻璃隔断能够在火灾中一定时间内保持其耐火完整性或隔热性，有效阻止火焰和高温气体的穿透。

　　同时，通过测量烟雾透过玻璃隔断的速率和浓度，我们可以评估防火玻璃在火灾中对烟雾的阻隔效果，进一步确保其在实际应用中的有效性。

　　为了确保关键原材料防火玻璃的性能达到国家标准，相关部门应加强对防火玻璃市场的监管力度，对生产、销售和安装等环节进行严格把关，才能确保建筑的安全性能得到有效提升，为生命财产安全提供更加坚实的保障。

4.2　抗冲击性能测试方法及标准

　　玻璃材料透明且美观，但在面临冲击载荷时，其易碎性成为了显著的短板。在评估防火玻璃隔断的抗冲击强度时，可以通过控制冲击器的质量和速度，模拟实际使用中可能遭遇的冲击情况，观察试样受到冲击后的反应，如是否有裂痕、破损程度以及碎片状态等关键指标。这些测试数据不仅提供了玻璃隔断抗冲击强度的直观画面，也为后续的材料优选提供了数据支持。抗冲击性强意味着在火灾等紧急情况下，玻璃隔断能有效防止碎片飞溅，从而减少人员伤害的风险。

4.3 密闭性测试方法及标准

为了评估防火玻璃隔断在极端条件下的防水性能，可以模拟雨水和水灾等场景，进行水密性测试。向防火玻璃隔断施加高强度的水流压力，观察其防水效果，即使在水流压力极大的情况下，也未出现水渗透至另一侧的现象，证明了其优秀的防水设计和优质的材料选择，水密性确保了其在潮湿环境中的稳定性与可靠性。

多层防火玻璃结构隔墙系统，使得声波在通过时得到了有效的衰减和吸收，为室内创造一个安静舒适的环境。隔声性能是衡量防火玻璃隔断舒适性和实用性的重要指标。

4.4 综合性能评估指标体系构建

在消防产品体系中，防火玻璃隔断作为重要的耐火建筑构配件，其性能优劣直接关系到建筑的安全性和人员生命财产安全。

在火灾发生时，防火玻璃隔断需具备在特定时间内保持完整性和耐火隔热性的能力，确保火势不蔓延、热量不传导，为人员疏散和消防救援争取时间。同时，防火玻璃隔断还应具备良好的抗冲击性能，以应对火灾中可能发生的爆炸等极端情况，并能够有效阻止火势和烟气的扩散。良好的透明度可保证火灾发生时能够清晰观察火势和人员疏散情况。

防火玻璃隔断配套材料选择应符合环保要求，减少对环境的污染，应尽可能减少挥发性有机物的排放，降低对大气环境的污染。安装成本和维护成本也应控制在合理范围内，以降低建筑成本，确保防火玻璃隔断在实际使用中的经济可行性。使用寿命和耐用性也是其经济性的重要体现，能够有效降低长期运营成本。

在综合考虑以上各方面因素的基础上，防火玻璃隔断的性能评价应更加全面、客观和准确。不仅有助于推动防火玻璃隔断技术的创新和发展，更有助于提升整个消防产品体系的性能水平和安全保障能力。

5 主动增强型防火玻璃隔断在机房中应用

5.1 高温高热环境下的防火挑战

在现代数据中心和通信机房中，设备密集度高，散热量大，导致机房内部温度普遍较高。主动增强型防火玻璃隔断基于材料的高熔点、良好的热稳定性以及独特的结构设计，确保在高温条件下能长时间保持结构的完整性和隔热性。当火灾发生时，该构造能有效阻止火势的迅速蔓延，为机房内部设备争取宝贵的救援时间，并能有效减少热量的传递，降低机房内部温度，从而保护设备免受热损害，不仅提高了设备的运行稳定性，延长设备的使用寿命，也能显著降低火灾对机房内设备的热辐射影响。

5.2 透明度高及美观实用性

在保障防火与隔热性能的同时，防火玻璃隔断还具备高透明度，使得机房内部设备的监控和操作不受影响，既确保了机房的正常运行，又使内部空间更加开阔明亮，提升了工作环境的舒适度，通透的设计和简约的线条，为机房营造了一种现代、科技的氛围。

5.3 智能化防火隔离设置

在设置防火隔离时，需根据机房的实际情况，合理规划防火区域的划分，并选择合适的防火材料。主动增强型防火玻璃隔断以其卓越的防火性能、优良的隔热性能、高透明度和美观实用性、智能化安全控制系统，成为机房环境建设中的理想选择。在实际应用中，应充分考虑机房的具体需求和布局，选择适合的防火玻璃隔断类型和规格，以确保机房的安全稳定运行。图 4 为地铁综合控制室防火隔墙（观察窗）实例。

图 4　地铁综合控制室防火隔墙（观察窗）实例

6　结语

在探讨防火玻璃隔断的应用与改进时，我们必须正视其在实际操作中可能存在的问题与挑战。尽管防火玻璃隔断以其卓越的防火性能在维护生命安全方面发挥了至关重要的作用，但在其安装和使用过程中，仍然存在一定的风险隐患。

在防火玻璃隔断安装过程中，尺寸偏差和安装不牢固是常见的问题。由于防火玻璃需要根据实际尺寸进行裁剪加工，尺寸的精确性至关重要。若裁剪不当或安装时未能确保其稳固性，不仅会降低其防火性能，还可能造成安全隐患。在长期使用过程中，防火玻璃隔断可能会出现变形或复合防火玻璃发黄、发白、起雾等现象，这些都将影响其使用效果和安全性。

从原材料的选择到生产过程的监控，再到成品的检验，都需要严格遵循相关标准和要求，确保产品的防火性能和使用寿命，如提高安装工人的技术水平，加强日常维护和保养。定期检查其使用情况，及时发现并处理潜在问题，可以有效延长其使用寿命并降低安全隐患。同时，我们也应关注防火玻璃隔断在高温环境下的性能衰减问题。针对这一问题，可以进一步研究新型材料和结构设计，提高防火玻璃隔断的耐高温性能和使用寿命。

在防火玻璃隔断的改进与升级过程中，我们应以确保产品质量和安全性能为核心，不断探索和创新，以满足日益增长的市场需求。

参考文献

[1]　专利证书：CN202310276914.X，主动增强型防火玻璃隔断结构［P］.2023

[2]　中华人民共和国住房和城乡建设部. 建筑防火通用规范：GB 55037—2022［S］. 北京：中国计划出版社，2023.

[3]　中华人民共和国国家质量监督检验检疫总局，中国国家标准化管理委员会. 建筑用安全玻璃 第 1 部分：防火玻璃：GB 15763.1—2009［S］. 北京：中国标准出版社，2010.

作者简介

  吕淑清（Lv Shuqing），1971 年 4 月生，女，广东鹤山，高级工程师，学士学位，获"江门市三级人才""鹤山市最美女能手"等称号，参与标准《建筑幕墙防火性能分级及试验方法》《建筑耐火型门窗应用技术规程》《防火玻璃及其门窗幕墙系统建筑构造》《精密钢型材玻璃幕墙工程技术规程》等，发表期刊论文《基于双基因改进遗传算法求解玻璃排样优化问题》《防火玻璃与门窗的十大设计误区和十大施工误区》《防火玻璃系统技术及应用研究》等，参与国家重点研发计划"高性能复合防火玻璃规模化装备的研究"；工作单位：广东恒保安防科技有限公司；地址：广东省江门市鹤山市桃源镇新源三路 128 号；邮编：529700；联系方式：13828027382；E-mail：2489935295@qq.com。

济南华润置地广场 T1 塔楼建筑外立面设计概述

张　涛[1]　卓孔硕[2]　蔡一栋[3]　张锦松[4]　武红涛[5]

1　北京润置商业运营管理有限公司　北京　100071
2　华润置地（武汉）有限公司　湖北武汉　430063
3　上海熙玛工程顾问有限公司　上海　200001
4　华东建筑设计研究院有限公司　上海　200040
5　北京江河幕墙系统工程有限公司　北京　101300

摘　要　幕墙作为建筑外围护结构，是建筑外立面效果呈现、建筑功能实现的重要载体，也是超高层建筑"形"与"意"传播的重要媒介。本文以济南华润置地广场 T1 塔楼为案例，分别介绍了建筑方案阶段如何采用 BIM 参数化技术实现建筑找形、通过对建筑表皮进行逐层曲率弧段归纳，采用五组模具实现建筑立面单元板块围合，重点介绍了采用适应任意角度合页式转角单元幕墙转换料，解决建筑多变转角单元体幕墙插接问题。良好的大堂空间体验，少不了传力路径清晰、支承形式简单、构件截面纤细的幕墙支承结构的贡献，文中还介绍了空中大堂与首层大堂的幕墙支承结构分析关键技术要点。通过以上分析，希望为类似项目提供案例参考。

关键词　外立面；幕墙；BIM 参数化；幕墙支承结构

1　引言

济南历下区 CBD 商务区 A1 地块 T1 塔楼（图1）主塔为济南 CBD 五指山"山、泉、湖、河、城"五座标志性建筑中的"泉"元素地标建筑。塔楼外立面设计灵感源自济南趵突泉泉水喷涌而出的景象，趵突泉作为济南七十二名泉之首，水压达到巅峰时，泉水喷涌而出，塔楼的形态源自泉水喷涌的动态轮廓，建筑通过两个不断变化的曲面逐渐围合，与波纹状幕墙的结合浑然一体，形成简单典雅的塔楼形体，传播着济南"泉城"的美誉。

2　工程概况

项目用地面积约 2.2 万 m²，容积率 6.58，总建筑面积约 21 万 m²，总体规划了两栋塔楼、一座商业裙房和一个地下室（图2）。本次幕墙封顶

图1　华润置地广场 T1 塔楼

的主塔楼功能为高端办公，建筑面积约 9.6 万 m²，地上 52 层，高 245.7m。

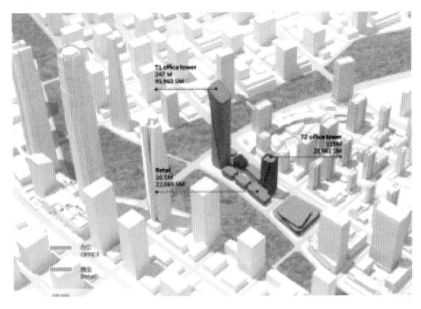

图 2　华润置地广场 A1 地块规划

3　BIM 参数化设计

建筑方案设计阶段，通过犀牛（Rhino）和 Grasshopper 的参数化方式，将原本手动捏形的自由曲面转化为具有严密几何逻辑和标准化的数理模型，在提升标准单元化和经济性的同时，打通了"方案—土建施工图—幕墙招标图—幕墙施工"的 BIM 全贯通流程（图 3），实现了不同专业、不同软件、不同阶段之间的无缝衔接和高效配合。运用参数化设计的方式深化设计是本项目的一大亮点。在 Rhino 建模软件中，运用 Grasshopper 的编程平台，将原本手动建模的形体进行几何量化，形成参数化模型。

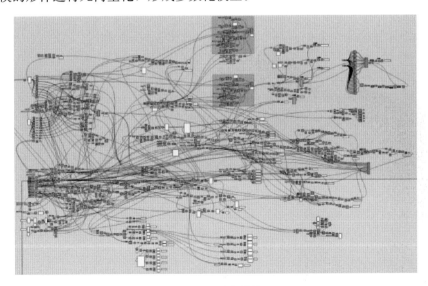

图 3　BIM 参数化

将原本不规则、扭动的双曲形体在平面内逐层转化，以 O 点为起点按照顺时针方向，分别由直线段 OA、曲率为 $\frac{1}{R_2}$、$\frac{1}{R_1}$、$\frac{1}{R_2}$、$\frac{1}{R_1}$、$\frac{1}{R_2}$ 排列的五段弧线段与直线段 $A'O'$ 首尾串联，构成建筑平面左侧的围护系统，直线段 OA、$O'A'$ 分别与 $\frac{1}{R_2}$ 相切。同理，再次以 O 点为起点按照逆时针方向，分别由直线段 OB、曲率为 $\frac{1}{R_1}$、$\frac{1}{R_2}$、$\frac{1}{R_1}$ 排列的三段弧线段与直线段 $B'O'$ 首尾串联，构成建筑平面右侧的围护系统，直线段 OB、$O'B'$ 分别与 $\frac{1}{R_1}$ 相切，所有楼层 R_1、R_2 均共圆心（R_1、R_2 为初始楼层的圆弧半径），如图 4（a）所示。左、右侧的线链，分别通过 $\angle AOB$、$\angle A'O'B'$ 串联，构成完整的建筑平面围护系统。$\angle AOB = \angle A'O'B'$，上下呈镜像布置，建筑全楼平面投影后，对 $\angle AOB$、$\angle A'O'B'$ 位移轨迹进行包络后发现，所有楼层转角分布在上下对称的两条弧线上，如图 4（b）所示。将 $\angle AOB$、$\angle A'O'B'$ 逐层映射到建筑立面上，逐层向上拉伸，构成建筑立面上的转角斜筋造型，整体建筑形体呈上、下粗、中间细的沙漏状柱体。通过以上参数化几何的模型，完成第一步建筑形体的几何有理化。

基于这个形体，我们对每一层的平面做进一步的幕墙板块划分，斜筋的一侧平面外轮廓比上一层多一次划分，比下一层少一次划分；另一侧斜平面外轮廓反之。通过这种方式，上下层之间形成幕墙板块单元之间有序的错位肌理。同一层斜筋两侧的幕墙划分单元均等分。随着塔楼从上到下平面尺寸的变化，幕墙单元平面模数尺寸控制在 1.4～2.1m，幕墙单元体板块处于经济性较好的范围内，同时保证甲级写字楼较好的室内视野效果。此外，在设计出图阶段，BIM 也通过参数化的方式，自动生成平面板边及外幕墙轮廓、立面图、结构柱位定位、平面板边定位控制信息表、幕墙单元板块划分编号等信息，大大提升了设计效率。

外轮廓体型逻辑具栓分析：
➤ 每层外轮廓线由2种不同的半径圆弧交互结合，两段直线相切闭合形成尖角；
➤ 圆弧位置竖向不变，斜切尖角逐渐转动，形成斜筋

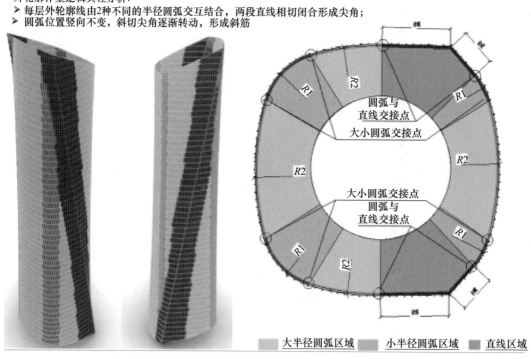

大半径圆弧区域　小半径圆弧区域　直线区域

（a）平面表皮几何构成

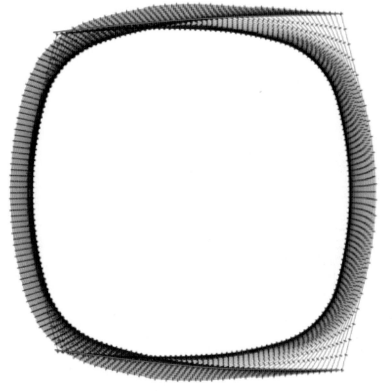

竖向尖角控制点
自下而上由右向左移动

通过平面外轮廓线整合图，可知
层与层之间外轮廓线各不相同

(b) 全楼层转角构成轨迹

图 4 建筑平面几何构成

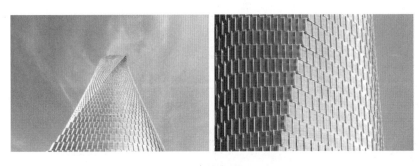

图 5 建筑完成立面

4 幕墙设计

幕墙作为建筑外围护结构，是建筑立面效果呈现、建筑功能实现的重要载体，也是超高层写字楼"形"与"意"传播的重要媒介。

4.1 幕墙立柱设计

该项目 3 层以上采用单元体系统，3 层以下建筑斜切造型部分采用单元体系统，大堂采用杆吊肋支承的幕墙系统。以 31 层平面为例，所有直线段采用 $178°\sim180°$ 的系统 A 实现，因 $\frac{1}{R_2}$ 弧段曲率小，仍然可以采用系统 A 实现。曲率为 $\frac{1}{R_1}$ 的弧线段因曲率较大，采用适应

$172°\sim174°$ 系统 D 实现，当直线段与 $\frac{1}{R_1}$、$\frac{1}{R_2}$ 弧线段相切，切点夹角趋近 $174°\sim176°$，可采用系统 C 实现，建筑平面左侧 $\frac{1}{R_1}$ 与 $\frac{1}{R_2}$ 的链接点，夹角趋近 $174°\sim176°$，可采用系统 C 实现，右侧夹角趋近 $176°\sim178°$，可采用系统 B 实现。

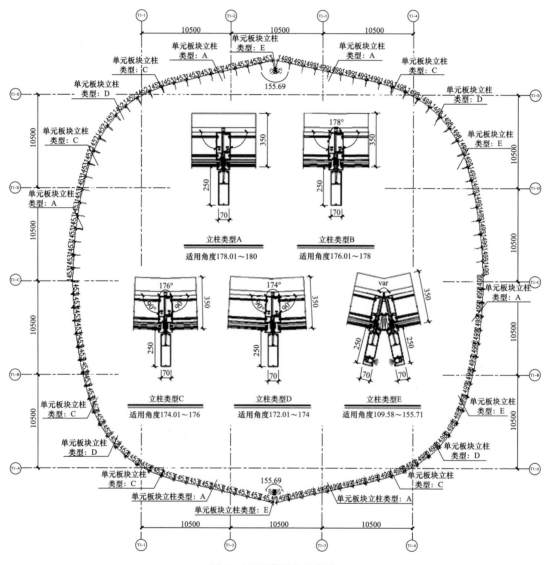

图 6　31 层幕墙立柱划分

经过数值分析可知，平面直线段夹角从 2 层的 $109.6°$ 为初始角度开始增大，到 30 层时增加到 $155.7°$，从建筑 2 层到 30 层呈抛物线递增趋势，从 31 层到 57 层，夹角由 $155.6°$ 减小至 $110.2°$，呈抛物线递减趋势。30 层与 31 层的夹角差值为 $0.01°$，趋近为 0，即趋近抛物线的顶点［图 7（a）］。由此可见，竖向 30 层顶板即为建筑转角夹角变化的临界点（对称轴）。通过临近楼层转角夹角差值分析（自下而上，下一层减上一层夹角的差值），2 层至 30 层的转角夹角差值从最小值 $-2.83°$ 变为 $-0.02°$，31 层至 57 层的转角夹角差值从最小值

0.02°趋近于 3.48°，以 30 层顶板标高作为对称轴，竖向高度呈现"S形"如图 7 所示，通过数值取整后，发现模型仍有 29 组变化角度，开模需要多套单元体转角模具，模具费用大，不利用成本节约。因此，由以上角度变化规律可知，亟待提出一种类似平板合页式的单元体转角转换料，在单元体的室内侧增加可任意角度开合的合页轴，内穿不锈钢轴，以适应多变角度，单元体两道防水密封线位置采用型材飞边与两段共圆心的弧段连接，左右侧采用单元体母料与转角转换公料连接，形成类似门窗转换中梃的结构。转角幕墙立柱采用适应任意角度合页式转角单元幕墙转换料，适应角度 109.6°～155.7°系统 E，解决建筑多变转角单元体幕墙插接问题。

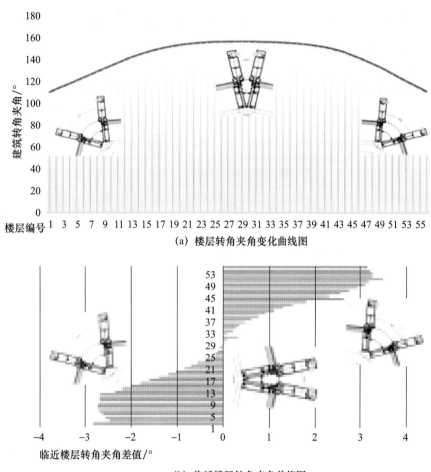

（a）楼层转角夹角变化曲线图

（b）临近楼层转角夹角差值图

图 7　楼层转角夹角变化趋势图

4.2　幕墙横梁设计

由建筑立面形体几何特点可知，建筑平面以 31 层为初始平面，分别向上、向下进行等差递增，这一变化规律使建筑立面呈现"里出外进"的造型特点，从 2 层到 31 层逐层向室内收缩，31 层到 57 层建筑平面逐层向室外扩张。如何实现建筑立"面出外进"的错层效果，是对幕墙设计的重大技术考验。

我们在解决这个技术难题时，借鉴主体结构转换结构的设计理念，采用单元体"几"字形转换料＋中横梁＋上横公料的设计（图8），将传统单元体的上横公料用预留两道螺栓槽道的中横梁替代，将"几"字形转换料垂直玻璃方向固定在中横梁上，再将上横单元体公料固定在"几"字形转换料上，单元体完成"L"形转折，从而实现建筑立面单元体"里出外进"的转换。由于建筑平面上一层与下一层转折点位置呈规律性变化，用于转换的上横梁公料在一个单元体板块内采用多线段拼接方式，拼接位置采用 U 形防水插芯加密封胶连接，强化了单元体防水效果，错层位置层间转换结构采用铝板加保温棉填充的形式，保证了层间的防水和保温效果。

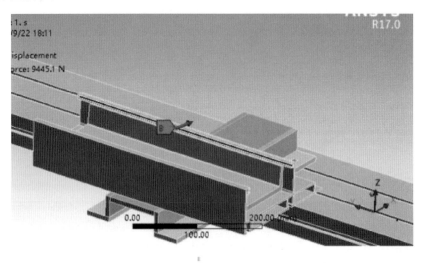

图 8　幕墙转换横梁构造

4.3　空中大堂幕墙支承结构设计

空中大堂位于纵跨建筑第 35 层和第 36 层，空中大堂两层通高，主体结构未设置幕墙用的层间支承结构，主体结构采用直径 1.3m 钢混组合结构柱，最大柱跨 10m。由于建筑平面由两种不同曲率弧线各 4 段加折线段围合而成，建筑平面近似圆形，因主体结构未设置层间梁，幕墙需要做柱间跨梁用来悬挂幕墙单元体板块。幕墙作为建筑外围护结构附着在主体结构上，后增梁需要独立在柱子外侧。因建筑立面是圆弧形，层间梁需要采用弧线梁。构造如图 9 所示。

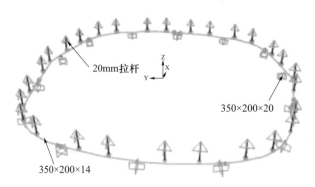

图 9　空中大堂幕墙支承结构布置方案（单位：mm）

由于建筑立面呈弧形，需要设置水平向拱梁，在直径 1.3m 钢混组合结构柱朝向室外的一侧设置 350mm×200mm×20mm 预制钢结构牛腿，由 4 段折线段 350mm×200mm×20mm 箱型梁作为单元体支承过梁。外挑弧形梁、折线梁在水平向需要承担水平向风荷载、地震荷载，竖直方向需要承担单元体板块的自重荷载。因柱间跨大过大，在跨中 $L/3$，$2L/3$ 处设置直径 20mm 不锈钢承重吊杆，承重吊杆设置在单元体板块公、母料中心线位置，通过设置吊杆，可以有效减小后加梁的跨中挠度限值，且有效减小后加梁截面，确保空中大堂通透效果。

4.4 首层大堂幕墙支承结构设计

写字楼大堂是面客迎宾的重要公共空间。首层大堂的幕墙系统设计是考验超高层建筑设计的关键指标因素。受苹果店超大版面玻璃的影响，在一些高端项目上，建筑师更加青睐采用全玻璃结构实现首层大堂的建筑外立面，目前仅有北玻等少数厂家有超大玻璃加工能力，缺乏竞品单位，且材料单平方造价达到万元以上，全玻璃结构在写字楼大堂上的应用受到一定的限制。通过对全玻璃结构幕墙系统特点分析发现，做好写字楼大堂玻璃幕墙需要解决以下问题：要保障建筑室外充分的简洁，尽量少设置或不设置大的装饰线条；室内用于幕墙支承的结构需要传力路径清晰、杆件纤细、结构布置简单的结构支承形式，以实现大堂幕墙结构的支承。单层索网结构是实现上述幕墙支承的首选结构形式，但 T1 塔楼大堂平面也继承了标准层建筑平面特点，整体趋近圆形，建筑立面更趋近圆柱体，采用拉索结构实现技术难度大。

在 T1 塔楼大堂幕墙系统支承结构布置方案选型时，优化幕墙支承结构的传力途径，采用水平向 410mm 宽 35mm 厚度的弧形钢板用于支承玻璃结构，承担玻璃面板传递过来的风荷载和等效地震荷载，靠近玻璃一层处采用直径 27mm 的不锈钢拉杆作为承重吊杆，上端吊挂在大堂上层主体结构上，下端与首层结构锚固，如图 10 所示。

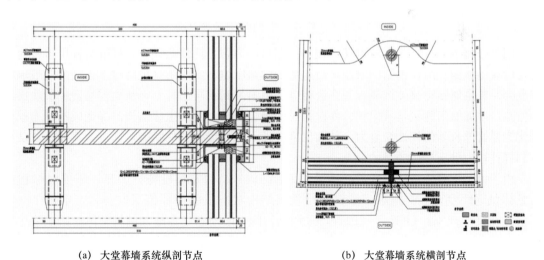

(a) 大堂幕墙系统纵剖节点　　　　　　(b) 大堂幕墙系统横剖节点

图 10　首层大堂幕墙支承结构布置方案（一）

为保障首层大堂充分的通透效果，层间使用钢板作为梁单元。钢板在主轴方向有着良好的强度、刚度储备，但在平面外，强度、刚度非常弱，且无保障平面外稳定性的构造措施。

此外，考虑到玻璃设置在钢板梁外侧，为抑制钢板梁扭转及平面外失稳，在钢板梁内侧设置直径 27mm 的不锈钢拉杆作为稳定杆，且对杆件整体施加 40kN 轴心拉力，通过提前绷紧稳定吊杆，实现水平向钢梁稳定，为玻璃幕墙施工创造条件（图 11）。

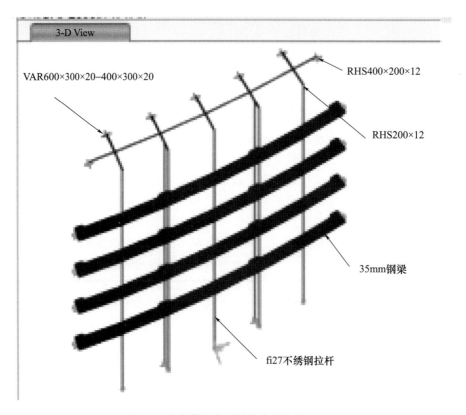

图 11　大堂幕墙支承结构布置方案（二）

因吊杆属于二力杆，未对该杆件施加预应力，为防止杆件松动，在杆件与首层楼板连接位置设蝶形弹簧。吊杆张紧的时候，促进蝶形弹簧压缩。主体结构沉降时，首层大堂玻璃幕墙也会跟着主体结构整体沉降，最终会将沉降值累加到首层吊杆上，从而容易造成最底层吊杆松弛。增加蝶形弹簧是希望在杆件松弛时弹簧会伸长，将因主体结构沉降造成的轴力损失转化为弹簧伸长后的弹性恢复力，从而保障杆件一直处于张紧的状态，通过弹簧储能，从而达到杆件轴力动态平衡的目的。

由于该结构系统整体刚度柔，属于大变形结构，结构非线性特征明显，需要对结构进行整体稳定性验算。首先对该结构进行理想结构状态下的特征值屈曲分析，根据《空间网格结构技术规程》（JGJ 7—2010），采用结构的一阶模态作为施加结构整体初始缺陷的结构初始形态，对变形后结构施加 $L/300$ 缺陷值，然后对结构进行整体几何非线性分析，分析结论 $\lambda_{单非}=7.0>4.2$ 满足《空间网格结构技术规程》（JGJ 7—2010）稳定性要求，根据《空间网格结构技术规程》（JGJ 7—2010）关于塑性发展系数的统计值系数的要求，计算得出在考虑材料、几何非线性情况下，$\lambda_{双非}=7.0×0.47=3.3>2.0$，结构稳定性满足规范要求（图 12）。

考察特征点的位移可得到失稳状态下的荷载因子：

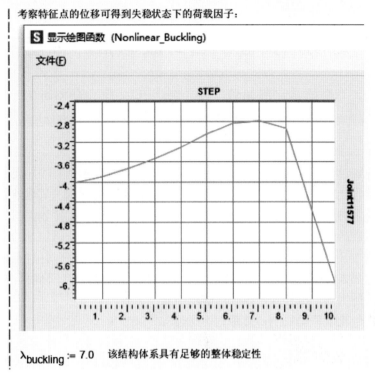

$\lambda_{buckling} := 7.0$　　该结构体系具有足够的整体稳定性

图12　大堂幕墙支承结构非线性分析

5　结语

济南历下区 CBD 商务区 A1 地块 T1 塔楼建筑设计，采用了仿生设计手法，通过建筑平面"里出外进"，建筑立面斜筋扭转的形体表达，传达了济南趵突泉泉水喷涌、水面波光粼粼的特点，充分诠释了"建筑的形是意的表达"这一理念。

（1）由于建筑立面造型复杂，该项目在建筑方案设计、建筑幕墙设计时，采用了 BIM 参数化设计；在解决幕墙构造问题时候，采用五种类型公母立柱，实现平面内多段线拟合；

（2）为了解决建筑平面"里出外进"的建筑形体特点，单元体构造采用"几"字形转换料，实现形体的构造；

（3）为适应平面筋线位置、多角度变化的特点，减少幕墙模具，促进成本节约，转角筋线位置采用合页式组合立柱系统，有效通过一套组合模具解决多角度问题；

（4）空中大堂后加外挑弧形梁、折线梁，为降低跨中挠度，控制截面尺度，采用承重吊杆系统，抑制结构挠度变形；

（5）为了保障首层大堂幕墙通透性，采用杆吊肋系统，为了防止首层杆件松弛，增加杆件锚固点蝶形弹簧储能结构，为防止结构失稳，还做了整体结构稳定性分析。综上，通过以上幕墙构造设计及幕墙支承结构进行全面的结构分析，有效保障了大楼顺利竣工，建筑高品质效果充分呈现。

透明门窗硅酮密封胶制备与性能

李梓泳 陈炳耀 李 艳 王 静 全文高

广东三和控股有限公司 广东中山 528400

摘 要 本研究探讨了不同气相二氧化硅种类及其添加量对硅酮密封胶性能的影响，并针对不锈钢基材粘接性能和防霉性能进行配方优化。通过对比不同气相二氧化硅制备的硅酮密封胶的表干时间、消黏时间、稠度、硬度和粘接性能，发现具有较大比表面积的气相二氧化硅能显著提升密封胶的性能。进一步的研究表明，随着气相二氧化硅添加量的增加，密封胶的稠度下降，硬度上升，但过多的添加量会导致稠度与粘接性能下降。针对不锈钢基材粘接性能的优化，通过加入特殊偶联剂，成功提升了不锈钢基材粘接性能。同时，在粘接不锈钢的配方基础上加入防霉剂，提升了密封胶的防霉性能。

关键词 气相二氧化硅；偶联剂；防霉；不锈钢

1 引言

随着建筑行业的蓬勃发展，门窗作为建筑物的关键组成部分，其性能对建筑的节能效果和居住舒适度具有决定性影响。在众多门窗材料中，透明门窗因其卓越的透光性能和美学价值而备受青睐。硅酮密封胶作为一种高性能密封材料，在透明门窗的安装和维护过程中发挥着至关重要的作用。它不仅能够提供优异的密封效果，还能在极端气候条件下，如温度波动、紫外线照射和化学腐蚀等环境中保持稳定，从而显著延长门窗的使用寿命。

气相二氧化硅作为硅酮密封胶的重要填料，其种类和添加量对硅酮密封胶的性能具有显著影响。不同种类的气相二氧化硅具有不同的比表面积、粒径分布和化学性质，这些差异导致其在硅酮胶体系中的分散状态、交联结构和物理性能有所不同。因此，研究不同气相二氧化硅对硅酮密封胶性能的影响，对于优化配方、提高产品性能具有重要意义。

密封胶的研发，关键在于通过科学的配方设计，将有效的防霉剂与高性能的硅酮密封胶基体相结合，既可保持密封胶原有的优良物理和化学性能，又能赋予其强大的防霉能力。防霉剂的选择与添加量、防霉剂在密封胶中的分散均匀性以及与基体的相容性，都是影响防霉效果的关键因素。此外，防霉密封胶还需具备良好的施工性能和固化特性，以满足不同应用场景的需求。

硅酮胶的性能主要受到其化学组成和物理结构的影响，其中交联剂、催化剂、硅油、107胶黏度和气相填料等关键组分起着至关重要的作用。交联剂通过与空气中水分反应，形成交联网络结构，使硅酮胶固化后具有优异的强度和弹性；催化剂则能加速交联反应的进行，提高固化速度，缩短生产周期；硅油作为增塑剂，能够改善硅酮胶的流动性和施工性能，使其更易于加工和应用。

因此，深入研究这些组分对硅酮胶性能的影响，探索它们之间的相互作用和制约关系，对于优化硅酮胶的配方和提升其性能具有重要意义。本文旨在通过系统研究交联剂、催化剂、硅油、107 胶以及气相填料等关键组分对硅酮胶性能的影响，揭示它们之间的相互作用机制和规律，为硅酮胶的配方设计和性能优化提供科学依据和技术支持。同时，本研究也将为硅酮胶的进一步发展和应用提供新的思路和方法，推动其在更多领域的应用和发展。

2 实验部分

2.1 试验材料

羟基聚二甲基硅氧烷，工业级，江西蓝星星火有机硅有限公司；甲基三乙酰氧基硅烷，工业级，湖北新蓝天新材料股份有限公司；丙基三乙酰氧基硅烷，工业级，湖北新蓝天新材料股份有限公司；甲基三丁酮肟硅烷，工业级，湖北新蓝天新材料股份有限公司；乙烯基三丁酮肟硅烷，工业级，湖北新蓝天新材料股份有限公司；γ-氨丙基三甲氧基硅烷，工业级，湖北新蓝天新材料股份有限公司、N-（β-氨乙基）-γ-氨丙基三甲氧基硅烷，工业级，湖北新蓝天新材料股份有限公司。甲基硅油，工业级，山东东岳有机硅材料股份有限公司；二丁基二月桂酸锡，工业级，橙天新材料有限公司；气相二氧化硅 A，工业级，湖北汇富纳米材料股份有限公司；气相二氧化硅 B，工业级，湖北汇富纳米材料股份有限公司；气相二氧化硅 C，工业级，湖北汇富纳米材料股份有限公司；气相二氧化硅 D，工业级，湖北汇富纳米材料股份有限公司；防霉剂，工业级，广东科普茵生物科技有限公司。

2.2 试验仪器

行星搅拌器，无锡旭科机器人有限公司；厚度测量仪，东莞市诚立仪器有限公司；恒温恒湿箱，上海恒克仪器科技有限公司，电子万能力学试验机，东莞市力控仪器科技有限公司。

2.3 硅酮胶的制备

根据基础配方，在行星搅拌釜中加入羟基聚二甲基硅氧烷，加入甲基三乙酰氧基硅烷和丙基三乙酰氧基硅烷等交联剂后抽真空搅拌 10 分钟；加入烘干后的气相二氧化硅后高速搅拌 25 分钟；最后加入硅油、催化剂、偶联剂和防霉剂搅拌 20 分钟，制得酸性硅酮胶封装于聚乙烯瓶中。

2.4 性能测试

表干时间：按照《建筑密封材料试验方法：表干时间的测定》（GB/T 13477.5—2017）的 B 法要求进行测试；消黏时间：用指腹触碰胶条表面，记录胶条不粘手的时间；稠度：按《厚漆、腻子稠度测定法》（GB/T 1749—1979）测定；6mm 固化时间：将密封胶放入圆柱形模具中，用刮刀刮平后放入恒温恒湿箱，定时用厚度测量仪测试厚度；粘接性能：按照《硅酮和改性硅酮建筑密封胶》（GB/T 14683—2017）方法测定；邵氏硬度：按照《硫化橡胶或热塑性橡胶 压入硬度试验方法 第 1 部分：邵氏硬度计法》（GB/T 531.1—2008）的规定。

3 结果与讨论

3.1 不同气相二氧化硅对密封胶性能的影响

表 1 为不同气相二氧化硅对密封胶性能的影响对比。

表1 不同气相二氧化硅对密封胶性能的影响

项目		气相二氧化硅 A	气相二氧化硅 B	气相二氧化硅 C	气相二氧化硅 D
表干时间（min）		9	8	9	9
消黏时间（min）		36	39	39	35
稠度（cm）		7.9	8.2	8.5	7.6
硬度（A）		25	24	22	25
玻璃基材粘接性能		粘接破坏	粘接破坏	粘接破坏	粘接破坏
阳极氧化铝粘接性能		内聚破坏	内聚破坏	粘接破坏	粘接破坏
不锈钢粘接性能		粘接破坏	粘接破坏	粘接破坏	粘接破坏
95℃、16h老化性能	表干时间（min）	8	8	8	8
	消黏时间（min）	39	39	31	35
	稠度（cm）	7.8	8.1	8.5	7.7
	6mm 固化时间（h）	15	15	15	15

四种气相二氧化硅制备的硅酮胶的表干时间相同，这归因于酸性硅酮胶的高反应活性，使得其表层在9min内完成了初步的交联反应。然而，在消黏时间方面，四种硅酮胶呈现出显著的差异。特别是气相二氧化硅 D，具有更大的比表面积，这种优势在硅酮胶体系中得到了充分的发挥。比表面积的增大不仅促进了空气中水分的渗透与扩散，加速了硅酮胶内部的交联反应，从而缩短了固化时间；同时，还使得气相二氧化硅在硅酮胶中的分散更为均匀，与107胶的相互作用力也更为强烈。这种紧密的物理交联结构，进一步提升了材料的交联密度和力学性能，因此，气相二氧化硅 D 的稠度值在测试中表现出最低值。此外，比表面积大的气相二氧化硅在固化后的硬度也更为显著。

在粘接与老化性能的测试中，我们同样观察到了不同气相二氧化硅对硅酮胶性能的影响。通过对不同基材的粘接测试，我们发现，不同的气相二氧化硅在硅酮胶中对基材的粘接性并未表现出明显差异。玻璃和阳极氧化铝的粘接测试结果均为内聚破坏，这表明硅酮胶对基材的作用力已经超过了硅酮胶本身的强度；而对于不锈钢的粘接测试，结果则显示为粘接破坏，粘接效果并不理想。

在硅酮胶的储存性能测试中，我们模拟了95℃下16h的老化条件。实验结果显示，热老化对几种气相二氧化硅的表干和消黏性能并未产生显著影响；同时，热储后的稠度值均下降0.1cm，而热储后的6mm胶条在15h内均能完全固化。

3.2 不同气相二氧化硅添加量对密封胶性能的影响

表2为不同气相二氧化硅添加量对密封胶性能的影响对比。

表2 不同气相二氧化硅添加量对密封胶性能的影响

名称	E1	E2	E3
表干时间（min）	7	8	8
消黏时间（min）	30	35	35
稠度（cm）	8.7	8.4	8.0
硬度（A）	16	20	32

名称		E1	E2	E3
玻璃基材粘接性能		内聚破坏	内聚破坏	内聚破坏
阳极氧化铝粘接性能		内聚破坏	内聚破坏	粘接破坏
不锈钢粘接性能		粘接破坏	粘接破坏	粘接破坏
95℃、16h 老化性能	表干时间（min）	9	9	10
	消黏时间（min）	37	39	41
	稠度（cm）	8.5	8.1	7.8
	6mm 固化时间（h）	11	11	11

进一步的研究还探讨了气相二氧化硅添加量对硅酮胶性能的影响。实验结果显示，改变气相二氧化硅的添加量对硅酮胶的表干和消黏性能并未产生显著影响。然而，随着添加量的增大，硅酮胶的稠度值却呈现出下降的趋势，同时，其硬度逐渐上升。这主要是因为随着气相二氧化硅添加量的增加，硅酮胶体系中形成的氢键数量也相应增多，从而导致了交联密度的上升。然而，当添加量过多时，气相二氧化硅在硅酮胶中的分散性会受到影响，容易形成团聚体。这不仅会降低硅酮胶的性能，还会增加其黏度，进而影响其加工性能。在热储老化测试中，我们发现，随着气相二氧化硅添加量的增加，硅酮胶的表干时间和消黏时间有所延长，稠度值进一步下降，11h 后的固化直径仍为 6mm。综上所述，不同厂家的气相二氧化硅以及其在硅酮胶中的添加量均会对硅酮胶的性能产生显著影响。

3.3 提高不锈钢基材密封胶粘接性能

表 3 为不同配方的粘接不锈钢基材密封胶性能对比。

表 3　粘接不锈钢基材密封胶的性能

项目		F 配方	G 配方
表干时间（min）		3	3
消黏时间（min）		21	21
稠度（cm）		8.1	8.6
硬度（A）		24	30
玻璃基材粘接性能		内聚破坏	内聚破坏
阳极氧化铝粘接性能		内聚破坏	内聚破坏
不锈钢粘接性能		内聚破坏	内聚破坏
95℃、16h 老化性能	表干时间（min）	3	3
	消黏时间（min）	25	25
	稠度（cm）	8.1	7.9
	6mm 固化时间（h）	48	25

门窗材质多种多样，普通透明门窗密封胶对不锈钢材质的粘接效果不好，因此对配方进行调节，以提升对不锈钢基材的粘接性能。如表 3 所示，两个配方的表干时间和消黏时间相同，方便进行下一道工序的施工。G 配方的稠度为 8.6cm，比 F 配方大 0.5cm，更容易挤出施工，这是因为 G 配方体系中 107 的粘度更低。G 配方的硬度为 30A，F 配方为 24A，其原

因为 G 配方中 107 体系中提供了更多交联位点，形成更加紧密的网络结构。在粘接性能方面，玻璃基材、阳极氧化铝、不锈钢的粘接效果都是内聚破坏，相比于不是不锈钢专用的密封胶，F 配方和 G 配方中加入了特殊的偶联剂用以改善密封胶对不锈钢基材的粘接效果。经过 95℃16h 的老化后，两个配方的表干时间、消黏时间和未经热储老化的稠度相差不大。G 配方经过热储老化后，稠度为 7.9cm，较热储老化前下降了 0.7cm。这一方面是因为 107 体系黏度小，在 95℃环境下提高了端羟基之间的反应活性与碰撞几率，体系在老化环境中发生了部分交联，导致稠度下降；另一方面可能是因为 G 配方中的交联剂更少，在硅酮胶体系中存在水的情况下，F 配方中含有的交联剂比较多，可以消除体系中的水，所以该配方的密封胶在热储老化过程中的稠度没发生变化。热老化后的 6mm 固化时间都出现了延长，在 F 配方中，6mm 固化时间为 48h，比 G 配方延长将近 1 倍，可能与配方中加入了粘接不锈钢的特殊偶联剂有关。

3.4 提高密封胶防霉性能

表 4 为防霉密封胶的性能测试结果。

表 4 防霉密封胶的性能测试

项目		防霉配方
表干时间（min）		6
消黏时间（min）		40
稠度（cm）		9.1
硬度（A）		22
6mm 固化时间（h）		16
防霉等级		0 级
玻璃基材粘接性能		内聚破坏
阳极氧化铝粘接性能		内聚破坏
不锈钢粘接性能		内聚破坏
95℃、16h 老化性能	表干时间（min）	5
	消黏时间（min）	39
	稠度（cm）	8.9
	6mm 固化时间（h）	20

门窗粘接处可能处于温度湿度高、适宜细菌滋长的环境，所以门窗密封除了需要粘接不锈钢等特殊基材，还需要考虑防霉性能。我们在粘接不锈钢的配方基础上调整，提高了密封胶的防霉性能。加入防霉剂后，密封胶的表干时间和消黏时间出现延长，可能是因为防霉剂分散在硅酮胶的表面，对空气中的水分起到了隔绝作用。防霉配方的的稠度为 9.1cm，硬度为 22A，说明防霉剂在硅酮胶中起到增塑剂的作用，减少了 107 分子链之间的摩擦。防霉剂的加入提升了密封胶的防霉等级，同时保证了玻璃基材、阳极氧化铝、不锈钢的粘接性能。经过配方调整，防霉配方热储后的表干时间和消黏时间与热储前相差不大，稠度下降了 0.2cm，说明此防霉配方比较稳定。经过 95℃16h 的老化后，6mm 固化时间为 20h，具有良好的固化性能。

4　结语

本研究深入探讨了不同气相二氧化硅种类及其添加量对硅酮密封胶性能的影响，并针对不锈钢基材粘接性能和防霉性能进行了配方优化。不同种类的气相二氧化硅对硅酮密封胶的表干时间影响较小，但显著影响消黏时间、稠度和硬度。随着气相二氧化硅添加量的增加，硅酮密封胶的稠度呈下降趋势，硬度逐渐上升。通过调整配方，加入特殊偶联剂，成功提升了硅酮密封胶对不锈钢基材的粘接性能。G 配方表现出更好的挤出施工性能和更高的硬度，同时保持了良好的粘接性能和热储稳定性。在粘接不锈钢的配方基础上加入防霉剂，显著提升了密封胶的防霉等级，同时保持了其良好的粘接性能和固化性能。

参考文献

[1]　周波雄，戴飞亮，温子巍，等 . 有机硅密封胶室温硫化速率影响因素探讨[J]. 有机硅材料 .2021，35（2）：20-24.

[2]　刘翀，齐贝贝，陈继芳，等 . 有机硅密封胶与不同基材粘接的耐老化性能测试研究[J]. 粘接 .2024，51（5）：9-12.

[3]　董颖，陈炳耀，陈复林，等 . 脱酮肟型低模量硅酮密封胶的研制[J]. 粘接 .2024，51（6）：27-29，33.

[4]　胡新嵩，曹阳杰，阮德高，等 . 沉淀白炭黑对中性透明密封胶性能的影响[J]. 广州化工 .2021，49（24）：66-67，76.

[5]　何江，徐晓明，吴军艳，等 . 沉淀白炭黑在脱酸型硅酮密封胶中的应用研究[J]. 粘接 .2014（4）：51-53.

[6]　曾军，章成奔，尹露露 . 透明脱醇型室温硫化硅橡胶的研制[J]. 粘接 .2023，50（8）：35-37.

[7]　陈文浩，周兴，蒋金博，等 .107 胶分子量分布对单组分脱醇型有机硅密封胶性能的影响[J]. 有机硅材料 .2024，38（2）：49-53.

[8]　周熠，付子恩，温子巍，等 .α-氨基硅烷催化脱酮肟型 RTV 硅橡胶的力学与粘接性能研究[J]. 粘接 .2023，50（5）：5-7.

[9]　王雨伯，赵成柱，王汉东 . 硅酮结构密封胶在外墙防水密封工程中的研究进展[J]. 粘接 .2023，50（6）：23-26.

[10]　蔡水冬，赵荆感，谢彬，等 . 硅油及填料对耐高温导热材料的性能影响[J]. 粘接 .2018，39（4）：25-28，46.

无规律异形铝板幕墙设计施工技术分析

胡桂文　吴继华

北京凌云宏达幕墙工程有限公司　北京　100024

摘　要　本文针对武当一梦 10 号楼幕墙项目，从幕墙的设计、加工、安装等多个方面重点进行阐述，着重介绍本项目的亮点及重难点——高难度无规律复杂造型铝板幕墙、球形玻璃采光顶。希望本文可以为大家提供一些借鉴参考。

关键词　高难度无规律复杂造型铝板；三角形铝板；球形玻璃采光顶；三维扭曲拼接杆件；局部连接件有限元仿真计算分析；超短工期；施工测量定位

1　引言

如图 1 所示，武当一梦 10 号楼幕墙工程分为音乐餐厅和多功能厅两大区域。音乐餐厅为圆形铝板屋面和梯形玻璃幕墙组成，多功能厅由阴阳鱼曲面造型铝板、玻璃幕墙和球形玻璃采光顶组成。其中，阴阳鱼曲面造型铝板和球形玻璃采光顶的面板为三角形板块，采用三角形板块能使整个曲面看起来非常顺滑美观，非常适合本项目的造型。

图 1　施工现场

2 无规律复杂造型铝板的技术重难点

本工程多功能厅阴阳鱼曲面造型铝板，因其具有独特的外观造型，且造型无任何规律，铝板的主龙骨设计加工和安装存在极大的困难。经过我们设计团队对整个造型的分析，最终决定将主龙骨采用三维扭曲拼接杆件的设计方法。三维扭曲拼接杆件的设计、加工、安装是本项目的一大难点。我们依照这个思路进行精细实体建模，建成深度 LOD 400 的施工模型，模型中的杆件可直接提取加工图（图2）。

图2 精细建模

2.1 三维扭曲拼接杆件的设计

为了克服复杂曲面造型铝板的问题，设计时，考虑将三维扭曲拼接杆件在地面上先拼接加工成一榀榀的钢片架，再将钢片架进行吊装，钢片架的长度依据现场的场地和施工机具的要求来划定。先将施工模型中的杆件提取出来，根据现场的要求划定片架长度，片架由一段段 120mm×60mm×4mm 的方钢管拼焊而成，地面加工的时候需要每一段钢方管的下料长度、角度和加工坐标等数据，而且切割角度是二面角。整个鱼形造型铝板的片架有 300 多榀，每榀钢片架的下料长度、角度、加工坐标等数据有 200 多个，而且每榀钢片架都不一样。面对如此巨大的设计工作量，我们采用了犀牛 GH 参数化、程序化的设计方法，在极短的时间内完成了 7 万多个加工数据和 300 多榀钢片架的加工图（图3～图5）。

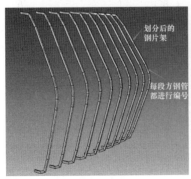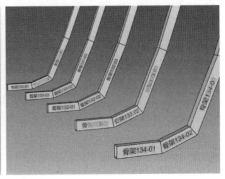

图3 钢片架参数化设计

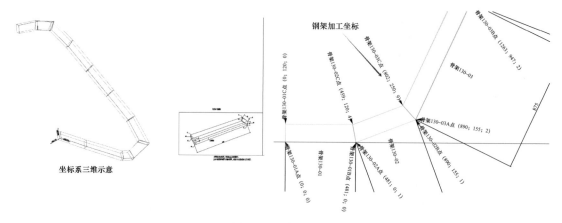

图4 钢片架加工图

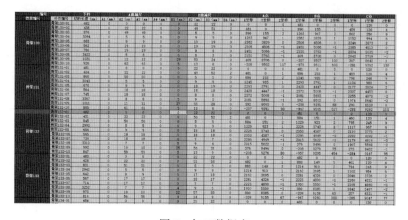

图5 加工数据表

2.2 三角形铝板面板设计

多功能厅铝板造型为不规则曲面造型，我们经过综合分析，最终采用了三角形面板，三角形面板能够很好地适应各种不规则的曲面，而且便于加工和安装，成形后的曲面效果非常顺滑，三角形面板合理地排布，使得整个曲面铝板造型纹理更加美观（图6）。

三角形铝板

图6 三角形铝板面板设计建模

2.3 三维扭曲拼接杆件的加工

根据钢片架设计加工图纸和数据，现场先将 6m 的 120mm×60mm×4mm 的钢方管原材料按加工尺寸和角度切割成一段段的钢方管，钢方管的两头为二面角，每根钢方管长度角度都不一样，角度的精度要求高（图 7）。钢管切割完毕后，按照钢片架加工模型中的钢方管编号将钢方管在地面摆放好，先将摆放好的钢方管平面内的角度和坐标定位好，焊接的时候将平面外的坐标通过角钢支架来定位，定位完毕后，对每段钢管的拼接部位进行满焊（图8）。焊接完成的钢片架需要经二次尺寸和坐标的复核，偏差较大的钢片架还需要进行调校，确保最终达到规定的偏差要求方可吊装。

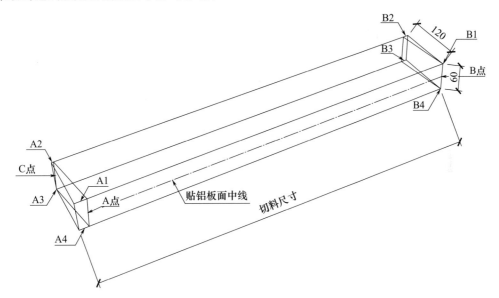

图 7　钢方管切割加工图

图 8　钢片架焊接加工

2.4　三维扭曲拼接杆件的吊装

对加工完成的钢片架进行吊装是一件比较困难的事情，钢片架由多段钢方管拼焊在一起，一榀钢片架长度有 10m 左右，在起吊的过程中很容易发生弯曲变形，甚至是撕裂焊缝，吊装还需要按模型坐标精准定位。为了解决吊装的时候钢架变形的问题，我们在吊装前将钢片架上加焊了斜撑，斜撑设置在最容易变形的部位，等吊装完成后再拆除。钢片架的定位方面采用了三点定位，分别是钢片架的上端点、中间点、下端点，将这三个点按模型中坐标点进行定位，定位完成后焊接钢片架支撑钢方管（图 9～图 10）。

图 9　钢片架吊装

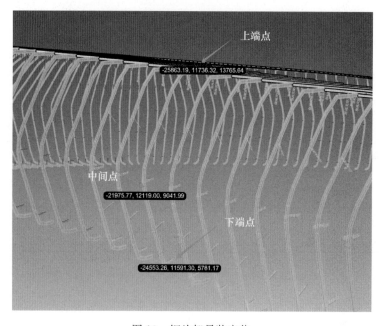

图 10　钢片架吊装定位

3 球形玻璃采光顶铝合金底座技术重难点

球形玻璃采光顶是本项目的一大亮点。支撑钢结构为三角形焊接拼装钢管结构，钢管结构外部设置一层铝型材龙骨支撑玻璃面板（图11），铝型材龙骨与钢结构间采用钢加工件来连接，钢加工件可实现横向和竖向两个方向的调节，能很好地解决主体钢结构的偏差问题。玻璃面板采用三角形面板，面板与铝型材支撑杆件的玻璃副框采用了可适应任意角度的铝型材玻璃副框（图12）。节点交汇处为六根切割成角度杆件拼接在一起，使得拼角部位从室内看严密而美观。

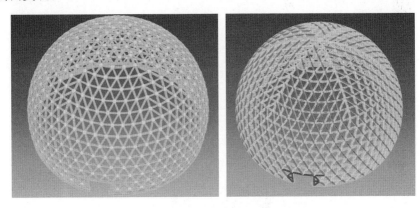

图11 钢结构/铝型材支撑龙骨

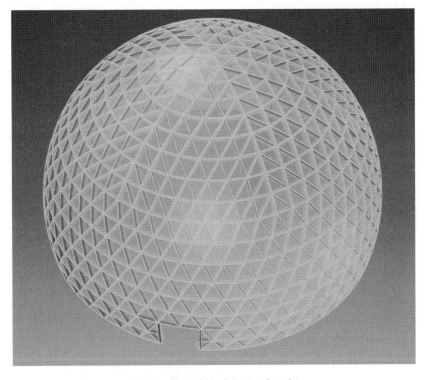

图12 球形玻璃采光顶三角面板

3.1 球形玻璃采光顶铝合金龙骨设计

根据钢结构公司提供的钢构模型，提取出交汇节点的坐标，通过坐标建立玻璃面，划分玻璃板块，玻璃板块的划分与钢构几何尺寸保持一致，从室内看，铝型材龙骨杆件与钢构杆件重合在一起，不会出现错开遮挡视线的问题。在犀牛模型中提取玻璃板块边线，生成铝合金龙骨杆件，根据长度和角度的不同，对生成的铝型材龙骨杆件进行归类编号。杆件交汇处需要进行角度切割，最终将六根杆件拼成六边形交汇点，拼接处进行打密封胶处理。

图 13　球形玻璃采光顶杆件布置

3.2 球形玻璃采光顶冷凝水排水、可变角度玻璃副框设计

因项目所在地常年空气潮湿、温差大，极易在玻璃球室内的玻璃上形成冷凝水，我们在设计的时候也考虑到了冷凝水的排水问题，当玻璃上凝聚水珠后，水珠受重力影响会沿着玻璃表面流到铝合金龙骨的排水槽中，排水槽会将收集后的冷凝水顺着排水槽排出。球形玻璃采光顶由 1300 多块不同尺寸的三角形玻璃组成，相邻两块玻璃面板处均有一定的角度，不同尺寸的三角形面板夹角均不相同。为了解决这种夹角角度多的问题，我们设计副框的时候采用了旋转可变化角度的副框，副框由两部分的铝型材组成，由半圆形的扣环扣在一起，可旋转变换角度（图 14）。

3.3 球形玻璃采光顶铝合金龙骨加工

玻璃球为三角形面板，而且尺寸较多，交汇点的六根铝型材杆件存在多种角度，这样给加工和安装都带来了不小的困难。铝合金龙骨杆件加工前先在模型中将铝合金龙骨按实际尺寸和角度建模，对模型中杆件分别编号，从建好的模型中将每个编号提取出来生成二维的加工图纸（图 15），整个玻璃球杆件有 400 多种尺寸规格，2000 多支杆件。

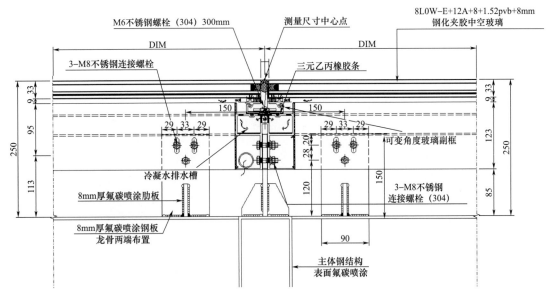

图 14　球形玻璃采光顶杆件连接节点

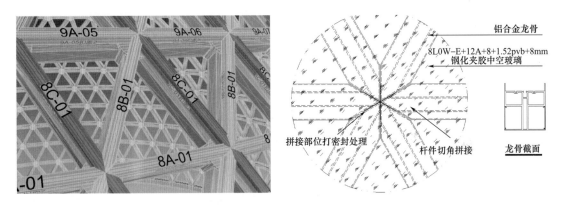

图 15　球形玻璃采光顶杆件交汇处的拼接处理

3.4　球形玻璃采光顶铝合金龙骨安装

　　球形玻璃采光顶铝合金龙骨安装，先从模型中导出龙骨定位坐标，将加工好的铝型材杆件采用角钢临时定位在钢结构上，将钢连接件调整准确后与钢构焊接，钢件与铝型材杆件的连接螺栓需及时安装。安装顺序为先横向一圈圈地从下往上安装，横向安装完毕后，再安装竖向杆件。整个杆件安装完成后，用全站仪复核杆件的安装偏差，确定偏差不影响玻璃面板的安装后，方可进行面板玻璃的安装。

4　犀牛建模和 GH 参数化、程序化设计在本项目中的应用

　　本项目在设计上充分运用了犀牛建模和 GH 参数化、程序化设计方法，通过犀牛三维建模软件创建幕墙模型，准确地呈现幕墙的形态和构造。在铝板龙骨的加工、安装坐标提取、钢片架加工图尺寸及坐标提取时，采用了 GH 参数化、程序化技术处理了大量运算数

据。在铝板面材下料方面，采用了 GH 电池组编写的程序（图 16），进行铝板的编号（图 17）、切缝（图 18）、加工尺寸数据导出，在极短的时间内将 9000 多块不同尺寸的铝板下单，并且没有一块铝板出现错误，从而保证了本项目的工期要求。设计工作将本来需要三个月的设计时间压缩到一个月的时间，这也充分体现了 GH 参数化和程序化技术在工作效率和准确率上的优势。

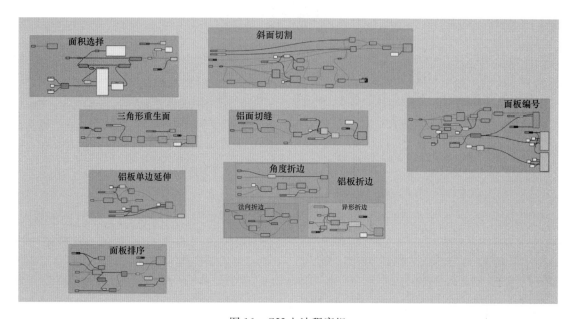

图 16　GH 电池程序组

图 17　铝板的编号布置图

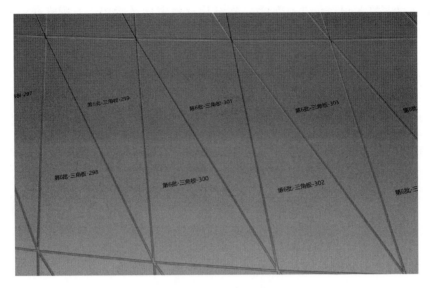

图 18　铝板编号图

5　幕墙节点计算分析

本项目除了运用了传统的公式计算幕墙的结构外，在重要部位的节点上还采用了有限元仿真计算分析，将重要的幕墙连接构件进行力学计算分析，保障了幕墙的安全性（图 19）。

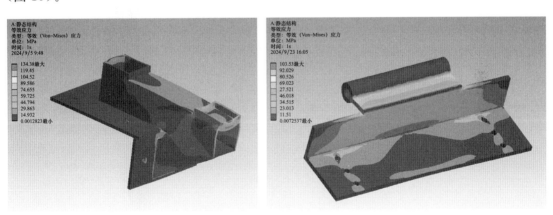

图 19　局部构件、连接力学仿真计算分析

6　结语

由于此项目工期紧，只有 40 天的工期，而且外观造型非常复杂，这给项目的设计施工带来了不小的挑战。在设计中为了满足工期要求，只能最大限度压缩设计图纸、建模和材料下单的时间。为了保证项目的工期要求，我们在设计上运用了三维扭曲拼接杆件的新思路来设计幕墙的主龙骨，充分地证明了新思路的可行性；在地面将龙骨加工后进行吊装，可最大限度地提高施工效率，也降低了施工成本，有效保证了工期；在设计中采用了 GH 参数化、

程序化新技术，提高了设计的工作效率；在结构计算方面还运用了有限元仿真计算分析技术，对复杂的连接部位进行精准的力学计算分析，保障了幕墙连接的安全性。

作者简介

胡桂文（Hu Guiwen），男，1985 年 7 月生，二级建造师；工作单位：北京凌云宏达幕墙工程有限公司；地址：北京市朝阳区；邮编：100024；联系电话：13971360245；E-mail：357735203@qq.com。

吴继华（Wu Jihua），男，1979 年 6 月生，高级工程师；工作单位：北京凌云宏达幕墙工程有限公司；地址：北京市朝阳区；邮编：100024；联系电话：18827369453；E-mail：905886054@qq.com。

超高层大吊顶悬挂平台施工措施

陈　猛　闻　静　刘　学　刘登峰

北京凌云宏达幕墙工程有限公司　北京　100024

摘　要　本文介绍了英蓝国际金融中心项目的 T3 连廊位置大吊顶的施工措施设计，针对施工高度为 140m、位置跨度长达 60m 的空中连廊位置的铝板及龙骨的安装，定制出一种超高层悬挂移动平台的施工措施，完美契合此类特殊结构的施工安装需求，为超高层大吊顶施工提供了有效范例。

关键词　悬挂平台；超高层高空作业；施工

1　引言

英蓝国际金融中心傲立于厦门新海滨金融区，由三座巍峨高层塔楼构筑而成，集办公、服务型公寓、高级酒店、零售与餐饮空间于一体，且与毗邻地铁站无缝相连。这一多元功能融合的建筑体，为人们缔造了便捷、丰富的生活场景。远观英蓝国际整体建筑呈震撼的"大门"造型，四栋摩天大楼直插云霄，巨型"门梁"横亘其中，将中间两栋紧密相连，勾勒出"大厦之门"的壮丽景观，当之无愧成为厦门新兴金融区的地标性建筑。

其中，T3 连廊作为项目的点睛之笔——门梁部分，在建筑美学与施工技术层面均占据关键地位。施工进程中，悬臂法、液压整体提升、高空二级提升等一系列国际前沿技术得以应用。连体区域钢结构总重 5342t，连廊提升高度达 140m，连廊最大跨度为 60m，这些亮眼数据无不彰显了英蓝国际在建筑工程领域的斐然成就。英蓝国际金融中心的横空出世，不仅将现代建筑的艺术魅力展现得淋漓尽致，更为厦门的城市发展注入强劲动力，提升城市形象。其别具一格的"大门"造型，承载着开放与包容的寓意，深度诠释了厦门独特的城市文化内涵。

2　高空悬挂施工平台的设计背景

蓝国际金融中心的高空吊顶施工面临诸多挑战。其门梁钢结构下方为铝单板吊顶，常规施工措施难以满足安装需求。这是因为铝单板吊顶对施工工艺要求较高，且该区域处于高空，位置特殊，施工安全和技术难度大。

从现场实际情况来看，该系统位于 T3 连廊底部，标高约 134.8m（30F）。吊顶铝板采用开放式，室外氟碳喷涂处理的 3mm 铝板竖缝缝宽 4mm，横缝缝宽 4mm，内部有 2mm 厚银白氧化的铝板作防水，因总包连廊整体提升，吊顶分两个阶段施工，连廊整体提升前施工提升区域龙骨，吊顶提升完成后施工剩余部分。

在这样的高空位置进行吊顶施工，不仅要考虑结构的稳定性，还需解决施工操作空间有限、材料运输困难等问题。传统的施工方法无法满足该区域的施工要求，这就需要一种创新的施工技术。为了确保施工安全和质量，就需要采用特殊的施工技术和设备，并且制定详细的施工方案和安全措施，确保施工过程中人员和设备的安全。

3 施工技术难点及解决方案

3.1 技术难点

3.1.1 高空作业风险

在 140m 高空进行作业，人员安全保障难度极大。此高度下，一旦发生意外，坠落风险高，对人员生命安全威胁大。同时，高空作业环境复杂，风荷载、温度变化等因素也增加了作业难度。例如，在英蓝国际金融中心项目中，受亚热带海洋性季风气候影响，强风带复杂环境给高空作业带来诸多挑战。

3.1.2 吊装精度要求高

门梁钢结构连接部位复杂，需要精确控制吊装位置和角度。钢柱与钢梁的连接、钢梁与钢梁之间的拼接等都需要高精度的操作。如 T3 连廊的吊装，其结构复杂，在吊装过程中需确保各构件之间的连接精度，否则会影响整体结构的稳定性和安全性。

3.2 解决方案

考虑到后期吊顶的措施搭建难度以及铝板的安装难度，通过对本工程此位置的高度以及安装空间进行分析，最终确定为通过采用悬挂平台的施工方案解决后期铝板及龙骨的安装工作。

3.2.1 吊顶龙骨的安装

根据总包计划，连廊钢结构是进行整体吊装，但由于受到主体结构限制，起吊部位为中部区域，钢结构在地面制作预提升至 1.7m 时，我司在地面完成此区域擦窗机轨道以及铝板龙骨安装。

（1）顶部铝板安装基本条件：检查吊顶铝板安装基本条件是否具备，并对建筑物安装吊顶铝板部分的外形尺寸进行复查，要求达到与吊顶铝板配合尺寸允许偏差范围。

（2）材料检查：检查吊顶龙骨、铝板的品种、规格尺寸、色泽是否符合设计；吊顶铝板在运输过程中有否损坏、变形、划痕和污染等。不合格的吊顶铝板不得安装。

（3）人员准备：吊顶安装过程中，安排 2 组人供 12 人同时施工。

3.2.2 平台导轨的设置

首先是平台导轨的设置，在空中连廊钢结构下方的中间区域设置 4 排平台导轨（绿色部分），边部设置 8 道边部导轨（红色区域）分别实现中间标准面板以及收口面板的安装。

3.2.3 两部分平台轨道加工方案

中间区域的导轨平台为地面焊接安装部分，轨道由 2m 长 22♯工字钢组成，轨道焊接在主体钢构上，角焊缝为 8mm（图 2～图 3）。在主体桁架整体提升前在地面焊接完成。

边部特殊位置平台导轨为空中焊接安装部分，此部分工作面使用下悬挂脚手架平台安装（图 2）。轨道由 3m 长 22 号工字钢组成，轨道焊接在主体钢构上，角焊缝为 8mm（图 4）。待主体桁架提升后利用反吊脚手架作为工作平台焊接安装边部轨道。

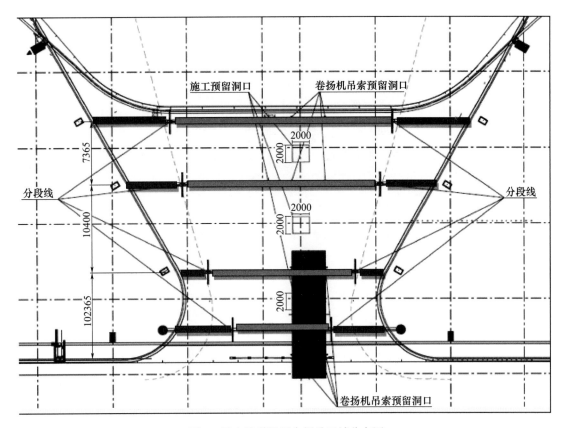

图 1 平台轨道及平台提升区域分布图

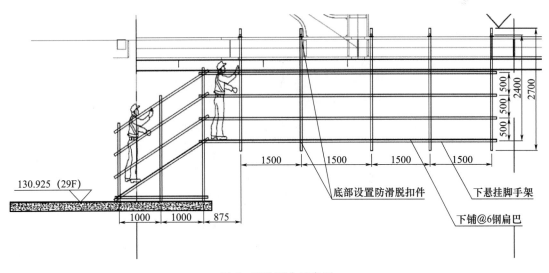

图 2 下挂平台示意图

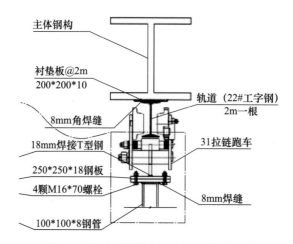

图 3　中间区域标准位置轨道连接示意图

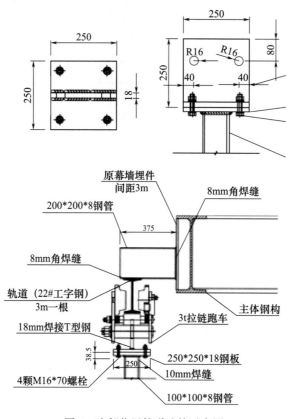

图 4　边部位置轨道连接示意图

3.2.4　提升阶段构件选型

（1）卷扬机：平台整体质量小于 5t，故每个平台的提升选用 4 个 3t 的卷扬机进行整体提升作业。

（2）钢丝绳：6×19－1960 刚芯 Φ16。

（3）卸扣：A085419 额定载荷 4.75t，平台上 8 个，滑车上 8 个（图 5）。

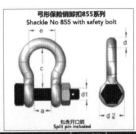

弓形螺纹销卸扣854系列
Shackle No 854 with screw pin

弓形保险销卸扣855系列
Shackle No 855 with safety bolt

包含开口销
Split pin included

产品编号（螺纹销）Art. no. Screw pin	产品编号（保险销）Art. no. Safety bolt	尺寸 Size(mm)							额定载荷 WLL tonnes* 6:1	重量 Weight kgs	
		d1	d mm	英寸 inch	a	c	e	d2		螺纹销 Screw pin	保险销 Safety bolt
A085405	-	6	5	3/16"	10	22	16	13	0.33	0.02	-
A085406	A085506	8	6	1/4"	12	29	20	16	0.5	0.06	0.07
A085408	A085508	10	8	5/16"	13	32	21	20	0.75	0.11	0.13
A085409	A085509	11	9	3/8"	16	36	26	22	1	0.15	0.17
A085411	A085511	13	11	7/16"	18	43	29	26	1.5	0.21	0.25
A085413	A085513	16	13	1/2"	21	47	33	33	2	0.37	0.42
A085416	A085516	19	16	5/8"	27	60	42	40	3.25	0.65	0.70
A085419	A085519	22	19	3/4"	31	71	51	47	4.75	1.10	1.20
A085422	A085522	25	22	7/8"	37	84	58	50	6.5	1.50	1.70
A085425	A085525	28	25	1"	43	95	68	58	8.5	2.20	2.50
A085428	A085528	32	28	1 1/8"	46	108	74	64	9.5	3.10	3.40

图 5 卸扣选型

（4）滑车：HQG1-32 额定载荷 5t，共计 8 个（图 6）。

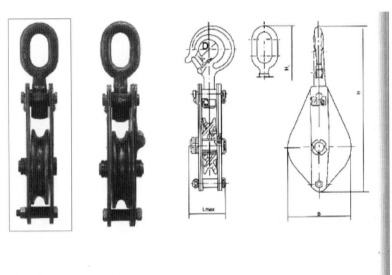

主要技术参数和尺寸
MAIN TECHNICAL PARAMETER AND SIZE

型号 Type	额定起重量 Rated Capacity	试验负荷 TEST KN(t)	适用钢丝直径 Wire Rope Dia	主要尺寸 SIZE				重量 Weight
HQG1-0.32 (HQL1-0.32)	0.32	(0.51)	6.2	63	230(200)	90	48	1.8(1.66)
HQG1-0.5 (HQL1-0.5)	0.5	(0.8)	6.2	71	260(230)	99	54.5	2.32(2.06)
HQG1-1 (HQL1-1)	1	(1.6)	7.7	85	315(285)	116	65	3.75(3.38)
HQG1-2 (HQL1-2)	2	(3.2)	11	112	405(370)	152	77	6.71(6.13)
HQG1-3.2 (HQL1-3.2)	3.2	(5.1)	12.5	132	470(440)	176	90	12.17(11.49)
HQG1-5 (HQL1-5)	5	(8)	15.5	160	570(560)	212	108	18.46(17.49)
HQG1-8 (HQL1-8)	8	(12.8)	20	210	730(685)	280	125	44.3

图 6 滑车选型

（5）钢丝绳绳夹：S11016 每根钢丝绳至少配 3 个，8 套卷扬机设备则至少配 24 个（图 7）。

图 7　轨道及连接现场照片

3.2.5　移动平台的提升与布置

移动平台的提升是整个安装过程中的重点步骤，也是重大危险源。为做到安全平稳提升平台，提升前需做好充分的准备组织工作。

3.2.5.1　起吊点的设置

整个系统设置 4 条平台轨道，3 台移动工作平台，8 个卷扬机吊绳点，每台工作平台设 4 个提升点。平台提升位设置于中间位置（图 8～图 10）。

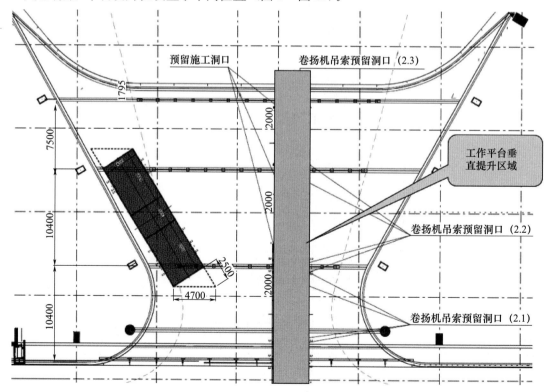

图 8　工作平台垂直提升区域

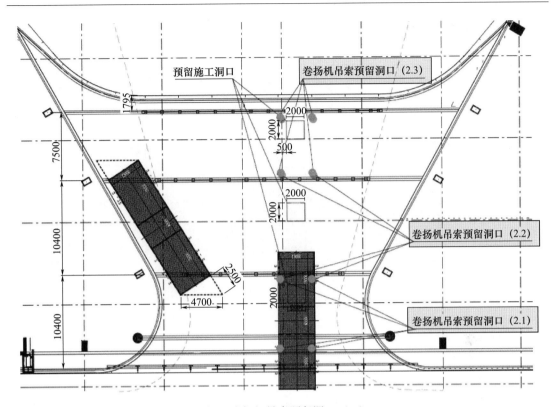

图 9　卷扬机吊索预留洞口（一）

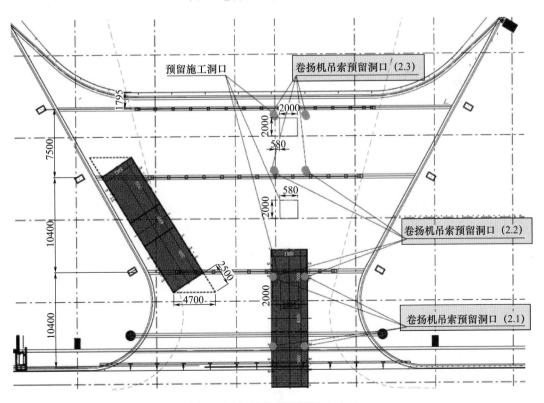

图 10　卷扬机吊索预留洞口（二）

3.2.5.2 移动平台的垂直提升

移动平台尺寸 4000mm × 15080mm，可拆解中间段 3m，平台尺寸为 4000mm × 12080mm，见图 11～图 13。利用卷扬机将工作平台提升至吊顶区域。卷扬机安装于主体结构上，平台提升过程中设置缆风绳保护，待提升完毕后拆除缆风绳。平台提升至预定位置后，将平台通过焊接固结于拉链跑车上，焊接并复核确认受力后，移去卷扬机提升绳。

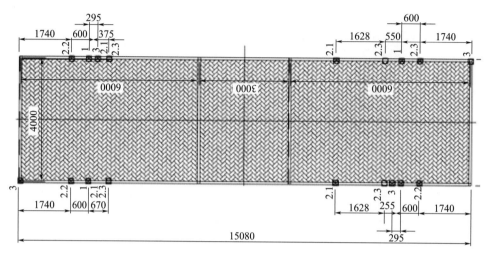

图 11　移动平台俯视

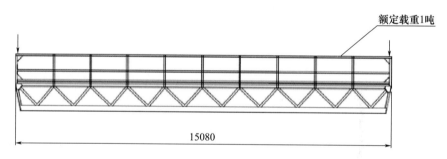

图 12　移动平台正视

平台与轨道的链接通过 3t 的拉链轨道跑车进行链接，每个链接点采用两个轨道跑车进行链接，其中一个跑车通过 3t 手拉葫芦与平台进行链接，平台调整平整到位后，再用第二个轨道跑车通过 100mm×100mm×8mm 的方管与平台可靠链接，防止平台晃动（图 14～图 17）。

3.2.6　作面的划分

本系统分为三个工作面：（1）中间大面区域（区域 1），可以通过平台标准布置来完成施工；（2）边部区域（区域 2），可以通过平台的斜向布置来完成作业；（3）角部区域（区域 3）通过吊顶擦窗机配合施工来完成。安装次序为先中间后两边，如图 18 所示。

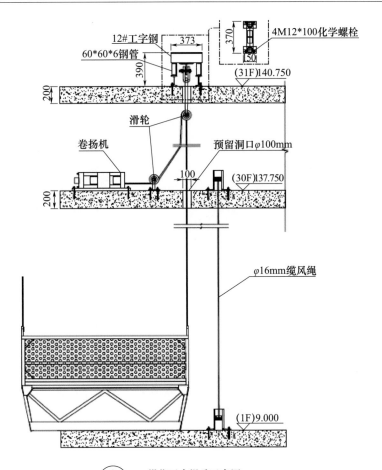

图 13　移动平台提升示意图

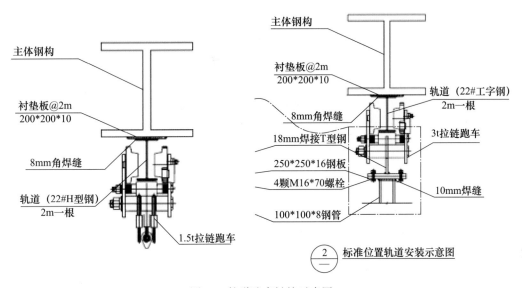

图 14　轨道跑车链接示意图

图 15　轨道跑车链接现场照片

图 16　工作平台现场照片

图 17　工作平台提升过程现场照片

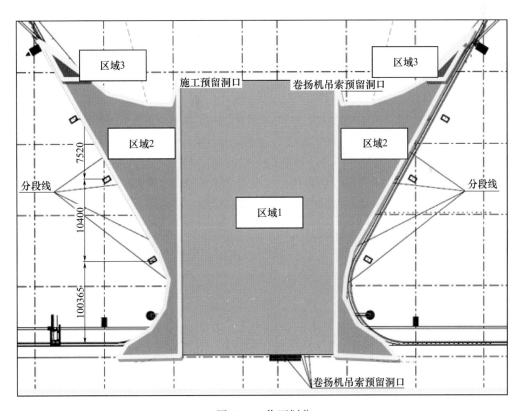

图 18　工作面划分

3.2.7　动平台的分布

本方案大面预计使用 3 台工作平台，系统边部使用改制不规则移动平台，如图 19 和图 20 所示。

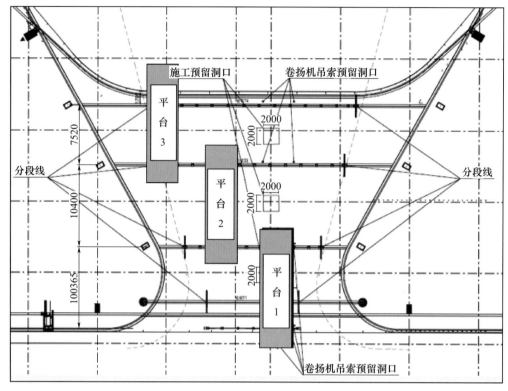

图 19　中间区域平台分布

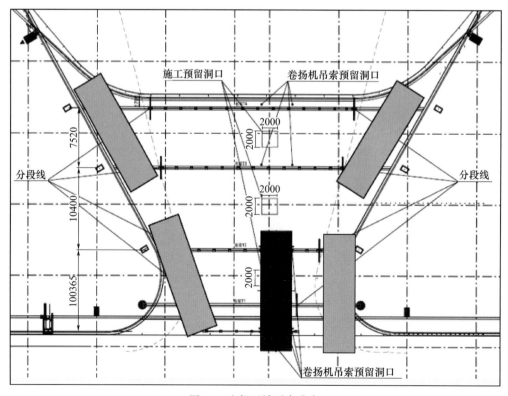

图 20　边部区域平台分布

施工 2、3 区域时，将平台通过卷扬机下放至 1 层，调整平台角度，更换吊点，重新提升平台至吊顶下方。平台吊点设置如图 21 所示。

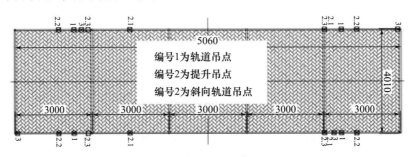

图 21　提升点/吊点示意图

吊顶擦窗机轨道施工完成后，利用轨道及擦窗机滑轨跑车链接 3m×4m 的小平台作为施工平台，进行铝板调整和局部安装。图 22 为大吊顶施工现场。

图 22　大吊顶施工现场

3.3　平台提升阶段安全措施

（1）平台加工完成后，第一次提升前，需经总承包单位、监理单位和施工单位技术部门、机械部门、安全部门等联合验收合格后，方可进行提升作业。

（2）提升前，平台内必须清理干净，不得放置任何物品，防止提升过程中发生高处坠物，提升时平台内严禁站人。

（3）提升平台所使用的卷扬机必须保证设备型号、提升速度、钢丝绳型号及长度等一致，并保证水平一致地连接到平台的 4 个提升吊点上，以确保平台装置在提升时平稳上升。

（4）每个平台采用 4 台卷扬机提升，卷扬机安装于主体结构上，卷扬机操作采用联控开关箱控制，由专人负责操作，提升过程中安排专人负责卷扬机运行中的检查和监护。

（5）将平台提升 20～50cm 后暂停，静置 30min，对卷扬机提升系统及平台结构等进行全面检查。

（6）检查结束后，如若正常，则继续进行提升作业，提升过程中注意检查平台水平，及时进行调整，提升至吊顶底部时利用卷扬机对平台高度和水平进行微调。

（7）平台提升过程中设置缆风绳保护，待提升完毕后拆除缆风绳。

（8）平台提升至预定位置后，将平台通过焊接固结于拉链跑车上，焊接并复核确认受力后，移去卷扬机提升绳。

（9）提升过程中，管理人员必须加强对卷扬机、平台、缆风绳等进行观察和监护，全程进行跟踪检查，发现异常情况时必须立即停止提升作业，待查明原因排除险情后方可继续提升。

（10）平台作为幕墙吊顶操作平台使用，禁止在平台上超载堆放材料，材料由楼层或吊顶上方传递至平台内，材料随传随用。

（11）平台每次提升前及落地后，必须对平台进行全面检查和维护，并经总承包和监理单位相关人员检查验收后，方可进行下次提升。

（12）提升作业前应密切关注天气情况，大雨、大雾以及五级以上大风等恶劣天气时，不得进行平台提升作业。

4 结语

英蓝国际金融中心高空吊顶施工通过高空悬挂施工平台的实施，成功完成了 140m 高空吊顶的施工安装。在施工过程中，各项技术措施发挥了关键作用。通过对施工过程的实时监测和调整，最终实现了高空吊顶的高质量安装，达到了预期效果。高空悬挂施工平台的运用解决了传统施工方法无法解决的难题，保障了建筑结构的安全和稳定性。确保了建筑结构的安全高空悬挂施工平台的设计和实施为类似建筑施工提供了宝贵经验。

参考文献

［1］ 张华，薛抱新．高出作业吊篮在特殊工程中的应用[J]．建筑机械化，2005：44-46．

［2］ 中华人民共和国国家质量监督检验检疫总局，中国国家标准化管理委员会．高处作业吊篮：GB/T 19155—2017[S]．北京：中国标准出版社，2017．

［3］ 中华人民共和国住房和城乡建设部．建筑结构荷载规范：GB 50009—2012[S]．北京：中国建筑工业出版社，2012．

［4］ 中华人民共和国住房和城乡建设部．建筑施工高处作业安全技术规范：JGJ 80—2016[S]．北京：中国建筑工业出版社，2016．

［5］ 中华人民共和国住房和城乡建设部．建筑施工升降设备设施检验标准：JGJ 305—2013[S]．北京：中国建筑工业出版社，2014．

［6］ 中华人民共和国住房和城乡建设部．建筑施工安全检查标准：JGJ 59—2011[S]．北京：中国建筑工业出版社，2012．

作者简介

陈猛（Chen Meng），男，1983 年 9 月生，工程师；研究方向：建筑幕墙设计与施工；工作单位：北京凌云宏达幕墙工程有限公司；地址：北京市朝阳区金泉时代广场 3 单元 2311、2312 室；邮编：100024；电话：13370148624；E-mail：370475586@qq. com。

闻静（Wen Jing），女，1981 年 1 月生，工程师；研究方向：建筑幕墙设计与施工；工作单位：北京凌云宏达幕墙工程有限公司；地址：北京市朝阳区金泉时代广场 3 单元 2311、2312 室；邮编：100024；电话：18201099798；E-mail：383386757@qq. com。

刘学（Liu Xue），男，1986 年 10 月生，工程师；研究方向：建筑幕墙设计与施工；工作单位：北京凌云宏达幕墙工程有限公司；地址：北京市朝阳区金泉时代广场 3 单元 2311、2312 室；邮编：100024；电话：18222787452；E-mail：229313260@qq. com。

刘登峰（Liu Dengfeng），男，1974 年 3 月生，工程师；研究方向：建筑幕墙设计与施工；工作单位：北京凌云宏达幕墙工程有限公司；地址：北京市朝阳区金泉时代广场 3 单元 2311、2312 室；邮编：100024；电话：1359399333；E-mail：370475586@qq. com。

三、行业分析报告篇

2024—2025中国门窗幕墙行业市场研究与发展分析报告

雷 鸣 曾 毅

这是一个新周期、新时代，我们没有退路，唯有顺应新趋势，把握新机遇，勇敢再出发。

门窗幕墙产业链的优秀企业家、品牌领军者常说：唯有长期主义才能穿越周期！结果虽然重要，但是如果过程不开心，结果再好也毫无意义。所以，开心乐观才是生命的意义；因此，我们不仅要长期主义精神，更要有乐观主义精神——"唯有长期乐观主义才能穿越周期"。

百年未有之大变局，旧秩序开始瓦解，逆全球化、民粹主义、地缘冲突、国际秩序调整等现象涌现。新秩序正在重建，站在新周期的起点上，全球经济社会的低谷往往酝酿科技创新、商业模式、经济制度和产业浪潮的新一轮革命。以人工智能和新能源为代表的第四次科技革命如火如荼，企业千帆竞发出海全球，中国拉开了大规模发展经济的序幕。

第一部分　调查背景

2024年是"十四五"规划的关键之年，是党和国家事业发展进程中十分重要的一年，是外循环修复，内循环在"立"与"破"之间寻求再平衡的一年。随着出口、地产的拖累有望缓解，服务业消费与投资接棒将成为新的增长引擎。虽然我们面临着地产收缩、基建放缓的经济市场大背景，但在稳字当头、稳中求进的经济政策支持下，门窗幕墙行业保持了稳定的发展势头，新质生产力与创新驱动成为新时期行业的内生动力引擎。

目前，中国经济正在受到多种因素的影响，经历着下滑、扭转、恢复、回稳的四重曲。在这期间房地产、建筑业及门窗幕墙行业经历着困难时期，市场的两端均进入了充满未知的低迷周期。追求利润在行业不景气的大背景下无从谈起，甚至部分企业入不敷出，一部分企业已经处在生存与死亡的关口，危机步步逼近，契机何时来临是人们"最关心"的社会问题。

对于行业、企业和个人来说，稳定发展压倒一切，同时房地产、建筑业仍然是国民经济的"两大支柱"产业，是稳经济的"压舱石"，正所谓：保百业，治百病！要想经济好，市场面好，房地产和建筑业必须好，通过带动与之配套的门窗幕墙产业链相关企业稳健发展，方能充当"稳定器"的作用。

随着"保交楼、稳楼市"以及"好房子"发展倾向的调整，门窗幕墙行业"新"的行业特性与"新"的发展思路已经逐渐清晰，从新从变、奋发自强成为企业自立、自强的核心精神力量，从城市建设到交通发展，以及数字化平台建立等，建筑业的参与者、主导者在"稳"定中，悄然发生着变化。

各种政策精神表明：房地产、建筑业上去了，经济就会好起来。我国经济重新引领全球，关键是科技强国、新基建、新能源、新国防，以及让民营经济重获信心。唯有创新，以新代旧，推动行业内的新质生产力，无论是新产品、新技术，还是新材料，从方方面面实现行业的全面"新"发展。

目前，"双碳"目标为门窗幕墙转型升级设立主基调——绿色、低碳、环保、可再生等成为众多配套材料品牌未来发展的"必由之路"。我们需要关注其中的重点问题，高质量发展加之经济整体预期下行背景下，门窗幕墙行业产业集中趋势进一步凸显，且马太效应日益明显，强者恒强、两极分化，最终导致产业链集中度的不断加深；行业 TOP 企业，以"专精特新"为代表的细分领域"隐形冠军"品牌，成为企业发展中更高的追求。敢于产品创新研发投入、服务能力增强，企业生态圈层与品牌段位的差距不断拉开。

在市场上，中小企业的数量仍然占据绝对优势，但大部分企业的规模较小，创新能力不足，面对曾经快速发展的市场，过去野蛮生长的企业较多，如今市场状态发生改变，企业之间竞争加剧，"内卷"成为一场自上而下的大风暴，谁也躲不开。2024 年门窗幕墙行业内的"内卷"是当前行业最大的麻烦，市场萎缩带来的价格战，均等地影响着每一个企业和从业者，摆脱困局，走出新的道路，新产品应用、新技术创造成为他们的一种共识，绿色低碳更是明确的建筑未来方向。TOP 企业技术研发及产品更新迭代速度快，品牌附加值逐步上升，数字化及智能化技术应用更加普及，头部企业的规模稳步提升。拒绝内卷——"小而美"不会成为主体，只有"精而强"才是王道。

为了帮助门窗幕墙行业产业链企业，特别是广大的会员单位，更好地认清行业地位和市场现状，从而提升自身产品品质及服务能力，中国建筑金属结构协会铝门窗幕墙分会在 2024 年 9 月启动"第 20 次行业数据申报工作"，通过历时三个月的表格采集，汇总了大量真实有效的企业运行状况报表。随后，分会授权中国幕墙网 ALwindoor. com 以门户平台的身份，对门窗幕墙行业相关产业链企业申报的数据展开测评研究，并建立行业大数据模型，推出《2024—2025 中国门窗幕墙行业研究与发展分析报告》，力求通过科学、公正、客观、权威的评价指标、研究体系和评判方法，呈现出在建筑业、房地产新形势下，门窗幕墙行业的发展热点和方向。

注： 调查误差——由于参与企业占总体企业的数量比值、调查表提交时间的差异化等问题，统计调查分析的结果与行业市场内的实际表现结果，数字方面可能存在一定误差，根据统计推论分析原理，该误差率在 1%～4% 之间，整体误差在 2% 左右。

第二部分　铝门窗幕墙行业上游产业链分析概述

当前，任何的事物不仅是变化，有的甚至堪称巨变，经济发展也面临着百年未有之大变局，各种旧秩序开始瓦解，在面临逆全球化、民粹主义、地缘冲突、国际秩序调整等现象涌现的背景下，我国经济也在发生着翻天覆地的改变。

在铝门窗幕墙行业内，市场面的改变也是巨大的，面对内卷带来的伤害，最低价中标的刺痛，多重债务危机的爆发，我们必须看到变化，顺势而为，重新出发。

新秩序正在重建，站在新周期的起点上，全球经济社会的低谷往往酝酿科技创新、商业模式、经济制度和产业浪潮的新一轮革命。当前时期内门窗幕墙行业内企业最关键的问题包括渠道失控、销售下滑、利润缩水、产品推广失败、内部管理失序等，很多企业正在"熬"着，期待着 2025 年可以尽展所能。

归根结底，一切的因素都是两个字"缺钱"，要让企业能够更好地运行，产生良性竞争，必须寻找到如何产生更高的产值与利润的方法。房地产没钱，建筑业没钱，中小企业没钱，除了寡头垄断的企业、大型国企、央企，似乎"钱"不见了。

"钱"去了哪里呢？2024 年的 M2 为 313.53 万亿元，新增了 21 万亿元，但是贷款的新增却明显减少，而存款却越来越多。不消费，缺信心，与建筑、地产相关板块的市场经济活跃度极低，从需求端传导到各类门窗幕墙项目、技术和产品的生产与服务端，各个环节的这些"钱"不再循环、停止流动，从而引发了一系列的发展问题。

1 建筑业年度市场背景汇总

"亟待转型"的建筑业！2024 年的建筑业市场下滑明显，行业内的构成也悄然发生着改变，目前国有企业占据了市场的大半壁江山，民营企业的出路并不多。建筑业仍然是我国的支柱产业，过去存在的发展粗放、劳动生产率低、建筑品质不高、工程耐久性不足、能源与资源消耗大、劳动力日益短缺、科技水平不高等问题，已经成为阻碍行业高质量发展的巨大障碍。促进建筑业转型升级、绿色发展、智能化建造是必然要求，它们不仅是工程建造技术的创新，还将从经营理念、市场形态、产品形态、建造方式以及行业管理等方面重塑建筑业，突破发展瓶颈、增强核心竞争力、实现高质量发展。

建筑业的新路在于灵活、创新、智能化、数字化等方面，国家统计局发布 2024 年度全国建筑业总产值为 326501 亿元（表 1），同比增长 5.0％！其中，增长量主要来源于城市更新和交通、仓储的大型基础项目覆盖，新能源基地建设等。

表 1　2024 年 12 月份及全年主要统计数据

指标	12 月		1—12 月	
	绝对量	同比增长（％）	绝对量	同比增长（％）
一、国内生产总值（亿元）	373726（四季度）	5.4（四季度）	1349084	5.0
第一产业	34050（四季度）	3.7（四季度）	91414	3.5
第二产业	135595（四季度）	5.2（四季度）	492087	5.3
第三产业	204081（四季度）	5.8（四季度）	765583	5.0
二、农业				
粮食（万吨）	…	…	70650	1.6
夏粮（万吨）	…	…	14989	2.6
早稻（万吨）	…	…	2817	−0.6
秋粮（万吨）	…	…	52843	1.4
猪牛羊禽肉（万吨）	…	…	9663	0.2

续表

指标	12 月		1—12 月	
	绝对量	同比增长（%）	绝对量	同比增长（%）
其中：猪肉（万吨）	…	…	5706	−1.5
生猪存栏（万头，年末）	…	…	42743	−1.6
生猪出栏（万头）	…	…	70256	−3.3
三、规模以上工业增加值	…	6.2	…	5.8
分三大门类				
采矿业	…	2.4	…	3.1
制造业	…	7.4	…	6.1
电力、燃力、燃气及水生产和供应业	…	1.1	…	5.3
分经济类型				
其中：国有控股企业	…	3.1	…	4.2
其中：股份制企业	…	6.5	…	6.1
外商及港澳台投资企业	…	5.6	…	4.0
其中：私营企业	…	5.7	…	5.3
产品销售率（%）	98.7	0.1（百分点）	96.7	−0.5（百分点）
出口交货值（亿元）	14394	8.8	154338	5.1
四、服务业生产指数	…	6.5	…	5.2
五、固定资产投资（不含农户）（亿元）	…	…	514374	3.2
其中：民间投资	…	…	257574	−0.1
分产业				
第一产业	…	…	9543	2.6
第二产业	…	…	179064	12.0
第三产业	…	…	325767	−1.1
全国建筑业总产值（亿元）	…	…	326501	3.9
全国建筑业房屋建筑施工面积（亿平方米）	…	…	136.8	−10.6
六、房地产开发				
房地产开发投资（亿元）	…	…	100280	−10.6
房屋施工面积（万平方米）	…	…	733247	−12.7
房屋新开工面积（万平方米）	…	…	73893	−23.0
房屋竣工面积（万平方米）	…	…	73743	−27.7
新建商品房销售面积（万平方米）	…	…	97385	−12.9

开发"好房子"，交付"好房子"是建筑业迈向高质量发展的关键体现和主要目标。为交付更多、更好的房子，建企需要积极打造和采用数字化、工业化和绿色化有机融合的新质生产力，从高速发展转向高质量发展，从而推动行业转型升级。

我们从具体数据可以看到：头部建筑央企的市场份额大幅度增长，"国家队"的集中度越发明显，持续挤压地方国企和民营企业的市场空间。因此，地方财政的短期困难带来了投资平台资金的紧张，也让多数地区的建筑民企业务收缩，同时计提大额坏账，已经失去了扩张的弹性。

"稳中求活与稳中求进"正在建筑业同时上演，这里没有观众，只有亲历者。当下，在全球经济动荡与变革的大背景下，建筑业正面临着前所未有的挑战与机遇。

从城市分化与区域潜力来看，建筑市场的复苏并非均匀分布，一线城市依然具备充分的开发空间，同时，二线城市也展现出明显的回暖迹象。从有利的方面，结合国际范围内的发展情况来看，日本、美国等发达国家都曾经历过这样的周期，在我们国内传统住宅类建筑及城市建设的大基建进入了新周期后，新兴文化体育建筑，以及高科技总部、工业上楼等带来的智能化建筑、物流仓储中心都会成为全新的风口。

目前市场内最直观的表现是，非住宅、非商办的建筑类型，如物流仓储、医疗健康、教育研发等均出现了不同比率的上升。未来，提高建筑行业的技艺与管理水平，迎合新的发展周期特点，在稳定中求得全新的发展空间。

在新基建的大背景下，建筑业正站在一个巨大的转型路口，BIM 技术、图像识别、人形机器人以及基于 AI 的科研超级应用呼之欲出，建筑业创新发展如虎添翼，大大提升了设计和施工的协同效率，减少了返工，降低了成本，这就像给建造师配备了"透视眼"，为业主方带来了省钱、省时的"大秘籍"。

在快速变革的建筑业中，2025 年正逐渐成为一个重要的时间节点，各大企业纷纷制定新的策略，以应对瞬息万变的市场环境。当前，化债政策成为行业发展的新亮点。同时，新基建、城市更新、旧城改造，以及低空经济等主题也逐渐浮出水面。

2 房地产业年度市场背景汇总

"缓步下坡"的房地产业！2024 年是我国房地产市场步入下行周期的第三年，销售和投资增速均出现两位数下跌，"购房"成为内需不足的最大掣肘。中央稳地产政策不断升级，从 2024 年 4 月中央政治局会议提出"消化存量、优化增量"，到 2024 年 9 月"促进房地产市场止跌回稳"，再到 2024 年 12 月"稳住楼市"，从供需两端发力稳定房地产市场。三季度以来居民购房需求有所回暖，楼市出现阶段性企稳向好迹象，新房销售和二手房成交量上升、一线城市房价与地价止跌、商品房库存去化周期缩短。但是仍面临一系列问题，包括房地产投资仍持续低迷、多数城市房价仍在下跌、土地出让收入下滑冲击地方财政、房地产企业债务风险仍需进一步化解。

2024 年，全国房地产开发投资 100280 亿元，比上年下降 10.6%；其中，住宅投资 76040 亿元，下降 10.5%（图 1、图 2）。

房地产整体发展进入低谷，随着"保交楼、稳楼市"以及"好房子"发展倾向的调整，"新"的行业特性与"新"的发展思路已经逐渐清晰，从新从变、奋发自强成为"新"时代的坚定精神力量。

过去几十年，房地产高速增长，对我国经济发展、基础设施建设和住房改善做出了巨大贡献，但是也带来高房价、高债务等一系列问题。最近几年，在长周期拐点和政策调控叠加下，房地产市场经历了剧烈调整，调整幅度之大、持续时间之长，为过去 20 多年之最。当前有观点认为，我国房地产可能会重演日本"失去的三十年"。确实，我们现在面临 20 世纪

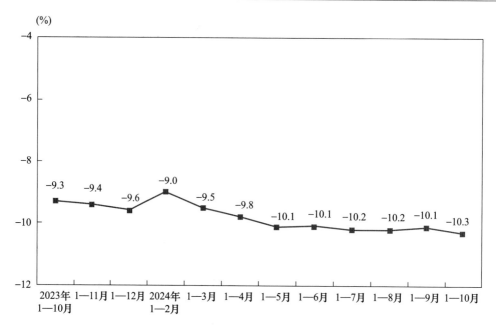

图 1 全国房地产开发投资增速

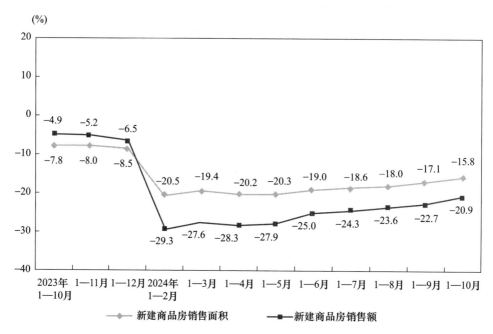

图 2 全国新建商品房销售面积及销售额增速

90 年代日本类似的挑战，比如，人口老龄化、少子化，中美贸易战。但是，日本 20 世纪 90 年代人均 GDP 超过 30000 美元，2023 年我国人均 GDP 刚刚迈过 12000 美元，未来我国经济还有很大发展空间。从城镇化发展空间看，日本在 1990 年城镇化率超过 77%，城镇化已经基本结束了，没有空间消化当时巨大的房地产泡沫。而我国 2023 年城镇化率 66.2%，还有十几个百分点的城镇化空间，完全有能力消化。而且过去三四年房价泡沫得到了一定消化，特别是在国家各项有力政策的实施下，基本实现了年度内的市场稳定。

所以，未来如果政策得当，我国房地产有条件实现软着陆。因此，未来最好的投资机会也在我国。我国有 14 亿人口，全球最大的统一市场，人民对美好生活的向往还有很大潜力，产业链完善，人口红利向人才红利转变。

展望 2025 年，政策有望带动预期修复，房地产市场恢复面临诸多挑战，整体或仍处于筑底阶段，中性情况下，明年商品房销售面积仍将下降，但下降幅度会大幅降低，有赖于已出台的政策的推进与落实，尤其是货币化安置 100 万套城中村改造、收储存量房等。同时，土地缩量、货币放宽、房企资金承压降低、去库存稳步推进，虽上半年仍然可能存在开工状态困难的局面，但在下半年进入新的循环、稳定投资的概率较大。

综上，纵观 2024 年的建筑业和房地产，似乎从古老的智慧中能够发现规律，《易经》讲"穷则变，变则通，通则久"，达尔文在《进化论》中说："最终活下来的，不是最强大的，也不是最聪明的，而是最快适应环境的"。

2024 年，房地产与建筑业的下滑已经让市场的改变进入了全新的局面，我国"泛建筑"经济将在政策支持、市场调整和国际环境的多重影响下，或许转型改变后能迎来新的挑战与机遇。

穿越周期，剩者为王。后房地产时代，行业发展模式从"高负债、高杠杆、高周转"转型"高质量、高科技、高能级"，抓住货币化改造、改善型需求、养老地产的新机遇。

第三部分　铝门窗幕墙行业市场现状分析

十年来，中国建筑金属结构协会铝门窗幕墙分会积极开展的门窗幕墙行业数据统计调查工作得到了行业内企业、甲方、总包、设计院所、第三方服务机构、上下游产业链企业的大力支持，数据结果客观真实，成为企业市场分析和经营的重要参考数据。

中国建筑金属结构协会铝门窗幕墙分会《第 20 次行业数据统计工作》表明：本年度门窗幕墙行业，与建筑玻璃、铝型材、五金配件、密封胶、金属板，以及隔热条和密封胶条等产业链上、下游企业，大部分企业的产值均出现一定程度的下滑，产业链供需两端皆受到较大冲击。

我国铝门窗幕墙行业 2024 年度总产值再次跌破 6000 亿元，总体水平较 2023 年出现缓降的趋势，房地产新建住宅及开工面积大量减少，建筑业项目周期变长、数量骤降是其中非常重要的因素。同时，行业内信心不足，负面情绪较多，也产生出许多对重塑市场信心的不利影响。

当前的门窗幕墙行业，坚定信心、提振士气是首要目标，从长期来看，我国仍然具有足够体量的房地产市场，城市化建设及周边配套建设仍然在持续进行中，行业的基本盘面趋好，当前阶段也是"良币驱逐劣币"的新周期。另外，产业链的两极分化特别明显，增长的少，亏损的多，但门窗幕墙领域，尤其是家装门窗板块，仍被认为是家居建材行业的最后一个"万亿级"市场。

1　2024 年铝门窗幕墙行业总体情况分析

当前门窗幕墙行业整体增速放缓，地区发展差距拉大，国有企业尤其是央企转变为投资主体，工程款不到位常态化，利润越来越低，融资难、高负债成为最易爆雷的点，民营房开企业、中小型建企负重前行带来的最大感受就是门窗幕墙行业发展信心的急剧下滑，大家最常提到的一句话是"行业还有未来吗"。

随着国家持续释放地产利好与积极信号，对市场内的刺激进一步加剧，放开购房限制，加大对优质房企的资金支持力度，带来了加快推动门窗幕墙行业走向高质量发展的步伐。拨云见日，行业大趋势更加明朗：我们需要坚定自己的信念，我们从事的行业和事业是有着良好未来前景的。

经历过低于预期的保守，2024 年的门窗幕墙行业企业实际正在以"坚持与热爱"为基调，TOP 企业加大新布局与新投入，中小企业强化内部管理与市场调整，面对门窗幕墙行业的需求离散化的"新常态"，"新"与"稳"成为行业的最新趋势，用"创新"来寻求"稳定"的生存与发展空间，我们提到的创新不再是单纯的技术与工艺改进，也包括了对市场内的渠道搭建、企业文化建设及经营行为的管理，智能化智造、绿色建筑生态，全方位的"创新"才能带来我们期望的"稳定"发展。"双碳"目标的提出，为门窗行业绿色低碳发展注入新的动力；数字经济和智慧城市的推动，门窗智能化趋势成为行业共识；在未来，绿色化、智能化、个性化和数字化将成为门窗行业的主要发展趋势。

我国门窗幕墙行业从来不缺少勇气，唯有"窗"新，才能筑起"墙"者之路。发展从来都不是一帆风顺的，过去的已经不重要，现在和将来才是最重要的。

工程市场和家装市场的"双降"，只是市场因素影响下的一个表象，如果揭开它来看，更多的是行业内企业管理者之间的文化、内涵差异带来的恐慌。对固有舒适圈的打破，让大家没有了往日的从容，地产的下滑带来的资金窟窿，不容易填补，让人恐惧和担忧，但这些不应该遮蔽住我们的眼睛，要潜心发现市场内的新特点、新动向，拿出重新创业的劲头。

未来对建筑、地产的需求一种是转向垂直领域，做细分市场的产品，比如蓝领公寓、女性公寓、老年公寓；一种是横向细分，比如扎根某一个城市，成为像万华、金沙这样的单品；还有一种是跨界创新，比如在日本做住宅最好的企业不是传统开发商，而是丰田房屋、松下房屋，未来房屋会更加智能化，中国未来也可能产生华为房屋、小米房屋等。需求端的转型带来全新的发展风貌，门窗幕墙行业也必须紧跟时代潮流，自发地、主动地坚持创新与转型。

房地产、建筑业及门窗幕墙行业的市场风险承受能力永远是分层的，如果当下没有信心，就找到适合自己的层级，亿万级企业、龙头企业、核心企业、千万级企业、地区级企业、门槛性企业等，总有一个平台和市场能让我们的企业找到自己容身之地，活下去。

关于行业生产总值的统计，在其他行业协会，上游协会也有相关的数据，采集标本数量，以及统计方法各有不同。综合来看，数据本身只是一种参考依据，更重要的是对发展趋势的研判，这是帮助企业决策者调整产品布局，市场定位以及是否多元化跨界发展的基础支撑。

统计数据工作的数据来源企业，主体是分会的会员单位，并得到了骨干企业的大力协助与支持。我们在企业行业与数量的梳理工作中，先将不同企业按八大类进行了归类，表 2 展示的企业数量，是细致分类后的结果，运用"数理统计中的回归预测分析法"，根据企业上报的数据，以及它们在行业内所处的位置做适当调整，最后通过类别内和类别间的加权比重，推算总体得出数据。

表 2 行业数据统计工作调查企业类型

行业分类	企业数（单位：家）	数据来源
铝合金门窗	9000	国家公布的资质企业
幕墙施工	1200	国家公布的资质企业
建筑铝型材	1000	引用行业协会的数据
建筑玻璃	2000	引用行业协会的数据
建筑五金	4000	根据行业协会掌握的
建筑密封胶	400	根据行业协会掌握的
隔热条、密封胶条	300	根据行业协会掌握的
门窗加工设备	200	根据行业协会掌握的

为了更加准确地展示行业企业数量，每一种分类企业数量的来源，明确引用了国家资质认定或相关行业协会公布的数据来源参考。同时，除了统计表，还通过参与各地方协会活动，以及采用企业走访调查等方式求证相关信息的可靠性。

2024 年的行业数据统计调查工作中，针对现有行业企业的数据调查基本信息来源，由民营企业、国有企业、央企和外资企业共同组成，其中民营企业占比较大，2024 年中变化最大的是"专精特新"企业数量增加明显，这也符合国情发展需要（图 3）。

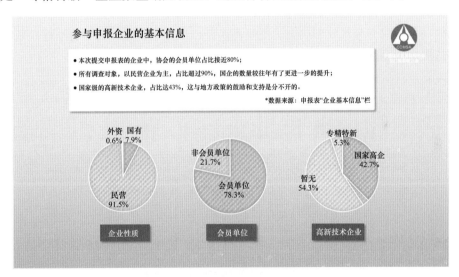

图 3 参与申报企业统计信息

2024 年的门窗幕墙行业面临了前所未有的巨大挑战。我们的统计主要来源于幕墙、门窗的工程类企业（图 4），在纳入家装门窗及各细分领域后，整个统计数据的面扩大了（图 5）。由于在建筑外围护结构体系中绿色低碳要求的提高，建筑设计过程中，对采光和通风的功能有了一系列的调整和变化，相应地，会在建筑立面适当增加门窗幕墙的面积，以及外墙装饰、造型面板的设计。在这样的情况下，与之配套的铝型材、建筑玻璃、五金配件、金属板材、密封胶，还有隔热条和密封胶条等分类产品，因应用领域实现了外延。其中，少数大型企业的年产值提升幅度多数超过 20％，而绝大多数的中小企业产值继续保持低增长或负增长，同时上述产值均为合同签订金额，垫资、欠款情况较为严重。

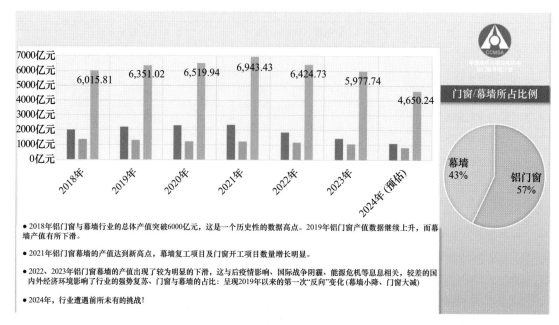

图 4　2018—2024 年铝门窗与幕墙所占比重

开启新时代，门窗幕墙行业强化"出海"＋"城市更新"。围绕重点项目做文章，寻找稳定利润的项目，放弃与粗放型房企、危险类房企、地方平台建筑公司、小建筑总包公司的合作，打造更加安全的资金壁垒，重新适应"更宽"的资金环境。

	铝门窗	幕墙	铝型材	玻璃	五金	建筑密封胶	隔热与密封材料	加工设备
■2018年	2003.73	1378.03	1019.70	672.30	783.00	97.24	31.89	29.93
■2019年	2215.11	1318.11	1112.30	703.20	842.10	99.33	32.76	28.11
■2020年	2303.37	1237.01	1203.70	691.60	911.50	113.45	32.44	26.87
■2021年	2355.37	1225.50	1403.70	740.60	1011.50	143.45	34.44	28.87
■2022年	1842.52	1163.17	1499.20	721.30	993.20	145.11	35.12	25.11
■2023年	1439.52	1064.18	1558.20	701.30	998.20	160.11	33.12	23.11
■2024年（预估）	1111.22	833.02	1201.83	615.72	713.16	130.53	28.72	19.62

图 5　2018—2024 年铝门窗幕墙产值分类汇总情况

大部分企业正在突破现有市场瓶颈，在"总盘子"不变甚至变小的前提下，企业需要调整中长期目标，打造更合理的利润方案，做好成本压缩和人员优化，以及人才储备，从容迎接机遇与挑战。

2024 年产值变化最明显的一点就是"下降"。从下降率来看，市场内曾经出现过对未来市场的悲观主义，尤其是面对房地产业的变化，在一段时期内工程市场缩减较大。曾经有行业内的企业老总说过："如果有下一代，一定不让他们再干门窗、幕墙的活！"这是时代造就的行业"创一代"在市场转变周期内的挣扎与彷徨。

从整体产值分类统计来看，铝型材、五金配件、建筑玻璃、密封以及加工设备等都出现了产值下降的现象，工程类门窗企业的日子非常难过，较多项目还受到了"债务"的影响，项目开工率和付款周期等两个方面导致铝门窗行业国内订单减半。"出海"订单量的逐步上升是2024年内的一个可喜变化，但行业内大部分企业还需要逐步适应及调整市场模式来适应，"面向全球释放产能"不会是一个短期目标，而是一个中长期的战略。

2024年整体行业利润出现了下滑，在八大分类的利润统计结果（图6）中，幕墙、铝门窗、建筑玻璃等出现下滑；铝型材、五金配件、建筑胶、隔热条和密封胶条，以及加工设备等勉强持平。现在的行业内对利润的追求远比任何时期更为强烈，对外采取强有力的"硬"收款项合作方式，对内压缩管理成本、对"非一线"人员进行优化，部分企业从中已经获得了比较好的效果。

	总体	铝门窗	幕墙	铝型材	玻璃	五金	建筑密封胶	隔热与密封材料	加工设备
2018年	402.77	247.33	69.10	53.32	10.03	16.11	4.22	1.41	1.25
2019年	436.03	271.87	72.38	56.22	10.01	18.32	4.56	1.38	1.29
2020年	448.27	279.45	69.29	61.99	9.97	20.35	4.51	1.37	1.33
2021年	213.12	249.12	67.52	66.83	15.70	23.61	5.34	1.25	1.41
2022年	361.46	182.22	64.33	71.22	13.20	22.20	5.53	1.21	1.55
2023年	349.76	170.22	60.33	76.22	12.20	22.60	5.63	1.11	1.45
2024年	325.51	152.98	58.74	73.11	11.15	21.49	5.55	1.07	1.42

图6　2018—2024年铝门窗幕墙净利润汇总情况

在利润率的评估与整理上（图7），不难看出企业对未来抱有更多的信心与期望，正在吃苦中的企业，必须强化自身才能"享福"。增强产能与强化产业布局，中小企业主动缩减人员与开支，打造更安全的财务状况以迎合当前房地产业下滑的状况，尤其是与房地产深度绑定的中小门窗厂、中小幕墙企业仍然在经历"吃苦"的时期，但我们应该坚信能吃苦，方能"享福"。

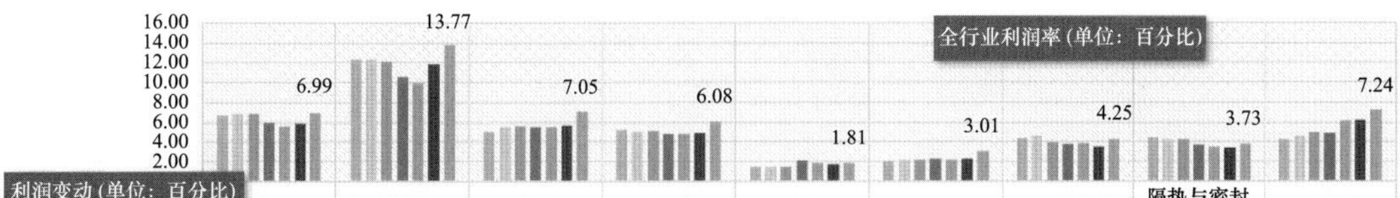

利润变动（单位：百分比）	总体	铝门窗	幕墙	铝型材	玻璃	五金	建筑密封胶	隔热与密封材料	加工设备
2018年	6.70	12.34	5.01	5.23	1.49	2.06	4.34	4.42	4.18
2019年	6.87	12.27	5.49	5.05	1.42	2.18	4.45	4.21	4.59
2020年	6.88	12.13	5.60	5.15	1.44	2.23	3.98	4.23	4.96
2021年	5.95	10.58	5.51	4.76	2.12	2.25	3.72	3.63	4.88
2022年	5.63	9.89	5.53	4.75	1.83	2.24	3.81	3.45	6.17
2023年	5.85	11.82	5.67	4.89	1.74	2.26	3.52	3.35	6.27
2024年（预计）	6.99	13.77	7.05	6.08	1.81	3.01	4.25	3.73	7.24

图7　2018—2024年铝门窗幕墙利润率汇总情况

生产总值变化是一个行业当前发展潜力评估最有力的数值，在我们的统计调查数据整理过程中，对应总产值的近年变化情况，在过去50％的平稳线上，已经有接近70％的企业出现了较为严重的产值下降（图8）。毕竟房地产"腰斩"带来的影响是巨大的。

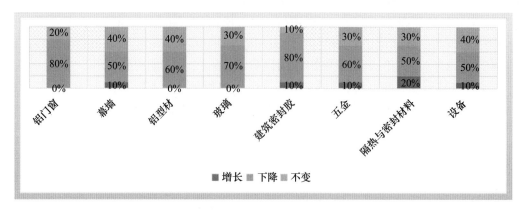

图 8　2024 年铝门窗幕墙行业产值变化汇总情况

从时间拉长的整体来看，下降的企业较上年大幅增加，部分分类行业中占比达到 50％左右，持平的企业基本保持不变，平均几乎占到 20％，本年度尤其是下半年以来，实现产值增长的企业数量增加，在市场的自我清理机制作用下，"内卷"与"低价"的双重压力使部分缺乏竞争力的企业、不重视长期市场培育的企业出局，有较多资金实力与研发实力的企业，才能获得市场的青睐。

行业从业人员申报统计数据，历来都是很难进行准确判断的一项，企业对从业人员的填报多数无法做到准确及时，招聘新增的人数往往统计在列，而离职、优化的却不一定有统计，特别是在门窗幕墙行业就业压力最大的年度（图 9）。

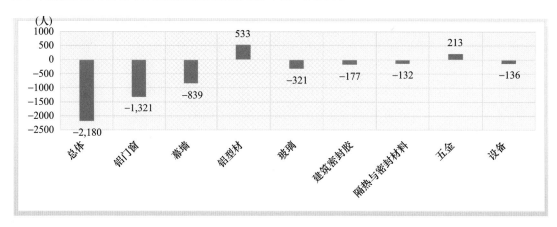

图 9　2024 年铝门窗幕墙行业从业人员汇总情况

同时，门窗幕墙企业有部分外包合作，或项目生产合作的需求，尤其是面对高难度、大体量的项目时，大企业接单后会主动寻求与众多企业开展合作，其企业本身的从业人员数量不会增长，甚至会出现减少的情况。

我们运用统计中的指标对比分析及数据回归法等，将行业产值、利润与市场上的人力资源需求与数据结果进行科学对比，充分的数据支持显示人员的流动是任何行业都非常关注的一点，在 2024 年内项目为主的生产与安装的"纯工程"企业人员流失较为严重，材料生产或车间类的人员下降幅度较小，管理类岗位、设计类岗位等人数流动性较大，这与其工资相对较高，在管理过程中更容易实现岗位调整有关。

立足未来发展，门窗幕墙行业内的人才平均水平相对较低，尤其是与制造业、信息化产业相比，我们的人才培养体系较为缺乏，要打造世界级的门窗幕墙行业产业，必须立足优势人才培养，主动抓住发展机遇，让人才成为"新质生产力"最关键的因素之一，不断开辟经济发展新领域新赛道、塑造发展新动能新优势。

用"长期主义"的思维塑造品牌价值——以求在市场中实现升维突击！

以"及时变现"的心态构建销售体系——用高效精准来实现降维打击！

目前门窗幕墙行业正在经历着房地产、建筑业"大调整"所带来的剧烈疼痛，市场内很多人看到的是危机，"钱"难挣，"拖"太久，然而如果不直面行业现状，共同抵御"低价中标""同质化竞争"，所有企业的生存和发展将面临巨大的危险。

市场受政策风向影响巨大——危机中存在的是机遇，内部发展适合时代要求，坚持走技术创新、产品创新、服务创新，高精尖人才加持的发展道路，市场空间依然广阔，而且变得更加合理。"两极分化"的格局在一段时期内很难被打破，尤其是在门窗幕墙项目的运作与结算机制没有发生根本性转变的前提下，拥有更多资本与资金抗压风险的大型企业，获得了更多的市场份额。

2　建筑门窗幕墙行业八大细分行业市场情况分析

2024年门窗幕墙行业的发展千头万绪，而企业的高质量发展，需要更多的实干派与品质派，踔厉奋发、笃行不怠，运用科学、高效的市场管理机制，努力提升品牌能量，用高质量产品与创新力为品牌加持力量。

门窗幕墙行业每年的数据变化在统计报告中都会得到非常科学、直观的体现。其中部分类别的非建筑用材料产值也被计算在了行业总产值之中。（数据来源于：中国建筑金属结构协会铝门窗幕墙分会第20次行业统计）

2.1　幕墙市场分析

2024年幕墙类产值约830亿元，行业总产值正处于"下行"状态，年度内的工程项目开工率及付款率均有所下降，幕墙整体行情出现了发展迟缓、后劲不足的情况，约90%的企业产值持平或出现下滑（图10）。

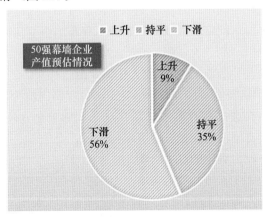

图10　50强幕墙企业产值预估情况

近年来，幕墙工程市场的外部环境持续恶化，众多中小型企业的生存能力持续减弱。仅从年度总产值来看，如果从多家上市公司的统计数据来看，依然有少量的增长，增长比率 6% 左右；然而实际市场内的大、中型幕墙工程企业的"纯幕墙"产值，主流是总体出现下降（图 11）。

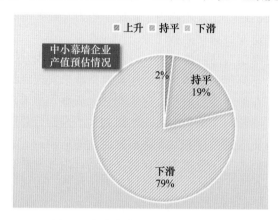

图 11 中小幕墙企业产值预估情况

大部分企业的工程项目是延续前两年的合同，新增项目、后续订单已经较少；另外，能够创造较大利润的项目均对设计、施工的难度、周期提出更多高要求。结合当下"僧多粥少"的市场现状，在价格方面也"卷"出了新高度，只有部分头部企业才有地标案例和团队能力去支撑，大部分的工程企业无单可接。

幕光所至，皆为墙者！2024 年幕墙行业聚焦到：江河、远大、亚厦、凌云、中南、广晟、三鑫、方大、金刚、柯利达、旭博、中建绿创、中建海峡、中建不二、中建东方装饰、三合泰、大地、旭格、上海建工装饰、上海建工机施、力进、金螳螂、晶艺、兴业、西安高科、裕聚、众置等"墙"者的身上，大多数企业强化了与国企、央企的合作，同时在"出海"方面取得了丰硕成果。

2024 诞生了一个个超大体量的商业中心、大型场馆；直入云霄的超高层建筑、工艺超级复杂的总部楼、造型高端大气的综合体等。"中国超级幕墙工程"在天、地、人之间，一次次促成着高质量的完美交汇，演进着设计水平、施工工法和材料应用的迭代。2024—2025 年的"我最喜爱幕墙工程"活动中，众多老牌强企和新贵明星列席其中，间接反映了行业对幕墙工程设计、施工水平的认同度，以及对承建该工程幕墙企业实力、品牌的认可度，年度各类经典工程项目，更是以"高、大、新、奇"（高质量、大难度、新工法、奇设计）的新时代标准，被喻为"鲁班奖"的前哨站、"詹天佑奖"的排头兵。

同时，幕墙工程分布的新格局正在产生着裂变，只有国内较为突出的 TOP 企业才能实现全面开花、多点突破，打造出海外更多的新赛道，大部分企业还是会将精力放在国内市场；华东、华南与西南是幕墙项目增量较为突出的地区，而华中的武汉和长沙，华北的雄安等地成为幕墙项目开发量较为集中的区域（图 12）。

另外，从幕墙类型的维度来看，玻璃幕墙与金属幕墙的占比依然较大，作为较为成熟的幕墙产品类型，依然能够发挥很大的作用，特别是铝板幕墙、蜂窝铝板及保温一体化幕墙的应用市场空间增大；石材幕墙与新材料幕墙的市场空间也得到了拓展，UHPC 和 GRC，以及 ETFE 膜等能够一展身手，各类新型板材和绿色材料的幕墙类型不断涌现（图 13）。

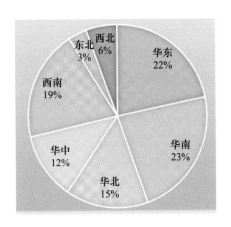

图 12　行业市场分布

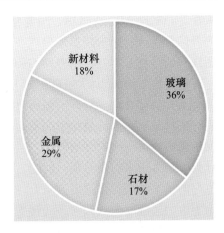

图 13　幕墙工程类型

2.2　铝门窗市场分析

　　2024 年，铝门窗类产值接近 1100 亿元。综合全年情况来看，在门窗的工程项目总面积上出现了较大的下滑，但部分区域的小部分企业的市场数据显示增长，增长率为 20%～50%。这是因为地区的部分中大型企业获得了以中建集团、中海地产为代表的"国家队"的支持，在拿地量和开发量上保持了大幅度增长。它们的出现，保住了门窗市场的底线，而原来的民营为主的"基本盘"面临减产、停工，还有降薪、裁员的风波；未来的门窗市场仍然将在一段时间内缺乏更多的需求刺激，在成长性方面存在较大的困局。

　　其中，部分工程企业的产值增长，与市场内的实际情况有着较大差距，这一小部分是上市企业或大型国企相关的头部企业，市场内占比最大的中小门窗企业以及家装门窗公司均面临着不同程度的经营困难，市场总体量下降非常明显。

　　在需求端，老百姓对门窗的品牌认可度日益上升，通过流量导引，各类门窗产品的知识被普及到大部分人，新一代"买房人"或"换窗人"将产品的价格与品牌画上等号，品牌为王的时代拉开大幕。

　　当前，铝门窗的工程项目以国内为主，但我国港澳台地区及海外地区的占比有所下降，整体接近 4%（图 14）。

　　铝门窗的项目区域，华东（23.7%）、华北（21.4%）和华南（20.1%）占据绝对市场主力，新建住宅面积大量减少让工程门窗的产值也有所下降（图 15）。

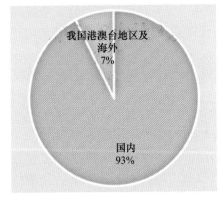

图 14　行业市场分布

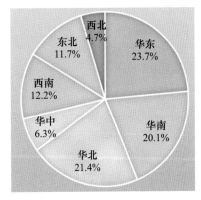

图 15　铝门窗市场分布

Schueco、YKK AP、ALUK、贝克洛、森鹰、墅标等重视产品研发，持续投入技术创新的国内外门窗企业，越来越多地出现在门窗幕墙界、房地产业的品牌榜单中；而安徽欣叶安康、浙江瑞明、辽宁雨虹、格鲁斯 GRUUS、四川华厦建辉等在华东、东北、华南和西南等市场，首先专注于地域市场内高品质门窗产品的研发与品质管控，通过不断地积累经验，与头部房企展开战略合作，打开了国内市场的渠道；飞宇、皇派等作为家居定制门窗领域的杰出代表，成功从众多家装品牌中突围而出，成为改善居住体验的消费新元素。

时局与消费者信心间的此消彼长，由于上游产业传导，工程企业普遍较为悲观，需要积极寻找外界及上游带来的强心剂。同时，铝门窗工程企业"让成本下来，能力上去"，成为新时代生存的基本法则。在发力方向上，正在从新建住宅向存量更新方向转变；而在经营思路上，也下大力实现品质从低向高的转变，业内企业当下的状态呈现明显两极分化之势。

在本次统计数据中，工装门窗与家装门窗数据统计占比如图 16 所示，这只是部分企业的产值及市场分布数据，结合工程市场和家装市场的整体形势来看，其比值会更为接近。

在大环境的抑制下，对于许多工程门窗企业来说，当下正处于企业周期的低谷，但是之于整个建筑门窗乃至家装市场来说，则更像一个蓄力的新起点，当前国家对建筑节能环保的重视程度不断提高，成为未来高端门窗产品市场突破的重要方向（图 17）。

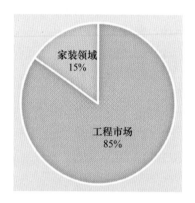

图 16 铝型材市场分布

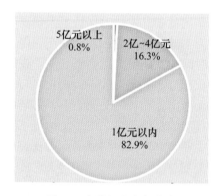

图 17 家装门窗市场分布

让新质生产力的培育从此刻开始，是工程门窗企业对未来发展的努力，充分结合"好"房子、"好"住宅的发展，以核心城市圈为市场中心，将市场的面进行全面拓展，解放思想，才能解放双手，做到真正的破局，在"内卷"中释放压力，取得突破与成长。

2024 年工程门窗市场的最大难点在于"破局"——如何在房地产与建筑业极端严酷的大环境下，超越周期、走出低谷，对企业的产能与管理进行全面的提升，实现新时代的工程门窗企业，将低谷视为蓄力的起点。

在年度的数据统计中，家装门窗内企业的规模差距较大，行业大企业小的现象依然存在。

为了应对严酷的市场竞争，通常企业都会开展完善的市场布局，将产品实现多个品牌拓展，展开不同领域与价格的差异化竞争，使价值最大化（图 18）。

从其他行业统计数据中了解到，2024 年家装门窗市场的规模预估超过 3500 亿元，特别是封阳台门窗的市场规模已达千亿级，占整个家装门窗市场的 35%～40%，且增长率也是可喜的，但家装门窗企业与门店的数量却出现了减少（图 19）。

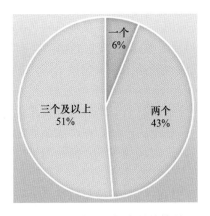

图 18　门窗企业拥有品牌情况

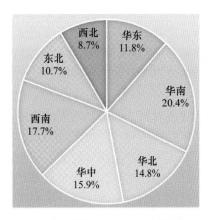

图 19　家装门窗市场分布情况

　　结合数据来看，更多的是"内卷"带来的价格下降，不同程度地影响到了每一个家装企业，未来它们必须强化产品品牌与服务，实现赛道超车，才能在新的住房存量时代中占据一席之地。相信家装仍是一个持续增长的万亿级子赛道，万亿规模却无"巨无霸"，市场急需"TOP"品牌。

2.3　建筑铝型材市场分析

　　2024 年的建筑铝型材产值约 1200 亿元。铝型材作为建筑行业的主要配套产业之一，随着地产板块需求走弱，市场建筑铝型材需求大幅下滑，2024 年建筑领域铝型材消耗量较2023 年减少 4％左右，而汽车与光伏产业等工业铝型材需求有所增长，在一定程度上弥补了铝型材需求疲软的局面。

　　未来，随着新能源产业链用铝量快速爬升，其中光伏边框、储能电池包、电池托盘、防撞梁等成品用铝型材需求量较高，拉动相关工业型材产量提升，从而有望进一步弥补建筑型材产量的下滑。

　　我国铝加工行业产能产量占全球过半，装备技术水平世界领先，已经成为世界首屈一指的铝型材加工制造大国。在全国建筑铝型材市场分布中，华东（22％）、华南（21％）和西南（21％）成为最前沿的消费市场，核心城市圈与经济圈的带动作用非常明显（图 20）。

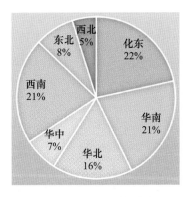

图 20　铝型材市场分布

产能出众、生产线布局完整的兴发、凤铝、亚铝、坚美、豪美等在行业内处于领先地位；新合、广亚、伟昌、伟业等深挖建筑行业产品创新和服务，走出一条独具特色的发展道路；高登、和平在项目服务和产品创新方面有着丰富经验；崛起于西北的铭帝、东南的奋安、西南的三星等品牌，在区域市场优势尤其明显，同时也开始多地域建设工厂，扩大品牌影响力。

作为建筑材料产业链上重要的一环，大型铝型材企业由于具有规模效应和技术优势，拥有较强的研发实力和先进技术装备，能够生产高品质、高精度的产品，在产品品质上具有明显优势，其生产的产品质量稳定、性能可靠，能够满足高端市场的需求；而小型铝型材企业由于资金和技术的限制，往往只能在低端市场上以价格竞争获取发展空间。而且小型铝型材企业的产品品质参差不齐，难以满足高端市场的需求，所以往往只能依靠价格竞争来获取市场份额（图 21）。

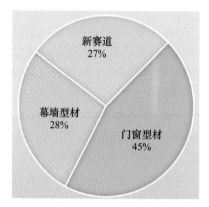

图 21 建筑铝型材产品结构

我国铝型材行业的竞争格局呈现出大企业占据主导地位，小企业数量多、竞争激烈、整体规模较小的特点，目前促进房地产回暖的政策不断加码，但结合目前全国新开工面积与竣工面积等数据，未来房地产行业依旧会在一段时间内筑底，中低端建筑型材市场产能出清，而高端建筑型材以及家装型材成为建材布局与转型的核心领域。

整体来看，我国建筑铝型材行业生产企业产能严重过剩，市场竞争愈加激烈，抑价换量情况显著，实际企业经营能力下降，企业需要加快布局"出海"战略，开拓更多的高端需求，实现内外兼修。

2.4 建筑玻璃市场分析

2024 年，建筑玻璃产值约 620 亿元。玻璃作为我国目前最大的建筑材料之一，在我国房地产的需求量中占据了 70% 以上，而随着房地产市场的不断变化，玻璃行业尤其是深加工产品受到了致命的冲击。

对建筑玻璃的前景，随着"保刚需、保交付"以及一系列地产政策密集出台并发挥作用，短期来看，地产成交和竣工面积将迎来一波向上修复，目前地产进入了存量时代，中远期仍存在趋势性下滑可能。

国内以华东、华南、西南为建筑玻璃的主要市场（图 22），增长较大的是西南区域。伴随着建筑玻璃节能性能要求提升，Low-E 玻璃、镀膜玻璃、超白玻璃等在节能性能上的突出表现，市场增长强劲；建筑＋光伏的市场需求，也让 BIPV 的产品市场快速增长（图 23）。

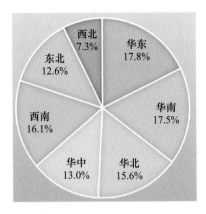

图 22　建筑玻璃市场分布

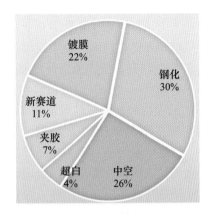

图 23　深加工玻璃产品结构

从市场的发展前景来看，除老旧小区改造、城市更新、室内装修等增量需求外，农业现代化对玻璃的需求也不可小觑，玻璃市场的前景依然充盈。

先要有高品质，才能创造品牌的高附加值。建筑玻璃品牌如南玻、信义、耀皮、旗滨、新福兴、台玻等拥有玻璃全产业链能力的企业，将布局新的生产线，涉及新能源、新基建，并加大房地产、建筑业市场的深挖及配套服务能力，赢得了在严峻的市场环境中更大的生存空间。

同时，以北玻、华岳为代表，通过引导设计潮流，颠覆传统观念，赋予产品高性能为主的企业，在创新探索转型发展，市场潜力依然巨大；以深加工为主的海控特玻、海阳顺达，以及以生产特种玻璃见长的皓晶等企业正在加快转型；而独树一帜的金晶，正引领超白玻璃原片产品的进化之路。

2023 年 8 月 24 日工信部等八部门印发《建材行业稳增长工作方案》，在 2024 年内成功推进了玻璃行业的能效提升，无论是通过行业大面积亏损倒逼产能退出，成本低的胜者为王，还是通过"能者多劳"让能效水平高的玻璃生产线能效边际提升，停产改造去靠近政策要求，均难以适应"双碳"时代对玻璃行业耗能水平"脱胎换骨"的要求。保持玻璃行业有合理利润，引领行业高水平投入的同时，加大对能耗低于基准水平的玻璃生产线施加政策压力，让中国玻璃品质和品牌再上一个台阶，更符合行业高质量发展的内涵。

2.5　五金配件市场分析

2024 年，建筑门窗幕墙五金配件的产值约 710 亿元，年度内五金行业的产品同质化与市场内卷化带来了巨大影响。市场端反映的最大变化是低端产品和高端产品市场需求增大；而产品一般、价格一般的中端产品受到了冷遇，一方面是项目价格较低，利润空间有限，承建方必须把材料价格降低，另一方面是客户需求上升，功能要求和品牌要求增大，选用高端五金迎合市场，市场中的"哑铃"效应呈现。

我国的门窗幕墙五金行业自 20 世纪 90 年代以来，一直保持了高速增长，从最初的密集劳动力优势，到现在的产品性能优势，在世界五金产品市场中一直占据着重要的位置。五金产品的需求，从工程到家装，有着很大的重复性与一致性，以开启、闭合、连接、牢固为主要属性的五金产品，有其专业性，更有长期性、特殊性，与其他产品不一样，往往单件产品的利润较低，必须实现大批量、同模具生产才能产生规模化效益，所以创新与引领是五金行业内不变的主题。

在庞大的市场中充斥着众多企业，包括小型低端企业和中大型品牌企业，五金类别是中国门窗幕墙产业链在国际竞争中能够占据一定优势的细分子行业，我国港澳台地区及海外市场占比在 18% 左右，按产值划分足够养活 20% 左右的行业企业（图 24）。

华东（21%）、华南（19%）、西南（17%）及华北（16%）是行业内最大的市场区域（图 25），行业内的产能与销量出现了较往年更大的差异，但目前市场产值上影响不大，后续低端五金的产品市场有可能缩紧，这与工程市场表现不佳息息相关。当前的建筑市场虽鱼龙混杂，但品质赢天下、服务创品牌的"游戏规则"不会改变，以坚朗、合和、兴三星、国强、春光为代表的佼佼者，定位于国际化竞争，全球化、专业化的品牌企业渐渐脱颖而出；以亚尔、雄进为代表的实力品牌，经过一段时间的积累，已具备较高研发水平和制造能力；以澳利坚、三力为代表的五金技艺工匠，对产品的品质有着至高追求；以新科艺、坚威为代表的新势力，创新能力突出。

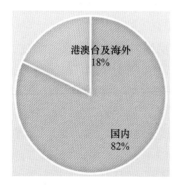

图 24　建筑五金市场分布（一）

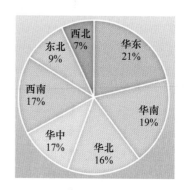

图 25　建筑五金市场分布（二）

在市场开拓方面，五金配件的市场需求主要源自老百姓对家居产品的智能化期待，让五金产品插上全屋智能的翅膀，让家变得更加舒适，是市场的主流思想，配合市场需求的研发，五金配件企业的工作重心也从新建住房的五金供应，向既有房屋五金配件改造与智能化提升延伸。

2.6　门窗幕墙加工设备市场分析

2024 年，铝门窗幕墙加工设备产值近 20 亿元，其中新建门窗幕墙企业的订单释放量较少，主要是大型国企及总包企业、地区头部门窗企业的业务增长带来了设备需求及二次升级。

铝门窗幕墙加工设备行业的发展较为稳定，整体出口情况较好，尤其是在欧洲等地受到能源危机及贸易影响的情况下，大量的订单投往国内、东南亚及"一带一路"沿线，让行业的市场占比上升明显。国内市场以华北、华东为主（图 26），这与 TOP 幕墙企业、大型门窗生产基地的选址密切相关。

随着科技的进步，智能化在门窗行业的应用越来越广泛，未来，门窗将配备智能控制系统，实现远程操控和自动调节，提升使用的便捷性和舒适度，这也让加工设备在门窗产品的生产和配套阶段必须智能化升级，实现从"工厂"到"家庭"的全面智能制造成为行业的必然趋势，通过加大智能化投入，门窗厂家不仅能降低成本，还能提升效率（图 27）。

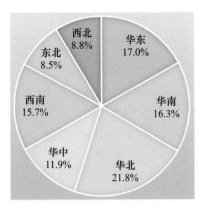

图 26　加工设备市场分布

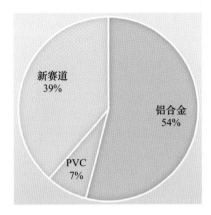

图 27　加工设备产品结构

在产品研发方面，铝门窗幕墙加工设备企业针对智能化、无人化、数字化技术的应用非常广泛，天辰、金工、满格、平和、欧亚特等各大品牌，均有着自己的拳头产品，市场前景突出。

低端产品企业及中小规模企业在 2024 年面临了极大的生存挑战，产品同质化下的降价竞争非常激烈，对这类企业带来的冲击最大。在产品研发方面，铝门窗幕墙加工设备企业针对智能化、无人化、数字化技术的应用非常广泛，各大品牌均有着自己的拳头产品，市场前景突出。

加工设备企业的研发投入需要较大的资金，市场的需求在短期内发生的巨大变化让设备的需求上升，但中小企业对市场需求的消化速度并不能满足市场需求，因此在发展中，行业内的集中度较高，人才与资金的集中化是市场倒逼产生的现状，将在近几年内呈现出更加显著的变化。

同时，智能一体化生产及全智能流水线是门窗幕墙加工行业最重要的发现，让数字化技术与智能化技术服务当下，走上提升产业效能和价值的正确轨道。

2.7　密封胶市场分析

2024 年，建筑密封胶产值约 130 亿元，我国已成为全球密封胶应用第一大国，密封胶的应用主要在门窗、幕墙，以及中空玻璃等领域，占比超 75%，家装、电子、工业等方面是新赛道。

在区域市场分布中，华南和西南成为最突出的版图（图 28），两者占据了超过 40%的份额，加上华东地区占比过半。随着需求量的变窄，市场风浪越大，品牌效力越高，密封胶企业品牌"两极分化"较为明显，众多的头部企业已经逐步认识到产品低价只能带来低质，而低价、低质的产品无法持久占领市场。同时，随时还要面对原材料价格大幅波动等不可控因素所带来的产、供、销矛盾，以及现金流断裂等问题。为此，一些有实力的头部企业，已经主动退出部分低端产品的竞争，大力进行新技术、新产品的研发，集中优势开拓中高端产品领域（图 29）。

在市场表现方面，中低端密封胶产能过剩，高端产品供给不足，存在巨大的市场缺口，尤其是在"双碳"目标下，装配式建筑、光伏建筑一体化将迎来爆发增长时期，建筑密封胶高端市场发展空间广阔，在未来市场发展中，相关企业在扩大产能规模的同时，仍需加大产品、技术研发投入，凭借质量、规模、品牌等优势抢占更多的市场份额。

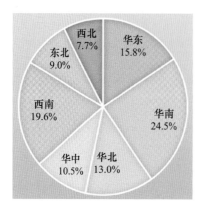

图 28　建筑密封胶市场分布

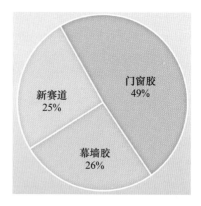

图 29　建筑密封胶产品结构

近年来，由于原材料价格的大幅波动，在全年内密封胶销售市场受到了较大冲击，在众多不利环境因素的干扰下，以白云、之江、安泰、硅宝、中原、DOW、Elkem 等品牌胶企依然取得了突破，全年行业销售总额保持规模化量级；时间、石神、高士、宝龙达、永安等品牌地处交通便利的省份，自古以来便是"兵家必争之地"，其地域优势明显，脱颖而出得益于长久以来的品牌建设；同时，新安、星火、东方雨虹、三棵树等部分拥有产业链、集团化优势的品牌也在竞争中逐渐崛起。

2025 年的建筑胶新赛道，将是绿色建材与工业化制造领域，更多的门窗大面玻璃、建筑工业化场景中对建筑胶的需求会持续增加。总之，老牌强企与后起之秀的竞争，未来必将更加精彩。

2.8　隔热条与密封胶条市场分析

2024 年，隔热条及密封胶条的市场总产值约 30 亿元。"双碳"目标下，建筑隔热条及密封胶条的市场前景被一致看好，目前我国建筑能耗已占全社会总能耗的 40%，而门窗幕墙能耗占到了将近建筑能耗的一半，门窗幕墙产品对隔热和密封材料的选择不当，是造成建筑能耗损失的主要原因之一。

我国幅员辽阔，跨越了众多的温度带，华北、华东、华南均处在不同的温度及气候条件中，在门窗幕墙的市场产品应用中能够满足多种不同气候条件下的需求，密封胶条与隔热条产品均能够完美适配全球多数国家和地区的要求，具备了大面积"出海"的先决条件（图 30）。在国际市场方面，全球众多的幕墙、门窗工程，都选用中国的密封胶条；同时国际知名隔热条品牌的主要市场在我国。

近年来，建筑节能与绿色环保成为建筑业、房地产，以及全社会关注的焦点，全国众多省市针对建筑节能纷纷出台规范及标准，并大幅提高了对门窗幕墙的节能性能要求，从各个方面提高保温、隔热效果，引导使用优质节能系统。

就"隔热条"而言，行业企业通过不断研发与创新，将材料进行了优化匹配与改良升级，确保整个门窗幕墙系统获得尽可能低的传热系数。领军企业、技术专家分为进口品牌与国产品牌两大代表阵营，其中进口品牌如泰诺风、威帕斯特、克诺斯等进入国内较早的海外一线品牌，已经形成了较强的核心竞争力；国内品牌中白云易乐、优泰、信高、金科利、炳彰等市场表现越发强势，呈现出逆风飞翔之势；而多年来，致力于产品改革与升级的宝泰、西铁、融海、科源伟力、融泰等成为行业新的主力军；采用新工艺、新材料，注重节能效果提升及管理体系培养的鑫中北、尼亚特、鹿特丹等品牌度提升明显，但在市场影响力与业绩方面还需持续努力。

针对"密封胶条"来说，从建筑、门窗幕墙，再到工业、汽车等领域，密封胶条的应用涉及节能降耗、减震隔声的方方面面，需求度增加，随着市场蛋糕的做大，企业品牌也将愈加强大。诸如海达、联和强、美润、瑞易得、荣基等以高品质及高性能产品为主的企业，依然是市场备受追捧的品牌；而窗友、澳为、奋发、金筑友、瑞达佰邦等老牌企业更加重视产品材质创新及项目细节服务，通过布局品牌在市场内新的影响力，在局部区域市场内品牌话语权正在加大（图31）。

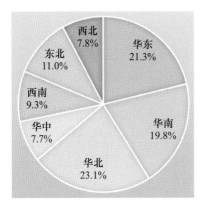 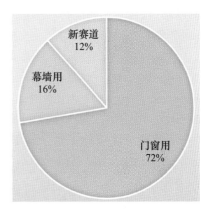

图 30　隔热条及密封胶条市场分布　　　　图 31　隔热条及密封胶条产品结构

曾经由于隔热条、密封胶条市场内的产品品质不透明，"低质、低价"竞争带来的是市场生存环境的全面恶劣，而市场需求的产品应用的专业度高，又因在型材腔体内、门窗边角处使用，相对难于直观检测，隔热条和密封胶条成为"鸡肋"产业，产值与利润不能很好地体现产品品牌价值和市场价值。此外，早期的中高档市场主要以外资品牌为主，国内部分中小企业的产品以模仿学习为主，带来了行业的"极暗时刻"。

2025 年在这个"小而精"的行业中，生产企业的技术壁垒和方案设计与创新能力、更新材料的应用，成为这个领域企业品牌知名度与规模化最大的核心竞争力，我们一起拭目以待吧。

2.9　幕墙设计及顾问咨询

2024 年国内幕墙设计及顾问咨询行业的市场总体量估算在 15 亿元，行业整体市场情况出现了一定量的下滑，同时还存在收款难、周期长、项目合作要求增多、责任划分不明确等种种乱象，行业内人才流失严重，制约了行业企业的人才储备及技术升级投入。

很多时候你最终会意识到，你苦等的外在条件，实际上是你的大脑给自己虚构的一个限制。随着技术的不断进步和创新，建筑设计领域呈现出一些明显的趋势，其中包括数字化设计和智能化技术的应用，使得幕墙系统的设计和安装更加精确和高效。同时，对于可持续性和能源效率的重视，推动了绿色幕墙和节能幕墙的发展，以及个性化和定制化需求的增加，促使幕墙设计更加多样化和创新化。

2024 年的幕墙设计及顾问咨询领域的企业正在减少，生存环境不够理想，为了更好地服务行业发展，顾问咨询行业中分为了设计院所的品牌代表，以浙江中南、中建研院、华东院、中建西南院、同济院等为代表的院所，汇聚了国内顶尖技术力量；而在"纯顾问咨询"

的阵营中，涌现了艾勒泰、弗斯特、英海特、同创金泰、旭密林等重视项目技术研发和关键节点技术的企业；中筑、华纳、索福恩、希绎希、凯顺腾、正祥、新山、新概念等在国内的南方和北方均有年度经典代表作；锐建、盈科、格雷特、华创、辅厦、尊鹏等在服务客户的项目中均收获了良好的市场口碑。

随着可持续发展理念的普及，绿色建筑和节能建筑的需求不断增加，众多的知名设计院所和企业都在向新、做强、做大的赛道上奔跑，为行业发展，也为良好的市场回报，最终为打造出一艘行业巨舰而不懈努力。

行业内精兵简政加强运营与管理机制的升级，让人尽其用、人尽可用，打造行业内的生存新常态，做好过苦日子的准备，尽量开放合作机制，加大与产业链上下游的进一步交流，拓展市场服务面，寻找企业新的产业支柱，为行业发展带来新的加速力量。

目前，建筑幕墙顾问咨询行业的多数企业已经涵盖了幕墙咨询、建筑咨询、门窗咨询、照明咨询、膜结构咨询、钢结构咨询等业务，部分企业还涉及智能化咨询、物流咨询、绿建咨询及其他方面。

而在行业人才储备与培养方面，注册建造师及注册结构师在顾问公司的技术人员中占比日渐上升，随着公司规模的扩大，薪酬及福利水平的提高，更多的尖端人才将进入到该领域。

未来，将通过设计＋顾问的模式，将更多的优质资源与科学技术更好地融入幕墙门窗产业之中，为中国打造生态城市建筑、绿色建筑、推进住宅产业化进程，提供坚实的技术服务及咨询指导。以房地产合作为主体的顾问咨询行业需要在未来尽快转型升级，从较为单一的服务类型向多元化服务转变，从咨询官、军师的角色向全面化服务管家类型企业转变，加大对项目服务及周期过程的服务能力，成为全能型企业。

品牌的设计平台与顾问团队要精确把控项目需求，让专业的人做专业的事，让每一笔钱花得更值。

2.10 行业内小众产品及配件类分析

在房地产、建筑业以及门窗幕墙行业内有一批"小产品、大作用"的品牌，它们在各自的领域内有着独特的魅力，涵盖了配套、安装、科技、体验、外观、保护、服务等多个方面。

中国幕墙网 ALwindoor.com 从 2020 年开始，充分重视小众产品的发展与品牌遴选，为整个行业的发展提供更多的信息资源，并积极开展了如防火玻璃、铝单板、蜂窝铝板、金属保温装饰墙体系统、涂料、BIPV、聚氨酯、擦窗机、精制钢、开窗器、中窗百叶玻璃、遮阳系统、锚栓、ETFE 膜、UHPC 板等产品的品牌推荐活动，取得了较大的影响。

细数行业内的各产品行业发展，如铝板市场，在 2023 年全球与中国铝板市场规模分别达到 382.26 亿元与 121.14 亿元。2024 年整个铝产业链产品价格呈现出显著的变化，电解铝及氧化铝价格重心上移，一度刷新逾两年新高，下半年仍处高位运行，这也让本来就以"拼价格、比规模、选服务"的铝板市场成本增加，市场利润进一步下滑。随着铝终端需求的向好发展，后续铝行业供需紧平衡局面或将加剧，铝行业发展也将面临更大的不确定性。

另外，我国涂料市场仍然是全球最大的地区，是推动世界涂料发展的重要引擎，2024年 1—7 月，我国涂料行业总产量 2049.3 万吨，同比增长 1%，主营业务收入总额 2239.2 亿元，同比增长 0.5%，利润总额 132.6 亿元，同比增长 1.6%，其中建筑涂料占比过半，家装市场的涂料应用市场是建筑涂料的主要市场，工程项目市场选用的涂料材料以低价产品为主。

同时，国外的统计数据显示，2024 年全球擦窗机器人市场销售额达到 13 亿美元，预计到 2030 年将增至 22 亿美元，年均复合增长率为 7.6％，而 2024 年我国市场中擦窗机产品的市场产值较低，不超过 10 亿元人民币，这也从侧面反映了未来在低空经济的带动下，擦窗机行业的整体增长速度存在很大的提升空间。

2024 年全球防火门窗、防火玻璃的市场规模超过了 150 亿美元，同比增长 9.9％；我国的防火门窗和防火玻璃市场规模近 300 亿元人民币，年度同比增长 3.4％，这得益于政府出台的各项政策对防火门窗产品的全力支持和推广。不过"3.15"对防火玻璃及门窗产品检测中曝光的伪劣问题，也给行业的恶性企业敲响了警钟。市场中存在的各种不良现象以及以次充好是对行业最大的伤害，也给建筑市场带来了巨大隐患。

建筑锚栓作为结构安全和设计应用中的关键部件，在市场中已经得到了极大的应用，国内市场统计数据表明 2024 年接近 18 亿元规模，相对全球市场中的占比和应用，还有极大的发展空间。

大风起兮云飞扬！这是对行业最好的表述，从粗放式增长迈向高质量发展，我国铝门窗幕墙产业正在经历一场大变革，需要行业企业直面诸多硬核挑战，重塑产业新格局的时代已然来临。

近三年以来，我国门窗幕墙行业利润微薄，横向与同行业内相比，特大型门窗幕墙企业赢利水平远低于国外大型同类企业，同时也远低于国内整个建筑行业水平；与其他行业相比，我国门窗幕墙行业远低于我国工业平均水平，应属利润率最低的第二产业之一。随着国家经济发展战略和城市更新、"一带一路"等深入实施，新质生产力的培育，创新产品的出现，门窗幕墙施工、设计，以及众多细分子行业已经站上跨越式发展的绝佳"风口"，正在酝酿着强大的发展势能。

综上所述：门窗幕墙行业依然在下行，结合 2024 年全年的市场行情来看，依然很难看到低谷的拐点，内部竞争的激烈程度在不断上升，"内卷"不仅是热门词汇，更是行业企业不得不面对的最大难题。整合资源的能力更强，资金更为雄厚，有强大的品牌力可以透支的头部品牌，毫无疑问是行业内卷最大的推手。可以说：若干年前，用户买头部品牌是因为信赖，现在呢？是因为低价。

市场内卷的结果——"剩者为王"，行业内卷的原因纯粹是市场客观因素，谁也无能为力，价格战是被迫的行为。要想实现建筑门窗幕墙行业市场内的转变，从外部环境已经非常困难，更多的只能够依靠"自身"，缩短市场前端与后端之间的管理与服务，提升内部实力，从产品出发，强化国际市场与国内市场两条腿走路。

"内卷"其实只是表象，在行业长期利润微薄、规模高速增长的背景下，市场现状一定有其深层原因，即国内建企长期不注重内部核心竞争力建设，导致行业门槛过低，新进入者可以很容易且风险较低地加入竞争。当前总承包类企业由于长期在计划经济思维中打转，对关系竞争力极度迷恋，疏于企业内功的提升，缺乏真正的核心竞争力，在品牌、技术、资金运营、采购、成本控制等方面对新进入者都构不成竞争门槛。

加之我国门窗幕墙行业长期处于非规模化经济的现实，大企业成本比小企业更高，小企业成本比个体包工头更高，这种状况导致无法把凭关系拿项目的"生手"，通过专业能力挡在门外，从而导致竞争者无序增多。

门窗幕墙领域增长机会仍在，主要有几个关键方向：

一是绿色环保发展。门窗幕墙算是建材行业比较耗能的领域，通过技术革新有望实现绿色发展转型，或者拥抱光伏等新能源。

二是降本增效提质。通过建立工业 4.0 连线智造，实现柔性化大规模生产，提高产品品质，节约生产管理成本。

三是大力开拓经销端。工程渠道筛选优质客户，做好应收账款等风险管控，强化现金流。

政策不断，但"发酵"仍还需要时间，坚信"活水"思想，打破传统。以市场内的门窗为例，我们买的房子都是打包的，不是定制的，终端用户无法选择自己的窗户，配置都不是真正需要的。这间接导致有的用户在买房后，直接拆掉原有窗户，造成社会资源的巨大浪费。如果改变模式，灵活配置，让开发商不"缺钱"，更让用户不"费钱"，是否一举两得呢？同大多数产品一样，门窗幕墙的每次进步都是——新技术、新工艺、新材料等方面的创新及应用，创新与智能化成为企业最重要的生命线，门窗幕墙企业一定要先重"质"，再上"量"。

第四部分　建筑门窗幕墙行业市场热点

赢利目标驱使着企业不断拓展思路，让多元化的产品和市场结构支撑企业新一轮的高速发展。同时，近年来市场的竞争越来越大，从家居巨头进入门窗，央企拓展幕墙，房地产大量吸引门窗幕墙的高级管理人才，建筑业、设计院突出展现多元化方式纳入门窗幕墙的设计业务，材料上游巨头开始布局下游支线产品，行业内的"降维打击"无处不在。

信心比黄金更加珍贵。从我国现在的建筑门窗幕墙市场来横向对比，借鉴其他国家的经验，可以发现日本在 20 世纪 90 年代的历史与我们有着相同的过程，高速发展的经济迈入较低增速后，房地产与基建成为较大的发展阻碍，市场在一夜之间天翻地覆。

压力无处着落，痛苦自然消失。但如果把时间拉长到十年、二十年后，我们就能发现，压力最大、最痛苦的也就是最初的几年时间。通过市场自身的调整与政策引导，优胜劣汰之后反而不那么痛苦了，因为后面的人选择了"直接躺平"。压力就像弹簧，一旦承压过度，弹簧就坏了，如今差不多快到了那个压力的临界值了，所以最痛苦。

除非有极端的情况，一个大国的经济必然是有其规律的，在恐慌的时候不要过度恐慌，练好内功去"转变"，活下去＋熬过去，静待花开可能是除了"转行"外唯一的选择。行业内头部企业"强者愈强"的趋势越来越明显，随着经济结构下房地产市场的集中度与变革度加大，等级阶梯差距不断扩大。头部品牌企业更需要"新质生产力"与"创新服务力"，两者缺一不可。市场内我们依然可以看到活跃的企业身影，在国际国内的各种行业专业会议、活动或展会上，人潮汹涌，大家抱着对行业的极大热情和信心，即便短时间内实际订单数量不理想，市场预期较为"保守"，找机会的"乙方"远多于给订单的"甲方"，但春天会来，花儿会开。当下要务是降本增效稳住现金流，"少花钱，多挣钱"成了这个时代整齐划一的目标。

跨行＋跨界＋从门窗幕墙的数字化设计、智能化生产与科学化施工，再到铝型材企业打破传统的服务体系，由房地产、建筑业向工业、交通等方面转变；建筑玻璃以新型能源，尤其是光伏能源为核心；密封胶从建筑用胶向工业用胶、电子胶、民用胶等转变；五金配件、密封胶条和隔热条的多元化之路发展速度最快，从建筑工程用产品向家装用产品，包括全屋智能、精装修产品拓展。

1 新型城市化建设项目的发展

新型城镇化战略提升了基础设施建设和公共服务水平，进一步推动了建筑业的发展。通过实施潜力地区城镇化水平提升行动、现代化都市圈培育行动和城市更新和安全韧性提升行动，新型城镇化战略加强了基础设施建设、提升了公共服务质量，从而带动了建筑业的相关投资和建设活动。

未来，中长期的房地产需求受到城镇化率提升、人均居住面积增加、城市更新改造推进的三大支撑，这都是新城镇化建设带来的红利，包括 2025 年的百万住宅改造，在释放存量住宅的过程中，也会带来新社区建设、服务区域和公共区域开发的新发展阶段，门窗幕墙行业必须紧抓时代机遇，打破传统关系营销的束缚。

2 "好房子"成为房地产业的主流方向

当前我国住房新模式改革发展正从"有没有"转向"好不好"，在房地产行业基本告别了"高风险、高周转、高速度、高债务"的模式，被市场倒逼着转向高质量发展之际，要以提升居民居住品质和幸福感为导向，从功能、质量、体验等方面出发，因地制宜推进"好房子"建设。

面对居住需求的新变化，"好房子"的概念孕育而生。在顶层构想之下，"好房子"已成为构建房地产新模式的重要一环，也是开发商竞争的新赛道，门窗幕墙行业必须尽早介入，让产品与创新逐步融入其中。

在市场的房地产龙头企业带动下，"好房子"需具备"高颜值、极贤惠、最聪明、房低碳、全周期、人健康"6 大要素。

"好房子"跟人一样，也需要内外兼修，所谓精品必定是颜值和品质兼具，这也为看得到的门窗幕墙、铝型材、玻璃、五金件，还有看不到的密封胶、隔热条和密封胶条带来了发展的契机。在新的政策与经济环境下，我国房地产业正迈向一个新的发展阶段，在此情况下，房企更应坚持品牌发展战略，通过精细化设计实现产品力提升，让企业在新的市场环境下保持较强的市场号召力。

3 行业产品同质化下的"品牌十"策略

建筑业正面临从粗放型增长到高质量发展的转型期，行业大变局背景下，要么继续以速度驱动规模，要么向产业链上游延伸，谋求技术扎根，做设计开发，要么向产业链下游延伸，谋求服务扎根，做运营维护，这些都离不开打破建筑产品同质化的壁垒。曾经在大时代的裹挟下，门窗幕墙行业内的众多企业为了低价中标而获得利润，将产品同质化做到了极致。现在面对激烈的竞争，身处其中的门窗幕墙行业的企业在全面提高自身综合竞争力的同时，也必须更加重视品牌打造，最主要的原因是业务空间被压缩和消费升级，打破行业产品同质化的壁垒，实现"品牌＋"策略，才能赢得更大的市场空间。

"品牌＋"不仅是附加产品性能，实现智能化服务，通过 int＋拓展渠道，更加可以加快扩大企业在经济全球化进程中的市场占有率，企业必须通过品牌来体现自身特点并获取关注，同质化的产品外观和属性已经无法满足人们对门窗幕墙的需求，品质创新、个性表达、文化内涵和舒适性等附加值成为新型关注点，同时也成为品牌的新体现。

4 智能化 AI 产品是发展导向

门窗幕墙 AI 数智化，是运用现代信息技术，对幕墙的设计、制造、安装、运维等各个环节进行智能化升级，以提高效率、降低成本、增强安全性，同时满足绿色建筑和可持续发展的要求，它既能带来产业升级转型，更能提高效率、节约成本。

随着城市化进程的加快和建筑风格的多样化，幕墙行业面临着前所未有的挑战：如何在保证安全和质量的前提下，提高设计效率，缩短施工周期，实现个性化定制，进行高效的运维管理。随着 5G、物联网、人工智能等技术的不断发展和应用，智能化 AI 的门窗幕墙产品将不再局限于幕墙的设计、生产、安装和运维环节，还将拓展到建筑能耗管理、环境监测等更为广泛的领域，为建筑行业的可持续发展贡献更多力量。

5 顾问咨询行业的服务延伸

对于幕墙这个行业，众所周知，门槛较低，而且由于设计、施工不分家，涉及的材料类型多、目前各类监管制度并不全面等原因，承建单位在保证外表、功能符合要求的基础上自由发挥的余地较大。幕墙的系统设计、结构设计、材料品质、施工质量等很难有专门的机构去认真审核、有效管理，其质量也因此会有所折扣，而对于工程投资方的业主当然希望自己投入的钱可以发挥最大的效益，希望能有第三方从工程一开始就介入其中，对整个幕墙工程的设计、施工、材料等有良好的监督作用。

顾问咨询行业的出现是行业市场发展的必然产物，从建筑方案设计就介入其中，协助建筑师工作（招标图纸的设计及招标文件的编制、参与招投标工作进行技术评标、筛选技术优秀的承建商）；工程开始后，对于幕墙所涉及的材料进行审批，对施工图纸及计算书进行审查；工地视察，及时发现施工中出现的问题并通报业主，及时整改。一个工程配备了高素质的专业顾问，对工程的顺利进行并高质量完工作用巨大。

另外，由于多数建筑师对于一般幕墙的设计并无较多了解，而幕墙作为建筑物的外衣又相当重要，为建筑幕墙项目配备幕墙咨询顾问成为必然。国际市场上，除了极少数建筑设计公司配备有专门的幕墙顾问设计外（如 SOM），其他很多建筑设计公司都需要幕墙咨询、顾问人士协助建筑的初步设计、深化设计，以期达到最佳的建筑效果。

6 材料更新带来的新发展

5G、数字化时代的来临，开启的不仅是技术革新的工业革命，更加是材料更新的新工业改革。随着建造工艺、材料科学与建材技术的发展，利废、低耗、轻质、高强的人工复合新型建材正在不断产生，应该加以研究应用，比如废弃材料再生利用、免烧制品、复合材料等"新"材料；以及为降低能耗，实现建筑节能，提供绿色清洁能源的光伏幕墙；还有利用太阳辐射热能，为建筑内部提供热水或循环暖气，从而有效降低碳类能源消耗的光热幕墙等"新"系统；更有优化门窗幕墙的装配式技术，满足建筑装配式要求，例如提高单元式幕墙的设计标准，利用人工智能、软件算法、VR、AR 以及 BIM 技术，逆向形成工程现场数字模型，全程可视化效果的"新"技术。

7 专精特新是企业成长的标杆

我国正值从制造大国向制造强国跨越的关键时期，制造业正加速迈向以创新为引领、专业化为基石的发展新阶段。2025 年的门窗幕墙行业必须向"新"而行，踏浪领航，让更多的企业具备更强的竞争力，国家大力倡导的"专精特新"企业成为中小企业努力实现自身价值的标杆。

"专精特新"企业具备"专业化、精细化、特色化、新颖化"四大特质，门窗幕墙企业的未来，必须凭借其卓越的技术创新能力、精湛的工艺品质以及深耕行业的专注精神，这与国家提出的"专精特新"不谋而合。"专精特新"企业对于推动制造业向高端化、智能化、绿色化转型起着不可或缺的作用，从材料甄选到工艺精进，从设计创新到性能优化，在每一个环节都力求极致，旨在为消费者提供高品质、高性能的门窗幕墙行业项目的解决方案。

8 如何将高学历人才引入行业

行业和企业的转型升级，带动专业人才储备及培养升级，人才机制继续改革。"十四五"时期，新一轮科技革命和产业变革推动全球产业链、供应链、价值链加快重构，以大数据、物联网、人工智能、区块链等为代表的数字科技，已成为推动产业转型升级的核心力量。从过去粗放式的管理理念和管理方法，转变为以员工为中心的精益化管理，转变短期用工思维，从管理理念、方法、激励、环境、机会、福利等各方面，从根本上转变劳动力的观念，人才就等于利润，人才才是企业的未来。

企业与高校或职业院校合作，共同制定人才培养方案，在行业内，山东建筑大学、泰州职业技术学院等较早通过与门窗幕墙企业的深度融合，推行任务驱动、项目导向的教学模式，实现学校教学与岗位需求的深度对接，为学生提供将理论知识转化为实践技能的机会。

高校可以设立相关专业，开设建筑结构、材料力学、几何图形等课程，培养学生的专业知识和创新能力。同时，企业可以与高校合作，开展实践教学和产学研结合的培养模式，提升学生的实操水平。针对现有员工，企业可以组织内部培训，引入专业技术人员进行指导，提升员工的实操水平。

例如，东方雨虹通过其职业技能培训学校，构建了系统化的职业教育体系，涵盖防水、装饰装修、节能保温等多个领域，累计培训了大量行业人才。同时，还可以通过举办职业技能竞赛，如行业内门窗幕墙高级工匠职业技能竞赛等，丰富行业高端人才的实践经验和技能展示，更加有利于行业内选拔与培养优秀人才，让人才的红利反馈到行业内。

第五部分 建筑门窗幕墙行业技术热点

面对 2025 年的门窗幕墙行业，相信依然会问题不断——城市化停滞、产能饱和、市场萎缩等是外部因素，而"内卷"是当前行业最大的麻烦，单纯的坏事可能是外部的客观力量所致，但当坏事不断往更糟的方向发展，一定是主客观共同作用的结果，也就是我们常说的，天灾遇上人祸。尤其是行业内其他竞争企业之间的恐慌，从最初的价格战、同质化，到市场继续萎缩后的"量价齐跌，恶性循环"，那么牺牲的不仅是企业的利益，而是整个行业的利益。

要打破恶性发展的循环怪圈，既要努力建设新赛道，在建筑业外向工业化、数字化、智能化方面拓展，甚至是热点的短视频、AI 等方面创造新的市场热点，更要弯道超车，跑赢对手，存活下来。

企业要想跑赢对手，实现"制胜一击"，依靠外部环境改善已经变得非常不切实际，更多地只能够依靠"自身"，一定要看见人的需求，以人为本，形成一个不内耗、不内卷，找区别、找亮点、正循环的门窗幕墙商业模式，打造出一个有利于行业可持续发展的闭环。同时，优化市场前端与后端之间的管理与服务，提升内部实力，从产品出发，国际市场与国内市场"两条腿"走路。

1 绿色行业规范标准的推广

绿色建筑将成为工程建筑行业的重要发展方向，各国政府对环保和可持续发展的重视程度不断提高，将出台和完善相关政策及法规，促使建筑行业加大绿色建筑的推广和应用。例如，我国政府明确提出到 2025 年城镇新建建筑要执行绿色建筑标准，这将推动建筑企业在设计、施工和材料选择等方面更加注重环保和节能。

因此，绿色建筑不仅注重建筑本身的节能降耗，还强调建筑材料的环保性和可再生性，这将推动建筑行业向更加可持续的发展模式转变。

2 智能化产品与材料的研发

在门窗幕墙行业中，材料是影响产品性能的关键因素之一，随着科技的发展，新型材料的应用不断涌现，为行业带来了全新的可能性。例如，高强度、轻质的铝合金材料，可以提供更好的结构强度和抗风压性能；钛合金材料具有更高的强度和耐腐蚀性能，可以用于特殊环境下的门窗幕墙系统；复合材料的应用可以实现更好的隔热和隔声效果。

此外，数字化技术的应用也为门窗幕墙结构带来了新的可能。例如，人工智能算法，可以优化门窗幕墙的结构设计，实现材料的最优利用；3D 打印技术，可以制造出复杂形状的门窗幕墙构件，提高施工效率和质量。此外，复合材料的引入，让工作在特殊环境下的门窗幕墙系统，可以实现更好的隔热和隔声效果。

3 既有门窗幕墙的改造升级

在城市更新与建设过程中，一些经历了数十年寒暑的门窗幕墙项目，早过了其产品和性能的服役期，需要得到维护和重建。2023 年 6 月国务院常务会议上，审议通过《关于促进家居消费的若干措施》。会议指出，家居消费涉及领域多、上下游链条长、规模体量大，采取针对性措施加以提振，有利于带动居民消费增长和经济恢复。要打好政策组合拳，促进家居消费的政策要与老旧小区改造、住宅适老化改造、便民生活圈建设、完善废旧物资回收网络等政策衔接配合、协同发力，形成促消费的合力。

当前，以节能门窗、智能五金等元素组成的家居消费，关系着居民生活品质，在消费升级背景下，家居消费的重点之一是提质升级，既包括居住设施的提质，也包括居住环境的改善。促进家居消费政策与老旧小区改造、住宅适老化改造、便民生活圈建设等政策协同配合，既有利于促进消费潜力释放，也有利于满足居民居住品质提升的需求。

4 无人化工厂与无人化施工

AI正在像当年的互联网一样，改写所有行业，未来可能很多人、很多行业，要么被AI取代，要么被充分掌握使用AI的人取代。

随着物联网技术、人工智能、5G技术等的兴起，未来建筑行业的智能化新趋势明朗，无人化工厂与项目现场的无人化施工，正在成为最新的趋势，门窗幕墙行业将迎来新一轮的机遇和挑战。对于门窗幕墙行业而言，智能化亦是系统化，能更好地解决传统门窗幕墙的性能要求与日益增长的创新节能需求不匹配的问题，无人化工厂与项目现场的无人化施工带来的建筑智能化，不仅是一场技术应用的转变，更是对传统制造模式的颠覆和全新应用方式的开辟。

从近年来各大小门窗幕墙新产品展会中可以看出，以"智能化＋工业化＋绿色化"来推动产品转型升级，已经成为众多门窗幕墙行业巨头和品牌的新思考和新方向。

无人化工厂与无人化施工能够减少废品率与失误率，在智能程序与机器助手的带领下，完成产品生产与加工，减少材料成本与人工管理成本，让产品的附加值及利润率更高，成为企业追求的最高目标。同时，也是企业不断提升内功的过程，让行业内从设计、加工到安装的各个环节失误率"归零"。

5 超低（近零）能耗建筑与光伏产品

超低能耗建筑在大幅降低房屋采暖制冷的能耗需求同时，实现建筑领域节能减排，发展超低能耗建筑是降低建筑领域能耗、实现碳达峰、碳中和的重要路径。

未来，随着科技进步和环保意识提升，超低能耗建筑将广泛应用并获得更大市场空间。超低能耗建筑气密性好，通过被动式门窗、无热桥结构设计、新风系统等来实现控制和调节室内空气的温湿度。从2024年到2025年初，北京、上海、广州、深圳、杭州等多地均有关于超低能耗建筑规模化发展的实施方案，有关政府正在加大对这种建筑方式的支持力度，提供更多的政策优惠和资金支持。同时，也带动了企业的技术研发和人才培养需求，超低能耗建筑产品的产业链的完善和发展将逐步实现，它将让建筑的品质更加优秀。

另外，建筑节能是建筑领域实现碳达峰的关键举措，未来将会吸引更多的社会资本和可持续金融的投入和支持。以大湾区为例，深圳是国家首批低碳试点、碳交易试点城市，以及首批国家可持续发展议程创新示范区之一，在绿色建筑和打造绿色低碳产业集群方面做出了很多先进举措和规划，其中对光伏产品的应用是最大的亮点，在BIPV光伏建筑一体化能够将BIPV幕墙与整体建筑融为一体，实现了绿色发电，节约建筑能耗的基础上，降低了对外部电网的依赖，并能够额外提供多余电能供日常生产生活所用，一举多得，是未来新型城市化建设的关键举措。

6 BIM技术应用

BIM技术在门窗幕墙行业的应用前景非常广阔，主要体现在提高设计效率、减少错误和提升项目管理水平等方面。BIM能可视化立体化地显示幕墙系统的设计效果，也能实现幕墙与其他专业设计施工之间的协调配套，从而能够保障幕墙系统的材料采购，利用建筑物数据不断地完善、丰富、理顺设计方案和施工时序，具有可视化、协调性、模拟性和关联性等特点。BIM 技术通过三维虚拟设计环境，能够展示幕墙系统的设计效果，提高项目协作方的沟通效率，减少因设计失误导致的返工损失；BIM 的参数化设计功能可以针对不同的设计参数进行快速计算和统计分析，选择最优设计方案，从而提高设计的合理性和经济性；BIM 技术能够有效处理幕墙设计中的碰撞问题，减少施工中的修改和返工，提高施工效率和质量；BIM 模型可以存储大量信息，成为各方共享数据的平台，促进数据的一致性和协同工作。

7 城市更新与三大工程

转型发展"三大工程"显威能！2025 年在门窗幕墙市场中，我们首要关注的还是投资，它依然是拉动经济增长的"三驾马车"之一，为了托底投资，政府投资的结构或发生变化，重点可能从传统基建转向房地产"三大工程"（保障性住房规划建设、城中村改造和"平急两用"公共基础设施建设）等领域，继续为房地产及建筑业转型提供强劲动力。

我国的经济发展和城市化进程已经到了从"量"向"质"、从"开发"向"运营"转变的时候，"质"需要的是精细化的设计与建造，"运营"需要专业化的设计与投资，所以这是未来行业发展必然要走的一条路。国内各个省份或地区的新增地方债务也会继续受到严格管控，债务率较高的省份在扩大内需稳增长过程中，将更为倚重消费发力，要带动消费会需要增加新的消费场景或深挖消费热点，那么城市更新与旧改仍然是值得行业上下重点关注的市场热点。

第六部分 行业发展的难点与痛点

1 过度的"内卷"

国内门窗幕墙行业的创新能力处在一个比较薄弱的环节，主要表现在同质化现象严重，"卷"价格成风，大家都在一个"抄袭"的环境中徘徊。

从过往的经验来看，成功的门窗企业、幕墙公司蓬勃发展，往往都是基于产品创新，TOP 品牌将创新作为基本策略，实现规模扩张、市场口碑和顾客忠诚度等方面的增长。可以说，创新发展助力门窗企业增长利润的关键一步，因此，门窗幕墙企业不应当只想着跨界去发展更大更多的市场，而是提高自主创新能力，以创新促发展，把产品创新做好，开发拥有自主知识产权的门窗产品，这样才会赢得更大更多的市场。

2 三角债问题

资金是门窗幕墙企业从事工程施工或产品质量管控的基本要素之一，作为行业企业赖以生存和发展的重要命脉，从侧面反映了企业的经营效率。资金对于企业的运营有着重要的作用，然而近年来建筑行业出现拖欠工程款、材料款，以及承兑、商兑等现象，进一步制约了铝门窗幕墙企业的发展，严重的会影响到企业的生存。

前期房地产遗留问题亟待解决，特别是建筑总包、门窗幕墙分包、材料企业之间的"三角债"问题，削弱了企业在市场中的竞争力，导致工程质量问题突出。

种种资金问题的困扰对企业的影响巨大，2025 年企业一定要从改变经营观念出发，强化现金流的安全管理，减少低价中标与粗放型的工程付款模式，才能够更好地生存，也是解决"三角债"问题的核心。

3 项目话语权

门窗幕墙项目整体由甲方业主、建筑设计与总包方，以及专项分包设计和施工等组成，在市场良性发展的情况下，各方都能够有一定程度的话语权，但门窗幕墙企业的话语权基本是最低程度，也许仅高于内装或根本不到现场的部分人。

业主要结果，总包要话语权，设计院所还得指导，干活的门窗幕墙企业在其中谁的话都要听，但唯独自己说的话却落地无声，这样的市场项目结构是不合理的。从建筑设计与门窗幕墙设计而言，他俩应该是对项目最了解与剖析的主体，给他们话语权理所应当，甲方业主要结果，以结果来考核话语权分配，门窗幕墙企业积极争取自身话语权，得到足够的操作空间和利润空间，这样才是合理的话语权分配。

4 维护品牌价值

品牌的价值来源于技术和服务，如果不重视品牌价值的维护和坚守，常常会令企业出现"十年功夫一朝丧"。门窗幕墙行业企业必须重视内外功的修炼，踏踏实实做好产品和服务，清晰的产品定位对品牌经营来说是很重要的一环，所以精准的品牌对位必不可少。

塑造品牌价值其实是一场持久战，做好自身产品这是最重要的，同时进行适当的宣传推广让品牌迅速扩散出去。对待每一位顾客都要做到宾至如归，相信一个好服务会给你带来不错的信誉口碑，只有坚持做，长期做，把事情做好做精，才能实现品牌价值。

5 人才的高投入与短期低回报

门窗幕墙行业专业性技术强，因此人才培养周期长，而面对当前经济下行压力，行业无序竞争加剧，导致上游房地产企业不断提高其产业链集中度，产品线正逐步向下游的铝门窗幕墙行业延伸。

除自行开办门窗加工厂、材料生产企业外，近两年最明显的动作表现在"挖走"行业骨干人才上，往往通过更高的薪资待遇，将下游企业多年来重金培养出来的人才挖走，甚至因为产品渠道、信息交互的扁平化，把业务合作关系、团队资源一并带走。

目前，央企与民企之间的较量，更多体现的是"降维打击"——大多数民营企业以房建住宅业务为主，业务布局单一。而大型央企，业务布局更加多元，房建、基建、装饰、门窗幕墙，甚至是市政工程、生态环保、城市更新等多管齐下。

另外，央企融资成本明显低于民企，在建筑行业的甲方都不太富裕的今天，大量项目都带有融资属性和垫资要求，央企的融资成本优势在未来会被进一步放大。

加大宏观政策调控力度，延续经济修复，缓解多重风险等将成为 2025 年中国经济政策的主调，诸如门窗幕墙等很多行业发展都进入一个类似"逆反期"的进程当中，相关正向的政策支撑得越多，反向操作越明显，供需双方始终缺乏相互信任及意识形态的统一。"确定与不确定性"同时存在的市场中，行业企业面临的风险与机遇同样巨大，听到利好消息、学会理解贯彻、懂得灵活运用，强化内部管理与外部输出，形成更加适应全面市场变革的企业团队战斗力，从企业家到员工更加需要合作，达成共识，忍受得了市场的考验，才能享受得到市场的馈赠。

第七部分　行业未来发展分析

2024 年的门窗幕墙行业经历了巨大的困难，但伟大的门窗幕墙人将危机转化成了机遇。2025 年随着"双碳"目标的进一步推进，绿色建筑和低碳发展将成为建筑行业的主旋律。企业需在设计、施工、材料选择等方面全面提升环保标准，推动可持续发展。

国家在开局就传递出八大积极信号：一是加力推出增量政策；二是加大财政货币政策逆周期调节力度；三是促进房地产止跌回稳；四是努力提振资本市场；五是促进消费；六是推出促生育配套政策，完善养老产业；七是帮助民营企业渡过难关；八是兜底民生，就业优先。

话题回到门窗幕墙行业，我们关注的重点是建筑行业的数字化转型势在必行，智能建造技术如 BIM（建筑信息模型）、物联网、人工智能等将在项目管理、施工效率和成本控制方面发挥关键作用。

随着城市化进程的深入，城市更新和新型城镇化项目将成为行业的重要增长点，未来的城市更新会更注重社区文化的保留与居民生活质量的提升。

同时，门窗幕墙产业链上、下游企业要锚定高质量发展，加快推动工业化、数字化、绿色化转型，培育和发展新质生产力。要强化数字赋能，优化产品供给，以发展智能建造为牵引，以全过程数字化为抓手，以建筑工业化为载体，以新型工程组织模式为集约管理手段，不断推动传统的生产方式、安装调试和管理模式转型升级，培育形成新产业、新业态、新模式，激发形成适合"后房地产时代""新建筑业时期"的门窗幕墙新质生产力。

另外，面对国内市场的竞争压力，一些建筑企业将目光投向海外企业，在"走出去"过程中，必须加强风险管理，充分了解当地市场环境，并制定科学的经营策略。2025 年坚持"出海"，因为从出口到"出海"是大势所趋，很多行业在国内是红海，"出海"后就会变成蓝海。

过去 40 年，我国快速成为"世界工厂"，出口贸易份额占全球比重从 1978 年 0.7% 提升至 2023 年 14.2%，我国制造业产值占全球 1/3。现在我国已经成为全球第一汽车出口大国，未来我们的门窗幕墙行业产品也必然能够在其中占据一席之地。

我国制造业太强大了，产品物美价廉，越来越多的海外地区希望我国企业能够帮助当地发展。从全球系统门窗市场的整体趋势来看，2024 年全球系统门窗市场规模预计将达到934.90 亿美元，国内众多品牌已经积极在国外设立办事处或者以参展等方式开展外贸出口业务，且开始产出成果。

门窗幕墙行业需要有品质的市场，从工程项目与家装项目等中回归市场本质，回归消费本心、卷品质、卷创新，不卷价格。在当下，打造品质市场，放弃低价血拼，反内卷，例如名创优品和胖东来在线下的勇敢创新，改变了我国消费格局，不仅有了好的产品，更创造合理的利润，这样企业才能良性发展，质优价平，企业受益，社会受益。

进入 2025 年，国内 14 亿人的市场依然是太卷了，那么请放眼全球 82 亿人的大市场，那里有 5～10 倍广阔空间。门窗幕墙行业从生产组织能力、品牌能力到技术实力，我国企业具备了出海条件，从过去的学习到超越，现在我国企业已经不是低端的代表，而是高技术、高品质和高质量的代表。

第八部分　结尾

门窗幕墙行业从来不缺少勇气，唯有"窗"新，才能筑起"墙"者之路。

2025 年的门窗幕墙行业发展不会是一帆风顺的，在前文中的房地产和建筑业分析中，可以看出来中国的门窗幕墙行业一定会有发展，而且是大发展。新质生产力是企业的根，不卑不亢，坚持前行，假如有一天停止进步了，别人一定会追上来。只要不放弃自我突破，坚定在行业内不断创新，做好产品力和服务力，积极引入数字化技术、智能化技术，走阳光大道，那么发展的道路虽道阻且艰，却必定势不可挡。

随着市场在见顶后的大反转，身处职场中的你、我、他豁然感到压力无处着落；然而如果从现在开始，把时间拉长到十年、二十年后，就如之前发布的延迟退休政策影响一样，压力最大、最痛苦的也就是最初的几年时间，思想转变过来了，身体适应过来了，生活坚持下来了，通过市场自身的调整与政策引导，优胜劣汰之后将不会那么痛苦，行业、企业不那么艰难，个人也就不那么难过了，也许躺平、也许创新、也许"转行"。

过去的一年，行业的下行态势没有得到改变，这也让大多数的企业、个人感觉有力无处使。2025 年我们必须要发展、技术要进步、工艺要创新、利润要增长，那么保持信心、坚定信念比什么都重要，调整心态，才能"活"得更加自由，要学会把所有的"力气"花到最有价值的地方。

接下来，我们进入了一个全新的时期，这是"十四五"规划的关键一年，也是向第二个百年奋斗目标进军的关键节点，对门窗幕墙行业来说，巨大的困难摆在面前，门窗幕墙的高质量发展与生存机遇的挑战存在博弈，唯有热爱与坚守，方能战胜一切困难。

在发展和毁灭并存的年代，死去和新生都是旅程。然而面对困难和低潮，有的人选择遁走，有的人选择抗争，有的人原地不动……

2025，您将如何选择呢？